和秋叶一起学Excel

第3版

陈文登 张开元 著

人民邮电出版社
北京

图书在版编目（CIP）数据

和秋叶一起学Excel / 陈文登，张开元著. -- 3版
. -- 北京 ：人民邮电出版社，2023.7
ISBN 978-7-115-61432-2

Ⅰ. ①和… Ⅱ. ①陈… ②张… Ⅲ. ①表处理软件
Ⅳ. ①TP391.13

中国国家版本馆CIP数据核字(2023)第077310号

内 容 提 要

本书是《和秋叶一起学 Excel》的第 3 版，在综合前两版的优点，充分听取读者对前两版图书的意见和建议的基础上，本次改版在结构上进行了调整和优化。

本书共 8 章：第 1 章对 Excel 的基本使用流程进行讲解说明；第 2 章对使用 Excel 准确、高效录入数据进行详细介绍；第 3 章详细介绍表格的美化排版、选择浏览、打印、保护等技巧；第 4 章对各种不规范数据的整理方法进行讲解；第 5 章系统地讲解数据分析过程中常用的函数公式；第 6 章对数据透视表的分类统计、布局美化，以及如何搭建自动化统计报表做详细说明；第 7 章讲解多种数据可视化方式的使用技巧；第 8 章系统地讲解制作专业的商务图表的方法。

本书适合培训主管、咨询顾问、机关工作人员、办公室文员等学习。

◆ 著　　　　陈文登　张开元
　责任编辑　李永涛
　责任印制　王　郁　胡　南

◆ 人民邮电出版社出版发行　　北京市丰台区成寿寺路 11 号
　邮编　100164　　电子邮件　315@ptpress.com.cn
　网址　https://www.ptpress.com.cn
　北京七彩京通数码快印有限公司印刷

◆ 开本：690×970　1/16
　印张：24.5　　　　　　2023 年 7 月第 3 版
　字数：384 千字　　　　2024 年 12 月北京第 9 次印刷

定价：109.90 元（附小册子）

读者服务热线：(010)81055410　印装质量热线：(010)81055316
反盗版热线：(010)81055315
广告经营许可证：京东市监广登字 20170147 号

系列书序

如果你是第一次接触本系列书，我们坚信它是你学习 Office 三件套的上佳读物。

秋叶团队自 2013 年开始全力以赴做 Office 职场在线教育，目前已经成为国内非常有影响力的品牌。截至 2021 年底，有超过 60 万名学员报名“和秋叶一起学 Office”课程。

我们的主创老师都有 10 年以上使用 Office 的经验，在网上给学员答疑无数次。我们非常了解，很多时候大家办公效率低下，仅仅是因为不知道 Office 原来还可以这样用而已，也深刻理解大家在学习 Office 时的难点和困惑。

因此，我们对本系列书的要求是“知识全、阅读易、内容新”。我们迎合当今读者的阅读习惯，让图书既能帮读者系统化学习知识，又便于读者碎片式查阅问题的解决方法；既要让知识点简洁明了，又要让操作过程清晰直观；着重体现 Office 常用及核心功能，同时有工作中会用到但未必常用的“冷门偏方”，并兼顾新版本软件的新功能、新用法、新技巧。

我们给自己提出了极高的要求，希望本系列书能得到读者发自内心的喜欢以及推荐。

做一套好书就像打磨一套好产品，我们愿意精益求精，与读者、学员一起进步！感谢那些热心反馈、提出建议和意见的读者朋友们，是你们的认真细致让我们不断变得更好。

如果你是第一次了解“秋叶”教育品牌，我们想告诉你——我们提供的是一个完整的学习方案。

“秋叶系列”不仅是一套书，更是一个完整的学习方案。

在我们的教学经历中，我们发现要真正学好 Office，只看书不动手是不行的，但是普通人往往很难靠自律和自学完成看书和动手的循环。

阅读本系列书时，切记要打开计算机，打开软件，一边阅读一边练习。

如果你想在短时间内把 Office 的操作水平提高到能胜任工作的程度，推荐你报名参与我们的线上学习班。在线上学习班，一众高水平的老师会针对重点与难点进行直播讲解、答疑解惑，你还能和来自各行各业的同学一起切磋交流。这种学习形式特别适合有“拖延症”、需要同伴和榜样激励、想要结识优秀伙伴的同学。

如果你平时特别忙，没办法在固定的时间看直播和交作业，又想针对工作中不同的应用场景找到问题的解决方法，不妨搜索“网易云课堂”，进入网易云课堂后搜索同名课程，参加对应的在线课程，制订计划自学。这些课程不限观看时间和观看次数。

你还可以关注微信公众号“秋叶 PPT”“秋叶 Excel”，阅读我们每天推送的各种免费文章；或者在视频号、抖音上关注“秋叶 PPT”“秋叶 Excel”“秋叶 Word”，空闲时刷刷视频就能强化对知识点的理解，加深记忆，轻松复习。

软件技能的学习，往往是“一看就会，一做就废”，所以，不用过度关注知识点有没有重复。对于一个知识点，只有在不同场景中反复运用，从器、术、法、道等层面提升对它的认知，你才能真正掌握它。你要反复训练，形成肌肉记忆，从而把正确的操作技巧变成下意识的动作。

依据读者的学习场景需求，我们提供了层次丰富的课程体系。

图书 —— 全面系统地介绍知识点，便于快速翻阅、快速复习。

网课 —— 循序渐进的案例式教学，包含针对具体场景、具体问题的解决方法，不限观看次数和观看时间。

线上班 —— 短时间、高强度、体系化训练，直播授课、答疑解惑，帮助读者快速提升技能水平。

线下班 —— 主要针对企业客户，提供 1 ~ 2 天的线下集中培训。

免费课 —— 微信公众号和视频号、抖音等平台持续更新教程、直播公开课，帮助读者快速学习新知识、复习旧知识，打开眼界和拓宽思路。

我们用心搭建学习体系，目标只有一个，就是降低读者的学习成本 ——

学 Office，找秋叶就够了。

对于“秋叶”教育品牌的老朋友，我们想说说背后的故事。

2012 年，我们决定开始写《和秋叶一起学 PPT》的时候，的确没有想到 7 年以后一本书会变成一套书，内容从 PPT 延伸到 Word、Excel，每本书都在网易云课堂上有配套的在线课程。

可以说，这套书是被网课学员的需求“逼”出来的。当我们的 Word 课程销量破 5000 之后，很多学员就希望在课程之外有一本配套的图书可供翻阅，这就有了后来的《和秋叶一起学 Word》。我们也没想到，在 Word 普及 20 多年后，一本 Word 图书居然也能轻松实现销量超 2 万册，超过很多计算机类专业图书。

2017 年，我们的 PPT、Excel、Word 课程的学员都超过了 1 万人，推出《和秋叶一起学 Word》《和秋叶一起学 Excel》《和秋叶一起学 PPT》系列书也就成了顺理成章的事情。经过一年的艰苦筹划，我们终于出齐了这 3 本书，而且《和秋叶一起学 PPT》升级到了第 3 版，另外两本也升级到了第 2 版，它们全面展示了 Office 系列软件新版本的新功能、新用法。

2019 年，在软件版本升级且收集到众多学员反馈的情况下，我们决定对系列书再次进行升级。这次升级不仅优化了排版、结构，增补、调整了知识点，而且专门录制了配套的案例讲解视频。

现在回过头来看，我们可以说是一起创造了图书销售的一种新模式。要知道，在 2013 年把《和秋叶一起学 PPT》定价为 99 元，在很多人看来是很不可思议的。而我们认为，好产品应该有相应的定价。我们确信通过这本书，你学到的知识的价值远超 99 元。而实际上，这本书的销量早就超过了 20 万册，成为一个码洋超千万元的图书单品，这在专业图书市场上是非常罕见的事情。

其实，当时我们也有一点私心：我们希望通过图书提供一个心理支撑价位，让我们推出的同名在线课程能够有一个较高的定价。我们甚至想过，如果在线课程卖得好而图书销量不好，这些损失可以通过在线课程的销售弥补回来。但最后是一个双赢的结果：图书的高销量带动了更多读者报名在线课程，在线课程的扩展又促进学员购买图书。

更让我们没有想到的是，我们基于图书的专业积累，在抖音平台分享 Office 类的技巧短视频，短短 1 年时间就吸引了超过 1000 万名“粉丝”。因为读者和学员信任我们的专业能力和教学质量，我们的职场类线上学习班（训练营）也很受欢迎。目前的学习班包括 PPT 高效实战、PPT 副业变现、Excel 数据处理、数据分析、Photoshop 视觉设计、Photoshop 商业海报变现、小红书变现、直播、手机短视频等。截至 2022 年 6 月，我们已累计开展 118 期学习班，吸引了 35000 多名学员跟我们一起修炼职场技能。

图书畅销帮助我们巩固了“秋叶系列”知识产品的品牌。因此，我们的每一门主打课程都会考虑用“出版 + 教育”的模式滚动发展，我们认为这是未来职场教育的一个发展路径。

我们能够走到这一步，要感谢一直以来支持我们的读者、学员以及各行各业的朋友们。是你们的鞭策、鼓励、陪伴和自愿自发的宣传，让我们能持续迭代；是你们的认可让我们确信自己做了对的事情，也让我们有了更大的动力去不断提升图书的品质。

最后要说明的是，这套书虽然名称是“和秋叶一起学”，但今天的秋叶已经不是一个人，而是一个强有力的团队，是一个教育品牌。我们会一直默默努力，不断升级、不断完善，将这套书以更好的面貌交付给读者。

希望爱学习的你，也会爱上我们的图书和课程。

秋叶

前　言

你好，欢迎来到 Excel 的世界！我是秋叶老师。面对陌生的 Excel，相信你一定有很多疑问，且迫切地想要知道答案。别急，接下来我会一一解答你的疑问。

答疑 01

我什么都不会，这本书适合我看吗？

如果你的情况如下所述，那么本书非常适合你。

① Excel 初学者。本书语言通俗易懂，充分考虑了初学者的基础知识水平，哪怕你以前从来没用过 Excel，你也能看懂本书中的内容。

②想要告别 2003 版等旧版 Excel 的用户。本书所有内容及案例截图均来自 Excel 2021，保证你能学到全面新的功能。

③不想花大价钱报班的学习者。和学习所有技能型知识一样，学习 Excel 的核心不在于你看懂了多少，而在于你会用多少。本书专注于引导读者正确地使用 Excel，只要你愿意跟随课程案例动手实践，就一定能在操控表格时事半功倍。

答疑 02

和同类书相比，这本书有什么特色呢？

本书结合实际案例，讲解的内容由浅入深，从单点突破到综合运用，整体通俗易懂。

问问自己，为什么要学习 Excel？是要成为 Office 应用能力认证考试的考官吗？是要用 Excel 独立开发一套管理系统吗？如果不是，那么为什么要花大量时间逐一学习 Excel 的所有功能呢？

以前可能要费九牛二虎之力才能制作出来的图表，在 2021 及以上版本的 Excel 中只需要使用一键插入功能就能实现；以前需要综合运用各种函数才能填充的数据，使用 2021 及以上版本的 Excel 的快速填充功能，只需双击就能实现。Excel 原本可以很简单，为什么要陷入过分追求高深技术的“大坑”呢？

正因为有了这些思考，我们想写一本不一样的书，带读者入门并掌握 Excel 的核心技能。本书内容力求贴近初学者的实际应用场景，帮助初学者在深入掌握 Excel 核心技能的同时，了解应用 Excel 的思维方式。本书与同类书的区别如下表所示。

绝大多数讲解 Excel 的书	本书
按软件功能组织内容	按实际业务组织内容
截图 + 操作步骤详解	图解 + 典型案例示范
大量通用的表格模板	实战案例 + 实用资源 + 配套视频
只能通过图书单向学习	可通过微博与微信公众号等与作者互动

答疑 03

看完这本书，我能学到哪些知识和技巧呢？

能学到从获取数据、计算数据、分析数据到呈现数据分析结果的整套核心技术，大大提高使用表格时的效率。

本书摆脱按照菜单栏、工具栏逐一介绍 Excel 功能的模式，结合数据处理、数据分析业务流程展开讲解，以基础技能为核心，配合常见问题的解答和思维拓展，帮助读者扎实掌握获取数据、计算数据、分析数据和呈现数据分析结果的整套方法，并学会各种强大、有效的数据整理方法与技巧。本书内容安排如下表所示。

知识模块	章	要点	说明
认识 Excel	1	整体认识 避开误区	Excel 工作界面和入门基础操作
获取数据	2	高效录入数据 快速获取数据	高效、准确录入数据的窍门，从外部获取数据的技巧
打印保护	3	高效浏览表格 打印和保护设置	大表格的高效浏览，单元格样式的美化；打印技巧，数据保护，排序筛选
数据分析	4 ~ 6	计算、分析和整理数据 函数公式的应用	高效计算、分析、整理数据的方法，常用函数的解析，综合应用思维
数据呈现	7 ~ 8	输出与呈现数据	快速实现数据可视化的方法，商务图表的制作

答疑 04

这本书有没有什么附赠资源呢？

当然有！本书提供所有实例的配套表格文件和讲解视频，还附赠表格模板。下面是具体的资源获取方法。

Step1 关注微信公众号“秋叶 Excel”

先打开微信，点击对话列表界面右上角的加号按钮⊕，然后扫一扫下面的二维码进行关注。

或者点击微信对话列表界面顶部的搜索框，然后点击【公众号】，在搜索框中输入关键词【Excel100】，再点击键盘右下角的【搜索】按钮，关注搜索到的“秋叶 Excel”公众号即可。

Step2 在微信公众号对话界面中发送关键词

如果你想获取本书的配套资源，可以发送关键词“秋叶 Excel 图书”获得资源下载链接。

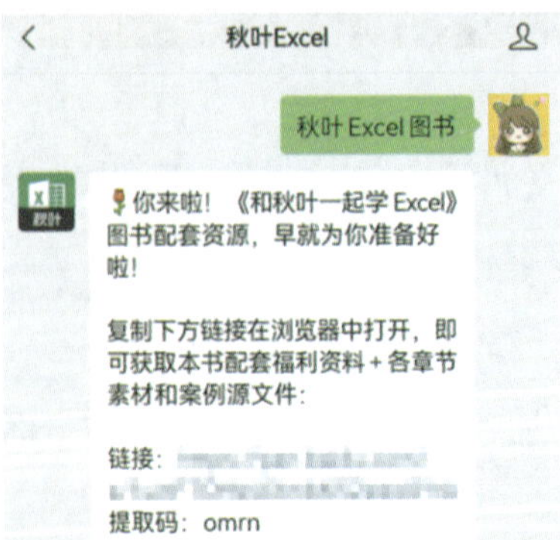

如果你还有其他想要求助的问题，可以直接在这里留言，或发送相关关键词进行提问。

注：图片仅为示例，具体链接及密码以即时收到的信息为准。

答疑 05

除了看书自学，还有别的学习渠道吗？

如果你平时特别忙，没办法在固定的时间看直播和交作业，又想找到工作中不同数据间

题的解决方法，不妨搜索“网易云课堂”，进入网易云课堂网站后搜索“和秋叶一起学 Excel”，制订计划自学，和 3.8 万名学员一起学习和成长。

付费学习的理由

①**针对在线教育，打造精品课程：**针对在线教育模式研发出一整套 Excel 课程体系，绝不是简单复制过去的内容。

②**先举三反一，再到举一反三：**线上学习班和在线课程都提供了大量习题及对应的解答。经过这样的强化练习，你一定能将各种 Excel 技巧运用自如。

③**在线交友学习，微博 / 微信互动：**本课程不仅教授 Excel 技巧，还教授解决某类结构化问题的方法；不仅分享干货，还鼓励大家在微博 / 微信上互动。

答疑 06

除了 Excel，我还能向秋叶老师学点儿什么？

作为一名贴心的作者，秋叶老师为你准备了一整套实用课程。

单击课程标题下方讲师处的“秋叶”二字，即可跳转查看网易云课堂上秋叶团队开发的课程，包括但不限于以下课程。

专注于 Office 办公软件实战能力的

Office 三件套课程

专注于时间管理、视觉笔记、轻松思考等职场软技能的

职场竞争力提升课程

我们不但会不间断地进行新课程开发，而且会持续对已推出的课程进行升级和更新。

以“和秋叶一起学 Excel”课程为例，我们对该课程进行了数次改版，全面优化了视觉效果和学习体验，还陆续加入了配套视频。“一次购买，免费升级，没有后顾之忧”是我们给所有学员的承诺！

作者

2023 年 1 月

目 录

3 表格的排版与打印技巧

4 批量整理数据的妙招

5 数据分析必会函数公式

6 数据分析必会功能：数据透视表

7 让数据“说话”

8 制作专业的商务图表

1

快速认识 Excel

1.1 Excel到底有什么用

提到 Excel，很多人都觉得它的作用就是记录数据，没有什么新奇的。

但其实，Excel 中有多张由大量格子（单元格）组成的空白画布，这些格子里放的内容不同，画布最终呈现的结果就不同，Excel 的用途数不胜数。

1.1.1 Excel 是一个排版工具

Excel 可以是一个排版工具。在 Excel 中，可以用横平竖直的单元格完成对数据的排版，可以为每个单元格单独设置填充颜色、边框颜色。在 Excel 中选中要复制的表格内容后，按【Ctrl+C】快捷键，然后在任意位置按【Ctrl+V】快捷键，就可以得到两份完全相同的表格内容。使用 Excel 可以轻松实现数据的排版和布局。

例如，下图是用 Excel 制作的一个嘉宾座次表，第几排第几列安排哪个嘉宾清晰明了。

舞台

	1	2	3	4	5	6	7	8	9	10	11	12	13	14	15	16
第一排	嘉宾1	嘉宾2	嘉宾3	嘉宾4	嘉宾5	嘉宾6	嘉宾7	嘉宾8	嘉宾9	嘉宾10	嘉宾11	嘉宾12	嘉宾13	嘉宾14	嘉宾15	嘉宾16
第二排	嘉宾17	嘉宾18	嘉宾19	嘉宾20	嘉宾21	嘉宾22	嘉宾23	嘉宾24	嘉宾25	嘉宾26	嘉宾27	嘉宾28	嘉宾29	嘉宾30	嘉宾31	嘉宾32
第三排	嘉宾33	嘉宾34	嘉宾35	嘉宾36	嘉宾37	嘉宾38	嘉宾39	嘉宾40	嘉宾41	嘉宾42	嘉宾43	嘉宾44	嘉宾45	嘉宾46	嘉宾47	嘉宾48
第四排	嘉宾49	嘉宾50	嘉宾51	嘉宾52	嘉宾53	嘉宾54	嘉宾55	嘉宾56	嘉宾57	嘉宾58	嘉宾59	嘉宾60	嘉宾61	嘉宾62	嘉宾63	嘉宾64
第五排	嘉宾65	嘉宾66	嘉宾67	赠票	赠票	赠票	赠票	赠票						嘉宾68	嘉宾69	嘉宾70
第六排	赠票	赠票	赠票	赠票	赠票	赠票	赠票	赠票								
第七排	赠票	赠票	赠票	赠票	赠票	赠票	赠票	赠票								
第八排	赠票	赠票	赠票	赠票	赠票	赠票	赠票	赠票								
第九排	赠票	赠票	赠票	赠票	赠票	赠票	赠票	赠票								
第十排	赠票	赠票	赠票	赠票	赠票	赠票	赠票	赠票								
第十一排	赠票	赠票	赠票	赠票	赠票	赠票	赠票	赠票								
第十二排																

* 用 Excel 制作的嘉宾座次表 *

要制作公司年终总结会上 100 人晚餐的座位图，可以先设置好第 1 桌，然后通过复制粘贴操作轻松得到其余 99 桌，每桌的座位编号可以通过鼠标拖曳的方式轻松填充。

2019年公司年终总结会座位图

第1桌			第2桌			第3桌		
1-1	单位1	嘉宾1	2-1	单位11	嘉宾13	3-1	单位21	嘉宾25
1-2	单位2	嘉宾2	2-2	单位12	嘉宾14	3-2	单位22	嘉宾26
1-3	单位3	嘉宾3	2-3	单位13	嘉宾15	3-3	单位23	嘉宾27
1-4	单位4	嘉宾4	2-4	单位14	嘉宾16	3-4	单位24	嘉宾28
1-5	单位5	嘉宾5	2-5	单位15	嘉宾17	3-5	单位25	嘉宾29
1-6	单位6	嘉宾6	2-6	单位16	嘉宾18	3-6	单位27	嘉宾31
1-7	单位7	嘉宾7	2-7	单位13	嘉宾19	3-7	单位20	嘉宾32
1-8	单位8	嘉宾8	2-8	单位17	嘉宾20	3-8	单位28	嘉宾33
1-9	单位8	嘉宾9	2-9	单位2	嘉宾21	3-9	单位23	嘉宾34
1-10	单位9	嘉宾10	2-10	单位18	嘉宾22	3-10	单位26	嘉宾35
1-11	单位4	嘉宾11	2-11	单位19	嘉宾23	3-11	单位29	嘉宾36
1-12	单位10	嘉宾12	2-12	单位20	嘉宾24	3-12	单位30	嘉宾37

第8桌			第9桌			第10桌		
8-1	单位68	嘉宾87	9-1	单位75	嘉宾99	10-1	单位96	嘉宾111
8-2	单位75	嘉宾88	9-2	单位86	嘉宾100	10-2	秋叶公司	秋叶老师
8-3	单位76	嘉宾89	9-3	单位87	嘉宾101	10-3	单位98	嘉宾113
8-4	单位77	嘉宾90	9-4	单位88	嘉宾102	10-4	单位99	嘉宾114
8-5	单位78	嘉宾91	9-5	单位89	嘉宾103	10-5	单位100	嘉宾115
8-6	单位79	嘉宾92	9-6	单位90	嘉宾104	10-6	单位72	嘉宾116
8-7	单位80	嘉宾93	9-7	单位91	嘉宾105	10-7	单位101	嘉宾117
8-8	单位81	嘉宾94	9-8	单位92	嘉宾106	10-8	单位102	嘉宾118
8-9	单位82	嘉宾95	9-9	单位93	嘉宾107	10-9	单位103	嘉宾119
8-10	单位83	嘉宾96	9-10	单位78	嘉宾108	10-10	单位104	嘉宾120
8-11	单位84	嘉宾97	9-11	单位94	嘉宾109	10-11	单位105	嘉宾121
8-12	单位85	嘉宾98	9-12	单位95	嘉宾110	10-12	单位106	嘉宾122

* 用 Excel 制作的年终总结会座位图 *

要制作楼层布局图，在专业的绘图软件里绘制可能会非常复杂，但是在 Excel 中，通过框选、合并单元格，设置填充颜色并输入文字等操作，很快就可以制作出楼层布局图。

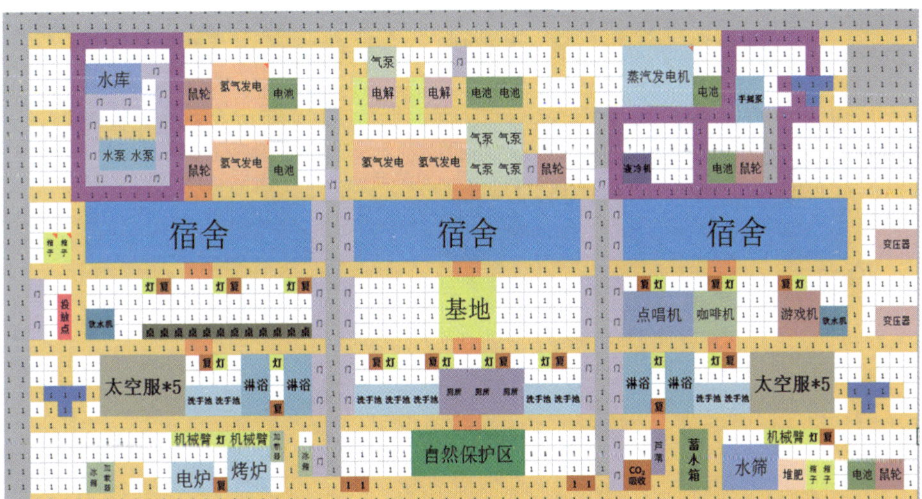

* 用 Excel 制作的楼层布局图 *

周计划表、月计划表、年度计划表等表格模板用 Excel 来做会非常方便。

设置好第 1 天的单元格的填充颜色、边框、字体等样式之后，使用格式刷就可以轻松制作出整周的计划表。使用相同的方法可以轻松制作出月计划表等。

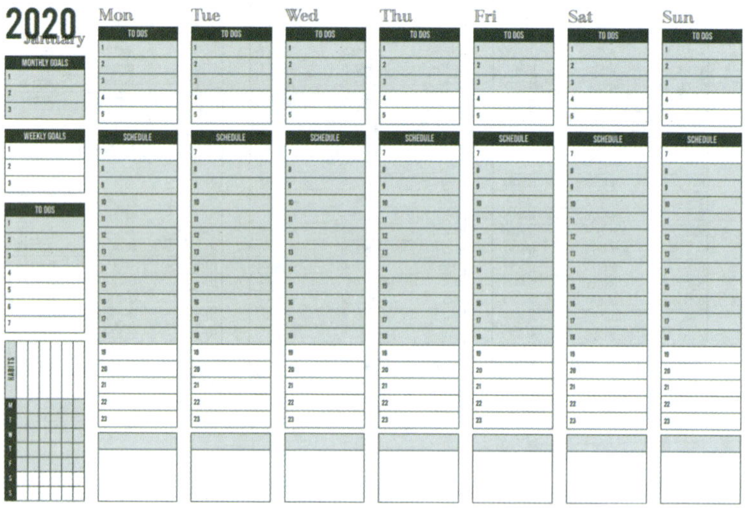

* 用 Excel 制作的周计划表 *

* 用 Excel 制作的月计划表 *

综上，在 Excel 中制作布局图、座次表、计划表等是非常方便的。

1.1.2 Excel 是一个表单工具

在 Excel 中对表格进行排版有非常多方便的操作。

- 归类汇总：把相同类别的数据用合并单元格功能归纳在一起。
- 批量调整行高或列宽：选中多行或多列后拖曳，可批量调整行高或列宽，实现快速排版。
- 单元格大小混排：可跨列合并单元格，自由调整不同单元格的宽度。

更重要的是，表格中的单元格都是可以编辑的，可以用于记录数据信息。

按照表单的形式调整表格的样式，需要填表人填写的单元格保持空白，这样填表人可以像做填空题一样很自然地填写表单，不容易遗漏表单选项。

以上方便的操作让 Excel 成为设计表单的首选工具。

工作人员基本情况登记表

部门： 填表日期：

<table>
<tr><td>姓名</td><td></td><td>性别</td><td></td><td>出生年月日</td><td></td><td>民族</td><td></td><td>政治面貌</td><td></td><td rowspan="4">照片</td></tr>
<tr><td>身份证号码</td><td colspan="3"></td><td>户口所在地</td><td colspan="3"></td><td>婚姻状况</td><td></td></tr>
<tr><td>家庭住址</td><td colspan="3"></td><td>手机</td><td colspan="3"></td><td>宅电</td><td></td></tr>
<tr><td>职称</td><td colspan="2"></td><td colspan="2">外语及程度</td><td colspan="3"></td><td>来院时间</td><td></td></tr>
<tr><td rowspan="4">教育经历</td><td colspan="2">时间</td><td colspan="2">学校</td><td colspan="2">专业</td><td colspan="2"></td><td colspan="2">学位</td></tr>
<tr><td colspan="2"></td><td colspan="2"></td><td colspan="2"></td><td colspan="2"></td><td colspan="2"></td></tr>
<tr><td colspan="2"></td><td colspan="2"></td><td colspan="2"></td><td colspan="2"></td><td colspan="2"></td></tr>
<tr><td colspan="2"></td><td colspan="2"></td><td colspan="2"></td><td colspan="2"></td><td colspan="2"></td></tr>
<tr><td rowspan="5">工作经历</td><td colspan="2">时间</td><td colspan="2">单位</td><td colspan="2">从事主要工作</td><td colspan="2"></td><td colspan="2">职务</td></tr>
<tr><td colspan="2"></td><td colspan="2"></td><td colspan="2"></td><td colspan="2"></td><td colspan="2"></td></tr>
<tr><td colspan="2"></td><td colspan="2"></td><td colspan="2"></td><td colspan="2"></td><td colspan="2"></td></tr>
<tr><td colspan="2"></td><td colspan="2"></td><td colspan="2"></td><td colspan="2"></td><td colspan="2"></td></tr>
<tr><td colspan="2"></td><td colspan="2"></td><td colspan="2"></td><td colspan="2"></td><td colspan="2"></td></tr>
<tr><td rowspan="3">家庭主要成员状况</td><td>姓名</td><td>与本人关系</td><td colspan="3">工作单位</td><td colspan="2">职务</td><td colspan="2">联系电话</td><td>备注</td></tr>
<tr><td></td><td></td><td colspan="3"></td><td colspan="2"></td><td colspan="2"></td><td></td></tr>
<tr><td></td><td></td><td colspan="3"></td><td colspan="2"></td><td colspan="2"></td><td></td></tr>
</table>

* 工作人员基本情况登记表 *

附表1-1

春节返工上岗人员花名册

填报日期：

企业名称			企业地址		第一责任人签字	上岗人数	单位盖章
序号	姓名	性别	职务	身份证号	家庭住址	联系方式	备注
备注：							

* 春节返工上岗人员花名册 *

1.1.3 Excel 是一个统计工具

Excel 中还有两个非常好用的功能：排序和筛选。

在 Excel 中，排序功能可以把同类数据快速地聚集在一起，而筛选功能可以根据需求从大量的数据中找出对应的数据。

	A	B	C	D
1	组别	姓名	成绩	排名
2	1组	薛**	68	5
3	2组	姜**	98	2
4	3组	余**	75	4
5	1组	梁**	63	6
6	2组	吕**	79	4
7	3组	宋**	78	3
8	1组	宋**	88	2
9	2组	刘**	98	2
10	3组	胡**	81	2
11	1组	魏**	93	1
12	2组	蔡**	78	5
13	3组	苏**	90	1
14	1组	苏**	83	4
15	2组	程**	93	3
16	3组	刘**	63	6
17	1组	曾**	84	3
18	2组	魏**	77	6
19	3组	汪**	72	5

	A	B	C	D
1	组别	姓名	成绩	排名
2	1组	薛**	68	5
3	1组	梁**	63	6
4	1组	宋**	88	2
5	1组	魏**	93	1
6	1组	苏**	83	4
7	1组	曾**	84	3
8	2组	姜**	98	2
9	2组	吕**	79	4
10	2组	刘**	98	2
11	2组	蔡**	78	5
12	2组	程**	93	3
13	2组	魏**	77	6
14	3组	余**	75	4
15	3组	宋**	78	3
16	3组	胡**	81	2
17	3组	苏**	90	1
18	3组	刘**	63	6
19	3组	汪**	72	5

* 排序后，同类数据快速聚集 *

	A	B	C	D
1	组别	姓名	成绩	排名
2	1组	薛**	68	5
3	2组	姜**	98	2
4	3组	余**	75	4
5	1组	梁**	63	6
6	2组	吕**	79	4
7	3组	宋**	78	3
8	1组	宋**	88	2
9	2组	刘**	98	2
10	3组	胡**	81	2
11	1组	魏**	93	1
12	2组	蔡**	78	5
13	3组	苏**	90	1
14	1组	苏**	83	4
15	2组	程**	93	3
16	3组	刘**	63	6
17	1组	曾**	84	3
18	2组	魏**	77	6
19	3组	汪**	72	5

	A	B	C	D
1	组别	姓名	成绩	排名
2	1组	薛**	68	5
5	1组	梁**	63	6
8	1组	宋**	88	2
11	1组	魏**	93	1
14	1组	苏**	83	4
17	1组	曾**	84	3
20				
21				
22				
23				
24				
25				
26				
27				
28				
29				
30				
31				

* 筛选后，快速找到需要的数据 *

排序和筛选操作不太适用于排版十分精美或复杂的表格。只有数据一行一行、一列一列地记录在表格中时，才能方便地进行排序和筛选操作。这样的表格通常是从系统中导出的流水式统计表，如下图所示。

	A	B	C	D	E	F	G	H	I
1	商品名称	日期	流量来源	交易金额	访客人数	支付转化率	买家数	客单价	UV价值
2	红糖姜丸	2020/11/6	手机端	5798	3052	1.67%	51	113.69	1.9
3	姜糖紫薯	2020/11/6	手机端	3928	2422	1.48%	36	109.11	1.62
4	花生	2020/11/6	手机端	3054	1902	1.21%	23	132.78	1.61
5	芝麻	2020/11/6	手机端	2064	984	1.83%	18	114.67	2.1
6	家庭装姜丸	2020/11/6	手机端	1670	992	1.51%	15	111.33	1.68
7	姜素姜膏	2020/11/6	手机端	1472	1169	1.20%	14	105.14	1.26
8	特辣大盒姜膏	2020/11/6	手机端	886	524	1.33%	7	126.57	1.69
9	姜糖花生	2020/11/6	手机端	392	177	2.26%	4	98	2.21
10	姜膏	2020/11/6	手机端	294	32	9.38%	3	98	9.19
11	喜欢吐司面包	2020/11/6	手机端	196	198	1.01%	2	98	0.99
12	喜欢紫米吐司	2020/11/6	手机端	196	45	4.45%	2	98	4.36
13	喜欢蛋皮面包	2020/11/6	手机端	98	47	2.13%	1	98	2.09
14	喜欢蛋皮吐司面包	2020/11/6	手机端	98	79	1.26%	1	98	1.24
15	喜欢胡萝卜吐司面包	2020/11/6	手机端	98	20	5.00%	1	98	4.9
16	喜欢黄油吐司	2020/11/6	手机端	98	37	2.70%	1	98	2.65
17	爱黑麦吐司（乳酸奶味）	2020/11/6	手机端	0	10	0.00%	0	0	0
18	爱夹心吐司（乳酸奶味）	2020/11/6	手机端	0	179	0.00%	0	0	0
19	赞赞紫米夹心吐司	2020/11/6	手机端	0	1	0.00%	0	0	0
20	赞赞炼乳夹心吐司	2020/11/6	网页端	0	1	0.00%	0	0	0
21	小卡酱芯吐司	2020/11/6	网页端	0	72	0.00%	0	0	0
22	品品原味吐司面包	2020/11/6	网页端	0	2	0.00%	0	0	0
23	品品紫米吐司面包	2020/11/6	网页端	0	8	0.00%	0	0	0
24	熊熊黑麦吐司面包	2020/11/6	网页端	0	12	0.00%	0	0	0
25	熊熊紫米吐司面包	2020/11/6	网页端	0	37	0.00%	0	0	0
26	熊熊夹心吐司面包	2020/11/6	网页端	0	1	0.00%	0	0	0
27	漫意夹心吐司面包	2020/11/6	网页端	0	377	0.00%	0	0	0
28	葡记蛋皮芝士味吐司面包	2020/11/6	网页端	0	16	0.00%	0	0	0
29	本特利丹麦吐司	2020/11/6	网页端	0	38	0.00%	0	0	0

* 从网站导出的文章阅读数据 *

	A	B	C	D	E	F	G
1	序号	签到时间	时间	姓名	角色	打卡类型	打卡结果
2	1	2019/7/1	18:34:34	薛**	行销专员	下班打卡	正常
3	2	2019/7/1	15:15:33	薛**	行销专员	实时打卡	
4	3	2019/7/1	12:00:59	薛**	行销专员	实时打卡	
5	4	2019/7/1	8:26:55	薛**	行销专员	上班打卡	正常
6	5	2019/7/2	19:03:10	傅**	行销专员	下班打卡	正常
7	6	2019/7/2	18:56:04	冯**	行销专员	下班打卡	正常
8	7	2019/7/2	18:55:02	薛**	行销专员	下班打卡	正常
9	8	2019/7/2	15:21:22	冯**	行销专员	实时打卡	
10	9	2019/7/2	15:13:26	薛**	行销专员	实时打卡	
11	10	2019/7/2	15:06:36	傅**	行销专员	实时打卡	
12	11	2019/7/2	12:14:41	傅**	行销专员	实时打卡	
13	12	2019/7/2	12:07:08	薛**	行销专员	实时打卡	
14	13	2019/7/2	12:01:13	冯**	行销专员	实时打卡	
15	14	2019/7/2	8:24:35	冯**	行销专员	上班打卡	正常
16	15	2019/7/2	8:23:20	傅**	行销专员	上班打卡	正常
17	16	2019/7/2	8:20:59	薛**	行销专员	上班打卡	正常
18	17	2019/7/3	19:10:38	傅**	行销专员	下班打卡	正常
19	18	2019/7/3	18:32:16	冯**	行销专员	下班打卡	正常
20	19	2019/7/3	18:29:00	曹**	行销专员	下班打卡	正常
21	20	2019/7/3	15:25:15	冯**	行销专员	实时打卡	
22	21	2019/7/3	15:12:43	曹**	行销专员	实时打卡	
23	22	2019/7/3	15:11:10	傅**	行销专员	实时打卡	
24	23	2019/7/3	12:04:09	傅**	行销专员	实时打卡	
25	24	2019/7/3	12:01:51	曹**	行销专员	实时打卡	
26	25	2019/7/3	12:01:45	冯**	行销专员	实时打卡	

* 从考勤机导出的打卡记录 *

1.1.4 Excel 是一个汇报工具

用流水式统计表记录数据明细是非常方便的，但是在做数据汇报时，很难从海量的数据明细中找到关键信息。掌握一定的统计分析方法，从不同的角度总结、提炼出关键信息，这是使用 Excel 制作表格、整理数据、统计并分析数据的最终目标。

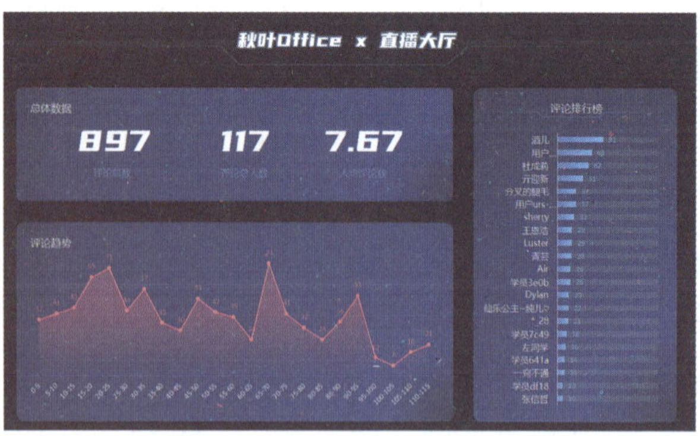

* 直播间学员互动数据看板 *

* 某银行每日数据看板 *

在汇报统计方面，Excel 提供了非常多的工具，如图表、条件格式、数据透视表、函数公式等。

用 Excel 办公是每个职场人必备的基本技能。在使用 Excel 时必须明确自己的具体需求，这样才能更好地运用相应功能。

1.2 方法不对，Excel越用越累

前面梳理了 Excel 的 4 种用途。本节介绍表格的两种分类。

- 排版打印类表格。
- 统计分析类表格。

若把 Excel 当成一个排版工具，则只需要考虑一个需求——表格做出来美观、好看，但在后续进行统计分析时，这些美观的排版设计很可能变成进行高效统计与分析的“拦路虎”。

只有明确需求，选择正确的方法，才能在使用 Excel 时事半功倍。

1.2.1 排版打印类表格

排版打印类表格是指借助 Excel 高效的表格排版功能，快速制作出的简洁、整齐、美观的表格。

排版打印类表格就像产品说明书，通过对信息的梳理和排版，让读者可以轻松地理解表格要传达的信息。制作这种表格要实现的核心目标是：信息分类、表格排版和打印设置。

信息分类

如果一个表格很乱，那么首先要做的不是对表格进行排版，而是对信息进行分类。

要想清晰地表达信息，应该按照不同的维度对信息进行分类，并按照信息的复杂度分层次地呈现相应内容。

下面是信息分类前后的项目进度管理表，信息分类前，表格只是数据的简单堆砌，阅读起来比较吃力；通过调整字体颜色、设置条件格式等操作进行信息分类后，表格阅读起来就条理清晰了很多，信息的传递效率得到了大幅提升。

信息分类前

	A	B	C	D	E	F	G
1	月份	类型	项目编号	课程	负责人	[fx]完成率	项目进度
2	01月	第1类	1	项目1	朗**	20%	立项
3	01月	第2类	2	项目2	小**	25%	案例
4	02月	第1类	3	项目3	小**	34%	
5	02月	第1类	4	项目4	张**	2%	立项
6	02月	第2类	5	项目5	何**		案例
7	02月	第2类	6	项目6	赵**		案例
8	02月	第3类	7	项目7	张**		大纲
9	02月	第3类	8	项目8	李**		视频
10	03月	第4类	9	项目9	阳**		视频
11	03月	第4类	10	项目10	李**		上线
12	03月	第2类	11	项目11	阳**		
13	03月	第2类	12	项目12	阳**		视频
14	03月	第3类	13	项目13	李**		大纲
15	03月	第3类	14	项目14	朗**		
16	03月	第5类	15	项目15	朗**		
17	04月	第4类	16	项目16	张**		
18	04月	第2类	17	项目17	阳**		立项
19	04月	第3类	18	项目18	阳**		
20	04月	第3类	19	项目19	朗**		

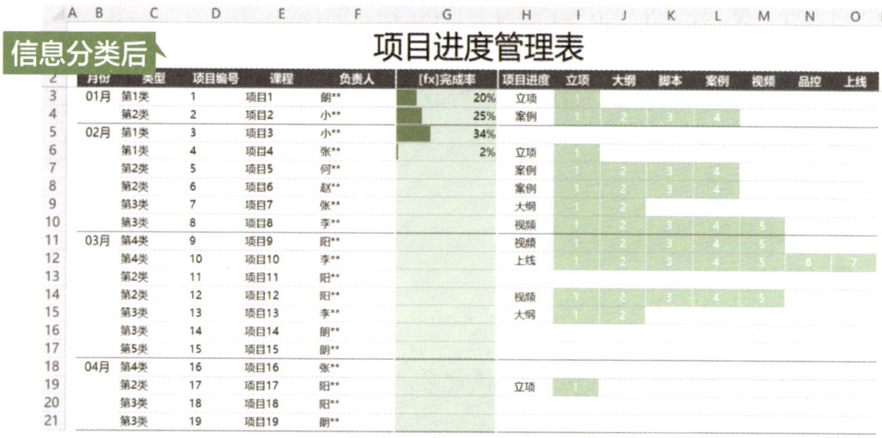

月份	类型	项目编号	课程	负责人	[fx]完成率	项目进度	立项	大纲	脚本	案例	视频	品控	上线
01月	第1类	1	项目1	朗**	20%	立项	1						
	第2类	2	项目2	小**	25%	案例	1	2	3	4			
02月	第1类	3	项目3	小**	34%								
	第1类	4	项目4	张**	2%	立项	1						
	第2类	5	项目5	何**		案例	1	2	3	4			
	第2类	6	项目6	赵**		案例	1	2	3	4			
	第3类	7	项目7	张**		大纲	1	2					
	第3类	8	项目8	李**		视频	1	2	3	4	5		
03月	第4类	9	项目9	阳**		视频	1	2	3	4	5		
	第4类	10	项目10	李**		上线	1	2	3	4	5	6	7
	第2类	11	项目11	阳**									
	第2类	12	项目12	阳**		视频	1	2	3	4	5		
	第3类	13	项目13	李**		大纲	1	2					
	第3类	14	项目14	朗**									
	第5类	15	项目15	朗**									
04月	第4类	16	项目16	张**									
	第2类	17	项目17	阳**		立项	1						
	第3类	18	项目18	阳**									
	第3类	19	项目19	朗**									

表格排版

信息分类后，通过恰当的排版可以在表格中呈现样式不同的信息模块。

基于平面设计中排版的 4 个原则（对比原则、对齐原则、重复原则、亲密原则），可以为表格中的信息模块设计样式，以突出重要信息。

- 对比原则：使用加粗、填充颜色等操作来区分标题和正文。
- 对齐原则：设置单元格的对齐方式，如使数字右对齐、文字左对齐，让表格内容更加整齐。
- 重复原则：在表格中使用统一的标题样式，并不断地重复，让表格样式统一。
- 亲密原则：使用合并单元格、插入空行或空列等操作区分不同的信息模块，增强信息的亲密性。

打印设置

排版后的表格只是 Excel 中的视觉样式，如果要打印出来，则需要结合纸张的大小做细节上的调整，步骤如下。

❶ 调整打印页面的尺寸。

❷ 设置分页位置。

❸ 在页眉和页脚中添加公司信息、页码信息、水印等。

1.2.2 统计分析类表格

使用 Excel 处理表格时，多数情况是借助 Excel 强大的数据处理功能对数据进行统计分析，并将分析结果进行可视化呈现。

统计分析类表格的数据源、处理需求不同，使用的统计方法就不同。但是无论使用什么统计方法，其统计分析流程都可以分为以下几个部分。

❶ 获取数据。

❷ 整理数据。

❸ 统计分析。

❹ 图表呈现。

获取数据

需要进行统计分析的数据可以通过多种方法获取，如下所示。

- 从系统中导出数据。

大部分标准化的公司都有自己的数据管理系统，员工可以根据统计需求从系统中导出数据，便于做进一步的统计分析。

- 收集数据。

如果没有可以直接使用的数据，就需要通过表单、问卷调查的形式去收集数据。

- 导入外部数据。

若已经有了完整的数据，但并不是表格形式，而是 CSV 格式、JSON 格式、数据库格式、图片格式，则需要使用一些工具将非表格形式的数据导入表格。

无论使用哪种方法获取数据，最终都要把数据存放到 Excel 中，等待下一步的处理。

整理数据

获取数据以后，并不代表就可以直接进行统计分析了。因为这些数据通常是不规范的，没有办法直接用于统计分析。就像刚从菜市场买回来的菜不能直接烹饪，还需要经过洗菜、择菜、切菜等环节，把它整理成等待下锅的食材。

同理，数据也需要进行整理。可以通过下面这些方式将不规范的数据整理成方便 Excel 的函数公式、数据透视表等工具处理的数据。

- 函数公式：整理不规范的数据。
- Power Query：整理不规范的表格布局。
- VBA：批量清洗不规范的数据。

整理后的数据通常是一个或多个数据表，这就为下一步的统计分析做好了充足的准备。

统计分析

数据整理好后，就可以开始进行统计分析了。

统计分析其实包含以下两个不同的环节。

- 分析：先明确分析的需求，包括从这些数据中要分析出什么结论，以及要解决什么样的问题。
- 统计：根据分析的需求进行数据的统计，提炼、总结观点。

要做好分析，需要具备解决问题的能力，即需要熟悉业务流程，学会拆解问题，明确分析思路等。

要做好统计，需要具备使用 Excel 统计工具的能力，即需要熟练地掌握数据透视表、函数公式的使用方法，以及多种数据统计方法等。

图表呈现

在 Excel 中，统计分析的结果以数据的形式存储在表格中，只有细致地阅读、对比结果后，才能发现数据背后隐藏的信息。我们可以通过图表来呈现分析结果，即使用图表、图片、形状等多种可视化形式更加直观地展示分析结果。

对比以下两种呈现形式，显然右边的呈现形式更直观，通过数据条，一眼就能看出数据的大小。

姓名	Excel	PPT	Word
薛**	2417	700	1030
姜**		98377	462
余**	34132		
梁**	54	24284	5213
吕**	45		
宋**	54473	78622	3710
宋**	17	22983	10
刘**	39	30	
胡**	1558	37272	3510
魏**	170	382	
蔡**		1301	

→

姓名	Excel	PPT	Word	总计
薛**	2417	700	1030	4147
姜**		98377	462	98839
余**	34132			34132
梁**	54	24284	5213	29551
吕**	45			45
宋**	54473	78622	3710	136805
宋**	17	22983	10	23010
刘**	39	30		69
胡**	1558	37272	3510	42340
魏**	170	382		552
蔡**		1301		1301

对数据做统计分析，不是简单地使用函数公式进行计算，而是先规范原始数据，再通过 Excel 统计方法高效地统计并分析数据，最后输出直观的可视化图表。

1.3 熟悉Excel

学习 Excel 的第 1 步就是熟悉这个软件，了解软件各个区域的名称和大致功能。下面分别介绍。

1.3.1 打开 Excel

打开 Excel 的方式有很多。例如，在文件夹的空白位置右击，然后在快捷菜单中选择【新建】→【Microsoft Excel 工作表】选项新建 Excel 文档，双击新建的文档即可打开 Excel。

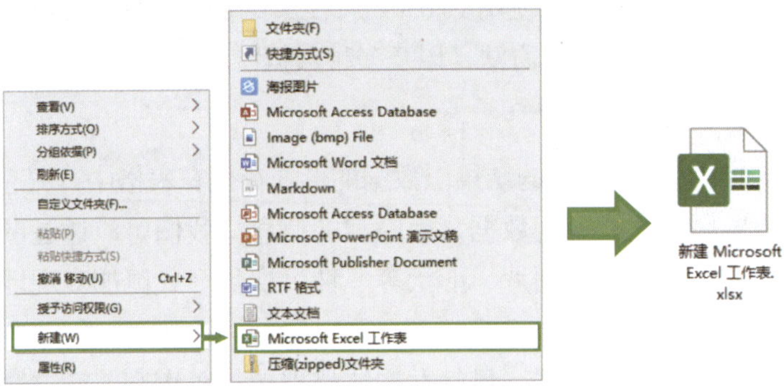

也可以在计算机的【程序】列表中单击图标，然后单击【空白工作簿】新建一个空白的文档，从而打开 Excel。

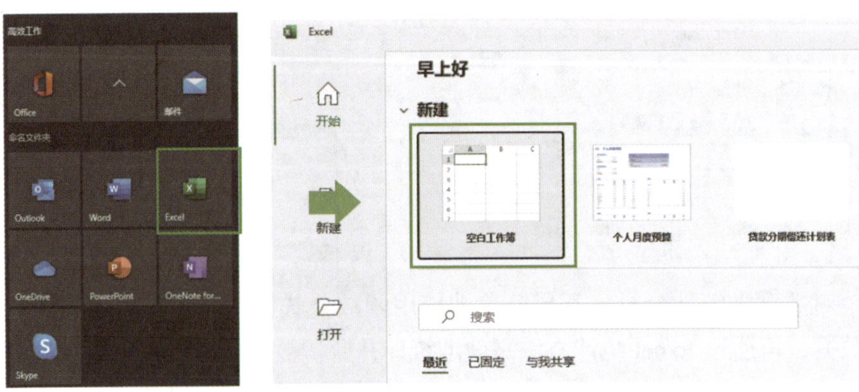

1.3.2 Excel 的工作界面

Excel 的工作界面大致可以分为以下几个区域。

- 菜单栏。Excel 的主要功能都在这里，菜单栏中不同的功能区域叫作“选项卡”，单击不同的选项卡可以发现许多不同的功能。
- 公式栏。在使用公式处理表格数据时，可以在这里编写和修改函数公式。
- 文档编辑区域。这里是存放和处理数据的区域，又称为“工作表”，由多个单元格组成。
- 工作表标签。一个表格文件可以包含多个不同的工作表，在工作表标签区域中，可以通过单击来选择不同的工作表。
- 状态栏。在进行筛选数据、排序数据、统计数据等操作时，工作界面底部的状态栏中会显示简要的信息，帮助操作者快速了解工作表的状态。

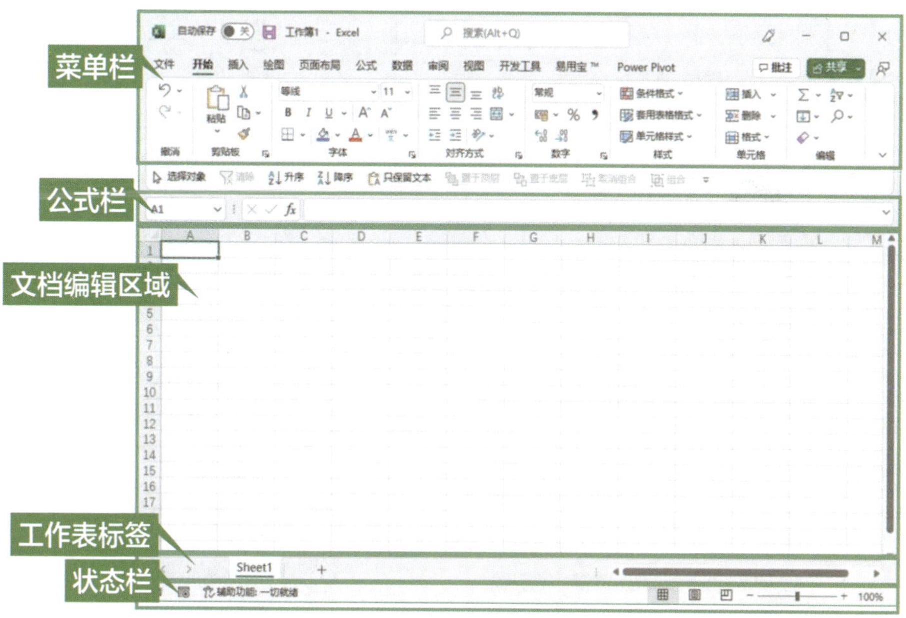

1.3.3 上下文选项卡

Excel 中还有一些特殊的选项卡，平时不显示，只有选择特定的对象后，才会根据所选对象的类型动态地显示出来，这些选项卡称为“上下文选项卡”。

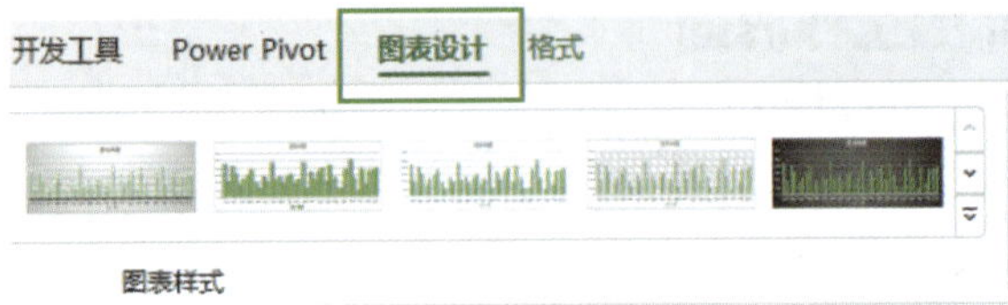

这里的“上下文”指的是不同的对象，这些对象包括以下几种。

- 图片。选择图片对象后，会出现【图片格式】选项卡。
- 形状。选择形状对象后，会出现【形状格式】选项卡。
- 数据透视表。选择数据透视表后，会出现【数据透视表分析】选项卡和【设计】选项卡。
- 图表。选择图表后，会出现【图表设计】选项卡和【格式】选项卡。
- 超级表格。选择超级表格后，会出现【表设计】选项卡。

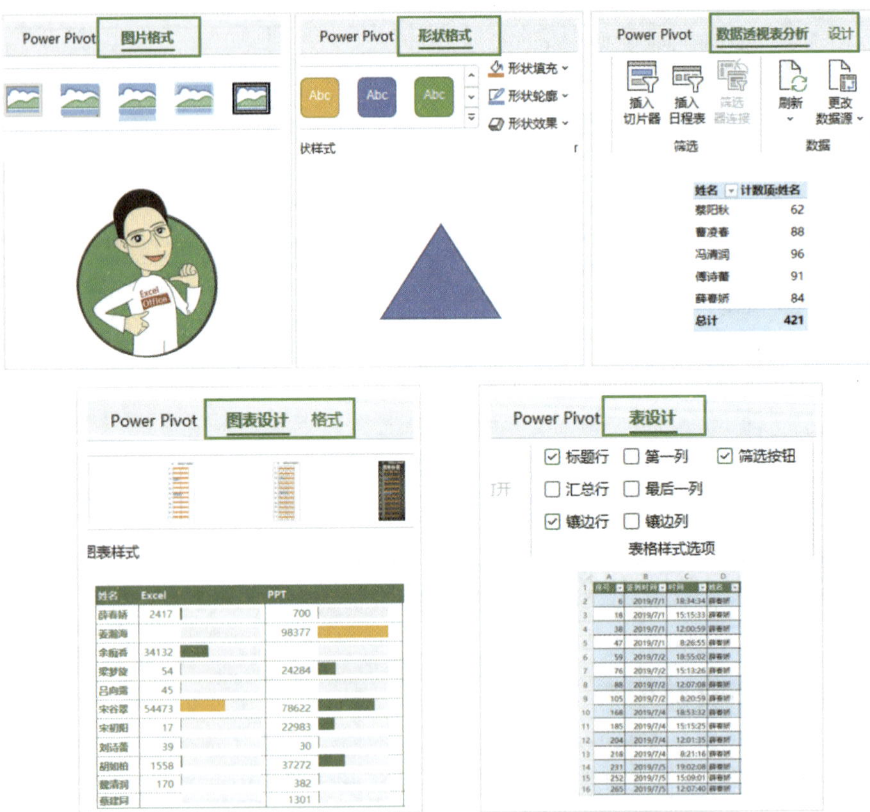

这里提到的数据透视表、超级表格等概念，你可能还比较陌生，但不用着急，后面会慢慢展开讲解。

1.3.4 工作簿与工作表

在处理数据时，一定要区分清楚工作簿和工作表。

工作簿是指一个表格文件，工作表是指一个表格文件中存储不同数据的表格。一个工作簿可以包含多个工作表，一个工作表只能属于一个工作簿。

1.3.5 单元格

一个工作簿可以包含多个工作表，每个工作表由多个单元格组成，单元格是工作表中存储、处理、计算数据的最小单位。

在 Excel 中，可使用行和列的坐标来精确地定位某个单元格。下面详细地说明单元格的相关概念。

- 在文档编辑区域，顶部的字母代表的是单元格的列号。
- 在文档编辑区域，最左侧的数字代表的是单元格的行号。
- 公式栏的名称框中会实时显示当前选中单元格的坐标。
- 在公式栏的编辑栏中，可以看到所选单元格中保存的数据或者函数公式。

一定要掌握单元格坐标的用法，因为这是学习函数公式的基础。

认识和熟悉了 Excel 后，接下来进入使用表格的第 1 步：录入数据。

背上知识的行囊，第 2 章将正式开始干货满满的 Excel 学习之旅。

2

准确、高效地录入数据

2.1 录入数据的诀窍

Excel 表格是承载数据的容器，那么数据是怎么录入 Excel 的呢？常见的录入数据的方式主要有 3 种：从外部数据文件中导入、从其他 Excel 表格中调用、手动输入。相比前两种方式，手动输入虽然操作简单，但非常费时、费力，正因如此，掌握高效录入数据的诀窍尤为重要。

2.1.1 诀窍一：减少在鼠标和键盘间来回切换

（带有本标志，表示配套资源中有对应的视频，请注意观看。配套资源的获取方法详见封底的说明。）

新手在输入数据时，习惯通过鼠标来选择要输入数据的单元格，当数据量比较大时，双手不得不在键盘和鼠标间来回移动，严重影响输入效率。

更好的做法是，右手松开鼠标，双手放在键盘区域，做好输入数据的准备。可通过按【Tab】键和【Enter】键来移动表格中的活动单元格。

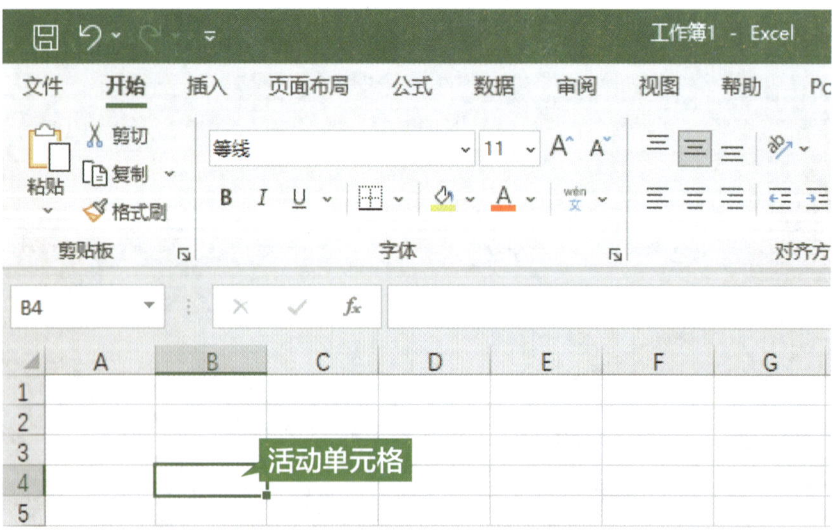

* 活动单元格示意图 *

按一次【Enter】键，活动单元格会向下移动一格；按一次【Tab】键，活动单元格会向右移动一格。如果要向相反方向移动活动单元格，则只需要按住【Shift】键不放，再按【Enter】键或【Tab】键即可。

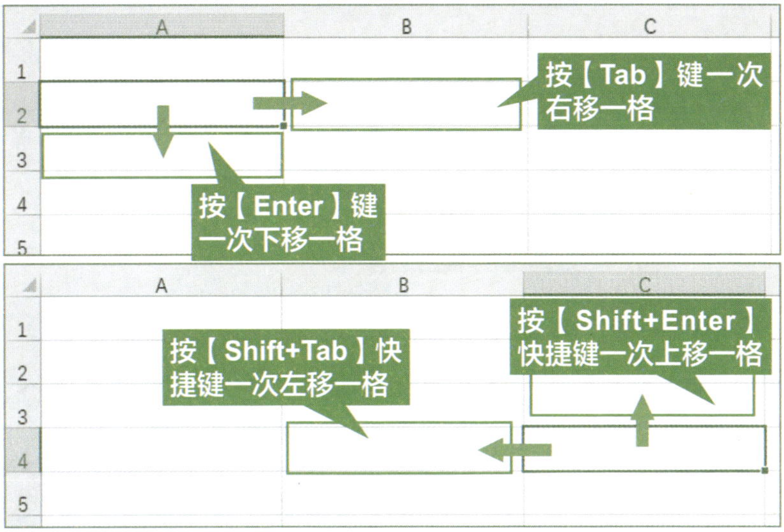

财务工作者除了需要输入文字，可能还需要连续输入大量数字，一般通过右手按小数字键盘区域的按键来输入数字，因此，更要减少不必要的手部动作切换。

小小的动作改良，虽然看起来简单，但可以很好地提高工作效率。

2.1.2 诀窍二：使用快捷键一键录入数据

日期和时间是工作中经常使用的数据，所以需要掌握它们的快捷录入方法。在 Excel 中，可以使用快捷键快速调用当前的日期和时间。选中目标单元格后，按【Ctrl+；】快捷键，可以快速录入当前日期；按【Ctrl+Shift+；】快捷键，可以快速录入当前时间。

* 快捷键操作示意图（1）*

有时候，同一个单元格中的内容需要换行显示。例如，若想将身高和体重信息换行输入同一个单元格中，则需要在输入身高数据后，按【Alt+Enter】快捷键切换到同一个单元格中的下一行。

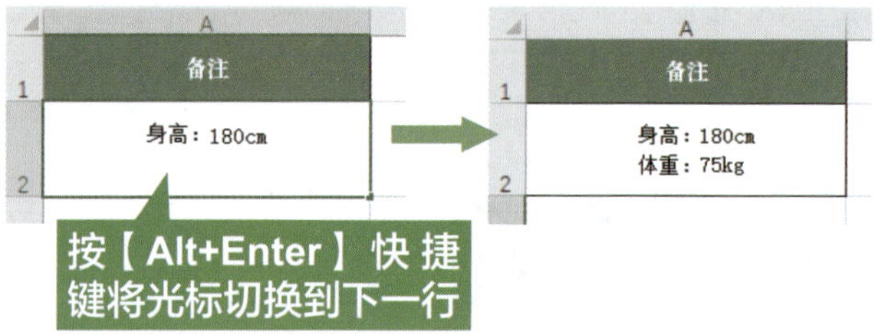

* 快捷键操作示意图（2）*

这几个都是非常常用的快捷键，不需要刻意去记，随着使用次数的增加，自然而然就记住了。

2.1.3 诀窍三：批量录入相同数据

在单元格中输入数据后，按【Enter】键，可以结束输入并将活动单元格下移一格。但如果选中的是一个单元格区域，如何才能快速在该区域当中批量录入相同数据呢?

只需要在选中单元格区域的状态下直接输入数据，这时，数据优先显示在活动单元格中，接着按【Ctrl+Enter】快捷键，就能在选区内批量录入相同数据了。

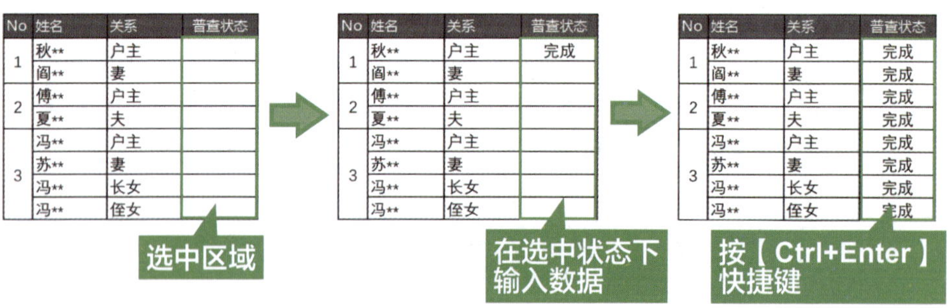

* 批量录入相同数据操作示意图 *

【Ctrl+Enter】快捷键意味着只要预先选中目标区域，就能一次性批量录入相同数据到目标区域。

2.1.4 诀窍四：在不相邻的行或列中批量录入数据

有时候，要录入数据的区域并不是相邻的，有可能跨行或者跨列。例如，在下面的案例当中，要计算不同城市的达成率，但是这些空白行之间还间隔了其他的数据行，如何才能在这种不相邻的行中批量录入数据呢？

❶ 按住【Ctrl】键，批量选中图中 4 处框线区域。

❷ 按【Ctrl+D】快捷键即可批量录入数据。

	A	B	C	D	E	F
1	城市	item	1月	2月	3月	1季度
2	北京	销售目标	1539	1022	1720	4281
3		销售实际	1000	347	1135	2482
4		达成率	65%	34%	66%	58%
5	上海	销售目标	2506	662	437	3605
6		销售实际	927	575	222	1724
7		达成率				
8	深圳	销售目标	2207	2723	1440	6370
9		销售实际	1257	2151	806	4214
10		达成率				
11	长沙	销售目标	433	1118	2758	4309
12		销售实际	324	536	1268	2128
13		达成率				

将此行达成率计算公式填充到下方空白单元格区域中

	A	B	C	D	E	F
1	城市	item	1月	2月	3月	1季度
2	北京	销售目标	1539	1022	1720	4281
3		销售实际	1000	347	1135	2482
4		达成率	65%	34%	66%	58%
5	上海	销售目标	2506	662	437	3605
6		销售实际	927	575	222	1724
7		达成率	37%	87%	51%	48%
8	深圳	销售目标	2207	2723	1440	6370
9		销售实际	1257	2151	806	4214
10		达成率	57%	79%	56%	66%
11	长沙	销售目标	433	1118	2758	4309
12		销售实际	324	536	1268	2128
13		达成率	75%	48%	46%	49%

* 向下批量录入数据（1）*

【Ctrl+D】快捷键的作用是批量向下填充数据。按【Ctrl+D】快捷键这一操作也可以用在【开始】选项卡中单击【填充】按钮并选择【向下】选项来代替。

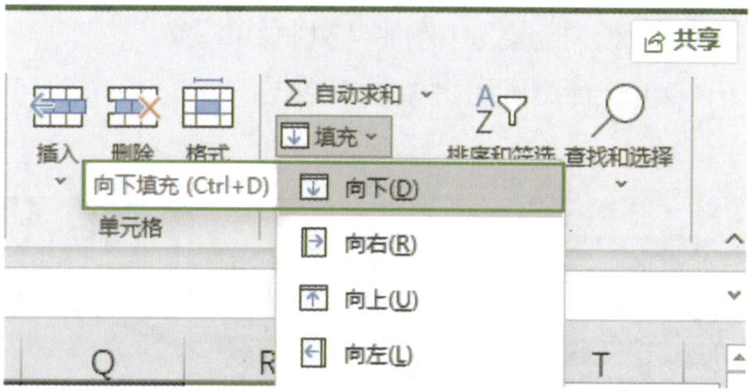

* 向下批量录入数据（2）*

回到案例，如果要把2季度的数据也快速录入表格，那么应该怎么做呢?

有了前面的经验，很容易想到，只要使用对应的向右填充按钮或快捷键就可以向右批量录入数据。选择相应单元格区域，在【开始】选项卡中单击【填充】按钮，选择【向右】选项。

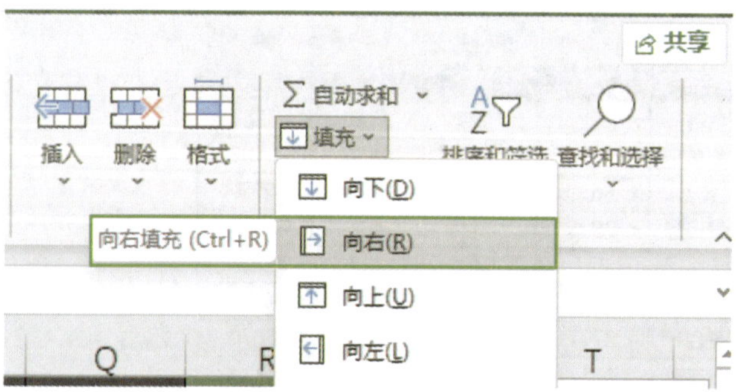

* 向右批量录入数据（1）*

❶ 按住【Ctrl】键，批量选中图中两处框线区域。

❷ 按【Ctrl+R】快捷键即可批量录入数据。

	A	B	C	D	E	F	G	H	I	J
1	城市	item	1月	2月	3月	1季度	4月	5月	6月	2季度
2	北京	销售目标	1539	1022	1720	4281	660	2787	2399	
3		销售实际	1000	347	1135	2482	541	1114	1319	
4		**达成率**	**65%**	**34%**	**66%**	**58%**	**82%**	**40%**	**55%**	
5	上海	销售目标	2506	662	437	3605	2293	843	2363	
6		销售实际	927	575	222	1724	756	396	1110	
7		**达成率**	**37%**	**87%**	**51%**	**48%**	**33%**	**47%**	**47%**	
8	深圳	销售目标	2207	2723	1440	6370	1522	1630	690	
9		销售实际	1257	2151	806	4214	1263	1483	641	
10		**达成率**	**57%**	**79%**	**56%**	**66%**	**83%**	**91%**	**93%**	
11	长沙	销售目标	433	1118	2758	4309	2083	373	2059	
12		销售实际	324	536	1268	2128	1416	227	1070	
13		**达成率**	**75%**	**48%**	**46%**	**49%**	**68%**	**61%**	**52%**	

将1季度的计算公式填充到右侧空白单元格区域中

	A	B	C	D	E	F	G	H	I	J
1	城市	item	1月	2月	3月	1季度	4月	5月	6月	2季度
2	北京	销售目标	1539	1022	1720	4281	660	2787	2399	5846
3		销售实际	1000	347	1135	2482	541	1114	1319	2974
4		**达成率**	**65%**	**34%**	**66%**	**58%**	**82%**	**40%**	**55%**	**51%**
5	上海	销售目标	2506	662	437	3605	2293	843	2363	5499
6		销售实际	927	575	222	1724	756	396	1110	2262
7		**达成率**	**37%**	**87%**	**51%**	**48%**	**33%**	**47%**	**47%**	**41%**
8	深圳	销售目标	2207	2723	1440	6370	1522	1630	690	3842
9		销售实际	1257	2151	806	4214	1263	1483	641	3387
10		**达成率**	**57%**	**79%**	**56%**	**66%**	**83%**	**91%**	**93%**	**88%**
11	长沙	销售目标	433	1118	2758	4309	2083	373	2059	4515
12		销售实际	324	536	1268	2128	1416	227	1070	2713
13		**达成率**	**75%**	**48%**	**46%**	**49%**	**68%**	**61%**	**52%**	**60%**

* 向右批量录入数据（2）*

2.2 批量填充序号

在表格中录入数据时，经常需要录入各种各样的序号、编号以及与时间相关的序列。例如 1 到 1000 的序号、相等间隔的序号、产品编号、工号、快递单号、订单号、一定范围内的日期……

Excel 提供了一个自动填充的功能，用于批量填充各种序号，简单又便捷。

2.2.1 录入连续序号

连续的阿拉伯数字是工作中最常用的序号。例如下面这个案例，在【A】列快速填充序号。录入连续序号有以下 3 种方法。

	A	B	C	D	E	F
1	编号	商品名称	1/1	1/2	1/3	1/4
2	1	单片夹	36	3	6	53
3	2	纽扣袋|拉链袋	49	18	31	1
4		信封	13	28	24	68
5		请柬激光打印纸	82	10	56	24
6		请柬激光打印纸	38	73	11	50
7		N次贴	43	19	97	51
8		铅笔	85	41	81	72
9		文件柜	1	12	44	55
10		标价机	88	8	95	58

↓

	A	B	C	D	E	F
1	编号	商品名称	1/1	1/2	1/3	1/4
2	1	单片夹	36	3	6	53
3	2	纽扣袋|拉链袋	49	18	31	1
4	3	信封	13	28	24	68
5	4	请柬激光打印纸	82	10	56	24
6	5	请柬激光打印纸	38	73	11	50
7	6	N次贴	43	19	97	51
8	7	铅笔	85	41	81	72
9	8	文件柜	1	12	44	55
10	9	标价机	88	8	95	58

* 录入连续序号 *

拖曳填充

选中单元格后，其右下角会显示一个小方块，叫作填充柄。

❶ 将鼠标指针移至序号单元格右下角，当鼠标指针变成黑色十字形状时，向下拖曳填充柄。

❷ 单击浮动图标，选择【填充序列】选项，自动生成连续序号。

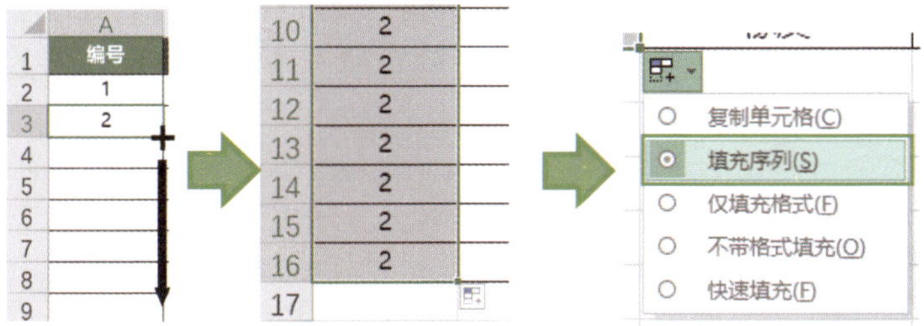

* 拖曳填充操作步骤 *

结合填充菜单还能实现复制单元格、仅填充格式等操作。拖曳填充柄不仅能填充连续的数字，还能填充其他包含数字的编号。例如："第 1 章、第 2 章、第 3 章……""2017/10/1、2017/10/2、2017/10/3……"。

双击填充

如果表格中的数据有成百上千行，甚至上万行，用拖曳的方式向下填充就很麻烦了。此时，可以用双击填充柄的操作替代向下拖曳操作，两者的原理是一样的，只要当前单元格有包含数字的数据，双击填充柄就能将当前单元格中的数据填充到最后一行，然后选择【填充序列】选项。

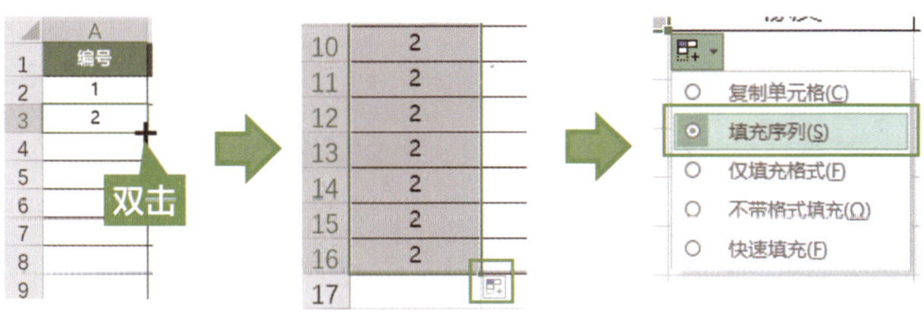

* 双击填充操作步骤 *

序列填充

如果数据比较多，且对序列的生成有明确的数量、间隔要求，则可以在【序列】对话框中先设置好条件，然后单击【确定】按钮，按照指定的条件自动生成序列。例如，想要自动生成 1~100 的序号，操作步骤如下。

❶ 选中数字 1 所在的单元格。

❷ 单击【开始】选项卡中的【填充】按钮，选择【序列】选项。

❸ 在打开的【序列】对话框中将序列方向设置为【列】,【类型】设置为【等差序列】,【步长值】设置为【1】,【终止值】设置为【100】。单击【确定】按钮，就能自动生成 1~100 的序号了。

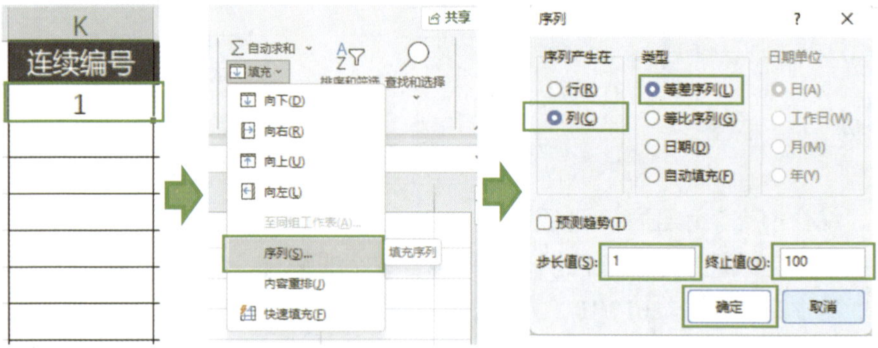

* 序列填充操作步骤 *

2.2.2 使用自定义序列录入文本序号

如果要对某些有固定顺序的文本进行排序，那么使用 Excel 内置的排序方式根本无法实现。例如对中文名次进行排序等。这个时候就需要使用自定义的方式进行排序。

* 文本序号无法批量填充 *

要批量录入这种自带逻辑关系的数据，需要使用新增自定义序列的方法。

❶ 单击【文件】选项卡，选择【选项】选项。

❷ 在打开的【Excel 选项】对话框中选择【高级】选项，将右侧滚动条拖曳到最下方，单击【编辑自定义列表】按钮。

❸ 在【输入序列】区域中输入【第一名】至【第十名】，名次之间换行隔开，输入完毕后依次单击【添加】按钮和【确定】按钮。

设置完毕后，使用拖曳填充的方法就能够填充文本序号了。

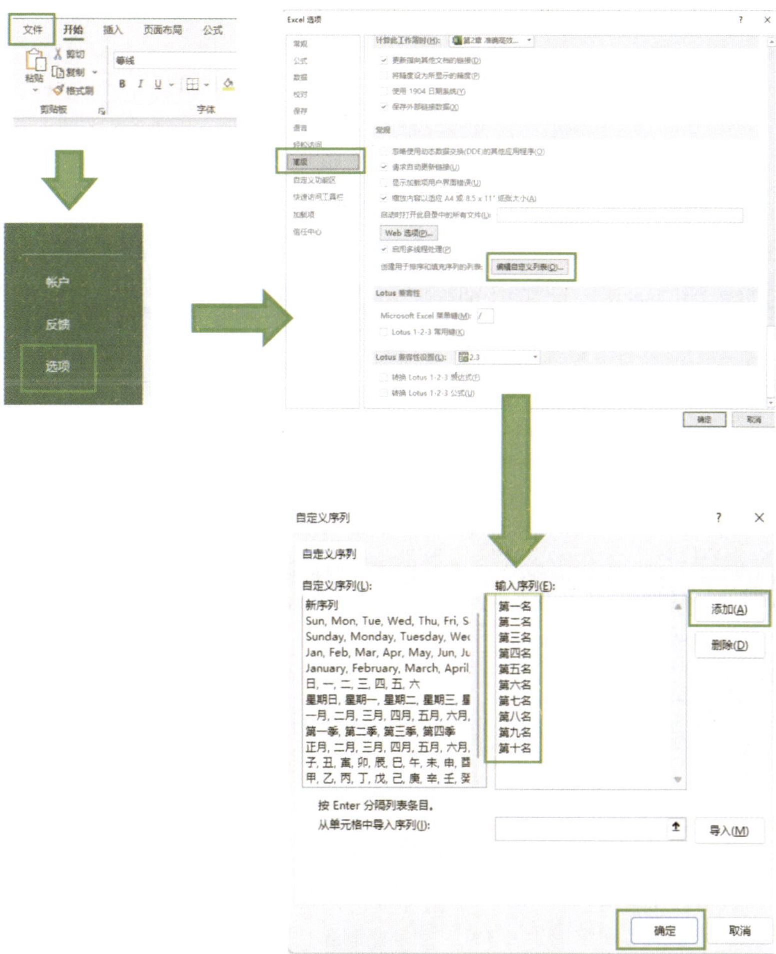

* 自定义序列操作步骤 *

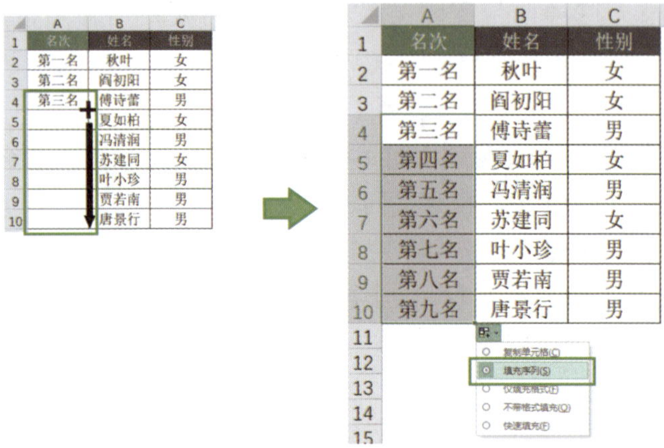

* 快速填充文本序号 *

虽然设置步骤稍多，但好处是只用设置一次，以后如果遇到了同类型的序列，就可以直接调用设置好的自定义序列，这是一劳永逸的方法。

除了添加文本序号外，自定义序列功能还支持添加非数字类型的逻辑序列，例如，部门信息、岗位级别等，以满足定制化的排序需求，后续章节讲解排序相关的知识点时，也会用到该功能。

2.3 调整格式，不再重复操作

数字格式类型	显示效果
常规	43260
短日期格式	2018/6/9
长日期格式	2018年6月9日
数值格式	43260.00
货币格式	¥43,260.00
会计格式	¥ 43,260.00
百分比	4326000.00%
文本格式	43260

* 数字格式类型 *

Excel 中只有两种数据：文本和数字。其中，日期和时间都是特殊的数字。

下面的案例中，为什么 2018 年 6 月 9 日会变成数字 43260 呢？

这是因为系统的起始日期是 1900 年 1 月 1 日，从这个日期开始算，以天为单位，24 小时即 1 天，累计数字 1，从而得到代表 2018 年 6 月 9 日的日期序数为 43260。同理，时间以 24 小时为 1 折算成小数。

既然 Excel 中只有两种数据，那么应该如何区分数字与文本呢？

两者之间最明显的区别是，在默认状态下输入数据，文本自动靠左对齐，数字自动靠右对齐。这是外观的区别。

两者之间的本质区别是：数字能进行数学运算，而文本不能进行数学运算。

之所以要通过数学运算来区分数字和文本，是因为数字有真假之分，通常把以文本形式存储的数字称为“假数字”。

一般的假数字比较容易辨认，除了会自动左对齐以外，其所在单元格左上角还会显示一个绿色的小三角形，将鼠标指针悬停在小三角形上后，点开标记就可以看到这些数字是以文本形式存储的，它们会影响数学运算的结果。

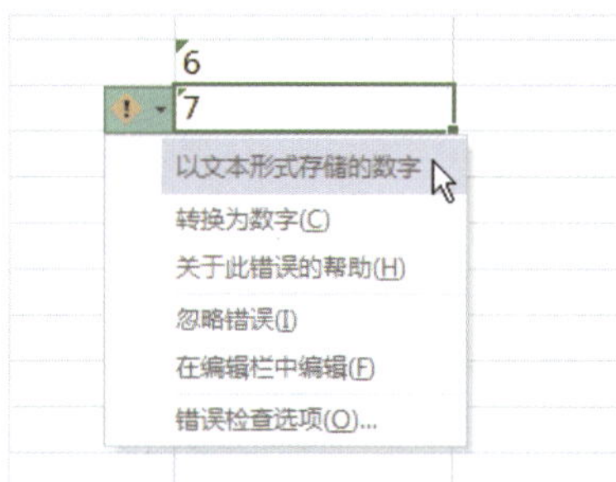

* 假数字 *

假数字的显示效果是不受数字格式影响的，而真数字则可以随意更改格式。

在【开始】选项卡中可以修改单元格或单元格区域的数字格式，从而改变数字的最终显示效果。

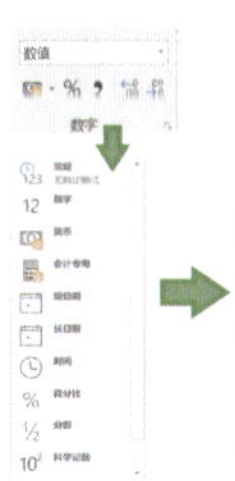

数字格式类型	显示效果
常规	43260
短日期格式	2018/6/9
长日期格式	2018年6月9日
数值格式	43260.00
货币格式	¥43,260.00
会计格式	¥ 43,260.00
百分比	4326000.00%
文本格式	43260

* 不同数字格式的显示效果 *

鉴于数字有“易容”的特性，在输入数字时就不用考虑太多显示效果，甚至可以省去一些重复性、装饰性的字符。可以通过调整数字格式来批量修改数字的外观，从而兼顾输入效率和显示效果。

单击【开始】选项卡中【数字】选项组右下角的小箭头◳，可打开【设置单元格格式】对话框，默认显示的是【数字】选项卡。

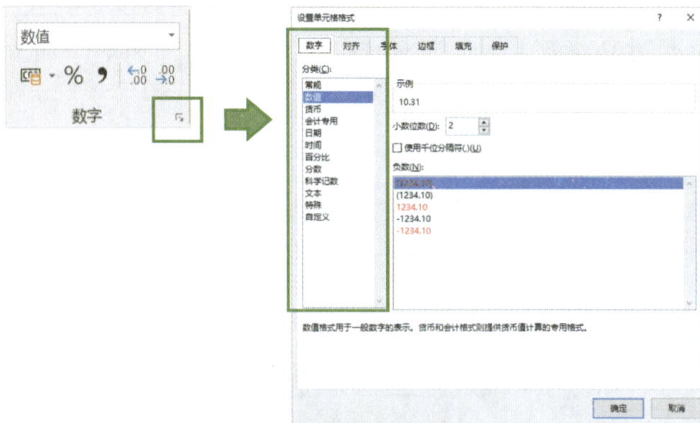

【数字】选项卡

左侧的【分类】列表框中有一系列内置的数字格式，比【开始】选项卡提供的常用格式更加丰富。只要选中某个分类，然后在右侧配置相应选项，单击【确定】按钮就能将当前选中区域中内容的格式更改为新的数字格式。在配置选项时，可以在示例栏中实时看到相应的显示效果。

除了这些内置的数字格式外，如果想得到更多效果，可以自定义数字格式。

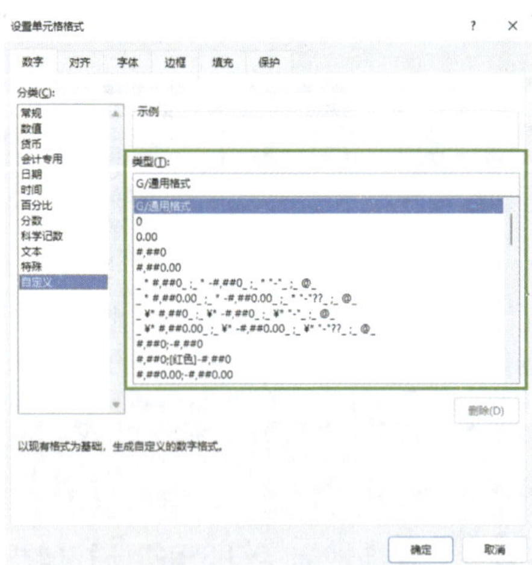

自定义数字格式

不要被众多的符号吓到了，这里并不需要编辑格式代码。只要了解常用的格式代码符号，就能大概看懂预设的格式类型了。

编号	格式代码	作用	应用前	举例	应用后
1	0	数字占位(补0)	12	000	012
2	#	数字占位(不补0)	12	###	12
3	.	小数点	12.3	0.00	12.30
4	,	千位符	1234456	0,000	1,234,456
5	?	空格占位符	12.3	?.??	12.3

* 常用格式代码对照表 *

不需要刻意去记这些格式，在丰富的内置分类的基础上进行调整就能得到想要的格式。

2.3.1 录入数字格式的数据

视频案例

下面介绍几种常见的录入数字格式数据的方法。

数字补 0

为了确保位数统一，很多编号都带有前导 0，如区号、邮编、订单号等。但是在 Excel 中输入完整的编号后，数字前面的 0 却都消失了，这是为什么呢?

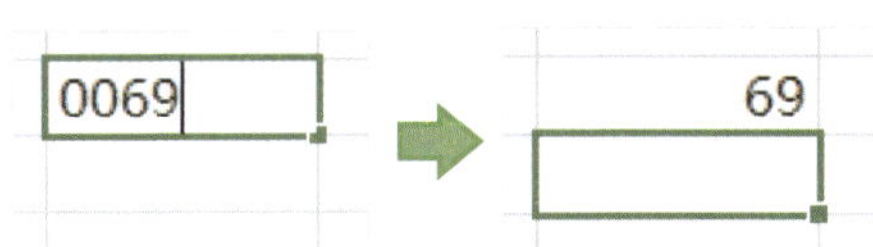

* 自动消失的前置数字 0*

原来，在 Excel 中输入数据时，Excel 都会先“看”一眼是什么类型的数据。它认为，0069 应该是一个数字，但是按照国际惯例，数字前面都不应该带 0，于是自动把前面占位的 0 给去掉了。使用什么方法可在输入此类编号时保留前面的 0 呢? 有以下两种方法。

第一种方法是以文本形式输入数字，也就是输入假数字。

❶ 选中要输入数字的单元格区域，将单元格格式设置为文本格式。

❷ 在【A2】单元格中输入【0001】，按【Enter】键后，双击或者下拉填充柄进行填充。

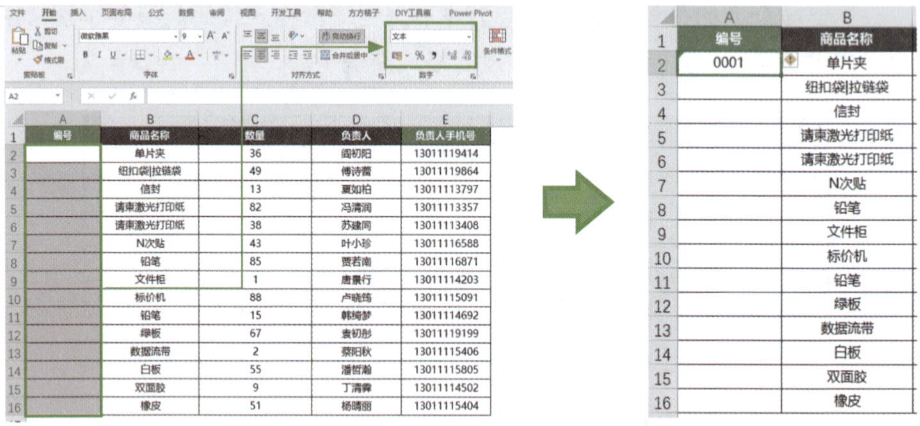

* 以文本形式输入数字 *

第二种方法是使用自定义数字格式输入数字。这里要用到数字占位符。

编号	格式代码	作用	应用前	举例	应用后
1	0	数字占位(补0)	12	000	012
2	#	数字占位(不补0)	12	###	12
3	.	小数点	12.3	0.00	12.30
4	,	千位符	1234456	0,000	1,234,456
5	?	空格占位符	12.3	?.??	12.3

* 常用格式代码对照表 *

❶ 选中要输入数字的单元格区域，单击【开始】选项卡中【数字】选项组右下角的小箭头。

❷ 在打开的对话框中选择【分类】列表框中的【自定义】选项。

❸ 在【类型】文本框中输入【0000】，单击【确定】按钮。

❹ 在【A2】单元格中输入数字【1】。

❺ 按【Enter】键后自动显示为 0001。

❻ 选择【A2】单元格，拖曳单元格右下角的填充柄，向下填充 0001 数字到【A16】单元格。

❼ 单击右下角的【自动填充选项】图标，选择【填充序列】选项。

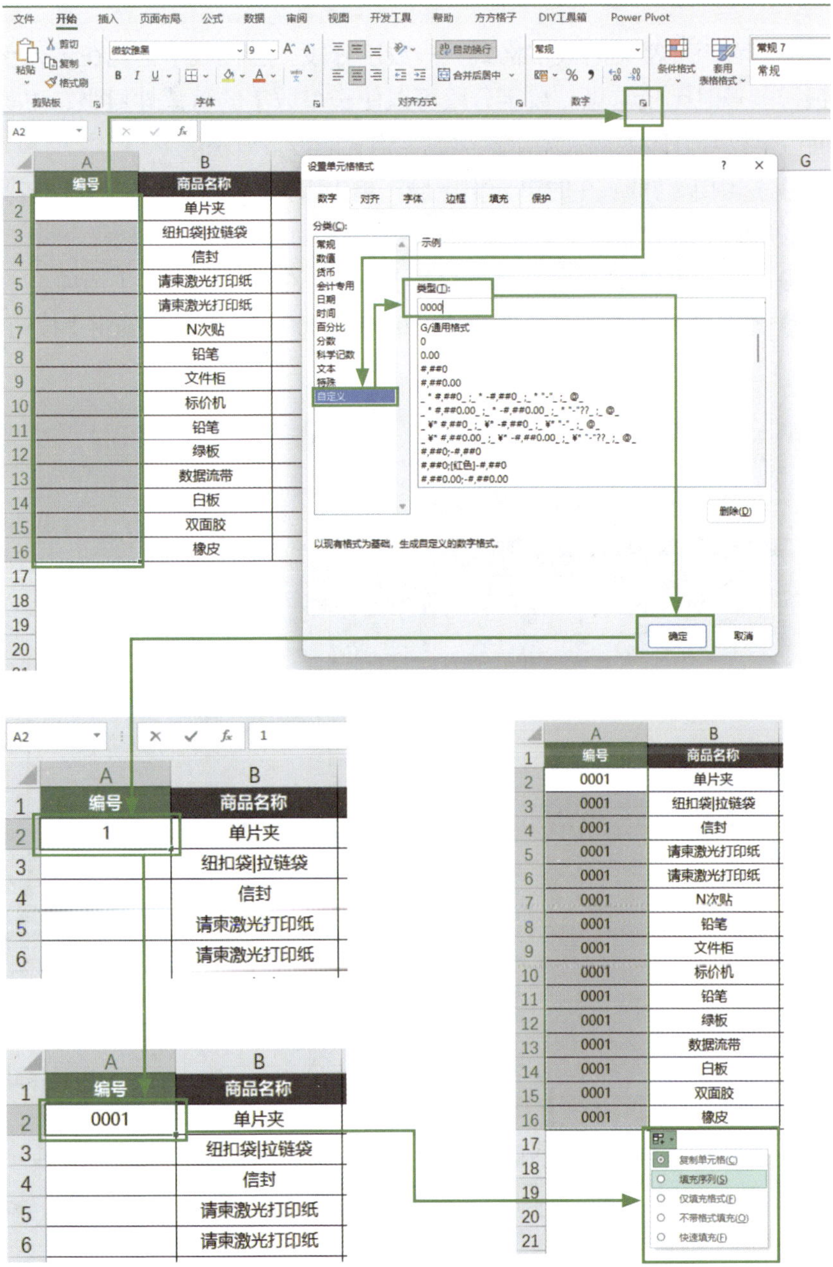

* 使用自定义数字格式输入数据 *

手机号分段

再来看一种常见的数字格式——数字分段。这种数字格式在录入手机号和银行卡号时比较常见。数字分段可以使长串数字的可读性更强、更美观，下面以手机号分段为例来演示这类数字格式的设置方法。

❶ 选中手机号所在的单元格区域，单击【开始】选项卡中【数字】选项组右下角的小箭头⧅。

❷ 在打开的对话框中选择【分类】列表框中的【自定义】选项。

❸ 在【类型】文本框中输入【000-0000-0000】，单击【确定】按钮。

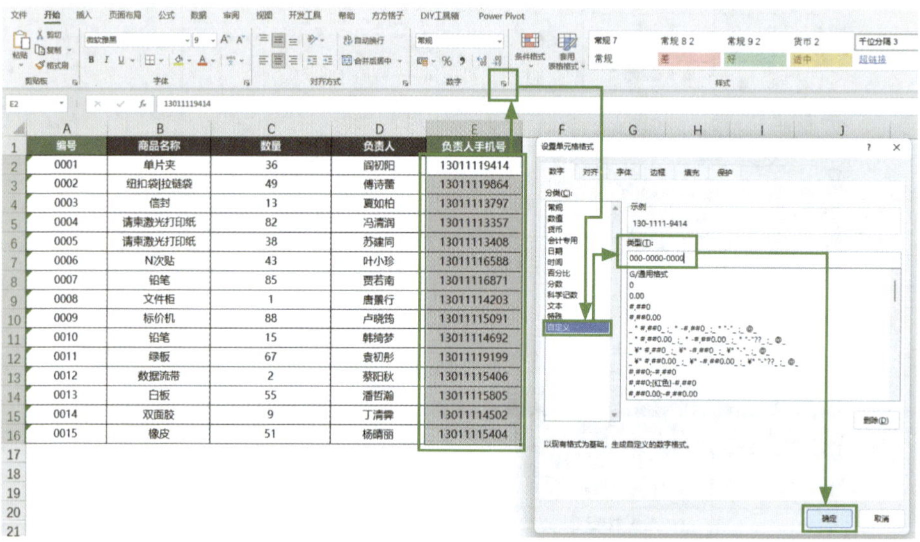

* 自定义数字分段的格式 *

2.3.2 录入日期格式的数据

日期是 Excel 中最特别的数字。如果日期输入不当，就会给后续的统计工作带来很多麻烦。标准的日期格式是用斜杠隔开年、月、日，如“2019/5/20”。

录入不同格式的日期

以标准的日期格式输入日期，当月和日是个位数时，月和日就会只显示一位数字。如此一来，日期就显得参差不齐，如何才能对齐不同日期？

将数字格式统一修改为 yyyy/mm/dd 格式，这样当输入的月和日是一位数时，就会自动补齐为两位数。

❶ 选中日期所在的单元格区域，单击【开始】选项卡中【数字】选项组右下角的小箭头⧅。

❷ 在打开的对话框中选择【分类】列表框中的【自定义】选项。

❸ 在【类型】文本框中输入【yyyy/mm/dd】，单击【确定】按钮。

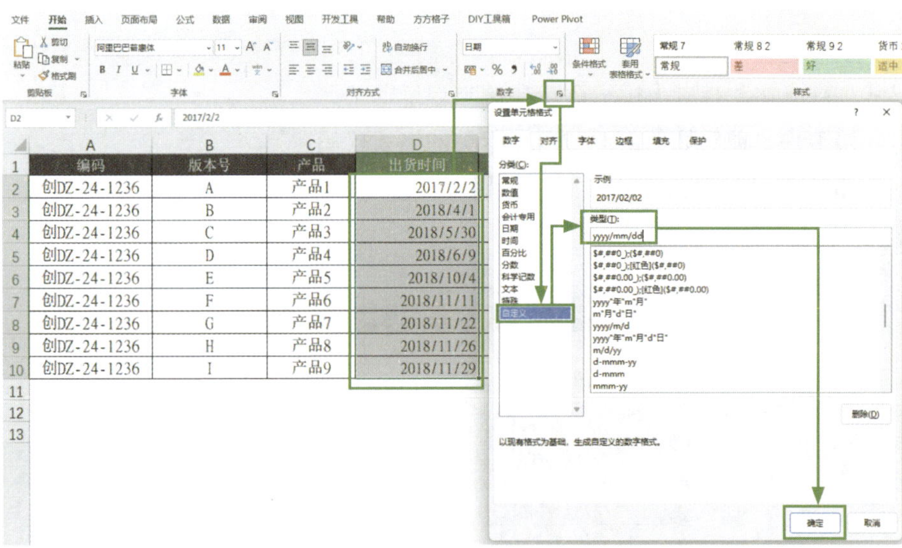

* 自定义日期格式 *

这用到了什么原理？y、m、d 分别代表什么呢？

y 是 year 的缩写，代表年；m 是 month 的缩写，代表月；d 是 day 的缩写，代表日。而 yyyy/mm/dd 就是在标准的日期格式的基础上，强制月和日都显示为两位数，这样日期就可以排列得整整齐齐了。

在自定义日期格式时，除了 y、m、d 这类代表年、月、日的日期格式代码外，还有一些常用的日期和时间格式代码。

编号	格式代码	作用	应用前	单元格格式	应用后
1	ymd	日期占位符	2021/2/9	yyyy.mm.dd	2021.02.09
2	hms	时间占位符	17:54	hh时mm分ss秒	17时54分23秒
3	aaa	转义字符	2021/2/9	aaaa	星期二
4	hms	时间占位符	1900/1/1	[hh]:mm:ss	25:54:23
5	hms	时间占位符	1900/1/1	d hh:mm:ss	1 01:54:23

* 常用日期和时间格式代码对照表 *

别被这些代码吓到了，格式代码不需要记，只要懂得选用内置分类里的格式，并能在此基础上进行观察和调整就足够了。

接下来，看看如何使用与日期相关的格式代码。

如果要根据下图中的日期推算星期几和月份，就可以借助日期格式代码来完成。

	D	E	F
1	出货时间	星期	月份
2	2017/02/02		
3	2018/04/01		
4	2018/05/30		
5	2018/06/09		
6	2018/10/04		
7	2018/11/11		
8	2018/11/22		
9	2018/11/26		
10	2018/11/29		

先录入日期对应的星期几数据。

❶ 在【E2】单元格中输入公式【=D2】，向下填充公式，将【D】列中的日期引用过来。

❷ 在【E】列日期被选中的状态下，打开【设置单元格格式】对话框。

❸ 选择【分类】列表框中的【自定义】选项。

❹ 在【类型】文本框中输入【aaa】，查看常用日期和时间格式代码对照表可知，aaa 代表星期。

❺ 单击【确定】按钮。

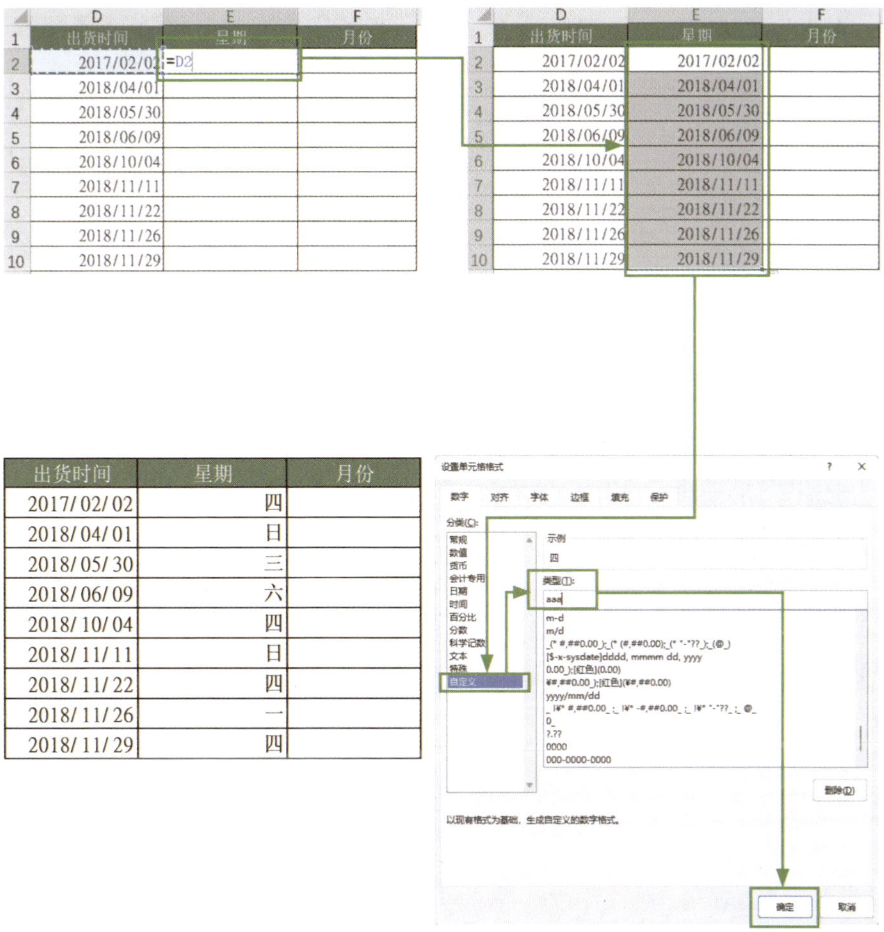

* 自定义日期格式 *

接下来录入日期对应的月份。

❶ 在【F2】单元格中输入公式【=D2】，向下填充公式，将【D】列中的日期引用过来。

❷ 在【F】列日期被选中的状态下，打开【设置单元格格式】对话框。

❸ 选择【分类】列表框中的【自定义】选项。

❹ 在【类型】文本框中输入【m 月】。

❺ 单击【确定】按钮。

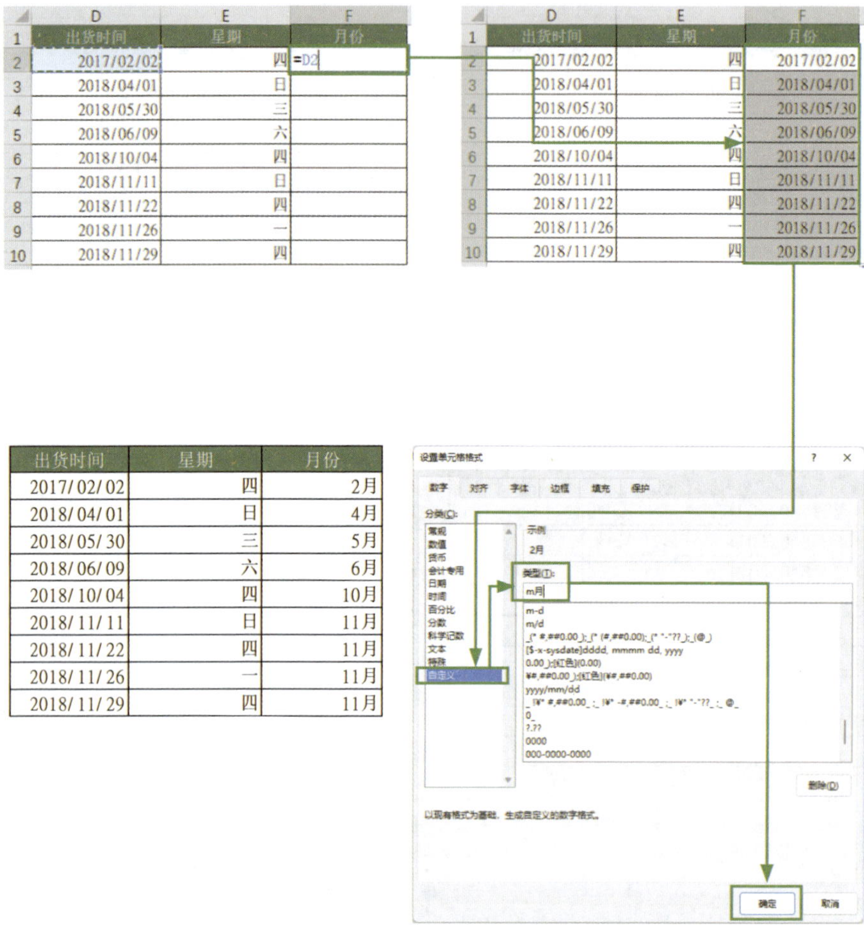

* 自定义日期格式 *

2.3.3 录入文本格式的数据

录入文本格式的数据比录入数字格式的数据要简单一些，常见的需求有添加前缀或后缀，或者在原有文本的基础上添加一些符号，例如书名号等。

文本占位符

下面参考生产部的文本格式，批量给其他部门加上公司信息。

	A	B	C
1	编号	申请部门	申请人
2	1	秋叶集团-办公教育事业部-武汉分区-生产部	张三
3	2	市场部	夏如柏
4	3	营销部	冯清润
5	4	研发部	苏建同
6	5	客服部	叶小珍
7	6	工程部	李四

* 给文本批量添加前缀 *

这里需要用到文本占位符“@”。

编号	格式代码	作用	举例	应用前	应用后
1	@	文本占位符	《@》	秋叶	《秋叶》
2	""	引用文本	0"个"	12.3	12个
3	!	转义字符	0!.0	1234456	123445.6

* 文本格式代码对照表 *

“@”作为文本占位符，可以用来替代任意数量的文本。

❶ 双击【B2】单元格进入编辑模式，选中公司信息文本，按【Ctrl+C】快捷键进行复制。

❷ 选中需要自定义文本格式的数据区域（【B3:B7】单元格区域）。

❸ 打开【设置单元格格式】对话框，选择【自定义】选项。

❹ 在【类型】文本框中按【Ctrl+V】快捷键，将复制的公司信息粘贴进来。

❺ 在公司信息后面输入文本占位符【@】。

❻ 单击【确定】按钮。

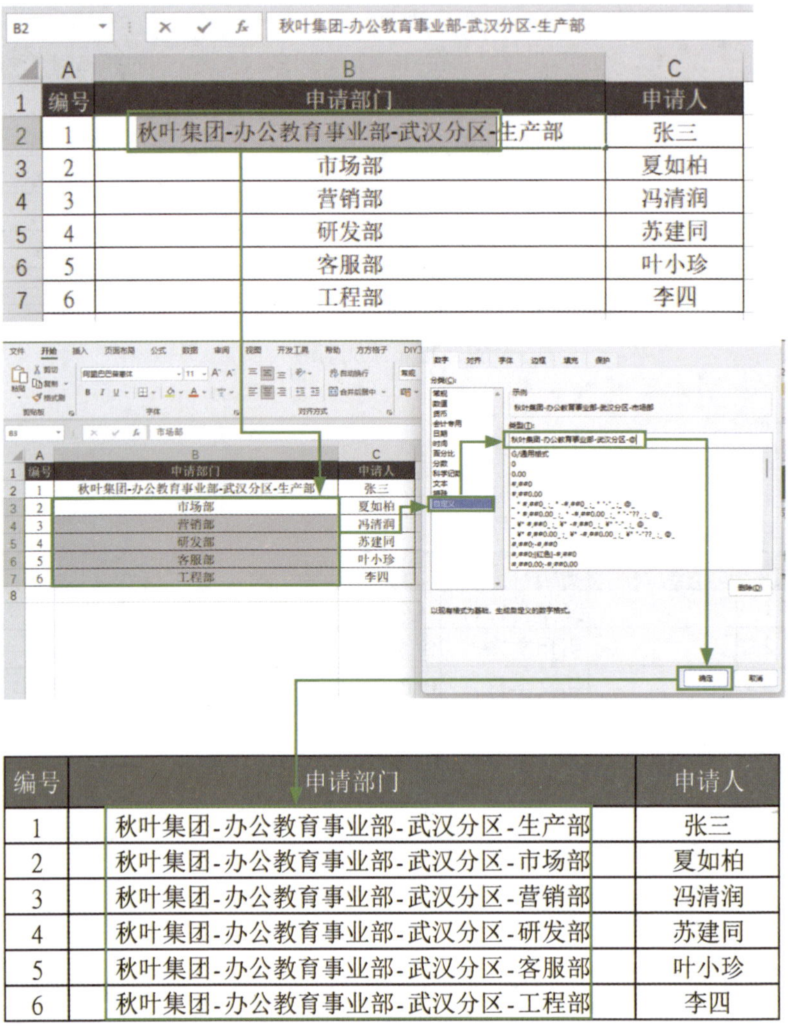

* 自定义文本格式 *

2.4 填写选项，就用下拉列表

“嘟……嘟……嘟……您所拨打的电话号码不存在！”公司的员工信息表里记录的手机号码居然打不通！仔细一看，原来这个手机号码只有 10 位数。

工作中经常会出现类似的数据错误。尽管录入数据的时候仔细检查了，但最后还是会出错。那么还能采取什么预防措施来尽量减少填写错误呢？

答案是数据验证。这项功能主要有 3 个用途：选择填空、出错警告和预先提醒。

2.4.1 选择填空最保险

将那些经常使用、不会频繁变动的数据设置成下拉列表，不仅能够提高输入效率，还能有效限定填写内容，确保这些内容规范。

数据验证

下拉列表的制作思路是将分类项目单独放在一份参数表中，然后通过数据验证功能引用这些参数并将其作为数据源，具体设置方法如下。

❶ 选中要设置条件格式的单元格区域【B2:B9】。

❷ 单击【数据】选项卡中的【数据验证】按钮，打开【数据验证】对话框。

❸ 将【验证条件】中的【允许】设置为【序列】。

❹ 设置数据来源，单击【来源】文本框右侧的向上箭头，选定提前准备好的费用类型区域。

❺ 单击【确定】按钮完成数据验证的设置。

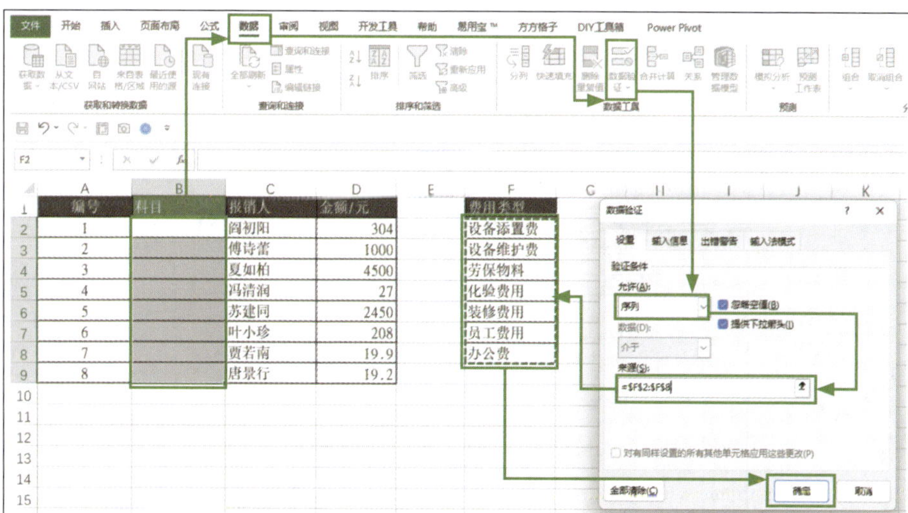

* 创建下拉列表 *

这样就能够通过选择下拉列表中的选项来完成数据的录入了。

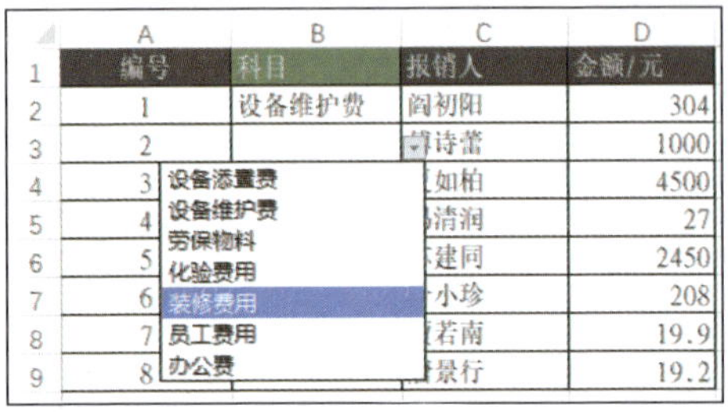

* 下拉列表效果 *

动态更新下拉列表

前面提到过，下拉列表适用于录入那些经常使用、不会频繁变动的数据。例如部门、产品类别、型号、省市等相对固定的分类信息，都可以利用下拉列表限定输入的内容。

但在实际工作中，数据难免会有一些增减变化。例如，在费用类型中增加“招待费”和“差旅费”，如果每次变动都重新设置一次，那就太麻烦了，有没有办法能够让下拉列表动态更新呢?

这里有一个简单的诀窍，只需要将参数表转换成智能表格，借助智能表格能自动扩展数据范围的特点，就能让下拉列表动态更新了。

❶ 选中单元格区域【F1:F8】。

❷ 单击【插入】选项卡中的【表格】按钮。

❸ 在弹出的【创建表】对话框中确认表数据的来源并勾选【表包含标题】复选框。

❹ 单击【确定】按钮。

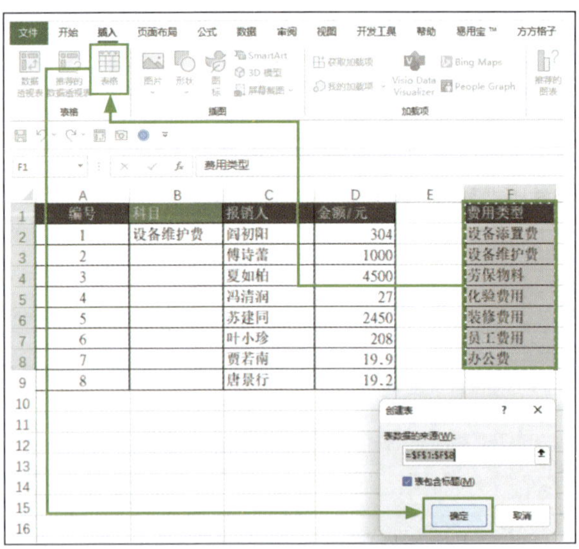

* 将参数表转换成智能表格 *

设置完毕后在【费用类型】列输入【差旅费】和【招待费】，输入完毕后展开下拉列表，就会发现新增的两项费用已经在下拉列表中了。

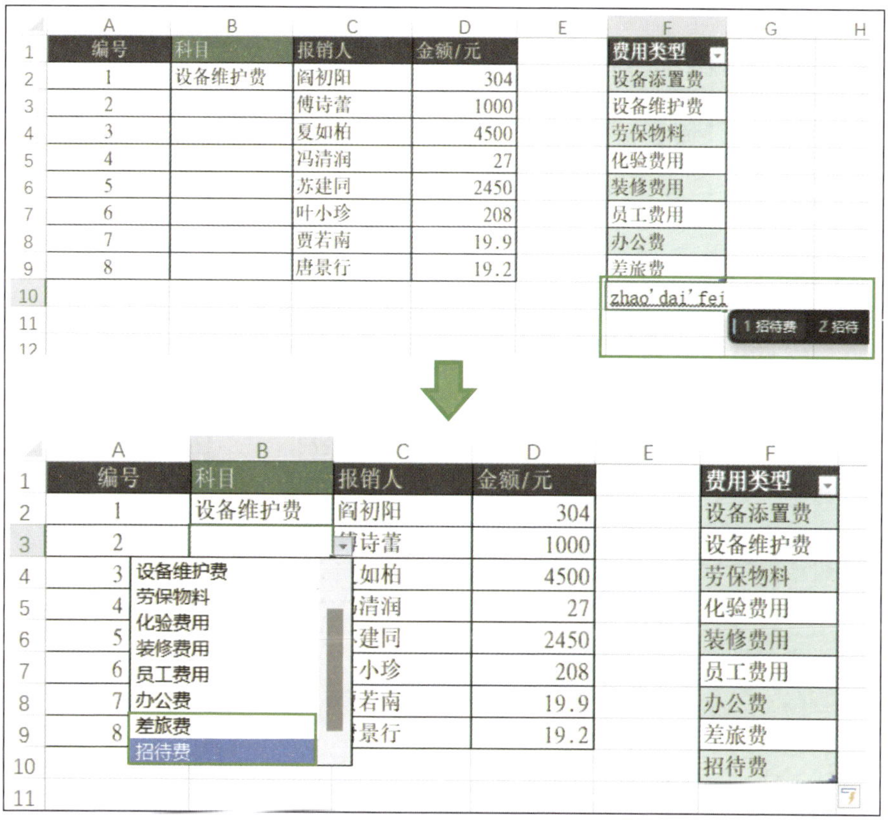

* 下拉列表动态更新效果 *

删除数据验证

如果要删除某个数据验证，只需要选中要删除数据验证的区域，打开【数据验证】对话框，清除设置好的数据验证就可以了。

❶ 选中要删除数据验证的区域。

❷ 单击【数据】选项卡中的【数据验证】按钮。

❸ 在打开的【数据验证】对话框中单击【全部清除】按钮，再单击【确定】按钮。

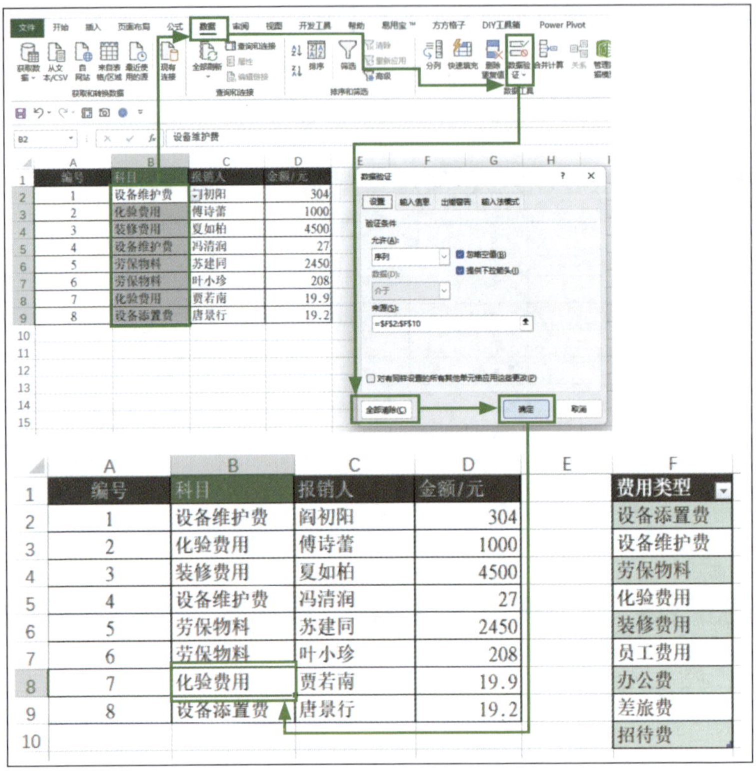

* 删除数据验证 *

2.4.2 出错警告

当输入的内容与预设的下拉列表中的内容不一致时，Excel 会自动弹出出错警告对话框，提示输入的内容与单元格定义的数据验证限制不匹配。

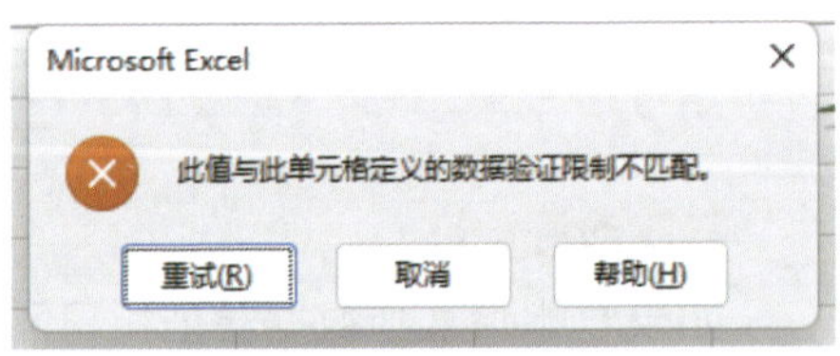

*Excel 默认的错误警告 *

为了让出错警告更加通俗易懂，可以对其内容进行设置。

修改出错警告的内容

要在输错数据时让 Excel 自动发出警告，需要预先设置验证条件，这是前提，例如已经设置好的下拉列表就是一种验证条件，在这个前提下，下面介绍如何修改出错警告的内容。

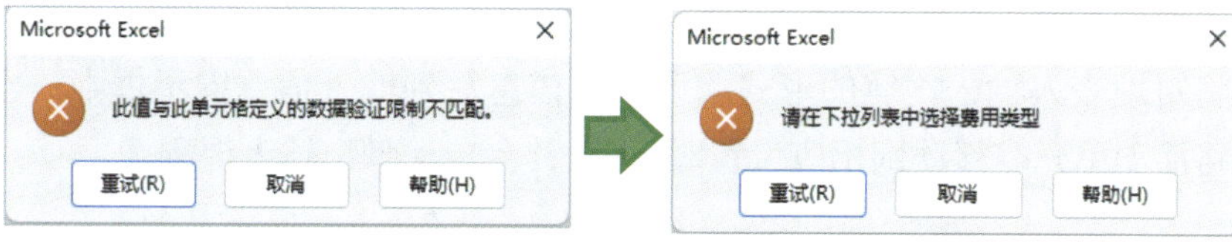

* 自定义出错警告内容 *

❶ 选中需要设置出错警告的单元格区域。

❷ 单击【数据】选项卡中的【数据验证】按钮，打开【数据验证】对话框。

❸ 选择【出错警告】选项卡。

❹ 在【错误信息】文本框中输入【请在下拉列表中选择费用类型】。

❺ 单击【确定】按钮。

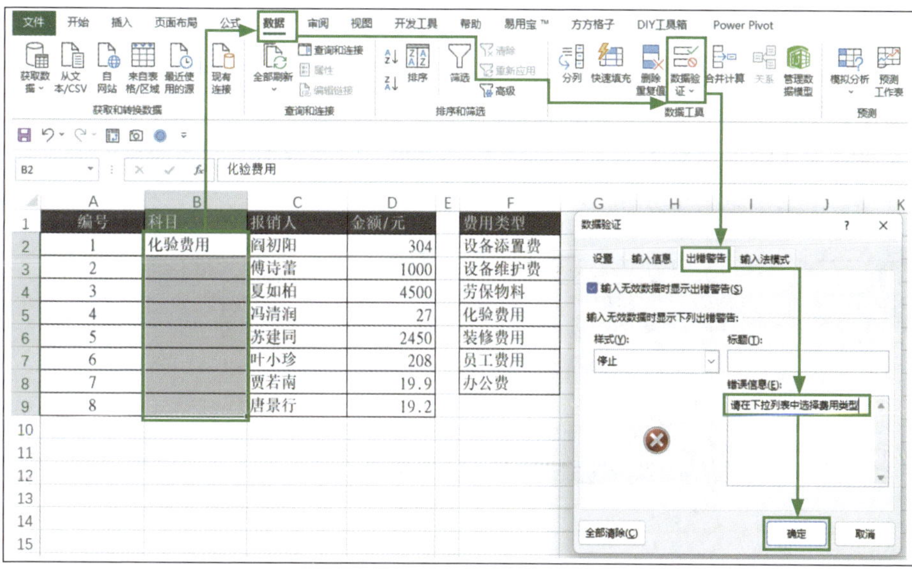

* 自定义出错警告操作步骤 *

2.4.3 输入前自动提醒

为了防止输入错误数据，除了设置下拉列表和出错警告两种方式以外，还有一种更高效的方式，那就是设置输入提醒。设置后，当选中单元格时，单元格旁边会浮现提示框，起到事前控制的作用。

设置输入提醒

将对填表人输入内容的形式、要求等信息写到输入信息提示框中，当填表人将活动单元格移动到相应位置时，Excel 会自动弹出输入提醒。

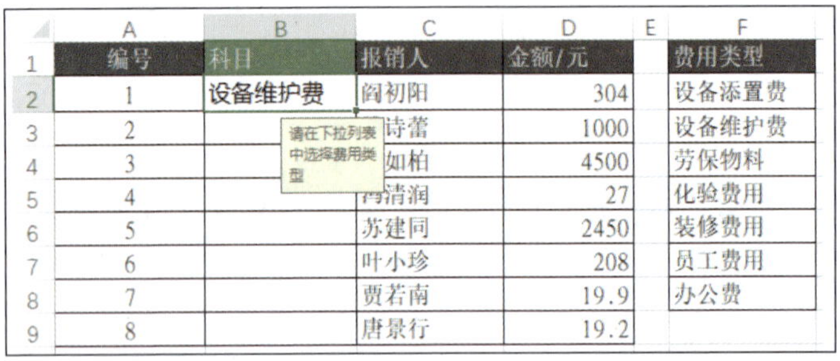

* 输入提醒 *

❶ 选中需要设置输入提醒的单元格区域。

❷ 单击【数据】选项卡中的【数据验证】按钮，打开【数据验证】对话框。

❸ 选择【输入信息】选项卡。

❹ 在【输入信息】文本框中输入【请在下拉列表中选择费用类型】。

❺ 单击【确定】按钮。

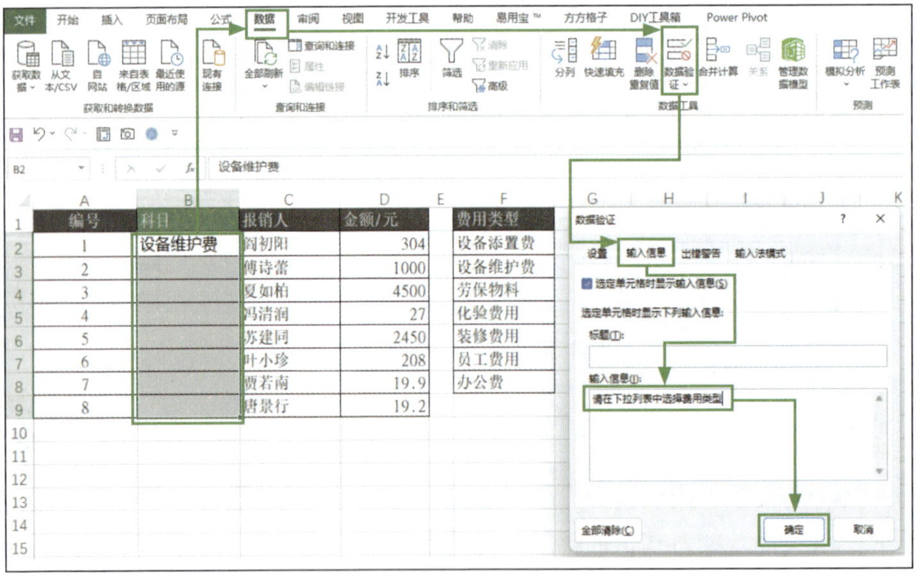

* 自定义输入提醒操作步骤 *

2.5 善用工具，批量导入外部数据

如果需要使用图片、PDF 文件或网页中的数据，那么应该如何把这些数据导入 Excel 中做成表格呢?

借用外部工具，可以快速达到目的。

2.5.1 将图片和 PDF 文件中的数据导入 Excel

要从图片中读取数据以制作成表格，可以使用光学字符识别（Optical Character Recognition，OCR）工具。

微信 OCR 小程序

❶ 打开微信，在搜索框中输入【ocr】，选择合适的小程序，以【夸克扫描王】为例，打开小程序后选择【图片转 Excel】。

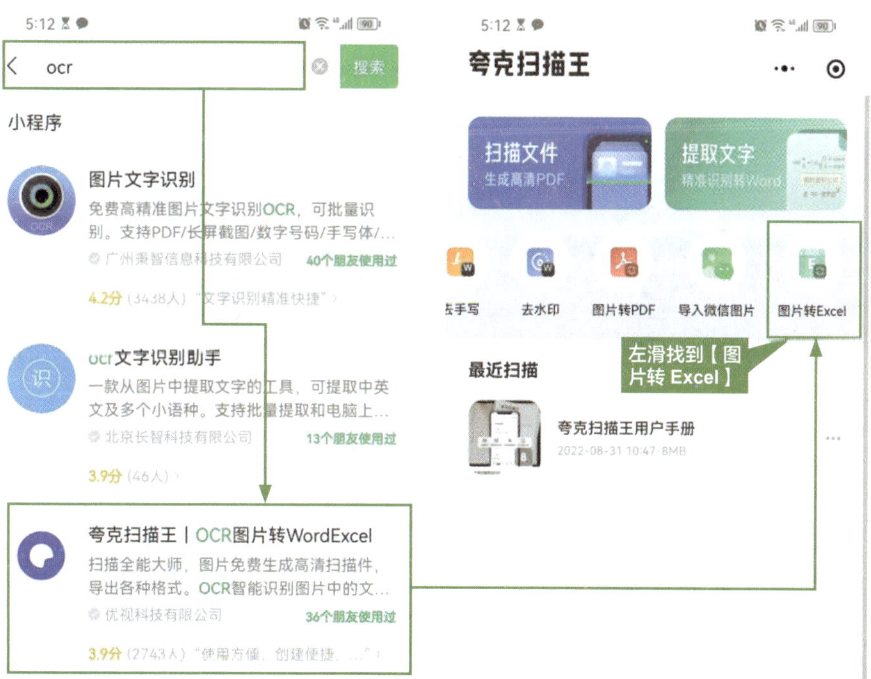

❷ 在弹出的对话框中选择以【聊天导入】【拍照】【相册导入】等方式，处理图片信息，图片处理完成后，拖动矩形框的锚点，调整图片扫描区域，

点击【确定】按钮。

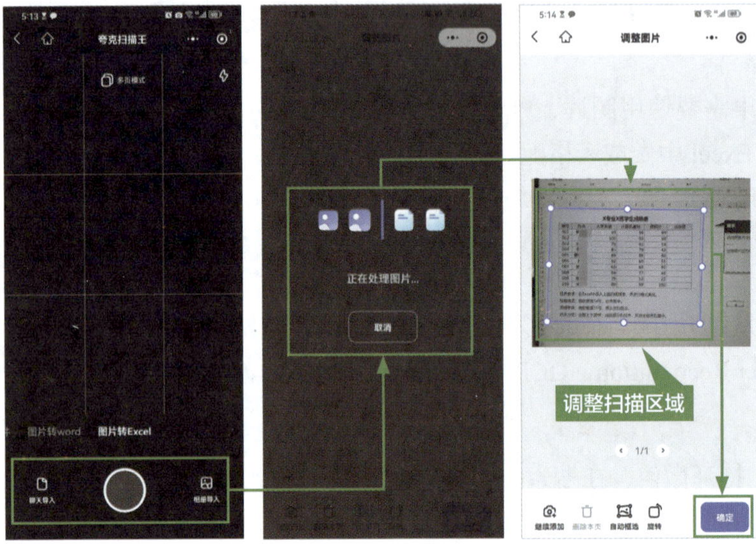

❸ 识别完毕后可以预览扫描的结果，点击右上角的【…】并选择【保存到手机】，即可以得到转换后的 Excel 文件。

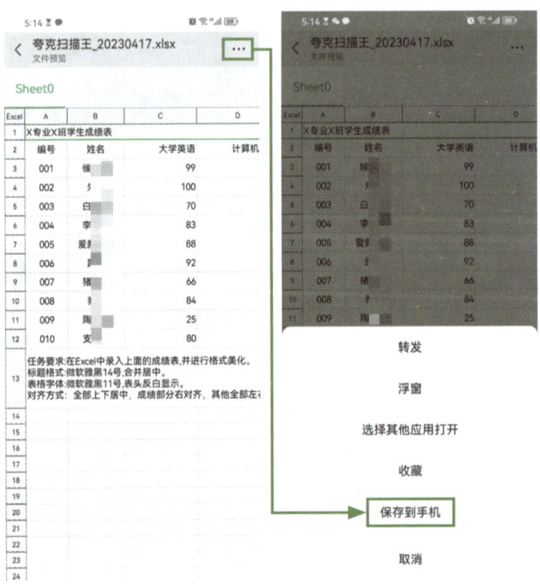

❹ PC 端收到转发的文件后，用 Excel 打开并进行后续的整理工作。

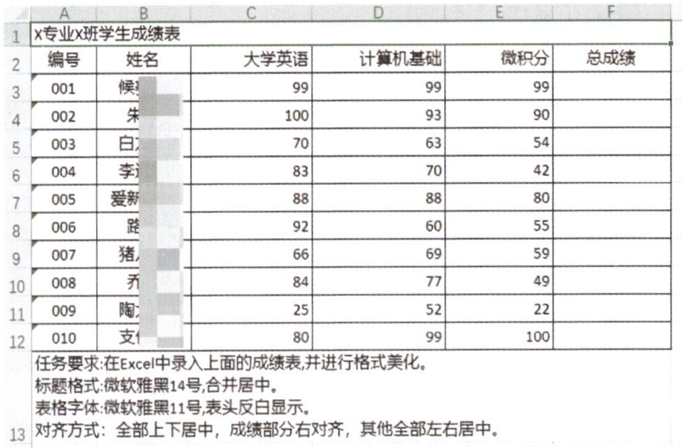

编号	姓名	大学英语	计算机基础	微积分	总成绩
001	候	99	99	99	
002	朱	100	93	90	
003	白	70	63	54	
004	李	83	70	42	
005	爱新	88	88	80	
006	路	92	60	55	
007	猪	66	69	59	
008	齐	84	77	49	
009	陶	25	52	22	
010	支	80	99	100	

x专业x班学生成绩表

任务要求:在Excel中录入上面的成绩表,并进行格式美化。
标题格式:微软雅黑14号,合并居中。
表格字体:微软雅黑11号,表头反白显示。
对齐方式：全部上下居中，成绩部分右对齐，其他全部左右居中。

* 通过微信 OCR 小程序，把图片转成 Excel 文件 *

由于微信 OCR 小程序更新迭代较快，因此不必固定使用某一款小程序，适合的才是最好的，不妨自己动手多测试几款小程序。

ABBYY FineReader

与微信 OCR 小程序类似的工具有很多，如 ABBYY FineReader，该软件识别率很高。本书篇幅所限，此处不展开介绍。

PDF 文件分为两种：一种是原始表格转换成的 PDF 文件，可以通过复制粘贴的方法，把文件中的数据粘贴到 Excel 中，复制时注意覆盖全部数据；另一种是图片转换成的 PDF 文件，该类型的数据无法直接复制，但可以先通过另存为或截屏操作把表格区域存成图片，然后再用识图工具提取数据。

记住，只要你想，自然会找到省事儿的工具和方法，关键在于你有没有这样的意识和思维。

2.5.2 将网页数据导入 Excel

很多情况下，要把一个网页里的数据导入 Excel 中，只需在【数据】选项卡中进行获取外部数据相关的操作就可以了。

❶ 单击【数据】选项卡中的【自网站】按钮，将网址粘贴到地址栏中，单击【确定】按钮。

❷ 单击【连接】按钮。

❸ 勾选【导航器】对话框中的【选择多项】复选框和【Table 0】表格。

❹ 导航器中有【表视图】和【Web 视图】两种查看表格的形式，选择想

要的形式之后，单击【加载】按钮。

PowerQuery

加载完毕后，单击【数据】选项卡中的【查询和连接】按钮，在表格右侧打开的【查询 & 连接】面板中可以找到刚才保存的网页表格数据，双击该连接，可以进入 PowerQuery 编辑器中进一步整理数据。

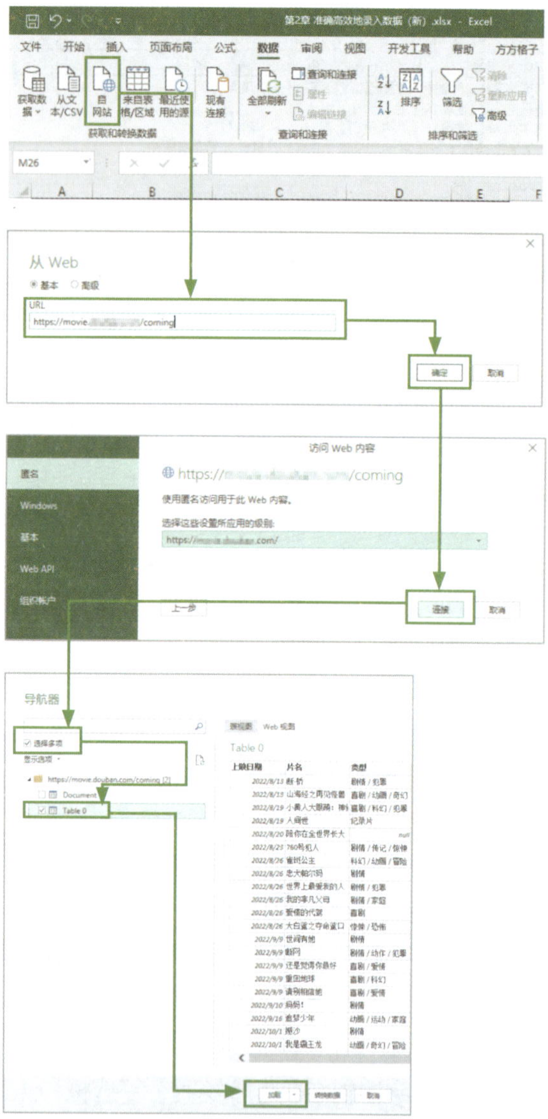

* 使用 PowerQuery 从外部网页导入数据 *

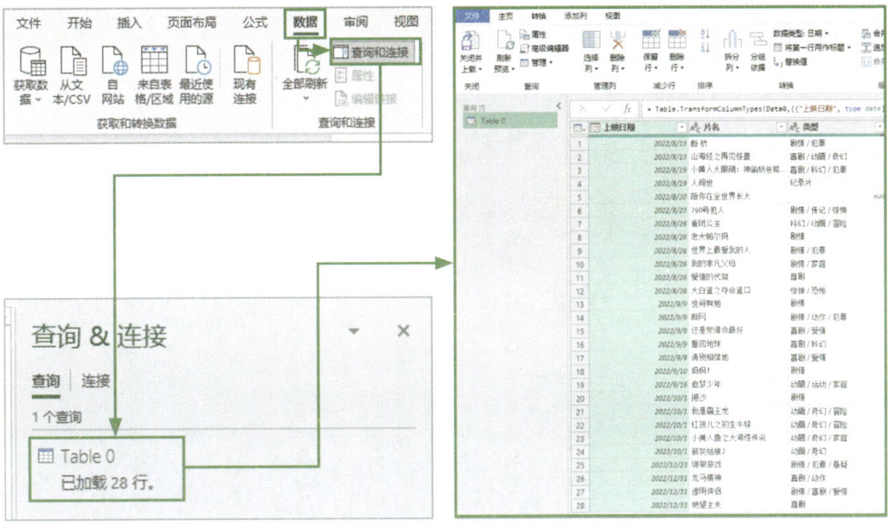

* 网页数据的查看流程 *

通过这种方式导入的数据，如果源数据有变动，不需要重新导入数据，只需单击【刷新】按钮就能自动同步数据。

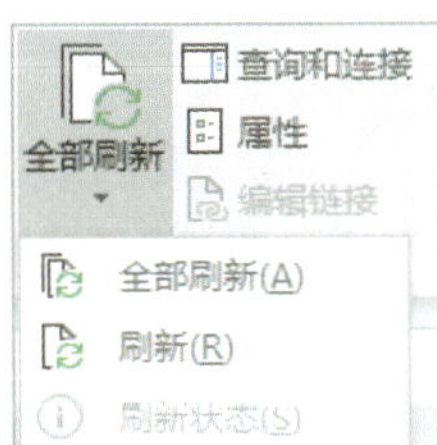

由于代码的兼容问题，个别网页中的数据可能无法导入，如果不懂编程技术，可以通过复制粘贴操作导入这些数据。

在【数据】选项卡中能够看到，Excel 还支持从文本 /CSV 文件、Access 数据文件、XML 文件等类型数据源中导入数据。

3

表格的排版与打印技巧

对表格进行排版与打印是常见的工作，回想一下你是否遇到过以下问题。

- 表格的数据量大，行列超多，浏览时不得不来回拖曳滚动条。
- 表格美化太麻烦，字体与字号、行高与列宽、框线与填充等设置起来费时又费力。
- 每页都要重复打印标题，打印预览老是多出一行，不是留白太多，就是页面太满。
- 一大堆证书、奖状、通知单要打印，却不知道如何批量操作，最后只能逐页设置。
- 发出去的表格被人改得面目全非，一不小心还会泄露公司的机密。

本章将帮你解决这些不大不小的烦心事。

3.1 表格高效浏览技巧

2017 年 1 月，一位名叫亨特·胡波斯的美国人在 YouTube 上传了一段视频，该视频的播放量已经破百万。那么他到底干了什么呢?

原来，在视频中，他一直按着【↓】键，让活动单元格从 Excel 表格的第一行移动到了最后一行。经过 9 个多小时，他得出结论，Excel 表格总共有 1048576 行。

其实，只要按快捷键【Ctrl+ ↓】，不到 1 秒就能移动到表格底部。这一招浏览表格时非常好用。

浏览数据量大的表格时，无论是拖曳滚动条，还是按方向键速度都太慢，而且拖曳滚动条不容易定位，滚动以后还看不到标题行。

要高效率地浏览数据量大的表格，有几个实用的小技巧。

3.1.1　冻结窗格

冻结窗格可以在滚动工作表时让锁定的行、列始终保持显示状态。

在【视图】选项卡中可以找到冻结窗格功能，其中的【冻结首行】和【冻结首列】都很好理解，就是分别锁定第 1 行和第 A 列，让其始终保持显示状态。如果要自定义冻结的行或列，就要用到【冻结窗格】。

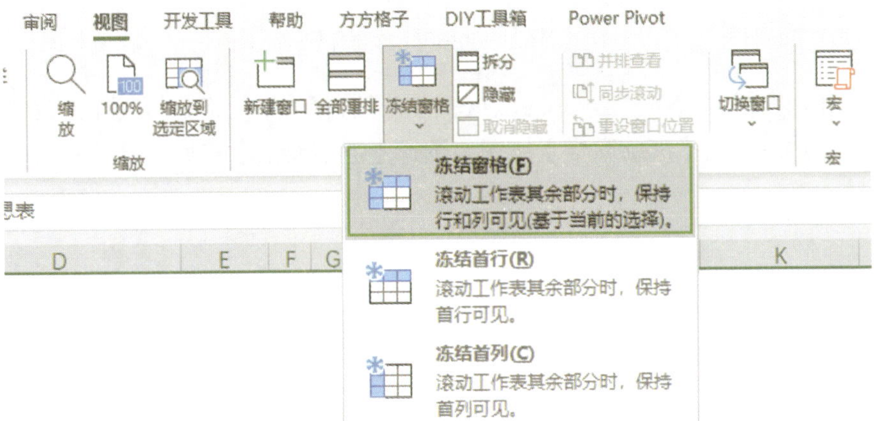

* 冻结窗格功能 *

下面来看具体的操作方法。

	D	E	F	G	H	I	J	K	L
19	448************5111	****村	1	2	207	农业家庭户	男	145****3818	广东省***县
20	448************6531	****村	1	2	207	非农业家庭户	男	151****6864	广东省***县
21	448************4801	****村	1	2	396	农业家庭户	男	133****9230	广东省***县
22	448************1552	****村	1	2	396	农业家庭户	女	158****6886	四川省***县
23	448************1772	****村	1	2	396	农业家庭户	女	154****3461	广东省***县
24	448************5101	****村	1	2	396	农业家庭户	男	153****8549	广东省***县
25	448************0531	****村	1	2	570	农业家庭户	男	153****3823	广东省***县
26	448************7952	****村	1	2	570	农业家庭户	女	152****7868	海南省***县

* 冻结窗格前的案例表格 *

冻结窗格之前，向下或向右拖曳滚动条时，看不到表格标题、数据列标题（序号、姓名、与户主关系等信息）。

冻结窗格之后，拖曳滚动条，以上信息就始终在固定的屏幕区域显示。

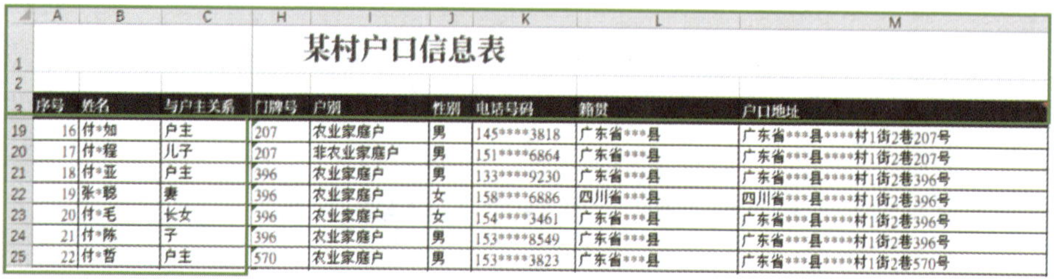

* 冻结窗格后的案例表格 *

冻结窗格的方法：选中交叉点右下方紧挨着的单元格，将其作为定位冻结点，然后单击【冻结窗格】按钮，选择【冻结窗格】选项就能达到上面的浏览效果。

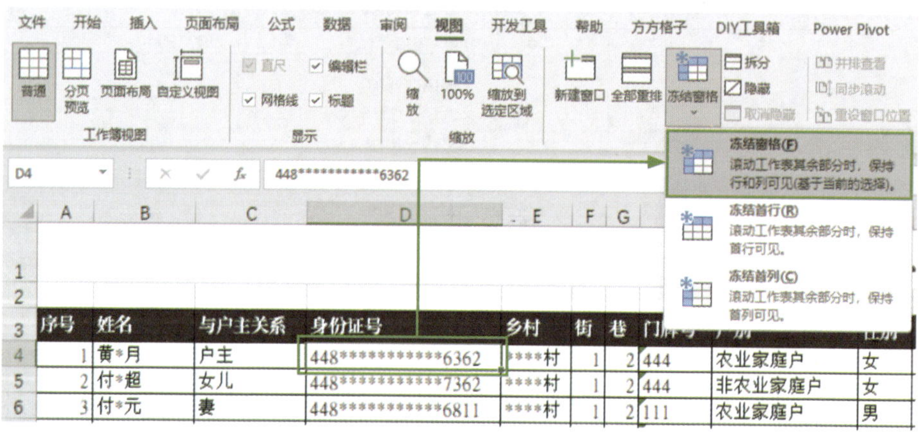

* 冻结窗格操作步骤 *

如果要重新选择冻结位置，则需要先取消冻结，之后重复一次上述操作。

3.1.2 Ctrl+ 方向键

面对数据量很大的表格，如何快速地移动到表格边缘？

使用 Ctrl+ 方向键就可以实现快速移动。

❶ 选中表格中的任意单元格。

❷ 按【Ctrl+ ↓ 】快捷键即可快速向下移动。

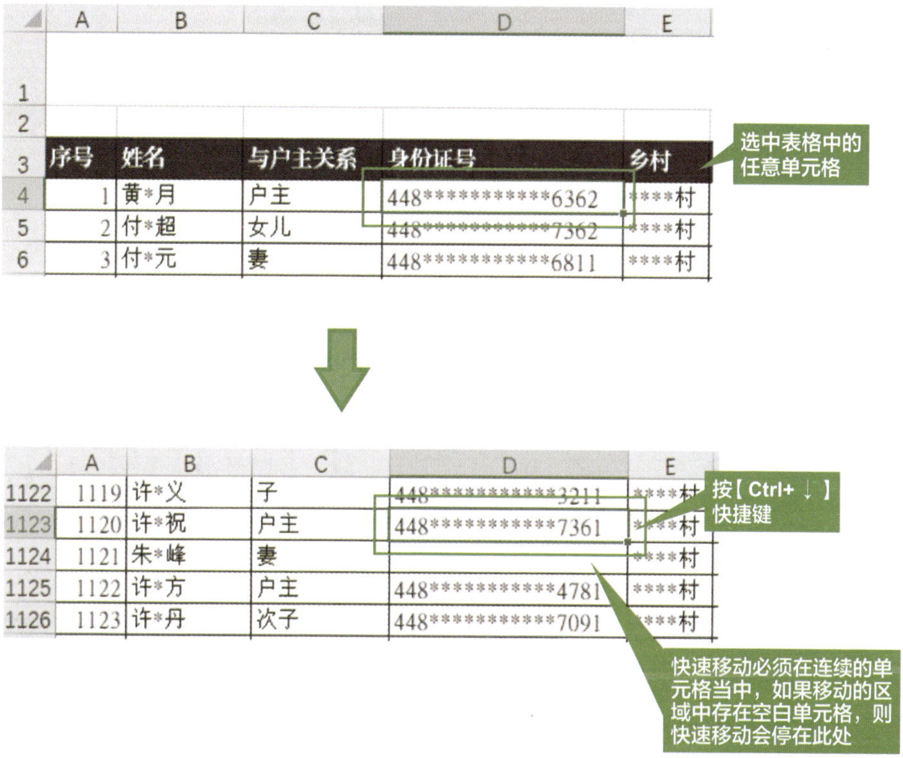

* 快速移动 *

注意：移动区域的单元格必须是连续的，本例中，由于【D1124】单元格是空白单元格，因此快速移动到【D1123】单元格时，停止移动。

如果想向其他方向快速移动，只需要使用 Ctrl+ 其他方向键即可实现，这里不再赘述。

除了快速移动外，使用【Ctrl+Shift+ 方向键】可以实现快速选择。

❶ 选中表格中的任意单元格。

❷ 按【Ctrl+Shift+ ↓ 】快捷键快速向下选择。

注意：选择区域的单元格必须是连续的，本例中，由于【D1124】单元格是空白单元格，因此快速选择到【D1123】单元格时，停止选择。

❸ 按【Ctrl+Shift+ →】快捷键，可以快速选择右侧的连续区域。

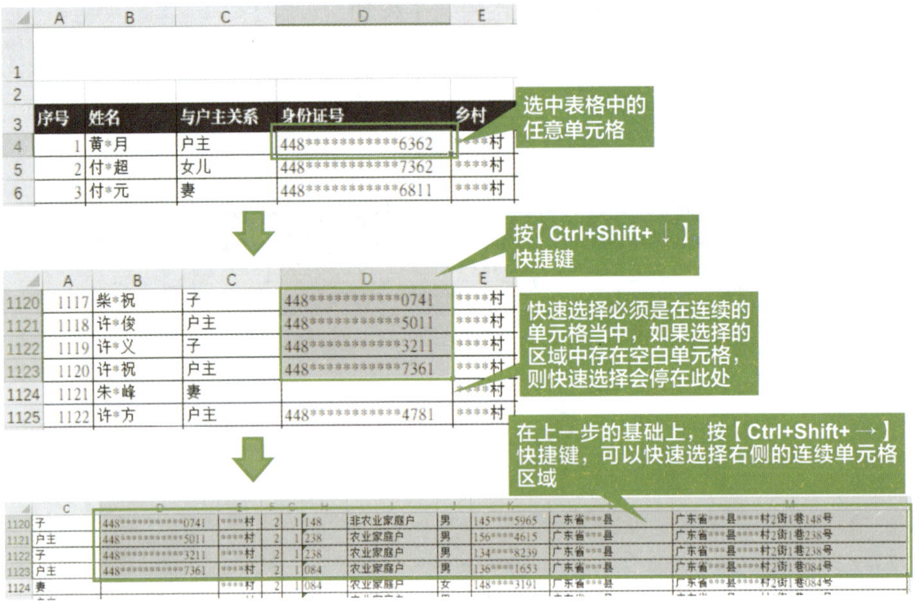

* 快速选择 *

3.1.3 定位单元格

如果需要选中的单元格区域并不连续，但都满足某些特定规则，那么是否可以借助这些规则快速批量选中要找的单元格区域呢?

下面的例子中，白色单元格区域中的内容都是手动输入的数据，浅绿色区域中的内容是使用公式汇总计算出来的结果，假设要批量删除白色单元格区域中的数字，应该怎么做呢?

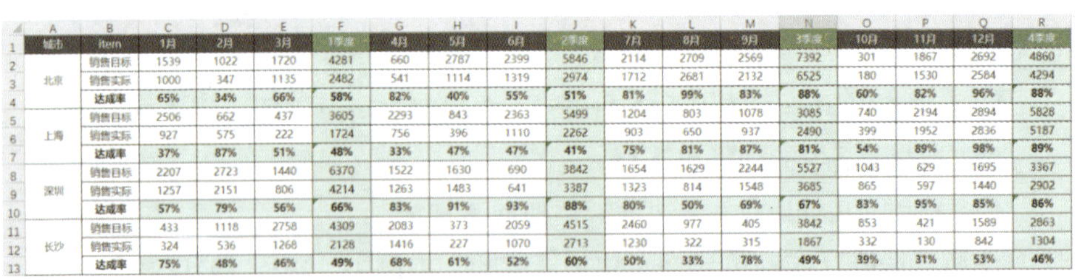

城市	item	1月	2月	3月	1季度	4月	5月	6月	2季度	7月	8月	9月	3季度	10月	11月	12月	4季度
北京	销售目标	1539	1022	1720	4281	660	2787	2399	5846	2114	2709	2569	7392	301	1867	2692	4860
	销售实际	1000	347	1135	2482	541	1114	1319	2974	1712	2681	2132	6525	180	1530	2584	4294
	达成率	65%	34%	66%	58%	82%	40%	55%	51%	81%	99%	83%	88%	60%	82%	96%	88%
上海	销售目标	2506	662	437	3605	2293	843	2363	5499	1204	803	1078	3085	740	2194	2894	5828
	销售实际	927	575	222	1724	756	396	1110	2262	903	650	937	2490	399	1952	2836	5187
	达成率	37%	87%	51%	48%	33%	47%	47%	41%	75%	81%	87%	81%	54%	89%	98%	89%
深圳	销售目标	2207	2723	1440	6370	1522	1630	690	3842	1654	1629	2244	5527	1043	629	1695	3367
	销售实际	1257	2151	806	4214	1263	1483	641	3387	1323	814	1548	3685	865	597	1440	2902
	达成率	57%	79%	56%	66%	83%	91%	93%	88%	80%	50%	69%	67%	83%	95%	85%	86%
长沙	销售目标	433	1118	2758	4309	2083	373	2059	4515	2460	977	405	3842	853	421	1589	2863
	销售实际	324	536	1268	2128	1416	227	1070	2713	1230	322	315	1867	332	130	842	1304
	达成率	75%	48%	46%	49%	68%	61%	52%	60%	50%	33%	78%	49%	39%	31%	53%	46%

* 定位条件案例 *

❶ 选中表格的数据区域。

❷ 按【Ctrl+G】快捷键打开【定位】对话框，单击【定位条件】按钮。

❸ 在打开的【定位条件】对话框中选择【常量】单选项，单击【确定】按钮。

❹ 批量选中所有数字单元格之后，按【Delete】键批量清空数字单元格。

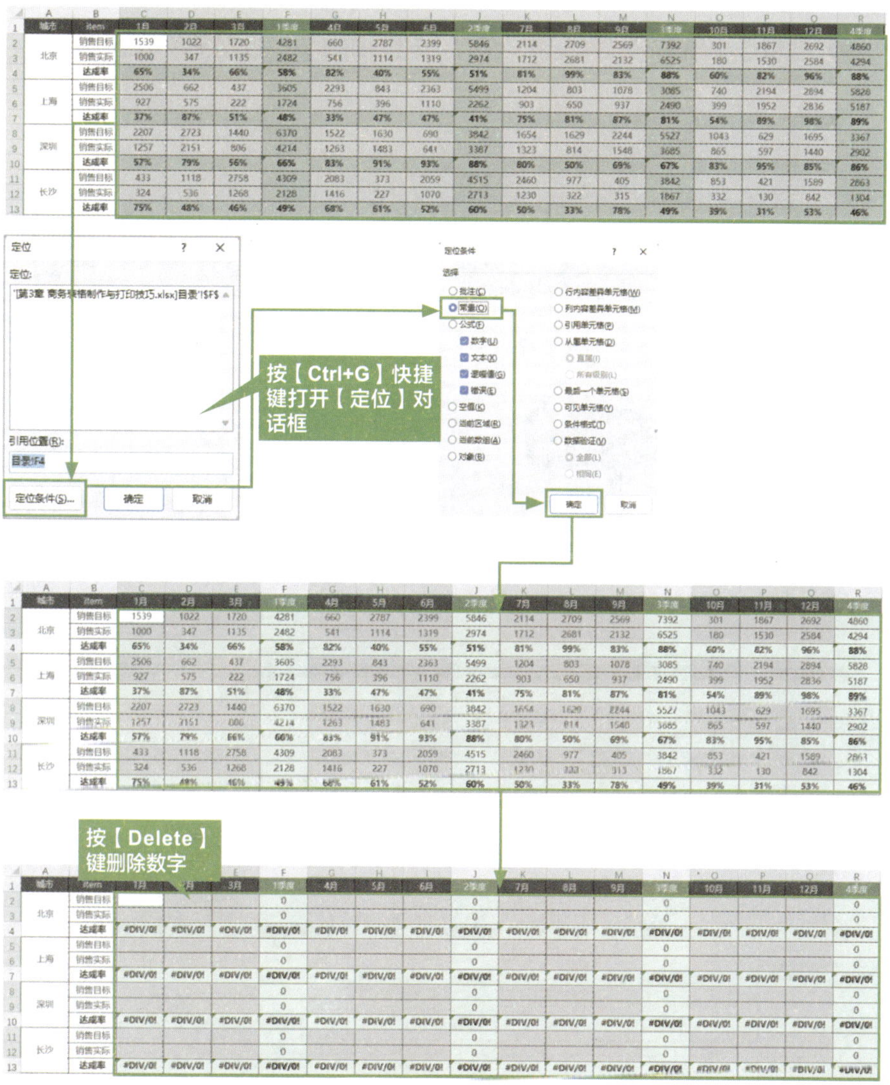

* 定位常量操作步骤 *

如果要清空的不是数字区域，而是公式区域，那么应该如何操作呢？

❶ 选中表格的数据区域。

❷ 按【Ctrl+G】快捷键打开【定位】对话框，单击【定位条件】按钮。

❸ 在打开的【定位条件】对话框中选择【公式】单选项，单击【确定】按钮。

❹ 批量选中所有公式单元格之后，按【Delete】键批量清空公式单元格。

* 定位公式操作步骤 *

3.1.4 快速隐藏数据

当表格横向跨度过宽时，为了方便横向浏览，可以将同类型的数据分成一组，通过折叠操作隐藏数据，需要查看数据的时候随时展开浏览。

❶ 批量选中需要隐藏的列。

❷ 单击【数据】选项卡中的【组合】按钮。

❸ 单击【折叠】按钮 ⊟ 隐藏数据。

❹ 对其他数据列做相同的操作，可将一张超出屏幕范围宽度的表格折叠到屏幕范围之内。

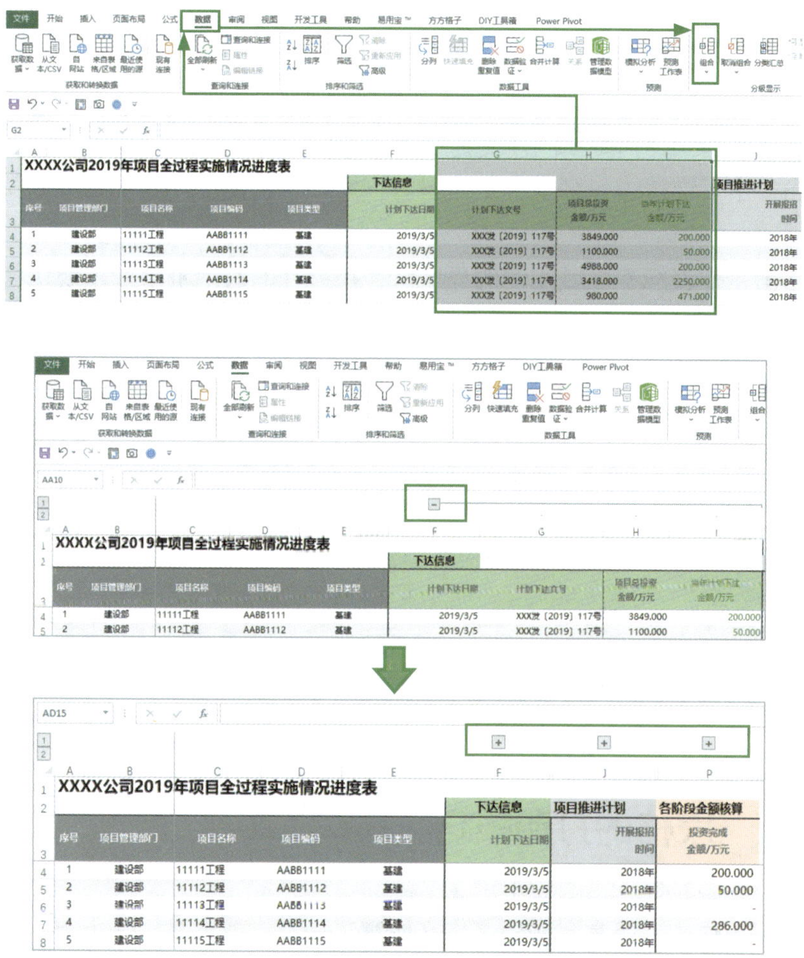

* 使用组合功能快速隐藏数据 *

要清除折叠分组，可以选中已组合的列，单击【数据】选项卡中的【取消组合】按钮，选择【清除分级显示】选项。

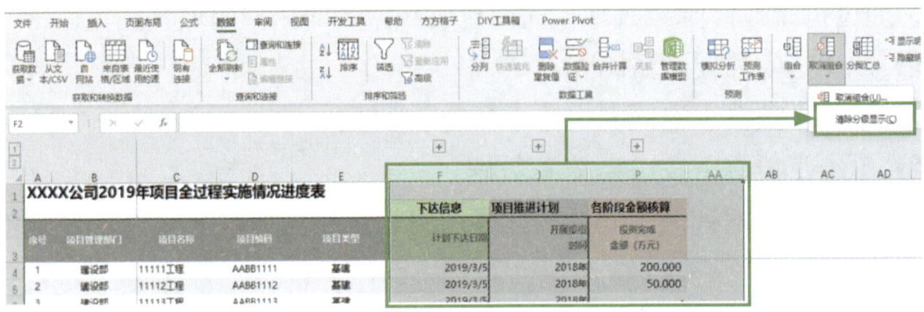

* 清除折叠分组 *

3.1.5 切换工作表

视频案例

当一个工作簿中包含多个工作表时，要查看不同工作表中的数据就会比较麻烦。

右击工作表标签区域左侧的导航区，在打开的对话框中双击要切换的工作表名称，就可以快速跳转至相应的工作表。

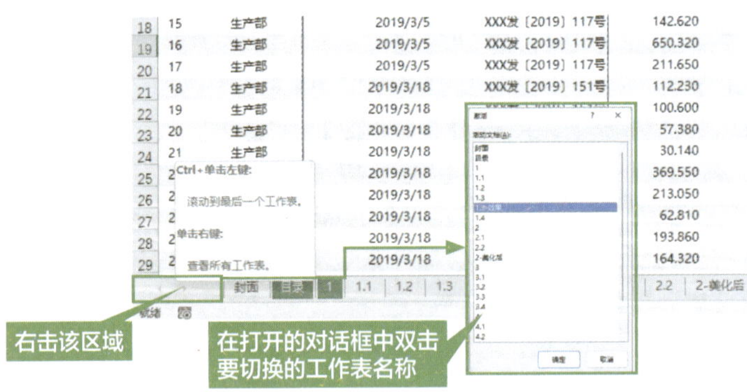

3.2 表格的打印技巧

实际工作中，经常会碰到表格区域宽了一点点或者高了一点点，导致打印内容跨到另一张纸上的情况。怎么才能快速调整呢？下面介绍几个表格的打印技巧。

3.2.1 解决打印不全的问题

在打印前进行打印预览时，有时会发现打印内容无法显示在同一页当中，应该如何调整呢？

【视图】选项卡中有一个用于快速调整打印比例的工具，叫作【分页预览】。在【分页预览】视图下，可以通过拖曳分页线实现快速调整分页边界并缩放打印比例的效果。

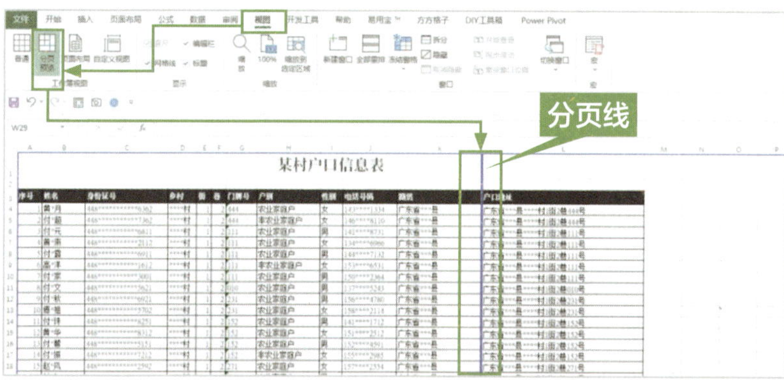

* 分页线的位置 *

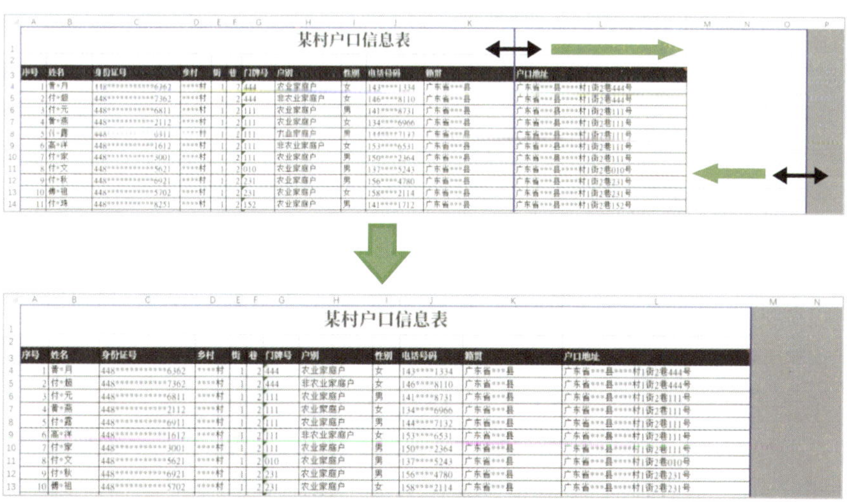

* 拖曳分页线调整缩放比例 *

3.2.2 重复打印表头

打印数据量大的表格时，往往需要重复打印表头，这样每一页的数据列都有标题，方便查看数据。

设置方法其实非常简单，只需在【页面布局】选项卡中单击【打印标题】按钮，打开【页面设置】对话框，设置【顶端标题行】，即选择需要在每一页重复的内容。可以看到，【页面设置】对话框包含许多与纸张和打印布局相关的配置选项。

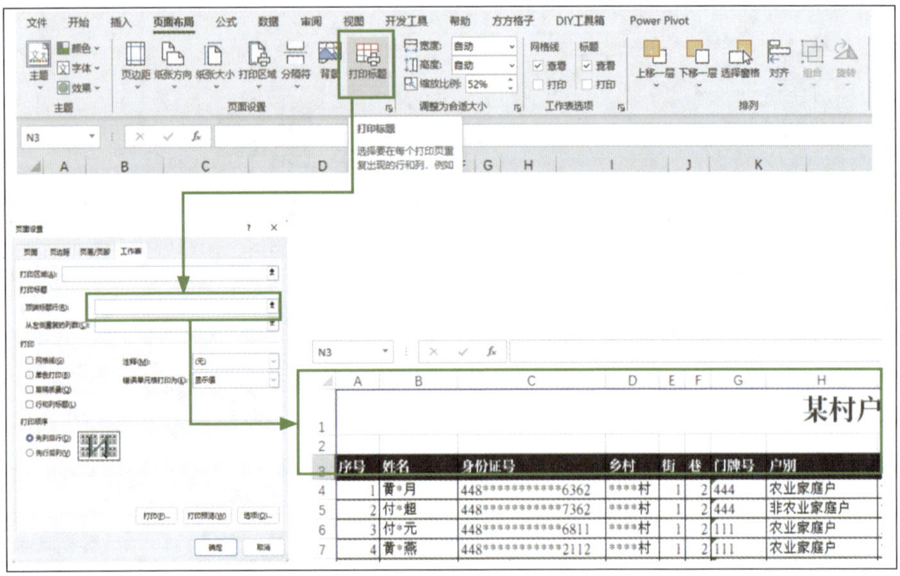

* 重复打印表头 *

设置完【顶端标题行】之后再打印表格，每一页就都会出现标题行了。

3.2.3 设置页眉与页脚

打印表格时，如何在底部自动显示页码呢？

只需要设置表格的页眉与页脚就可以了。

单击【页面布局】选项卡中【页面设置】工具组右下角的小箭头，打开【页面设置】对话框，选择【页眉 / 页脚】选项卡。单击【页脚】右侧的下拉按钮，可以选择不同显示效果的页脚内容。

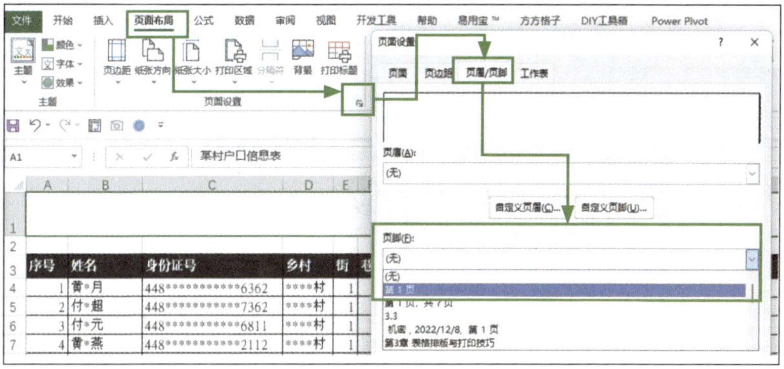

* 页脚设置 *

默认情况下，页码是居中显示的。如果要进一步设置页脚，则可以单击【自定义页脚】按钮，进行更为详细的设置，例如在页脚右侧的空白处插入当前日期。

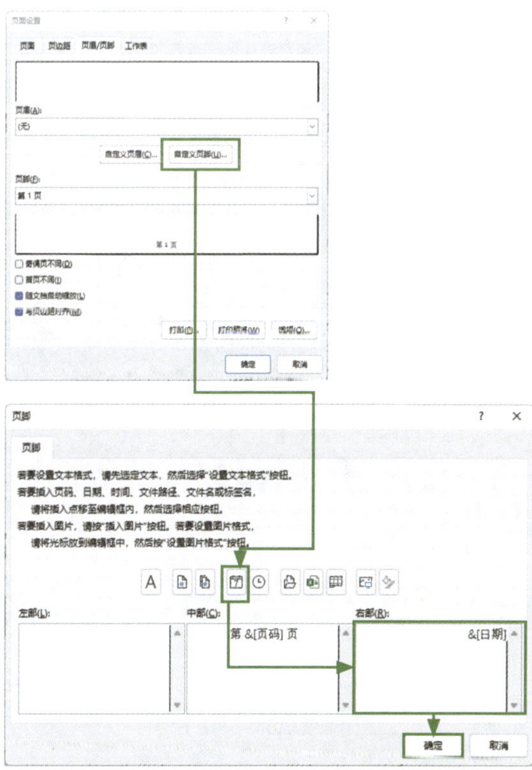

* 自定义页脚 *

设置页眉的操作方式与设置页脚类似，这里不再赘述。

3.2.4 调整纸张方向

打印时，如果表格设计是横向的，但是打印纸张是纵向的，那么打印效果将不理想。这时，只需要改变纸张方向就可以了。

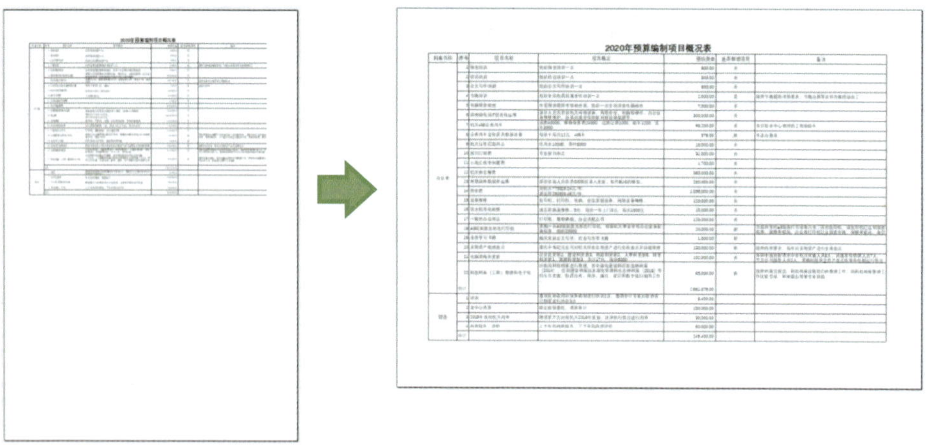

* 调整纸张方向 *

可以在打印预览界面中直接将纸张方向由纵向调整为横向；也可以在【页面布局】选项卡中单击【纸张方向】按钮，选择【横向】选项进行调整。

* 设置纸张方向 *

这样，不需要经过复杂的设置，就能快速将打印区域调整到和纸张匹配的大小。

3.3 表格的加密保护技巧

在实际工作中，公司的财务、HR、销售、运营等员工制作的表格可能涉及一些私密信息，不允许外人查看，如何给这些表格加密，只允许掌握密码的人查看表格？

日常工作中，可能需要将同一个表格发给不同的人，如何限制编辑区域，不让他们乱改表格结构和其他人填写的数据？

下面介绍几个保护表格的技巧。

3.3.1 保护工作表

保护表格最直接的方法，就是给工作表加上密码。单击【审阅】选项卡中的【保护工作表】按钮，设置密码之后，在默认的情况下，其他人可以打开表格，但只能进行浏览或者选定单元格。如果想要修改表格内容，则会弹出警告，提示输入密码。

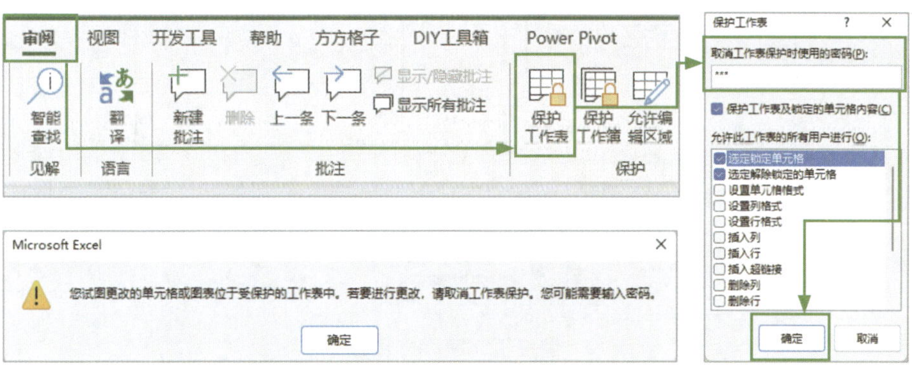

* 保护工作表操作步骤 *

如果要撤销对工作表的保护，则需要单击【审阅】选项卡中的【撤销工作表保护】（软件中为“消”）按钮，在弹出的对话框中输入正确的密码，单击【确定】按钮。

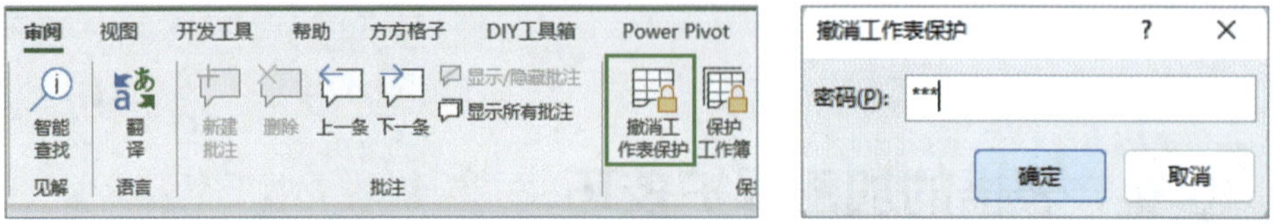

* 撤销工作表保护操作步骤 *

3.3.2 保护工作簿

使用保护工作表功能可以限制其他人修改单元格内容的权限，而使用保护工作簿功能可以限制其他人改变表格结构的权限。单击【审阅】选项卡中的【保护工作簿】按钮，设置密码之后，如果其他人试图对工作表实施重命名、复制、移动、隐藏等操作，Excel 就会提示输入密码。

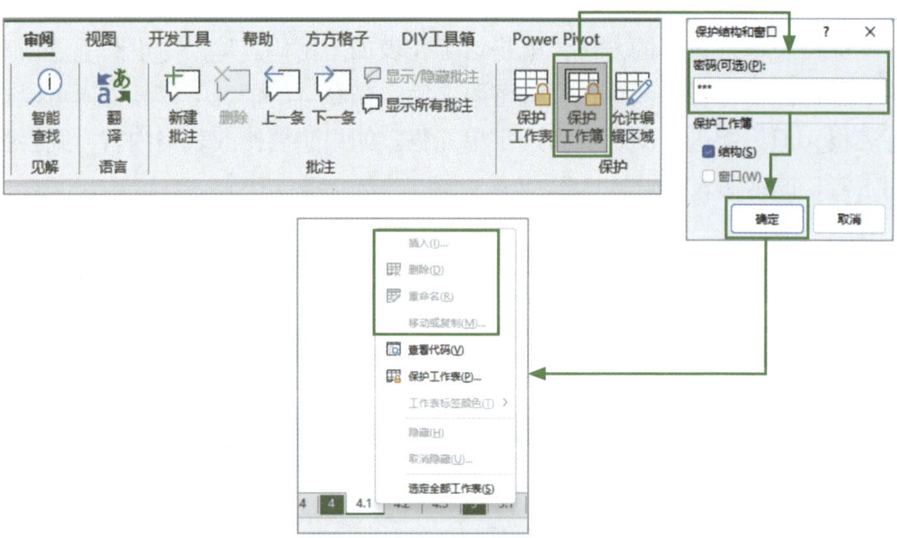

* 保护工作簿操作步骤 *

同样，如果要撤销工作簿保护，则需要单击【审阅】选项卡中的【保护工作簿】按钮，输入正确的密码，单击【确定】按钮。

3.3.3 限制编辑区域

有时候，分发出去的表格，既要防止他人篡改，又要允许他人在表格中填写信息，怎么办？前面设置保护工作表时，是针对锁定单元格进行具体设置的。

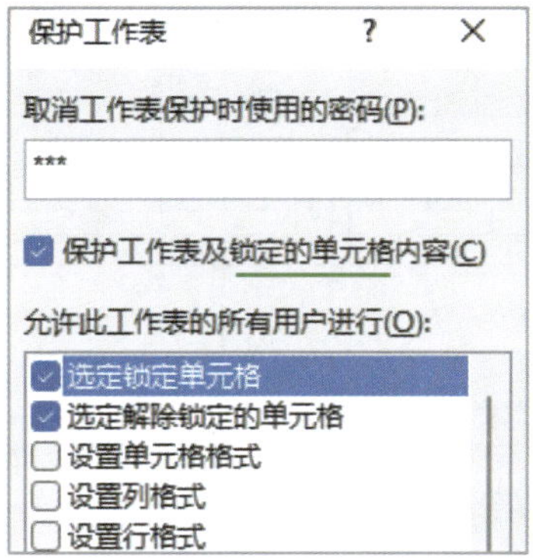

* 针对锁定单元格的权限设置 *

因此在设置保护工作表前，可以先设置好允许编辑的区域。

例如，下表中，如果为表头部分添加保护，让其他人无法修改表头，但是可以填写数据，那么应该如何设置呢？

地区	年度目标（万）	年度回款（万）	%	1月			2月			3月			4月			5月		
				回款目标（万）	回款额（万）	%	回款目标（万）	回款额（万）	%	回款目标（万）	回款额（万）	%	回款目标（万）	回款额（万）	%	回款目标（万）	回款额（万）	%
北京	8,553	6,804	80%	1,522	1,522	100%	252	432	172%	1,080	2,497	231%	2,320	1,535	66%	3,380	816	24%
天津	8,220	4,403	54%	620	832	134%	600	1,289	215%	2,000	1,038	52%	2,000	1,214	61%	3,000	30	1%
黑龙江	12,950	15,259	118%	4,790	4,791	100%	2,010	2,831	141%	1,800	5,638	313%	1,000	1,700	170%	3,350	298	9%
重庆	12,725	15,635	123%	3,803	5,891	155%	2,527	1,517	60%	1,800	3,682	205%	2,235	3,924	176%	2,360	621	26%
广州	3,239	1,633	50%	351	430	123%	490	273	56%	718	116	16%	657	694	106%	1,023	120	12%
西安	4,212	5,033	120%	1,223	1,223	100%	500	516	103%	778	1,999	257%	823	1,037	126%	888	259	29%
内蒙古	0	913	0	0	680	-	0	233	-	0	0	-	0	0	-	0	0	
合计	49,899	49,681	100%	12,300	15,970	123%	6,379	7,092	111%	8,176	14,970	183%	9,034	10,104	112%	14,001	2,145	15%

解除单元格锁定。注意，表格中的所有单元格一开始都默认处于锁定状态，这样在启用【保护工作表】功能后，这些单元格才会被禁止修改。

反之，只要一开始就把某些区域的锁定解除，那么，即使启用了【保护工作表】功能，这些被解除锁定的区域也不会受到【保护工作表】功能的影响。

❶ 选中需要解除锁定的单元格区域。

❷ 单击【开始】选项卡中的【格式】按钮。

❸ 此时【锁定单元格】默认处于激活状态，选择【锁定单元格】选项，解除锁定。

❹ 解除锁定后，单击【审阅】选项卡中的【保护工作表】按钮，并设置密码。

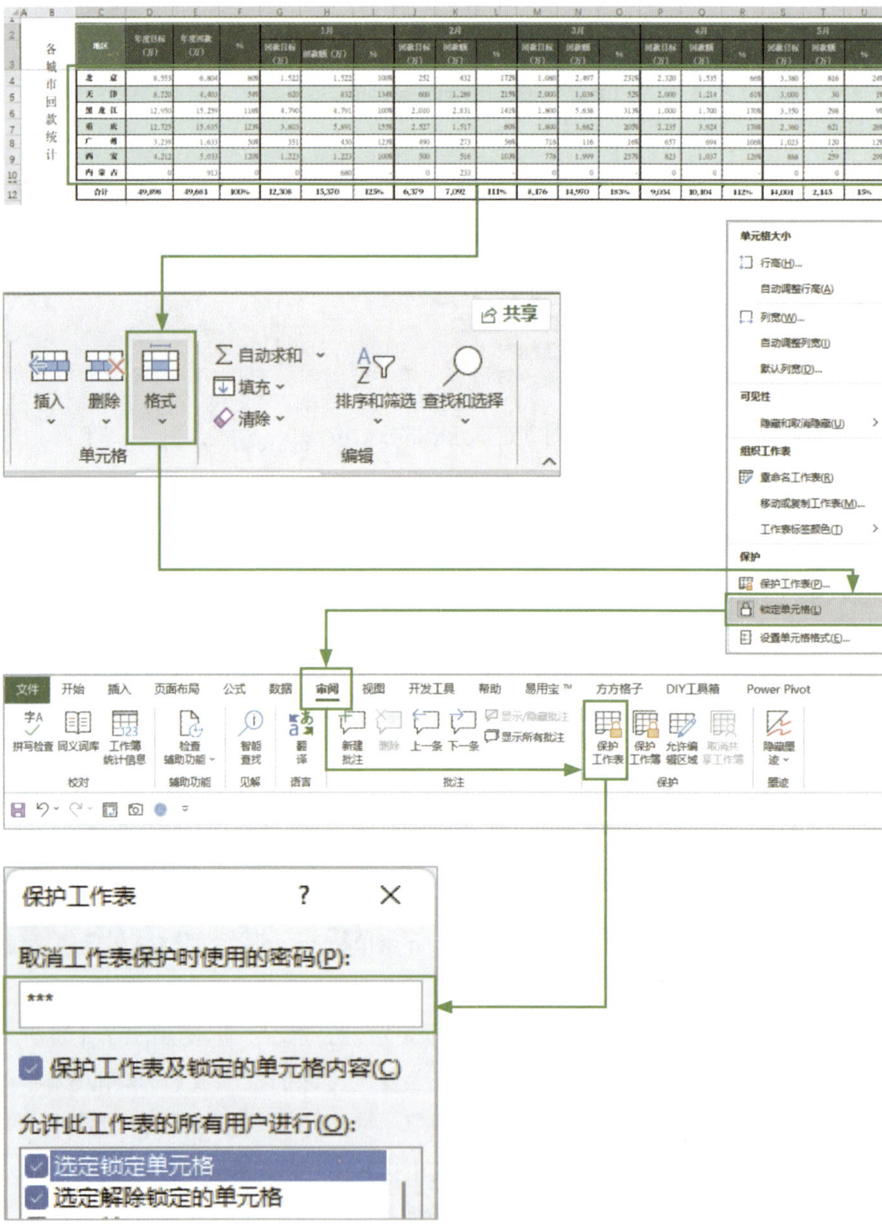

* 限制编辑区域 *

这样就可以在工作表被保护的状态下对部分数据区域进行编辑了。

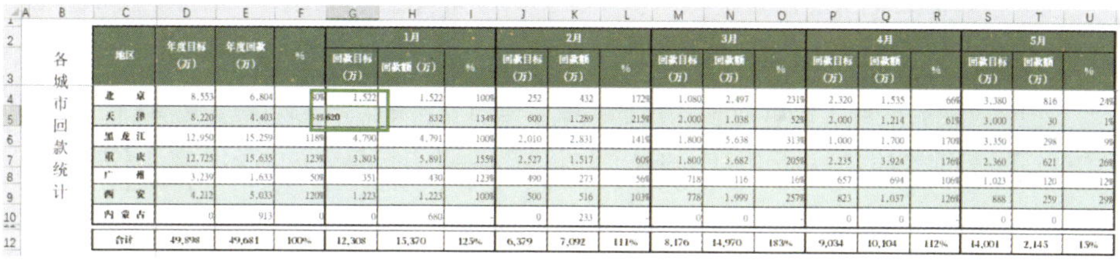

各城市回款统计

地区	年度目标（万）	年度回款（万）	%	1月 回款目标（万）	1月 回款额（万）	1月 %	2月 回款目标（万）	2月 回款额（万）	2月 %	3月 回款目标（万）	3月 回款额（万）	3月 %	4月 回款目标（万）	4月 回款额（万）	4月 %	5月 回款目标（万）	5月 回款额（万）	5月 %
北京	8,553	6,804	80%	1,522	1,522	100%	252	432	172%	1,080	2,497	231%	2,320	1,535	66%	3,380	816	24%
天津	8,220	4,403	[illegible]	620	832	134%	600	1,289	215%	2,000	1,038	52%	2,000	1,214	61%	3,000	30	1%
黑龙江	12,950	15,259	118%	4,790	4,791	100%	2,010	2,831	141%	1,800	5,638	313%	1,000	1,700	170%	3,350	298	9%
重庆	12,725	15,635	123%	3,803	5,891	155%	2,527	1,517	60%	1,800	3,682	205%	2,235	3,924	176%	2,360	621	26%
广州	3,239	1,633	50%	351	430	123%	490	273	56%	718	116	16%	657	694	106%	1,023	120	12%
西安	4,212	5,033	120%	1,223	1,223	100%	500	516	103%	778	1,999	257%	823	1,037	126%	888	259	29%
内蒙古	0	913	0	0	680	-	0	233	-	0	0	-	0	0	-	0	0	
合计	49,898	49,681	100%	12,308	15,370	125%	6,379	7,092	111%	8,176	14,970	183%	9,034	10,104	112%	14,001	2,145	15%

* 编辑未锁定区域 *

有时候可能会遇到【保护工作表】按钮呈灰色，无法单击的情况。

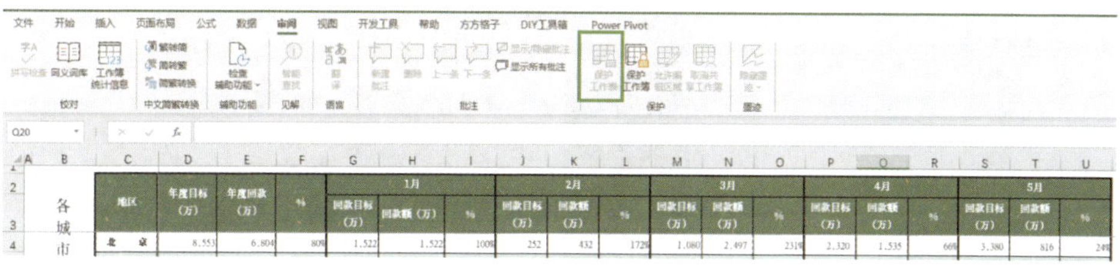

*【保护工作表】按钮无法单击 *

这时可以检查一下是不是同时选中了多个表，因为在同时选中多个表的情况下是无法设置保护工作表的。

* 同时选中了两张表 *

按住【Ctrl】键，反选多余的表，或者单击任意一张未被选中的表，就能取消多选，取消多选后，【保护工作表】按钮就恢复正常了。

3.3.4 保护文件

除了保护工作表和工作簿外，还可以对文件进行加密，这样，不相关的人员就无法私自打开或篡改重要文件了。

如果要对现有 Excel 文件进行加密，则可以单击【文件】选项卡，选择【信息】选项，单击【保护工作簿】按钮，选择【用密码进行加密】选项，在打开的对话框中输入密码，单击【确定】按钮。

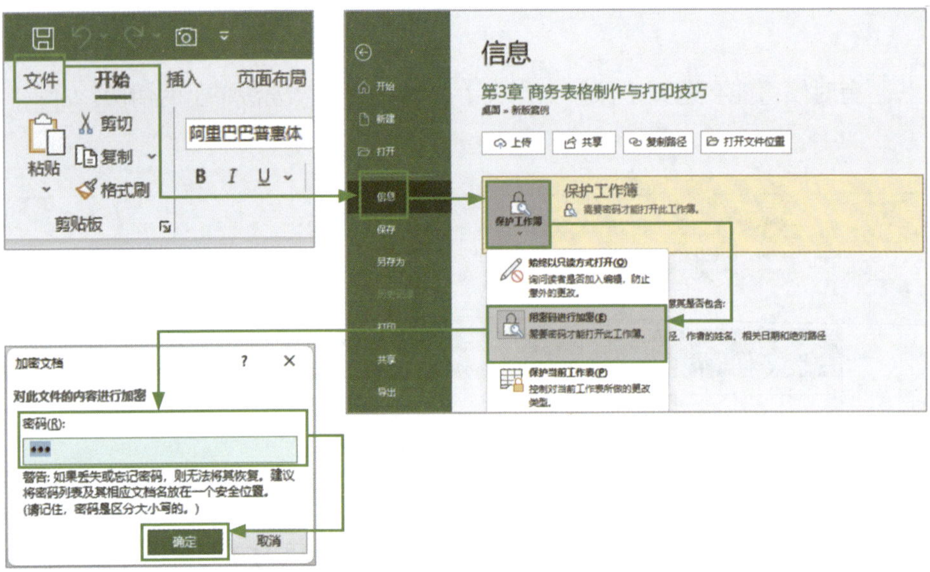

* 给文件加密 *

如果要将文件保存为新的加密文件，则可以按照如下流程进行操作。

❶ 单击【文件】选项卡。

❷ 选择【另存为】选项，设置存放位置，例如保存到桌面。

❸ 单击【工具】按钮，选择【常规选项】。

❹ 分别设置【打开权限密码】和【修改权限密码】。

❺ 单击【确定】按钮。

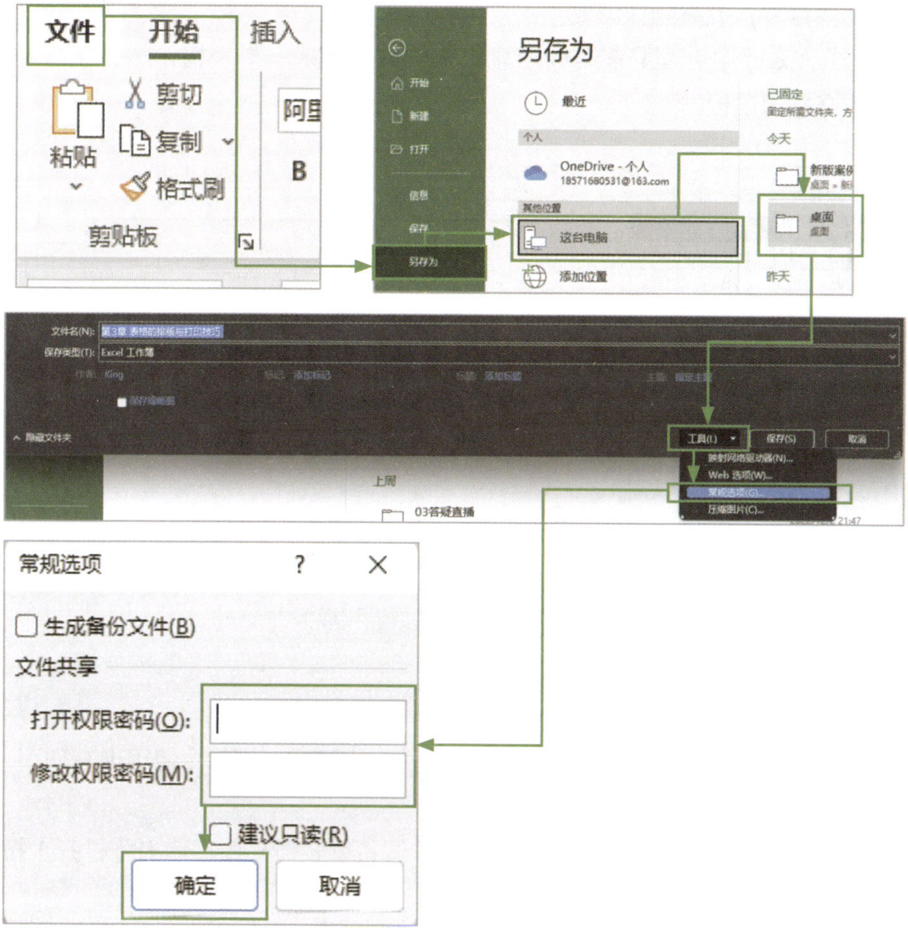

* 另存为新的加密文件 *

3.4 高效批量打印信函证书

工作中可能还需要打印邀请函、奖状、证书、席卡、奖金通知单等，它们的共同点是：每一项记录都要打印一份，并且同一类表单有相同的表单结构。这时如果使用 Excel 结合 Word 的邮件合并功能，打印表单的效率会大幅度提高。

视频案例

邮件合并，批量制作证书

先在 Excel 中处理好需要的信息，并将其整理成一个表格，然后在 Word 中设计好打印模板。

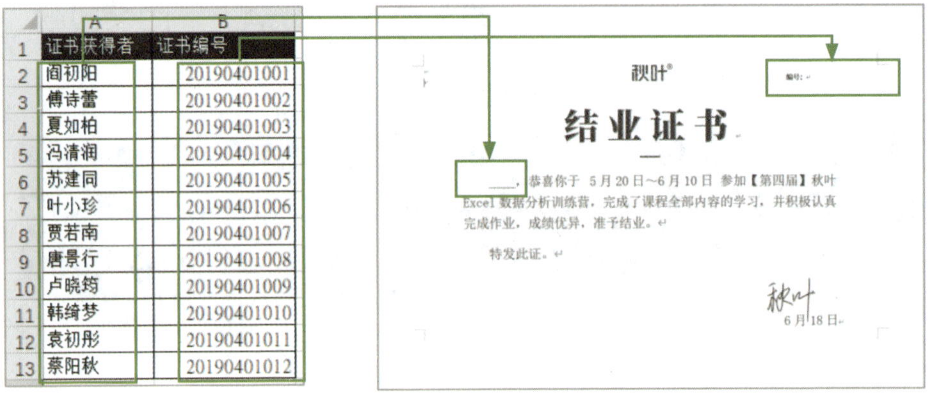

* 批量制作证书需要的数据和模板 *

接下来的操作主要都在 Word 中进行，具体步骤如下。

❶ 在【邮件】选项卡中单击【选择收件人】按钮，选择【使用现有列表】选项。

❷ 在打开的对话框中选择准备好的学员名单表格文件，单击【打开】按钮。

❸ 在打开的对话框中选择需要的工作表，勾选【数据首行包含列标题】复选框后单击【确定】按钮。

❹ 将光标置于 Word 中的指定位置，单击【插入合并域】按钮，选择相应的字段名称插入。

❺ 在【邮件】选项卡中单击【完成并合并】按钮，选择【编辑单个文档】选项。

❻ 在打开的【合并到新文档】对话框中选择【全部】单选项，单击【确定】按钮。

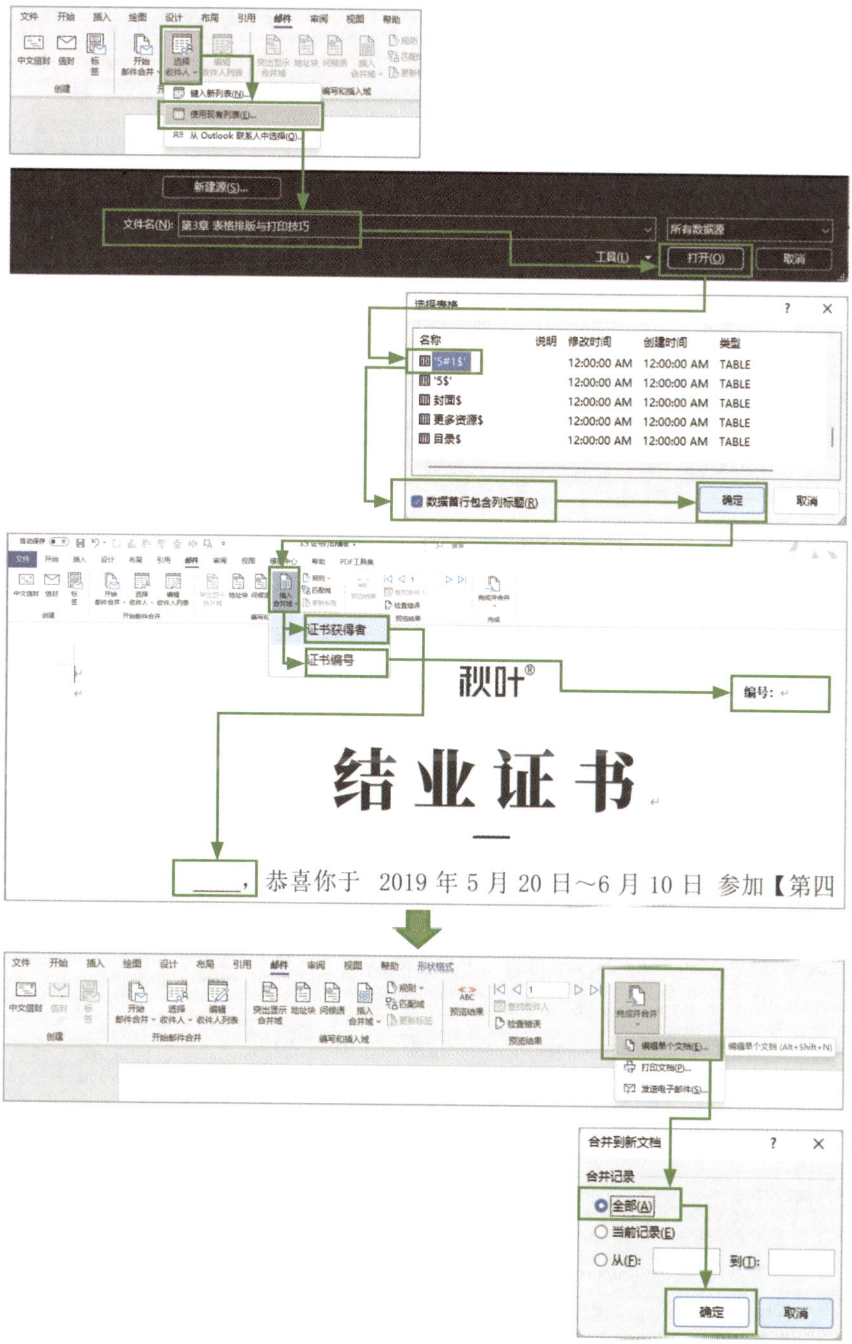

* 邮件合并操作步骤 *

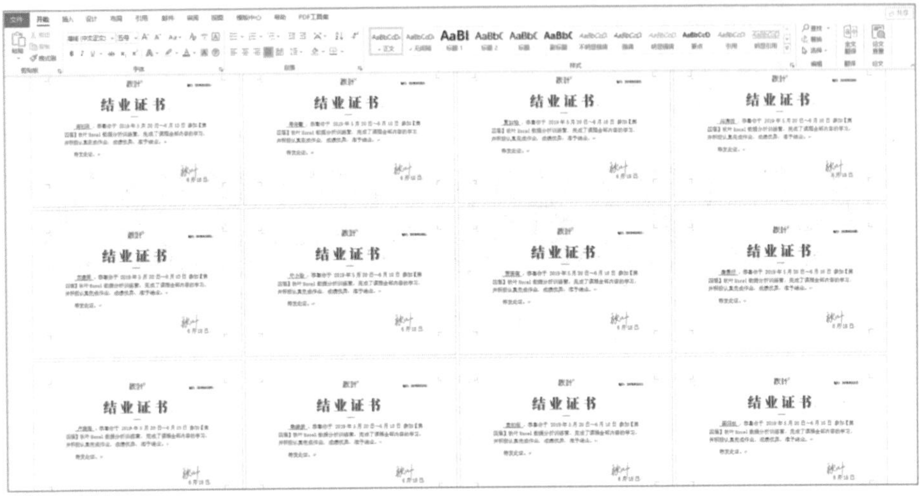

* 邮件合并结果 *

利用 Word 的邮件合并功能，将 Excel 的数据清单导入打印模板，就可以批量生成要打印的文档，从而实现高效的批量打印。其核心理念是将数据记录和输出分离，在这里，Excel 仅起到数据仓库的作用。

4

批量整理数据的妙招

工作中常会遇到以下难题。

- 如何将一列数据快速拆成多列？
- 如何剔除数据表中的重复项？
- 如何批量提取、合并、删除字符？
- 如何将同类项目排在一起？
- 如何按指定条件排序和筛选数据？
- 如何把行变成列？

面对复杂的数据，你需要掌握一些批量整理数据的妙招。

4.1 效率低下的真相：数据不规范

一些人认为在 Excel 中计算、统计和分析数据并没有什么难度，甚至有人以为，只要拥有了能够一招制胜的数据透视表，再配合高效的智能表格作为数据源，就能随心所欲地操作表格。

然而实际上，当你面对糟糕的数据源和复杂的表格结构时，想要整理数据，可能会寸步难行。

4.1.1 数据结构不规范

就拿最简单的排序来说，要将右图所示的员工信息表按姓名升序排列，只需要选中【B2】单元格，单击【升序】按钮 A↓Z 就能搞定。

可是，如果拿到的数据挤在同一列中，又该如何操作呢？

对于混在一起的数据，如果手动一个一个地操作实现拆分，那么工作量将非常大。

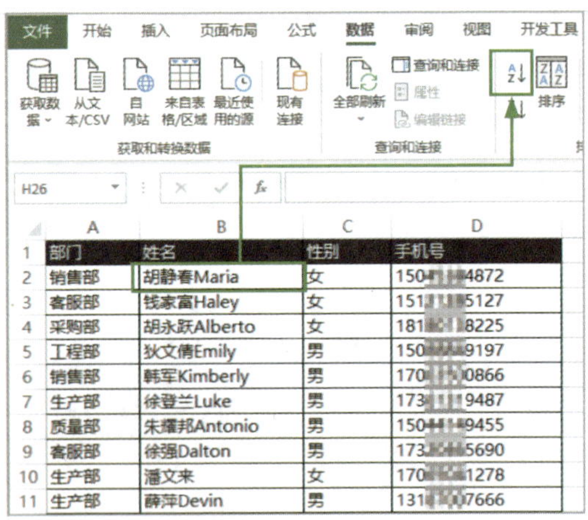

* 按姓名升序排列 *

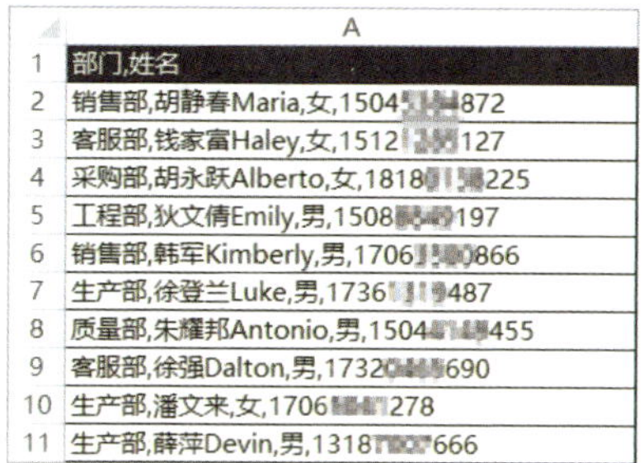

* 数据挤在同一列中 *

4.1.2 数据格式不规范

一般用数据透视表统计数据时，日期可以按照月、季度、年等步长自动分组。

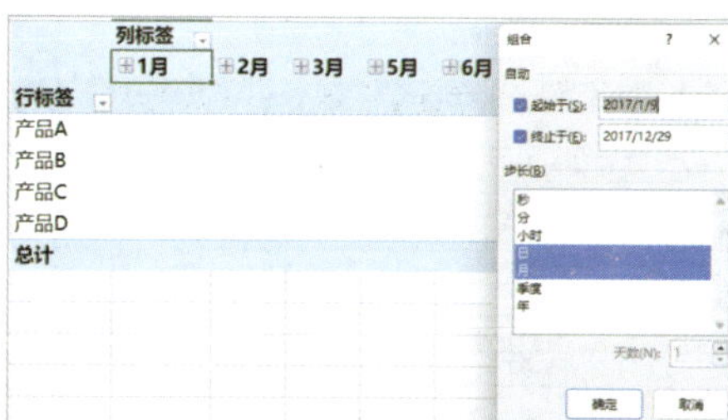

* 对日期分组 *

可有时候，Excel 表格偏偏“不听话”。

好不容易把数据收集好，以为可以很快搞定统计分析，却碰到了各种“坑”：

- 多列信息混在一起；
- 日期显示不正常；
- 数字单元格有绿色的小三角形；
- 筛选时发现一大堆错字；
- 有很多多余空格；
- 有很多重复记录；

……

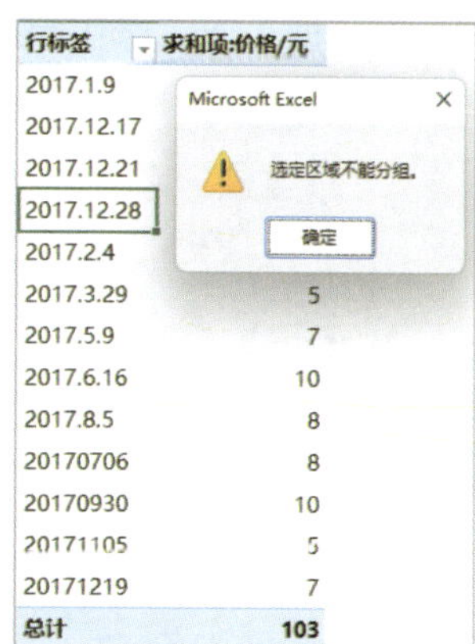

* 透视表选定列无法分组 *

新手可能 80% 的时间都花在了与各种复杂的

数据和表格结构斗智斗勇上。所以，为了提升表格使用的畅快感、做琐碎工作的幸福感，掌握一些常用的数据整理技巧是非常有必要的。

本章将介绍分列、查找、替换、删除重复项、合并表格等功能，这些都是 Excel 中非常基础的功能。在实际工作中，它们看似不起眼，却是用得最频繁的功能。灵活地组合运用这些基本功能，往往能起到四两拨千斤的效果。

4.2 妙招1：分列和提取

4.2.1 数据分列

视频案例

按分隔符拆分

如何将下表中的一列数据拆分成 4 列？

	A	B	C	D	E
1	部门,姓名	部门	姓名	性别	手机号
2	销售部,胡静春Maria,女,1504[illegible]872				
3	客服部,钱家富Haley,女,1512[illegible]127				
4	采购部,胡永跃Alberto,女,1818[illegible]225				
5	工程部,狄文倩Emily,男,1508[illegible]197				
6	销售部,韩军Kimberly,男,1706[illegible]866				
7	生产部,徐登兰Luke,男,1736[illegible]487				
8	质量部,朱耀邦Antonio,男,1504[illegible]455				
9	客服部,徐强Dalton,男,1732[illegible]690				
10	生产部,潘文来,女,1706[illegible]278				
11	生产部,薛萍Devin,男,1318[illegible]666				

* 员工信息登记表 *

【数据】选项卡中有一个【分列】按钮，使用它能将一列数据按照指定规则拆分成多列。

*【分列】按钮 *

选中数据列之后，单击【分列】按钮就可以开始拆分。

在处理数据之前，首要的任务是分析分列前后的效果，寻找规律。以前面的“员工信息登记表”为例，仔细观察，就会发现：拆分前的表格，单元格中的数据都是用逗号“,”分隔的。只要将逗号换成表格分界线，数据就自然分成了 4 列。

可以采用分隔符拆分法对此表格的数据进行拆分，具体操作步骤如下。

❶ 选中【A】列数据区域【A2:A11】。

❷ 单击【数据】选项卡中的【分列】按钮。

❸ 在打开的对话框中选择【分隔符号】单选项，单击【下一步】按钮。

❹ 在【分隔符号】选项组中勾选【逗号】复选框，注意观察下方的【数据预览】区域，检查无误后单击【下一步】按钮。

❺ 设置【目标区域】为【B2】单元格。

❻ 单击【完成】按钮，单击【确定】按钮。

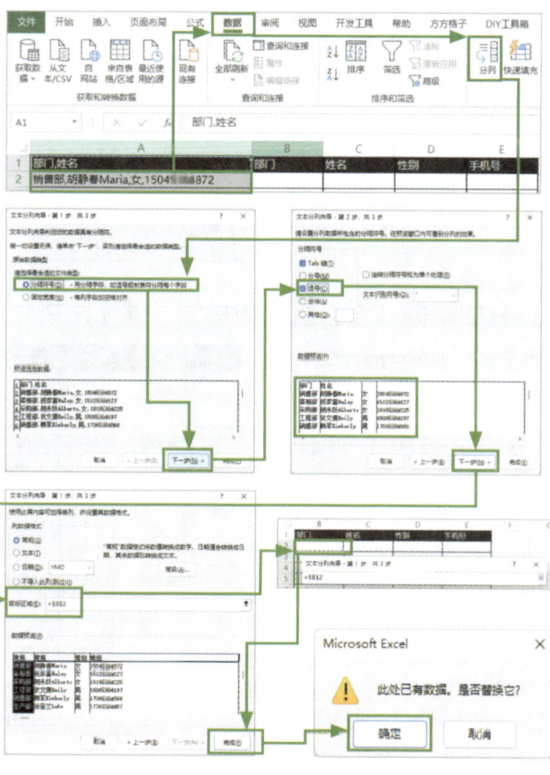

* 按分隔符拆分数据的步骤 *

拆分结果如下。

	A	B	C	D	E
1	部门,姓名	部门	姓名	性别	手机号
2	销售部,胡静春Maria,女,1504[illegible]872	销售部	胡静春Maria	女	1504[illegible]872
3	客服部,钱家富Haley,女,1512[illegible]127	客服部	钱家富Haley	女	1512[illegible]127
4	采购部,胡永跃Alberto,女,1818[illegible]225	采购部	胡永跃Alberto	女	1818[illegible]225
5	工程部,狄文倩Emily,男,1508[illegible]197	工程部	狄文倩Emily	男	1508[illegible]197
6	销售部,韩军Kimberly,男,1706[illegible]866	销售部	韩军Kimberly	男	1706[illegible]866
7	生产部,徐登兰Luke,男,1736[illegible]487	生产部	徐登兰Luke	男	1736[illegible]487
8	质量部,朱耀邦Antonio,男,1504[illegible]455	质量部	朱耀邦Antonio	男	1504[illegible]455
9	客服部,徐强Dalton,男,1732[illegible]690	客服部	徐强Dalton	男	1732[illegible]690
10	生产部,潘文来,女,1706[illegible]278	生产部	潘文来	女	1706[illegible]278
11	生产部,薛萍Devin,男,1318[illegible]666	生产部	薛萍Devin	男	1318[illegible]666

* 拆分后的效果图 *

在按分隔符拆分的过程中，有以下几个细节需要注意。

- 数据分列向导总共有 3 步，前两步设置拆分位置，最后一步设置拆分后的数据格式和导出位置。如果对拆分后的数据格式没有特别要求，操作完第 2 步，单击【完成】按钮即可。
- 面对不同的数据时，要勾选不同的分隔符号。需要留意的是，系统默认的分隔符都是英文标点符号。
- 如果分隔符是汉字、中文标点符号等，则需要在【其他】文本框中输入对应符号。

按固定宽度拆分

有时候，待拆分的数据列没有统一的标记，就无法按分隔符进行拆分。这种情况下，应该怎么办？

可以按照固定宽度进行拆分。如下表，表中的【身份证号码】列中没有任何分隔符号，如果要把出生日期拆分出来，只需要找到出生日期在身份证号码中的位置，然后进行拆分即可。

编号	人名	身份证号码	出生日期
1	马春娇	7213901953[illegible]5843	1953/12/12
2	郑瀚海	7213901953[illegible]5868	
3	薛痴香	7304041944[illegible]9105	
4	朱梦旋	3103091979[illegible]9169	
5	黄向露	6167941970[illegible]8598	
6	张谷翠	4945871961[illegible]6876	
7	阎初阳	4610991968[illegible]8130	
8	傅诗蕾	9862021945[illegible]3718	
9	夏如柏	2063981976[illegible]4536	
10	冯清润	3851731957[illegible]9749	
11	苏建同	6665391976[illegible]3013	
12	叶小珍	8138631974[illegible]7326	
13	贾若南	2060671956[illegible]3881	

* 从身份证号码中提取出生日期 *

具体操作步骤如下。

❶ 选中【身份证号码】列的数据区域【C2:C14】。

❷ 单击【数据】选项卡中的【分列】按钮。

❸ 在打开的对话框中选择【固定宽度】单选项，单击【下一步】按钮。

❹ 根据身份证号码中出生日期的位置单击，手动设置分列线的位置，单击【下一步】按钮。

❺ 选中【数据预览】区域最左侧的列，选择【不导入此列（跳过）】单选项。

❻ 选中【数据预览】区域中间的列，选择【日期】单选项并将其设为【YMD】。

❼ 选中【数据预览】区域最右侧的列，选择【不导入此列（跳过）】单选项。

❽ 将【目标区域】设置为【D2】单元格，单击【完成】按钮。

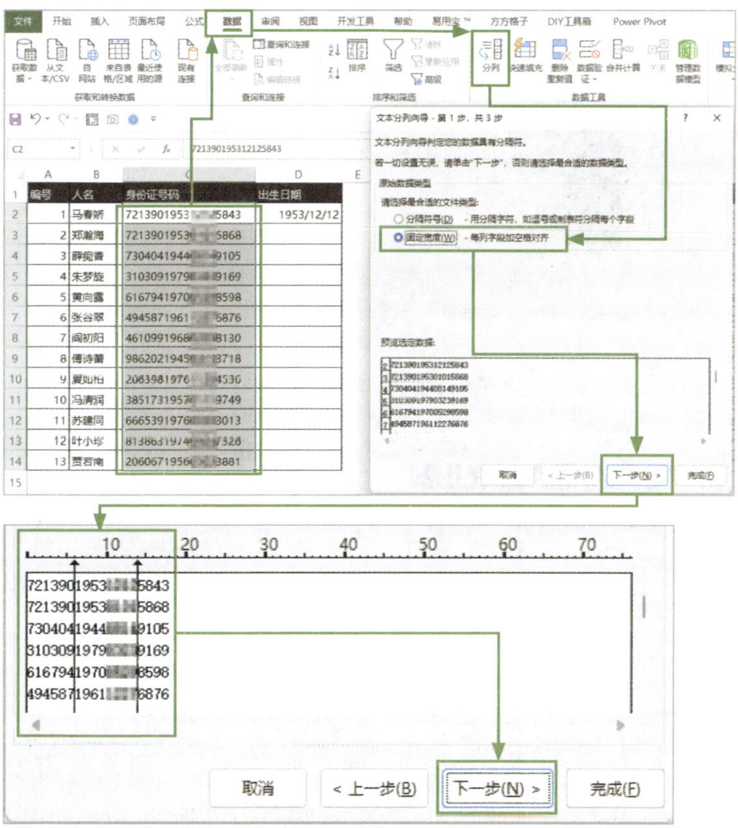

* 手动设置分列线的位置 *

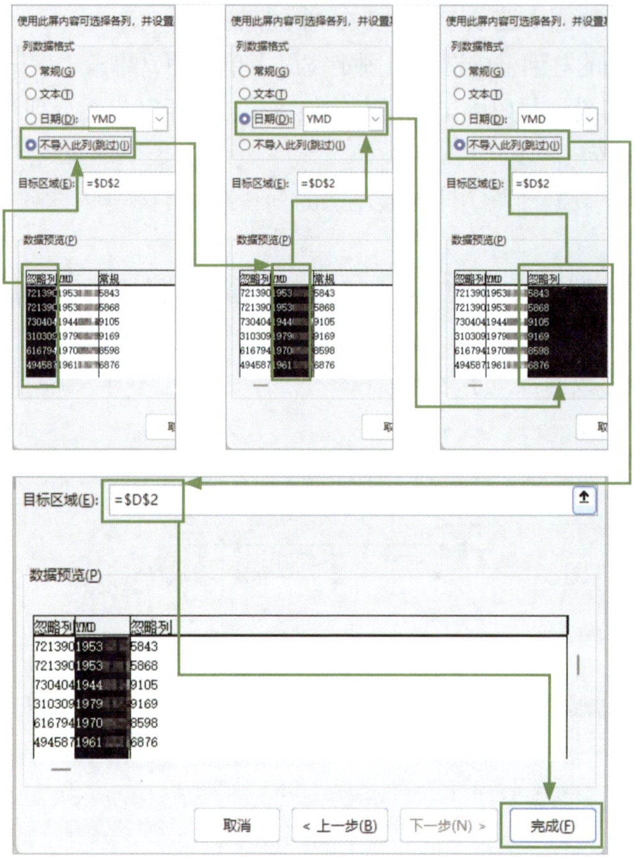

* 设置列数据的格式 *

编号	人名	身份证号码	出生日期
1	马春娇	7213901953[illegible]5843	1953/12/12
2	郑瀚海	7213901953[illegible]5868	1953/1/1
3	薛痴香	7304041944[illegible]9105	1944/8/14
4	朱梦旋	3103091979[illegible]9169	1979/3/23
5	黄向露	6167941970[illegible]8598	1970/5/29
6	张谷翠	4945871961[illegible]6876	1961/12/27
7	阎初阳	4610991968[illegible]8130	1968/2/9
8	傅诗蕾	9862021945[illegible]3718	1945/4/13
9	夏如柏	2063981976[illegible]4536	1976/11/20
10	冯清润	3851731957[illegible]9749	1957/1/11
11	苏建同	6665391976[illegible]3013	1976/9/30
12	叶小珍	8138631974[illegible]7326	1974/8/4
13	贾若南	2060671956[illegible]3881	1956/5/3

* 按固定宽度拆分的结果 *

按固定宽度拆分，可以添加多条分列线。单击位置有偏差时，也可以在分列线上方按住鼠标左键拖曳，以调节分列线的位置，向左拖出预览区可取消该分列线。

无论是按固定宽度拆分，还是按分隔符拆分，在执行分列操作之前，都必须先选中一列数据作为拆分对象。执行分列操作以后，拆分对象会默认保留第一列数据在原位置，新生成的数据列会覆盖旁边的列。

利用分列向导第 3 步中的数据预览区域，选中特定列并设置是否导入的特性，再加上可灵活设置的目标区域，分列功能就具备了提取数据并导出到指定位置的功能。

利用分列功能转换数据格式

在分列向导第 3 步中，可为拆分后的数据列预设数据格式，因此分列功能还常常用于转换数据格式。例如，将假日期转换为真日期、将假数字转换为真数字、恢复文本形式的公式的计算功能等。

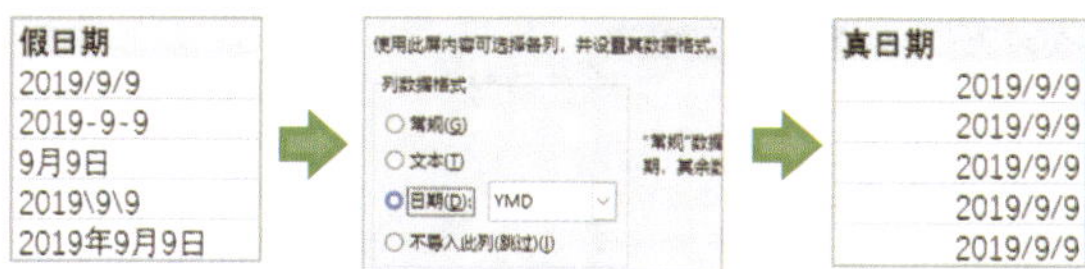

* 在分列向导第 3 步将假日期批量转换为真日期 *

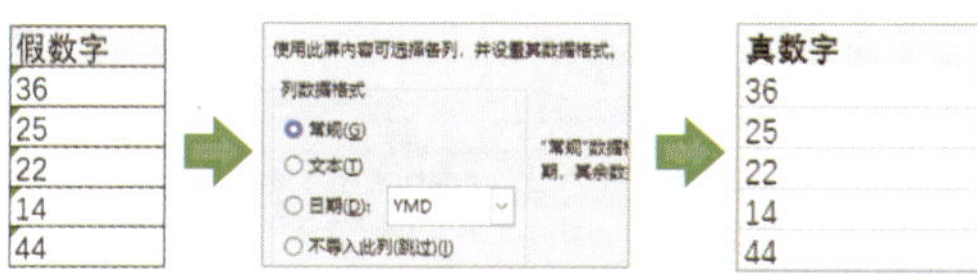

* 在分列向导第 3 步将假数字批量转换为真数字 *

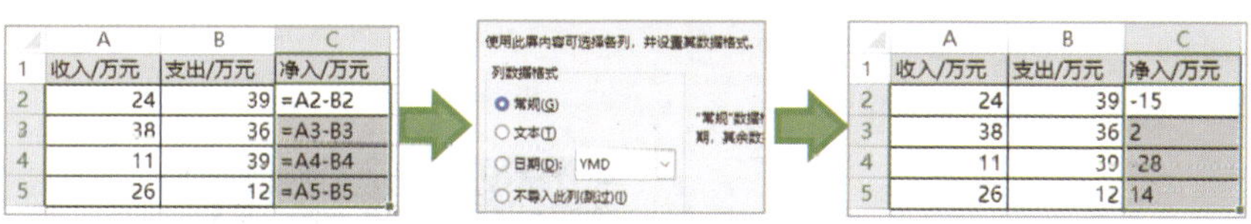

* 在分列向导第 3 步恢复文本形式的公式的计算功能 *

下面来看一个具体的案例，将下表中不规范的日期批量转换成规范格式的日期。

销售代表	日期	产品	价格/元	数量
傅曼凡	2017.2.4	产品C	10	10
周谷翠	20170930	产品C	10	10
贾韦茹	2017.12.17	产品B	8	9
程奇文	2017.12.21	产品C	10	24
钟晨希	2017.3.29	产品A	5	6
沈墨雨	2017.6.16	产品C	10	6
许翰墨	2017.8.5	产品B	8	8
叶兰芝	20171219	产品D	7	6

* 不规范的日期格式 *

❶ 选中【日期】列数据区域【I2:I14】。

❷ 单击【数据】选项卡中的【分列】按钮，在打开的对话框中单击【下一步】按钮。

❸ 直接单击【下一步】按钮。

❹ 将【列数据格式】组中的【日期】设置为【YMD】，单击【完成】按钮。

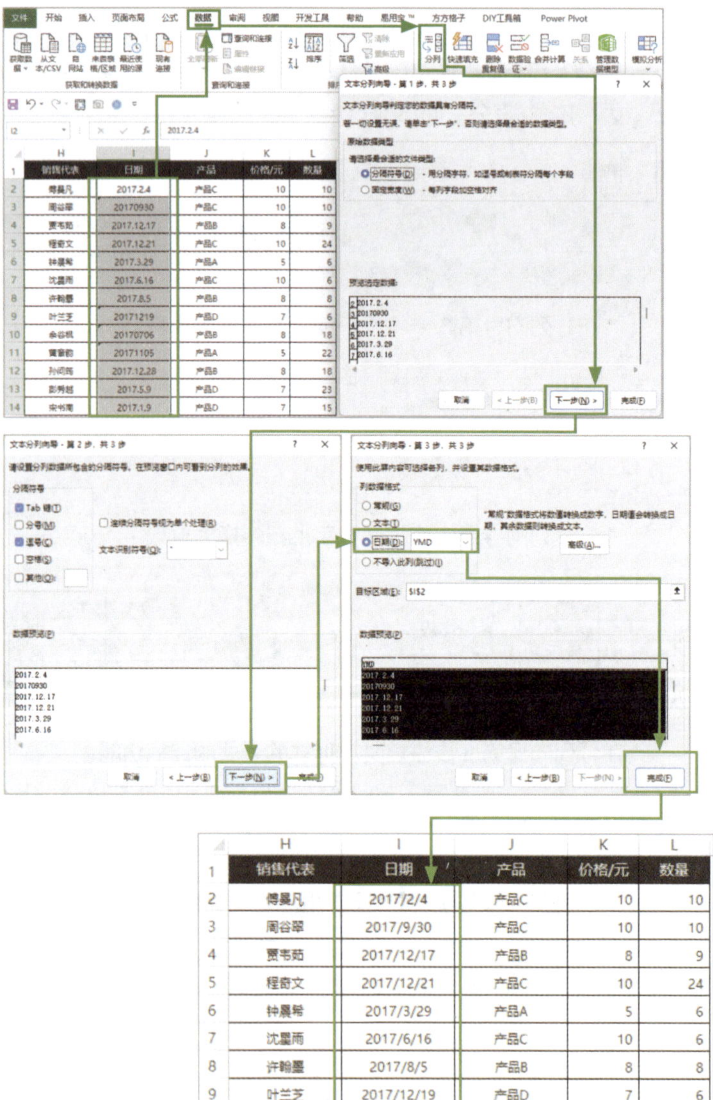

* 批量调整日期格式的操作步骤 *

在上述操作中，主要利用分列功能转换数据格式，并非真的要做分列操作。在前两步的【文本分列向导】对话框中，通过直接单击【下一步】按钮，快速进入分列向导第 3 步设置【列数据格式】，同时，由于【目标区域】默认为所选数据区域的第一个单元格，因此不需要再设置，直接单击【完成】按钮即可。

4.2.2 快速智能填充

使用分列功能可以对文本进行批量拆分、提取和格式转换，但前提是数据必须至少满足两个规律中的一个：拥有固定的分隔符或拥有固定的宽度。如果情况再复杂一点，分列功能就无法胜任了。

例如，下面的数据表格，如何从【章名称】列中快速提取播放次数？

编号	章名称	播放次数
1	1. 为何数据透视表被称作分析利器 & 透视表素材资料包926次　4分钟	
2	2. 课程简介：2个小时带你轻松掌握数据透视604次　5分钟	
3	4. 创建你的第一张数据透视表486次　4分钟	
4	3. 走进数据透视表484次　5分钟	
5	5. 数据透视有前提：规范数据源417次　3分钟	
6	7. 数据透视有前提：快速取消合并单元格341次　6分钟	
7	6. 数据透视有前提：数据源构建的基本原则325次　4分钟	
8	8. 快速熟悉数据透视表区域285次　4分钟	
9	9. 随数而动，数据透视表刷新235次　4分钟	
10	10. 固定数据表下的数据透视表创建195次　4分钟	
11	11. 动态数据表下的数据透视表创建184次　4分钟	
12	12. 外部数据源导入下的数据透视表创建183次　3分钟	

* 从【章名称】列中提取播放次数 *

你会发现，这里使用分列功能很难实现。

其实，自 Excel 2013 问世，Excel 中就多了一个很有用的文本处理功能——快速填充，它可以让文本加工变得轻而易举。

快速填充功能的基本原理是，提供样本数据，然后 Excel 自动识别样本中的规律，自动填写所有剩下的数据，样本越多，识别就越精确。

在数据结构比较简单的时候，提供一个样本就足够了。

提取字符串

❶ 选中【C2】单元格，分析【章名称】列中要提取的字符内容，输入【926】作为填充样本。

❷ 选中【C3】单元格，单击【开始】选项卡中的【填充】按钮，选择【快速填充】选项；也可以使用【Ctrl+E】快捷键进行快速填充操作。

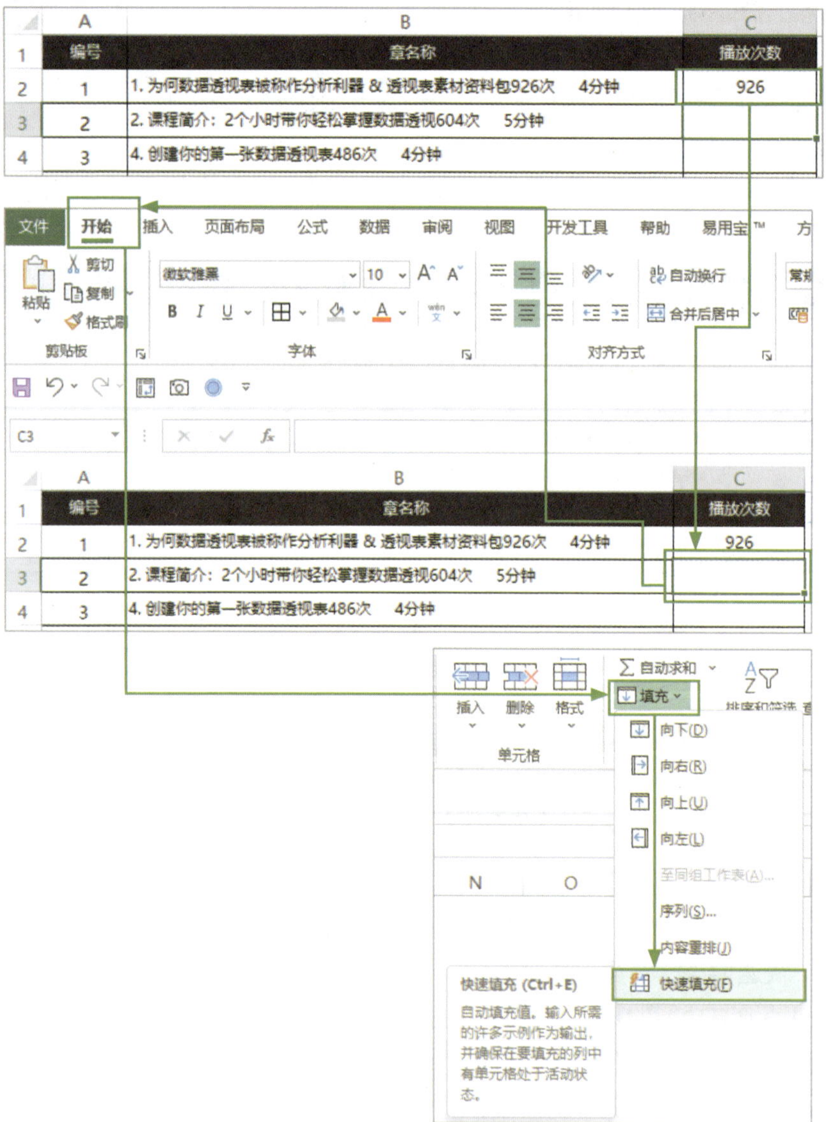

* 使用快速填充功能提取字符串 *

填充完毕后，【C3】单元格右下方会弹出快速填充选项，检查无误后选择【接受建议】选项即可。

是不是非常智能和方便呢?

结果如下。

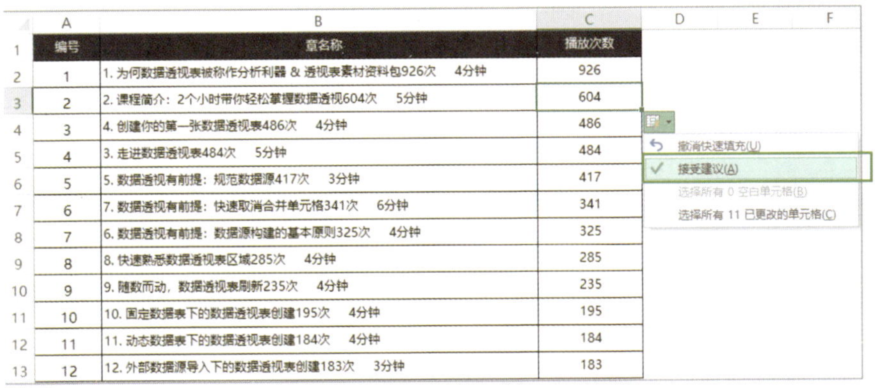

编号	章名称	播放次数
1	1. 为何数据透视表被称作分析利器 & 透视表素材资料包926次　4分钟	926
2	2. 课程简介：2个小时带你轻松掌握数据透视604次　5分钟	604
3	4. 创建你的第一张数据透视表486次　4分钟	486
4	3. 走进数据透视表484次　5分钟	484
5	5. 数据透视有前提：规范数据源417次　3分钟	417
6	7. 数据透视有前提：快速取消合并单元格341次　6分钟	341
7	6. 数据透视有前提：数据源构建的基本原则325次　4分钟	325
8	8. 快速熟悉数据透视表区域285次　4分钟	285
9	9. 随数而动，数据透视表刷新235次　4分钟	235
10	10. 固定数据表下的数据透视表创建195次　4分钟	195
11	11. 动态数据表下的数据透视表创建184次　4分钟	184
12	12. 外部数据源导入下的数据透视表创建183次　3分钟	183

* 检查并选择【接受建议】选项 *

了解快速填充功能的基本用法之后，下面来看一看该功能的其他应用场景。

快速填充功能同样可以将一列数据拆分为多列数据，它可以自动识别其中的规律，适合复杂的数据结构。

合并文本

快速填充功能不仅可以将一列数据拆分为多列数据，还可以将多个文本合并成一个新的文本。

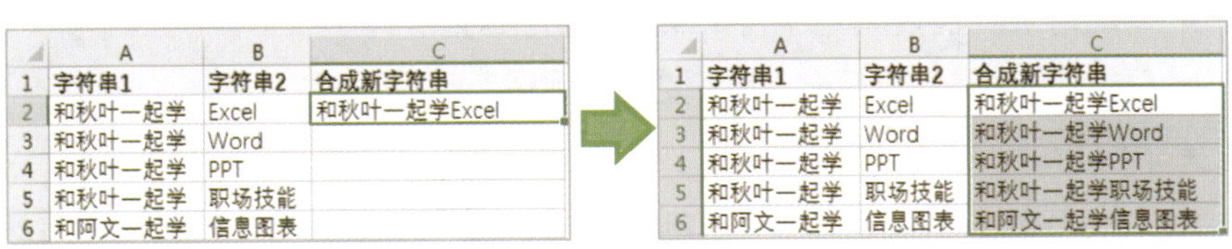

字符串1	字符串2	合成新字符串
和秋叶一起学	Excel	和秋叶一起学Excel
和秋叶一起学	Word	
和秋叶一起学	PPT	
和秋叶一起学	职场技能	
和阿文一起学	信息图表	

字符串1	字符串2	合成新字符串
和秋叶一起学	Excel	和秋叶一起学Excel
和秋叶一起学	Word	和秋叶一起学Word
和秋叶一起学	PPT	和秋叶一起学PPT
和秋叶一起学	职场技能	和秋叶一起学职场技能
和阿文一起学	信息图表	和阿文一起学信息图表

* 使用快速填充功能合并文本 *

添加字符

将 QQ 号全部添加上邮箱后缀“@qq.com”，变成 QQ 邮箱。

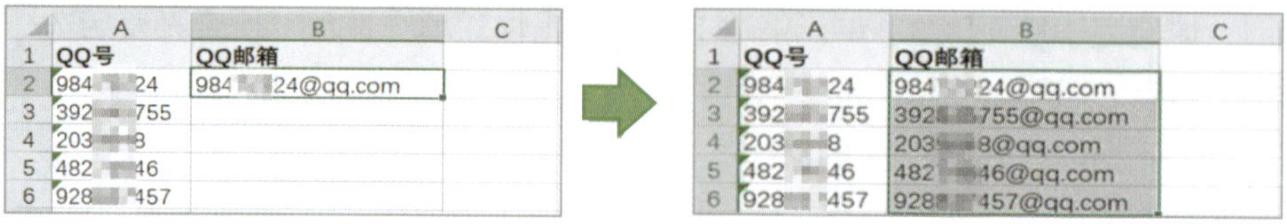

* 使用快速填充功能添加字符 *

改变字母大小写

将名字的拼音首字母变成大写字母。

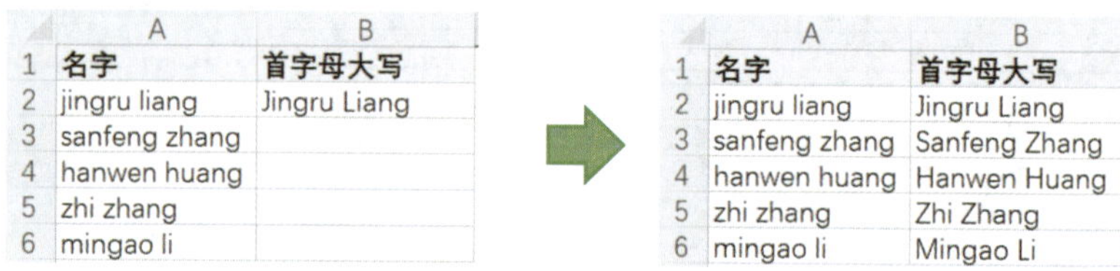

* 使用快速填充功能改变字母大小写 *

可见，快速填充功能就是文本处理中的“十项全能型选手”，有了它，完成上述操作完全没压力。要知道，如果没有快速填充功能，完成这些操作就必须组合运用各种文本函数，可能还要用到 VBA 代码。

4.3 妙招2：查找和替换

- 在茫茫的数据海洋中，有个别数据要修改。
- 要找到某些包含特定字符的文本进行核对。
- 有多余的空格、文字、数字要批量删除。
- 要批量去掉不可见字符。

碰到以上问题时，首先想到的就是查找和替换功能。由于查找和替换功能的使用频率高，因此微软工程师把它们放在了 Excel 的【开始】选项卡中。按【Ctrl+H】快捷键可以快速打开【查找和替换】对话框。

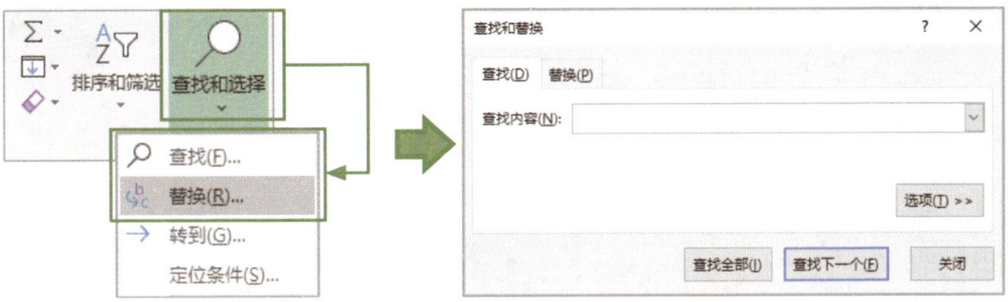

* 查找和替换功能 *

查找和替换功能是 Office 系列软件都有的功能。由于太过平常，因此很多人都以为它们不过如此。实际上，要想真正地用好查找和替换功能，还需知道一些“小窍门”。接下来介绍查找和替换功能的具体用法。

4.3.1 常规的查找和替换

以批量删除表格中数值的单位名称为例。

❶ 选中单元格区域【A1:E10】。

❷ 按【Ctrl+H】快捷键打开【查找和替换】对话框。

❸ 在【查找内容】文本框中输入【元】,【替换为】文本框中不输入字符。

❹ 单击【全部替换】按钮。

	A	B	C	D	E
1	销售员	4月1日	4月2日	4月3日	4月4日
2	胡静春	700元	0元	8001元	17元
3	钱家富	3元	13元	11元	0元
4	胡永跃	0元	0元	0元	0元
5	狄文倩	90元	15元	0元	13元
6	韩军	0元	10元	0元	0元
7	徐登兰	17元	0元	7元	10元
8	朱耀邦	14元	0元	19元	18元
9	徐强	14元	5元	0元	0元
10	潘文来	13元	5元	0元	0元

* 销售数据表 *

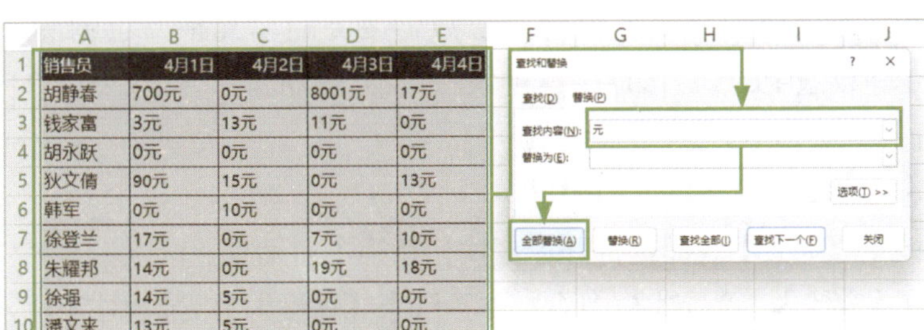

* 常规的查找和替换操作步骤 *

4.3.2 单元格匹配

在上一个案例的基础上，将所有数值为 0 的单元格清空。

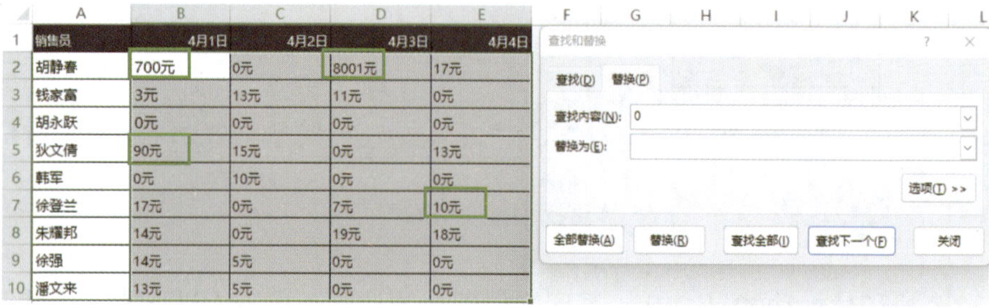

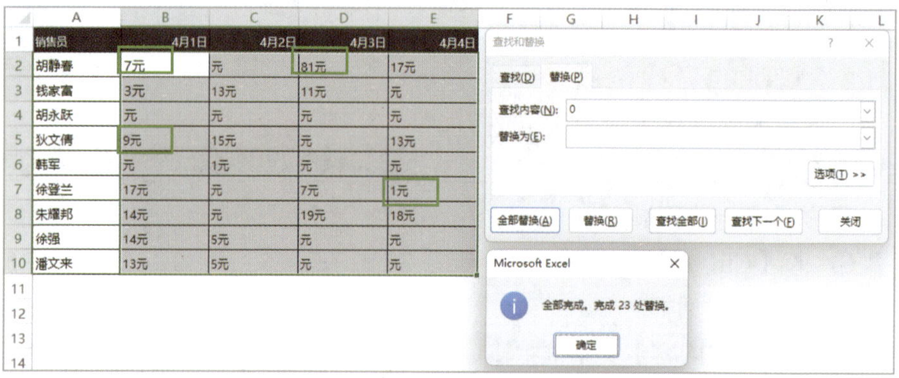

* 错误示范 *

如果使用常规的查找和替换的操作方法，结果就会出现错误。可以看到，直接进行查找和替换不仅清空了数值为 0 的单元格，也删除了 700、8001、90 等数值中的 0。因此，这种做法是不可取的。

正确的做法如下。

❶ 选中单元格区域【A1:E10】。

❷ 按【Ctrl+H】快捷键打开【查找和替换】对话框。

❸ 在【查找内容】文本框中输入数字【0】，【替换为】文本框中不输入字符。

❹ 单击【选项】按钮。

❺ 勾选【单元格匹配】复选框。

❻ 单击【全部替换】按钮，替换完成后单击【确定】按钮。

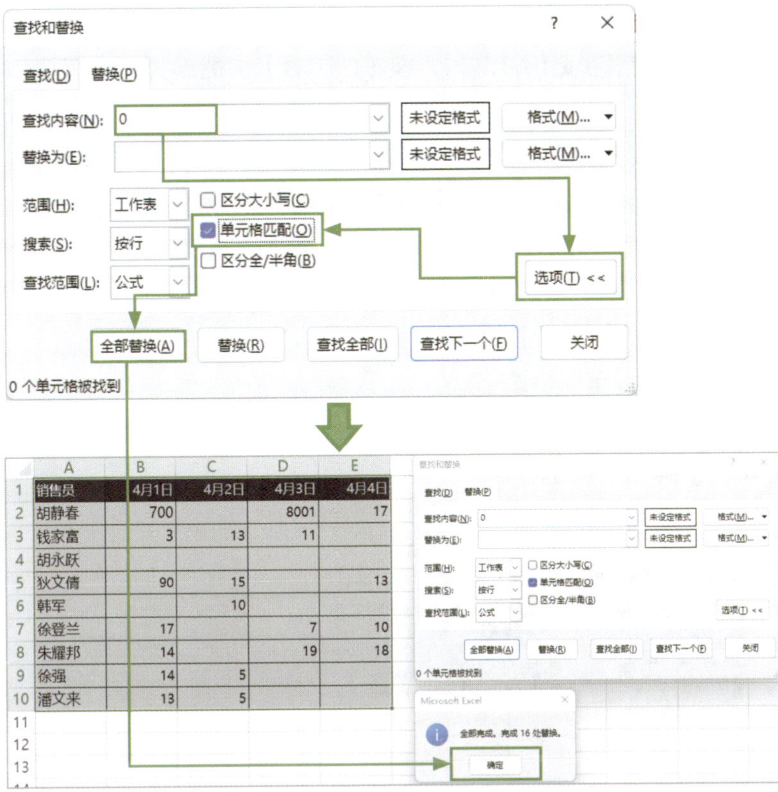

* 单元格匹配时的查找和替换 *

勾选【单元格匹配】复选框后，只有单元格中的整体内容都满足查询条件，才会替换该单元格中的内容，这样在进行批量替换时就不会“伤及无辜”了。

4.3.3 匹配指定格式

在工作中，有的 Excel 用户喜欢在表格中填充颜色，如果要批量替换这些填充了颜色的单元格中的内容，应该如何操作呢？

方法就是对相同格式的单元格的内容进行批量替换。Excel

	A	B	C	D	E	F
1	合计	5月1日	5月2日	5月3日	5月4日	5月5日
2	3030	550	689	600	584	607
3	242	12	60	60	50	60
4	70	0	0	0	0	70
5	200		70	70	60	
6	0		0	0	0	0
7	0		0	0	0	0

* 部分单元格填充了橙色 *

已经考虑到了这项需求。

❶ 选中单元格区域【A1:E7】，按【Ctrl+H】快捷键打开【查找和替换】对话框。

❷ 单击【选项】按钮，单击【查找内容】文本框右侧【格式】的下拉按钮。

❸ 选择【从单元格选择格式】选项，此时，鼠标指针会变成一个“吸管工具”。

❹ 用“吸管工具”吸取目标单元格的颜色。

❺ 观察【查找和替换】对话框中【查找内容】文本框右侧的【预览】按钮，已经吸取了目标单元格的格式。

❻ 单击【全部替换】按钮。

❼ 单击【确定】按钮。

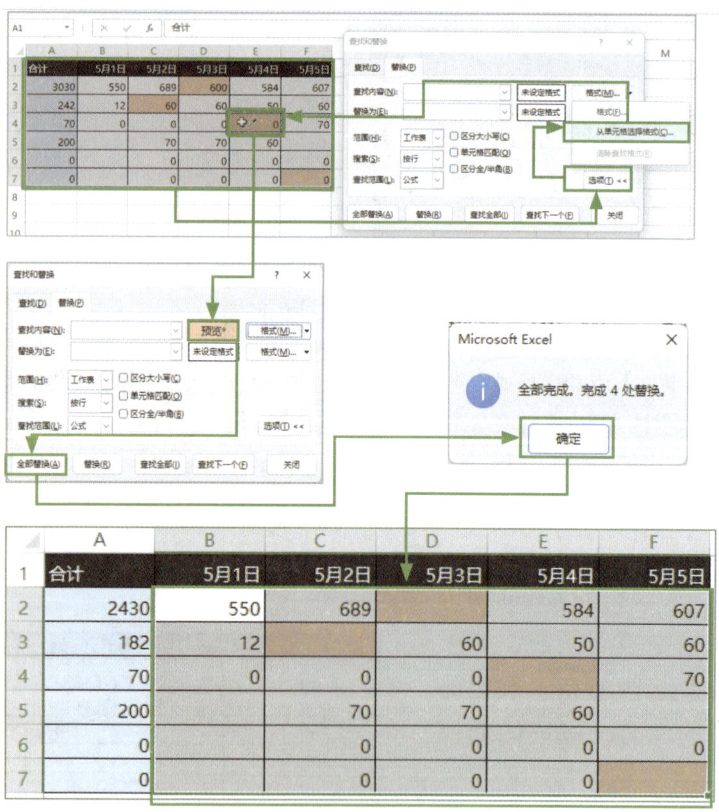

* 匹配指定格式 *

4.3.4 用通配符进行模糊匹配

要把下表中所有的负数都替换为 0，如何一次性搞定呢？

用通配符就可以实现。只需进行一次模糊匹配，就能统一替换负数。这里的“-”号表示负数，“*”号表示任意数量的任意字符，“-*”表示任意负数。

	A	B	C	D
13	数据1	数据2	数据3	数据4
14	7	-8	8	17
15	3	13	11	-16
16	-15	-11	-11	-5
17	9	15	-13	13
18	-16	10	-13	-13
19	17	-15	7	10
20	14	-7	19	18
21	14	5	-10	-12
22	13	5	-17	-7

* 存在负数的数据表 *

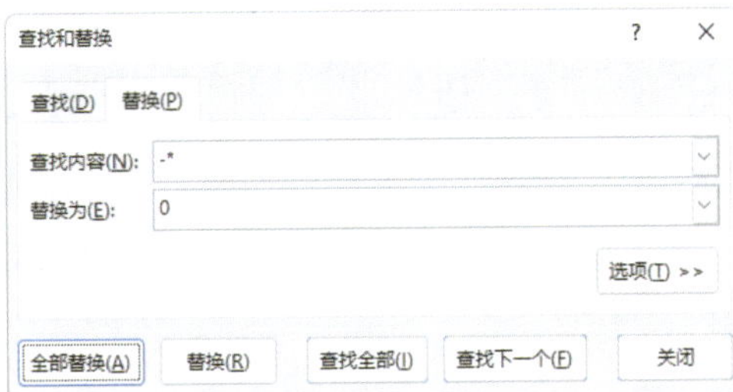

* 用通配符进行模糊匹配 *

Office 界和 IT 界都有一条潜规则：使用一对一精准匹配的方式找不到对象时，就采取“广撒网”的策略，通配符就是该策略的实施者。

通配符不仅可以在查找和替换时使用，还可以在筛选、函数公式等功能中使用。其中，问号“?”和星号“*”是用得最多的两种通配符。

问号通常用来表示任意一个字符，而星号则可以表示任意数量的任意字符。

了解通配符的基本用法之后，下面再来看一个例子。如何批量删除表格中的括号及括号中的内容呢？

	A	B	C	D
1	存货名称			
2	倍益康深层肌肉按摩器(2680)			
3	倍益康深层按摩仪(1899)			
4	倍益康深层按摩仪(1899)			
5	倍益康深层肌肉按摩器(2680)			
6	秋叶肌肉按摩仪(1899)			
7	秋叶层肌肉按摩仪(1480)			
8	倍益康手持式中频电疗仪(99)			
9	倍益康深层肌肉按摩仪(1899)			

* 存货数据表 *

这里使用通配符进行模糊匹配就可以快速搞定。

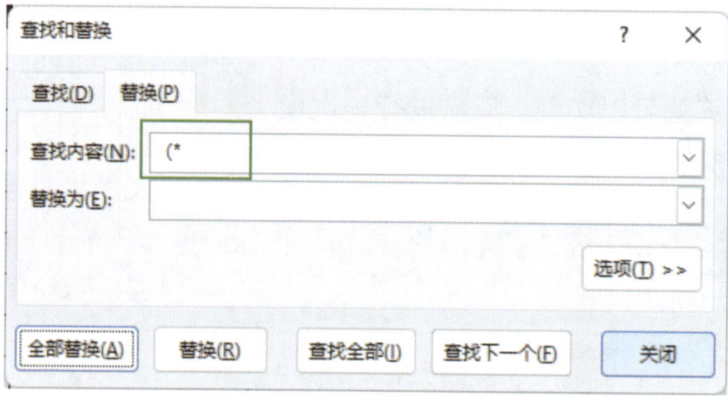

* 用通配符进行模糊匹配 *

注意，这里的左括号起的是定位的作用，星号则表示左括号右侧的所有字符。

4.4 妙招3：处理重复值

如果数据源中有重复记录，就会导致重复计数，结果会出错。所以在获取数据源后，进行统计分析前，清理掉重复记录非常有必要。

Excel 提供了很多处理重复值的功能：数据透视表、条件格式、函数公式、数据验证、高级筛选、删除重复值。它们各具特色，数据验证功能可以预防出现重复值，数据透视表和函数公式功能可以统计重复值数量，条件格式功能可以让重复值颜色分明。而要说哪个功能在处理重复值上最简单直接，那必须是删除重复值。

下面讲解处理重复值的方法。

4.4.1 筛选重复值

如何通过筛选的方式快速找到下表中重复的姓名？

编号	姓名	员工组	部门
1	李思静	职员	行政部
2	阎初阳	职员	财务部
3	傅诗蕾	普工	一车间
4	夏如柏	职员	二车间
5	冯清润	职员	行政部
6	夏如柏	职员	二车间
7	叶小珍	职员	工程技术部
8	李思静	职员	行政部
9	唐景行	普工	人力资源部
10	曹凌春	职员	一车间
11	李芳	普工	三车间
12	卢晓筠	职员	四车间
13	韩绮梦	职员	三车间
14	袁初彤	普工	一车间
15	蔡阳秋	职员	工程技术部
16	潘哲瀚	职员	计划部
17	丁清霁	普工	人力资源部
18	杨晴丽	普工	五车间
19	张三	职员	二车间
20	李芳	普工	三车间

* 表格中有重复的姓名 *

直接筛选肯定是筛选不出来的，因此可以考虑构造一个辅助列。

在表格右侧新增一个辅助列，在【E2】单元格中输入函数公式【=COUNTIF($B$2:B2,B2)】，输入完毕后向下填充公式，就能计算出公式中所引用的名字在当前【姓名】列中出现的次数了。

INDEX　=COUNTIF($B$2:B2,B2)

编号	姓名	员工组	部门	辅助列
1	李思静	职员	行政部	=COUNTIF($B$2:B2,B2)
2	阎初阳	职员	财务部	1
3	傅诗蕾	普工	一车间	1
4	夏如柏	职员	二车间	1
5	冯清润	职员	行政部	1
6	夏如柏	职员	二车间	2
7	叶小珍	职员	工程技术部	1
8	李思静	职员	行政部	2
9	唐景行	普工	人力资源部	1
10	曹凌春	职员	一车间	1
11	李芳	普工	三车间	1
12	卢晓筠	职员	四车间	1
13	韩绮梦	职员	三车间	1
14	袁初彤	普工	一车间	1
15	蔡阳秋	职员	工程技术部	1
16	潘哲瀚	职员	计划部	1
17	丁清霁	普工	人力资源部	1
18	杨晴丽	普工	五车间	1
19	张三	职员	二车间	1
20	李芳	普工	三车间	2

* 使用 COUNTIF 函数构造辅助列 *

辅助列的数字表示相应行中的名字出现的次数。接下来，如果筛选数字 1，就可以找出所有不重复的姓名；如果筛选数字 2，就可以找出所有重复的姓名。

* 筛选姓名出现的次数 *

4.4.2 标记重复值

前面提到的使用函数公式新建辅助列筛选重复值的方法虽然可行，不过对新手来说不太友好，学习成本较高，还有没有更加简单的方法能够快速标记出所有的重复值呢?

要突出重复数据，可以使用条件格式功能。

❶ 选中【姓名】列。

❷ 单击【开始】选项卡中的【条件格式】按钮。

❸ 选择【突出显示单元格规则】选项，选择【重复值】选项。

❹ 在打开的【重复值】对话框中使用默认的样式，单击【确定】按钮。

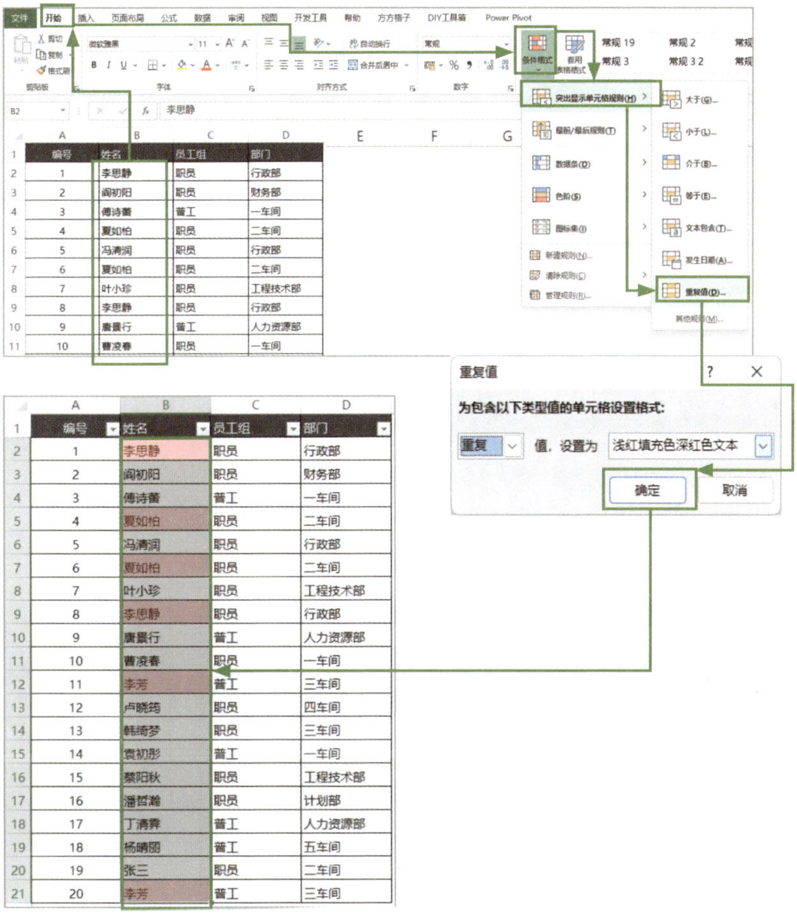

* 使用条件格式功能快速标记重复值 *

4.4.3 删除重复值

学会了筛选和标记重复值，下面来看看如何快速删除表格中的重复值。

在单列数据中删除重复值

要删除表格中单列数据中的重复值，只需要将该列数据复制粘贴出来，然后使用删除重复值功能删除即可。下面以删除重复姓名为例。

❶ 复制表格中的【姓名】列数据到【F】列。

❷ 单击【数据】选项卡中的【删除重复值】按钮。

❸ 在打开的【删除重复值】对话框中单击【确定】按钮。

❹ 单击【确定】按钮。

* 在单列数据中删除重复值 *

删除符合多个条件的重复值

实际生活中，员工姓名其实是有重名的可能性的，因此，单从姓名来判断数据是否重复是不严谨的。为了避免重名产生的误差，通常会使用员工编号作为唯一值来表示员工，如果没有员工编号，则需要结合岗位、部门等信息来判断。

在右图所有标注了红色的姓名当中，【李芳】实际上并不是重复值，因为两位【李芳】不论是岗位还是部门都不同，因此可以认为是重名的员工。这时，如果要删除重复值，就不应该删除【李芳】的信息。

这里要通过多个条件来判断需要删除的重复值。正确的做法如下。

❶ 选中整个表格区域。

❷ 单击【数据】选项卡中的【删除重复值】按钮。

❸ 在打开的【删除重复值】对话框中取消勾选【编号】复选框。

❹ 单击【确定】按钮。

编号	姓名	员工组	部门
1	李思静	职员	行政部
2	阎初阳	职员	财务部
3	傅诗蕾	普工	一车间
4	夏如柏	职员	二车间
5	冯清润	职员	行政部
6	夏如柏	职员	二车间
7	叶小珍	职员	工程技术部
8	李思静	职员	行政部
9	唐景行	普工	人力资源部
10	曹凌春	职员	一车间
11	李芳	经理	生产部
12	卢晓筠	职员	四车间
13	韩绮梦	职员	三车间
14	袁初彤	普工	一车间
15	蔡阳秋	职员	工程技术部
16	潘哲瀚	职员	计划部
17	丁清霁	普工	人力资源部
18	杨晴丽	普工	五车间
19	张三	职员	二车间
20	李芳	普工	三车间

* 存在重名的员工信息登记表 *

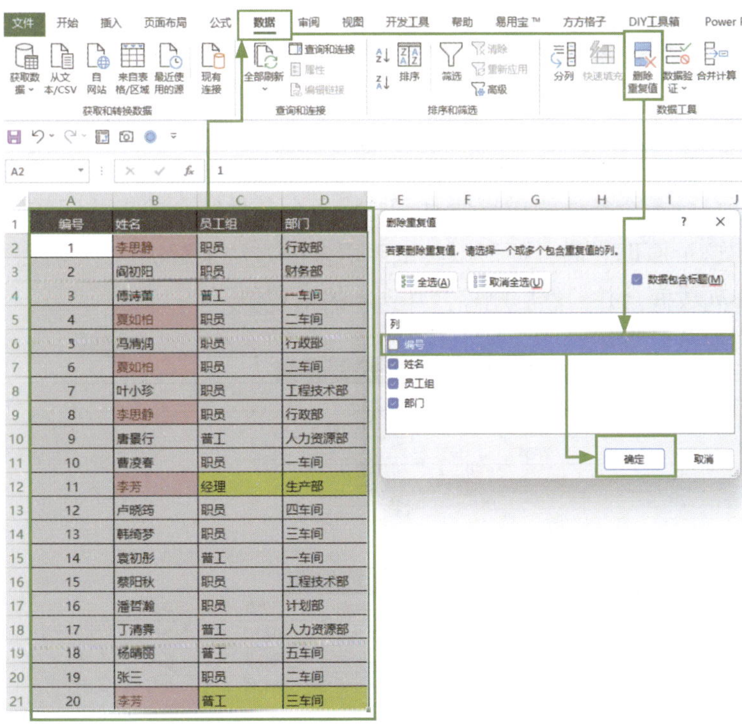

* 删除符合多个条件的重复值 *

这里勾选了【姓名】【员工组】【部门】3 个复选框，代表要将这 3 个条件组合起来判断，只有当这 3 个条件完全相同时，相应内容才被认为是重复值并被删除。

操作完毕后，可以看到，两位【李芳】的数据都得以保留。

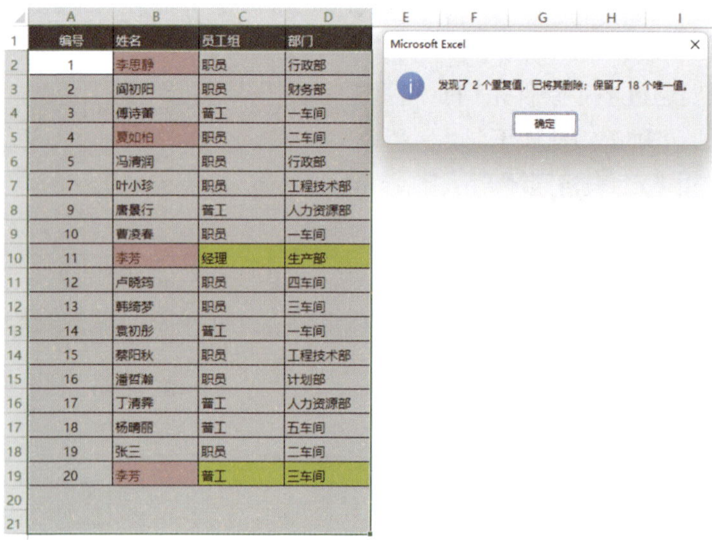

* 删除重复值后的效果 *

删除符合多个条件的重复值时，是将多个条件结合起来共同作为判断依据，了解这个原理之后，便可以尝试用更多的方法来解决这个问题。例如，先将这 3 列数据合并，然后删除合并列中的重复值。

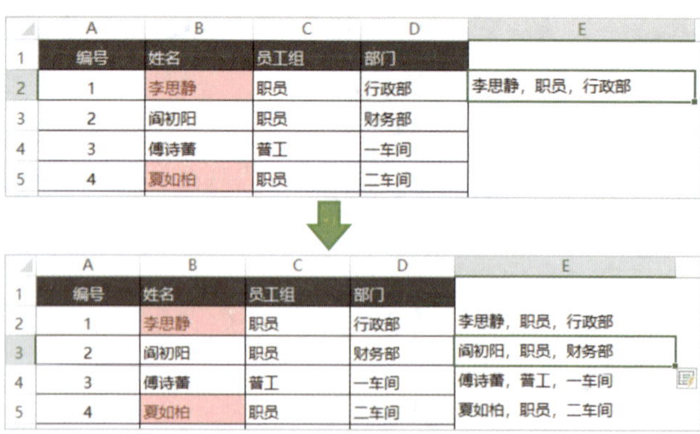

* 使用快速填充功能合并 3 列数据 *

❶ 选中合并后的列。

❷ 单击【数据】选项卡中的【删除重复值】按钮。

❸ 在打开的对话框中选择【以当前选定区域排序】单选项，单击【删除重复项】按钮。

❹ 默认勾选【列 E】复选框，单击【确定】按钮。

❺ 单击【确定】按钮。

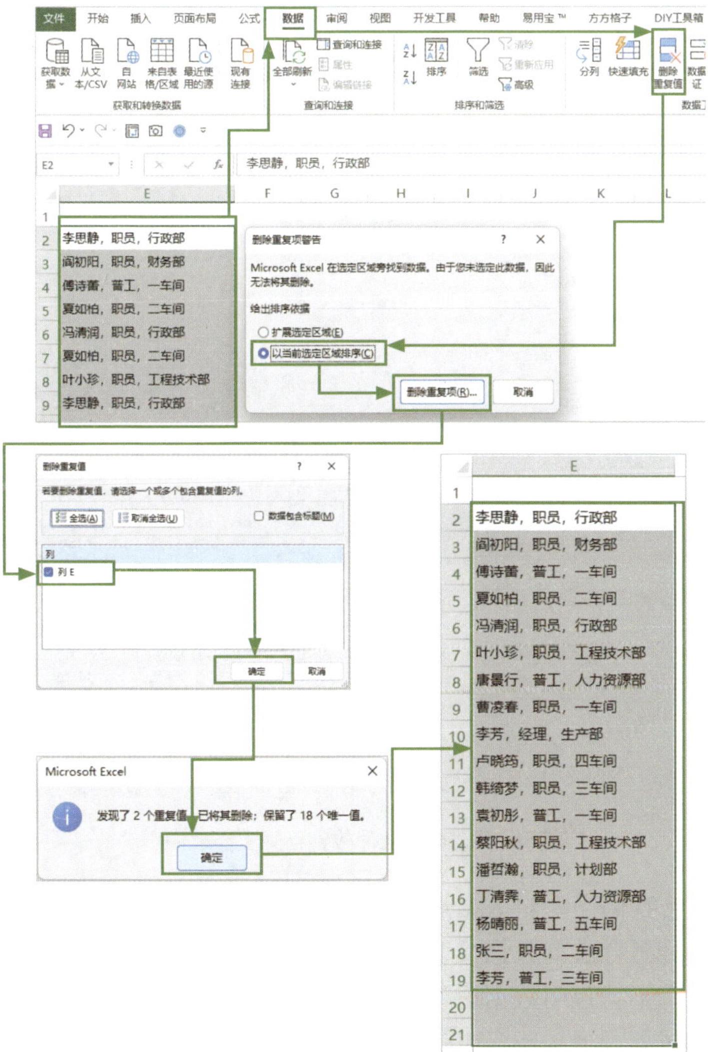

* 删除合并列中的重复值 *

4.5 妙招4：多表合并

工作中，通常会将不同分类的数据存放在不同的工作表或工作簿中。例如，从时间角度考虑，按月份存放数据；或者从产品角度考虑，按产品类型存放数据。这样管理起来逻辑清晰，查找起来也方便。

	A	B	C	D	E	F	G	H
1	销售代表	日期	产品	价格/元	数量	营业额/元	地区	省/自治区
2	张三	2017/3/29	产品1	39	54	30	韶关	广东
3	李四	2017/11/5	产品1	39	50	110	襄阳	湖北
4	吴傲儿	2017/7/27	产品1	39	99	10	北海	广西壮族自治区
5	李安宜	2017/6/29	产品1	39	81	30	荆州	湖北
6	马成周	2017/2/12	产品1	39	81	100	佛山	广东
7	宋承平	2017/6/12	产品1	39	51	60	防城港	广西壮族自治区
8	郑傲儿	2017/7/14	产品1	39	78	40	珠海	广东
9	宋访风	2017/4/4	产品1	39	62	90	云浮	广东
10	黄奥婷	2017/5/4	产品1	39	57	15	湘潭	湖南
11	吴安宜	2017/7/27	产品1	39	72	45	邵阳	湖南
12	李翰墨	2017/9/16	产品1	39	87	45	宜昌	湖北
13	黄半安	2017/7/14	产品1	39	94	20	宜昌	湖北
14	王奥婷	2017/4/25	产品1	39	51	125	桂林	广西壮族自治区
15	吴昂杰	2017/8/23	产品1	39	66	110	惠州	广东
16	李奥婷	2017/7/25	产品1	39	99	75	张家界	湖南
17	陈寄柔	2017/11/8	产品1	39	94	70	柳州	广西壮族自治区
18	周安宜	2017/11/3	产品1	39	80	15	梅州	广东
19	郑昂杰	2017/2/8	产品1	39	69	35	河源	广东
20	宋从云	2017/3/14	产品1	39	89	115	揭阳	广东
21	马奥婷	2017/11/19	产品1	39	65	20	广州	广东
22	李傲儿	2017/10/15	产品1	39	85	90	北海	广西壮族自治区
23	马安宜	2017/7/2	产品1	39	61	35	汕头	广东
24	陈昂杰	2017/9/26	产品1	39	50	125	湘西	湖南
25	李安宜	2017/7/17	产品1	39	76	30	柳州	广西壮族自治区
26	黄半安	2017/10/7	产品1	39	100	15	株洲	湖南

产品1 产品2 产品3 产品4 +

* 按产品类型将数据存放到不同工作表中 *

名称
- 产品A.xlsx
- 产品B.xlsx
- 产品C.xlsx
- 产品D.xlsx

* 按产品类型将数据存放到不同工作簿中 *

但是，当我们需要对数据进行统计分析时，分开存放的数据又会给我们带来困扰。不管是用数据透视表还是用函数公式处理多表或多工作簿中的数据，都不是特别方便。因此，我们要考虑如何将这些数据合并在一起，以便批量化地进行统计分析。

4.5.1 合并工作表

以下方的销售员业绩数据表为例，介绍合并工作表的方法。

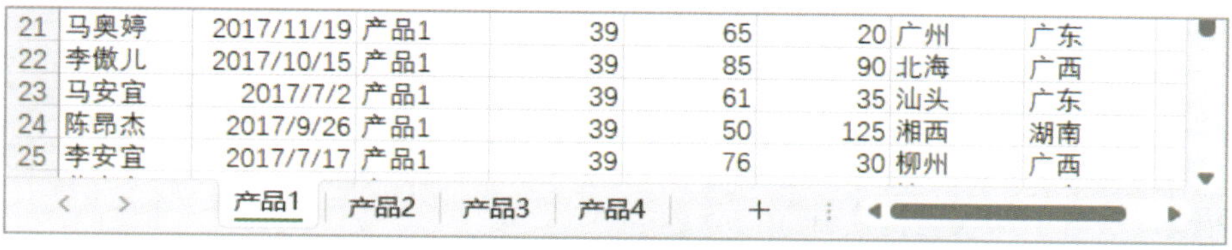

21	马奥婷	2017/11/19	产品1	39	65	20	广州	广东
22	李傲儿	2017/10/15	产品1	39	85	90	北海	广西
23	马安宜	2017/7/2	产品1	39	61	35	汕头	广东
24	陈昂杰	2017/9/26	产品1	39	50	125	湘西	湖南
25	李安宜	2017/7/17	产品1	39	76	30	柳州	广西

* 销售员业绩数据表 *

用易用宝插件合并工作表

易用宝是由 Excel Home 开发的一款用于扩展 Excel 功能的插件，该插件针对 Excel 用户在处理与分析数据过程中的多种需求，提供了相应的功能模块。要使用该插件，需要先安装。

在易用宝的官方网站中选择相应的下载链接进行下载。

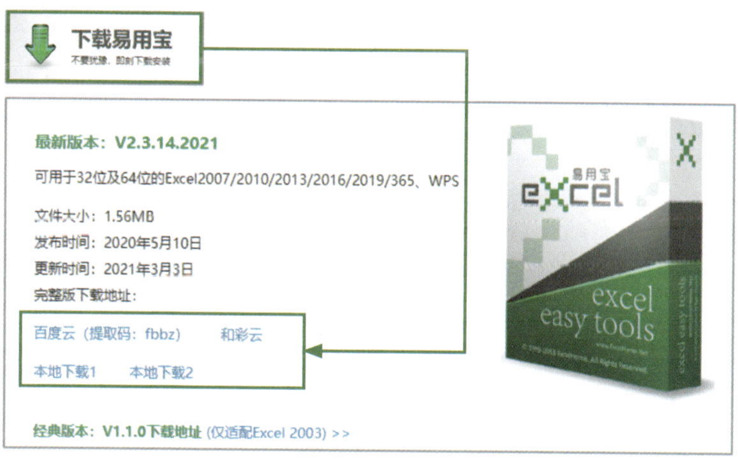

* 下载易用宝插件 *

单击下载页面下方的安装方法链接可打开安装教程，按照教程逐步操作即可完成安装。

* 易用宝安装教程 *

安装完毕后，Excel 工具栏上方会出现一个【易用宝】选项卡，接下来就可以开始对工作表进行合并了。

* 新增【易用宝】选项卡 *

❶ 打开案例文件，单击【易用宝】选项卡中的【工作表管理】按钮，选择【合并工作表】选项。

初次使用该功能时，Excel 会弹出在线激活提示，关注公众号后可在公众号内免费获取产品激活码，输入激活码后单击【激活】按钮，易用宝插件就能正常使用了。

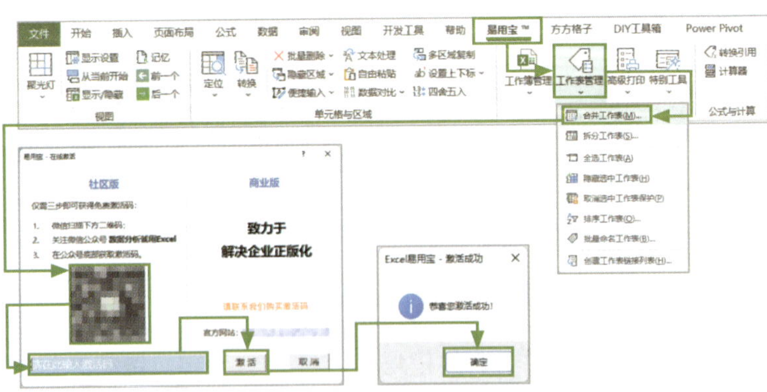

* 易用宝社区版免费激活 *

由于已经打开了案例文件，因此易用宝会自动从当前工作簿中采集数据。

❷ 单击向右的双箭头 » ，将表格数据从【可选工作表】区域批量移动到【待合并工作表】区域。

❸ 勾选【忽略工作表中无须合并的数据行】(截图中“须”为“需”)复选框，在【忽略起始的】文本框中输入数字【1】，这样可以避免多个表的标题被重复合并进来。

❹ 单击【合并】按钮。

易用宝插件会自动生成一个新的工作簿，完成多表的合并。

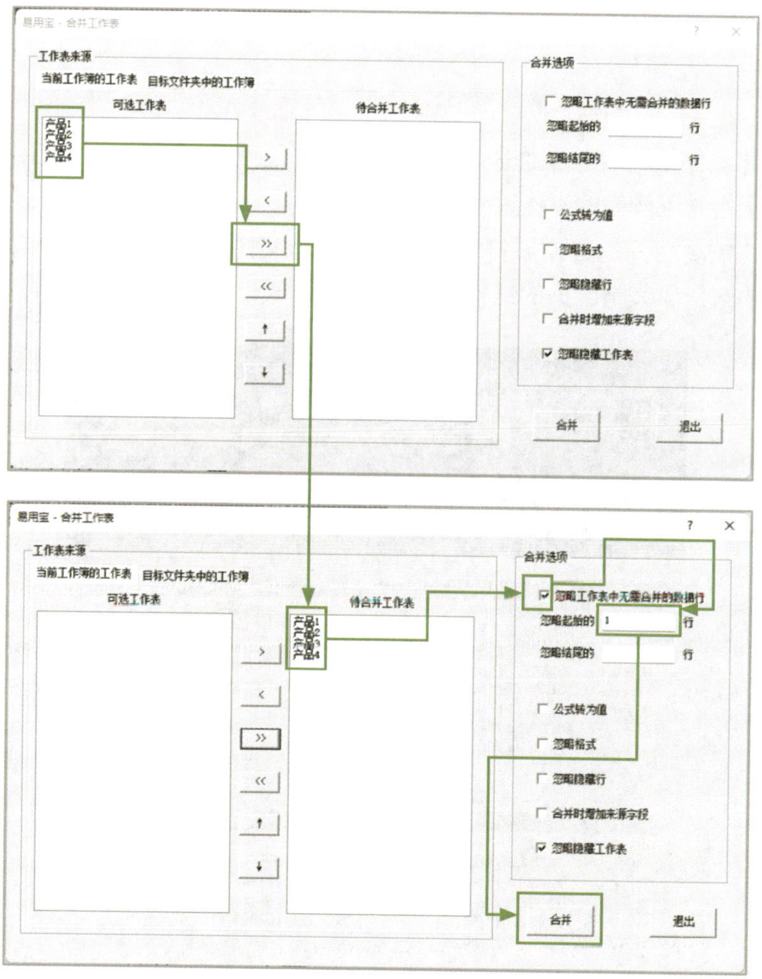

* 使用易用宝插件合并工作表的操作步骤 *

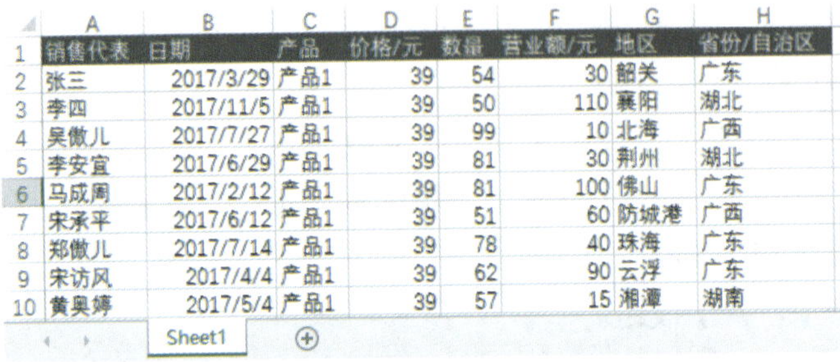

销售代表	日期	产品	价格/元	数量	营业额/元	地区	省份/自治区
张三	2017/3/29	产品1	39	54	30	韶关	广东
李四	2017/11/5	产品1	39	50	110	襄阳	湖北
吴傲儿	2017/7/27	产品1	39	99	10	北海	广西
李安宜	2017/6/29	产品1	39	81	30	荆州	湖北
马成周	2017/2/12	产品1	39	81	100	佛山	广东
宋承平	2017/6/12	产品1	39	51	60	防城港	广西
郑傲儿	2017/7/14	产品1	39	78	40	珠海	广东
宋访风	2017/4/4	产品1	39	62	90	云浮	广东
黄奥婷	2017/5/4	产品1	39	57	15	湘潭	湖南

* 合并后自动创建的工作簿 *

4.5.2 合并工作簿

合并工作簿与合并工作表类似，只是数据的载体不同，下面使用易用宝插件演示合并工作簿的操作过程。

先将需要合并的工作簿打包存放在同一个文件夹中，同时每个工作簿中工作表的数量、表格数据的结构都要保持一致。

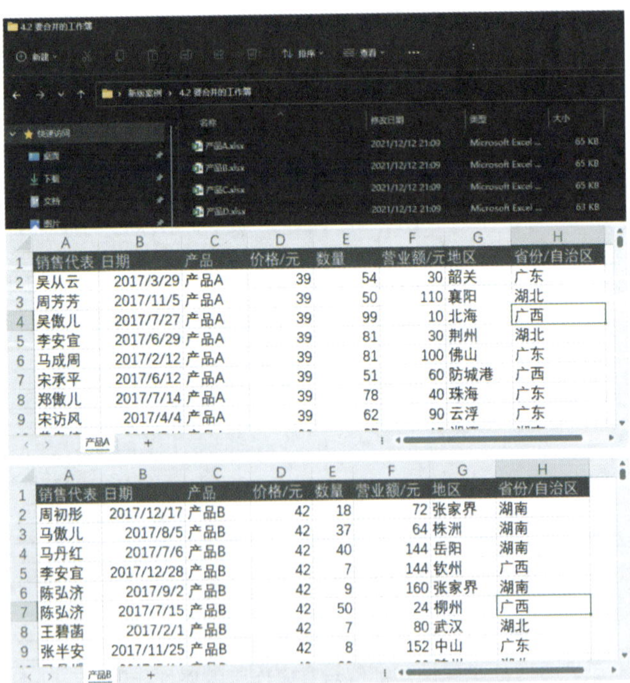

销售代表	日期	产品	价格/元	数量	营业额/元	地区	省份/自治区
吴从云	2017/3/29	产品A	39	54	30	韶关	广东
周芳芳	2017/11/5	产品A	39	50	110	襄阳	湖北
吴傲儿	2017/7/27	产品A	39	99	10	北海	广西
李安宜	2017/6/29	产品A	39	81	30	荆州	湖北
马成周	2017/2/12	产品A	39	81	100	佛山	广东
宋承平	2017/6/12	产品A	39	51	60	防城港	广西
郑傲儿	2017/7/14	产品A	39	78	40	珠海	广东
宋访风	2017/4/4	产品A	39	62	90	云浮	广东

销售代表	日期	产品	价格/元	数量	营业额/元	地区	省份/自治区
周初彤	2017/12/17	产品B	42	18	72	张家界	湖南
马傲儿	2017/8/5	产品B	42	37	64	株洲	湖南
马丹红	2017/7/6	产品B	42	40	144	岳阳	湖南
李安宜	2017/12/28	产品B	42	7	144	钦州	广西
陈弘济	2017/9/2	产品B	42	9	160	张家界	湖南
陈弘济	2017/7/15	产品B	42	50	24	柳州	广西
王碧菡	2017/2/1	产品B	42	7	80	武汉	湖北
张半安	2017/11/25	产品B	42	8	152	中山	广东

* 要合并的数据 *

用易用宝插件合并工作簿

❶ 打开一个新的工作簿，单击【易用宝】选项卡中的【工作簿管理】按钮，选择【合并工作簿】选项。

❷ 在打开的【易用宝 - 合并工作簿】对话框中单击【浏览】按钮，找到存放工作簿的文件夹，选中该文件夹后单击【确定】按钮，文件夹地址和工作簿信息会被自动导入【易用宝 - 合并工作簿】对话框中。

❸ 单击向右的双箭头按钮 » ，将所有工作簿移动到【待合并工作簿】区域，单击【合并】按钮。

❹ Excel 弹出提醒【完成合并工作簿】，单击【确定】按钮，再单击【退出】按钮。

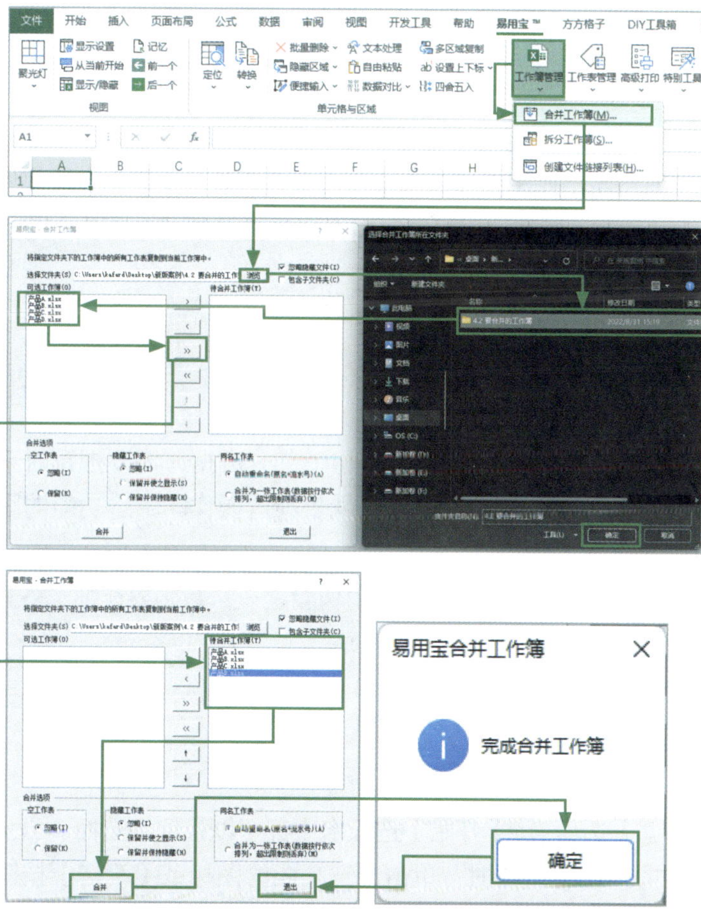

* 使用易用宝插件合并工作簿的操作步骤 *

Excel 自动生成了一个新的工作簿，之前 4 个工作簿中的数据都被合并到了这个新增的工作簿中。

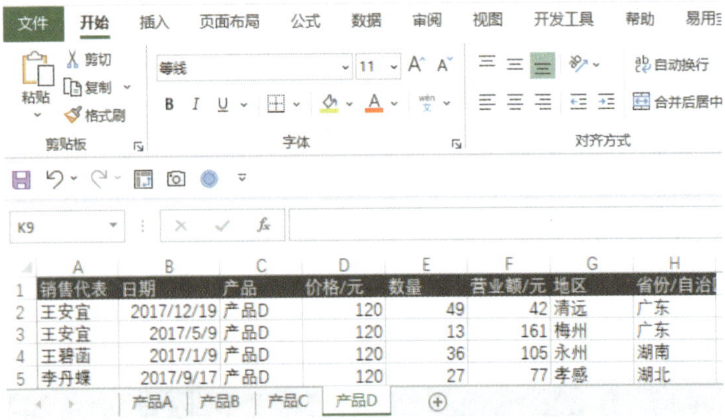

* 合并工作簿后的结果 *

如果还要将新工作簿中的 4 张工作表合并到同一个表中，则可以参考前面合并工作表的内容，继续使用易用宝插件合并工作表，这里不再赘述。

4.6 数据筛选技巧

为了从数据表中按某个条件挑选出一部分数据，需要把暂时不关心的数据过滤掉以便进一步分析和处理，这就是筛选操作。筛选功能的图标是个过滤器（漏斗）。

筛选作为 Excel 中使用频率最高的功能之一，有必要详细了解其原理和具体用法。

4.6.1 数据筛选基础

视频案例

开启或关闭筛选器

在【数据】选项卡、【开始】选项卡中都可以找到筛选器。当活动单元格在数据区域内的任意位置时，单击筛选功能的图标或【筛选】按钮就能切换筛选器的开、关状态。

默认情况下，开启筛选器后，数据区域的首行，即列标题行中的每一个单元格中都会显示筛选器按钮。

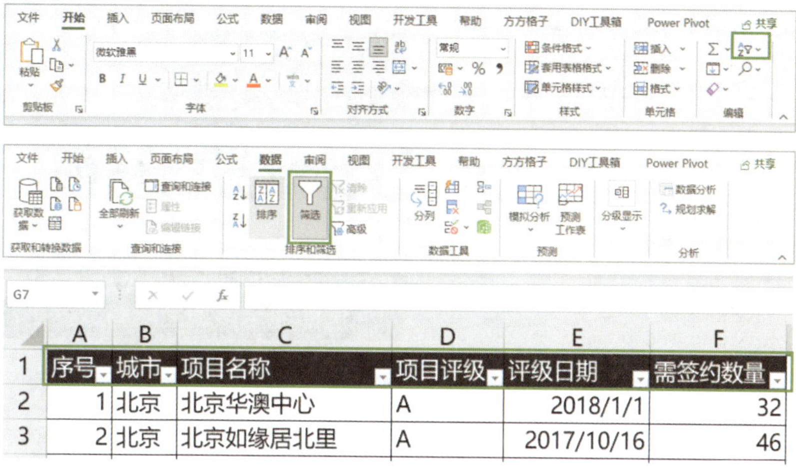

* 筛选器的位置及开启筛选器之后的效果 *

如何只为部分列开启筛选器呢？

以下图中的项目签约数量表为例，可以先选中【B1:C1】单元格区域，然后单击【筛选】按钮，便能仅开启【城市】和【项目名称】列的筛选器。

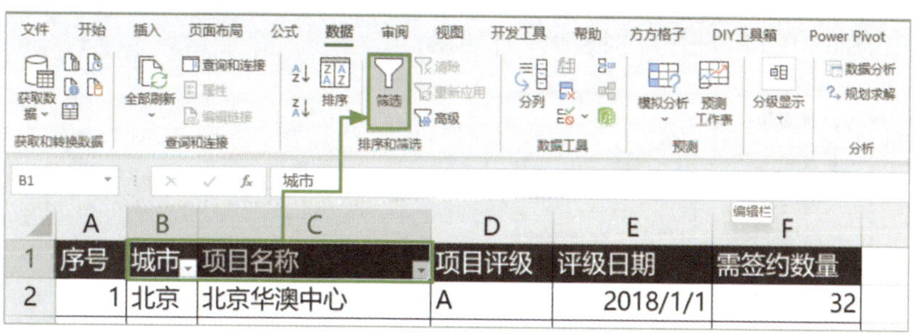

* 为部分列开启筛选器 *

筛选的类型

打开筛选器只是开启筛选模式，并未真正过滤任何数据。只有开启筛选器并设置筛选条件之后，才会筛选出符合条件的数据。

不同的数据类型所支持的筛选条件也有所不同。

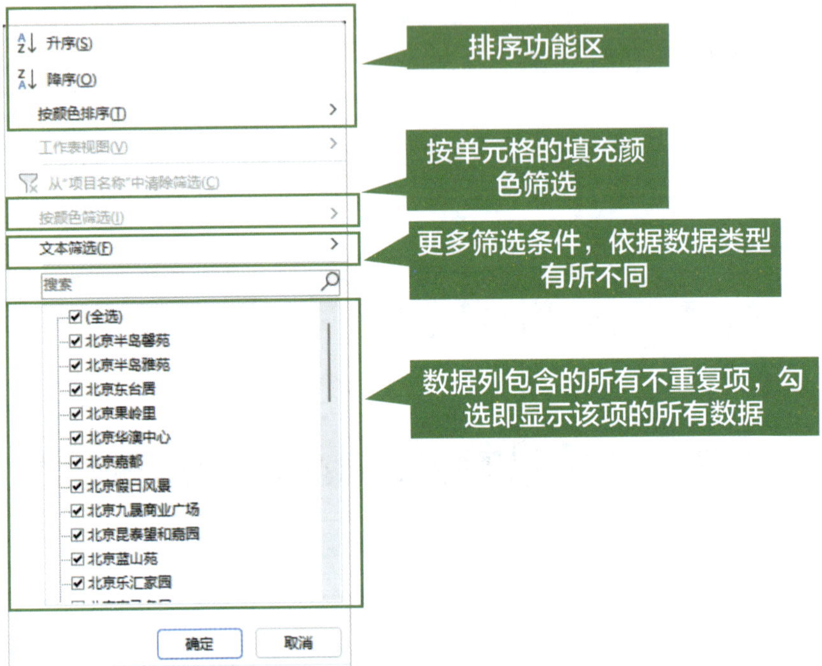

* 筛选条件设置区域 *

例如，筛选标准格式的日期数据时，筛选条件设置区域会自带折叠功能，使得筛选更符合日期的特性，方便操作。

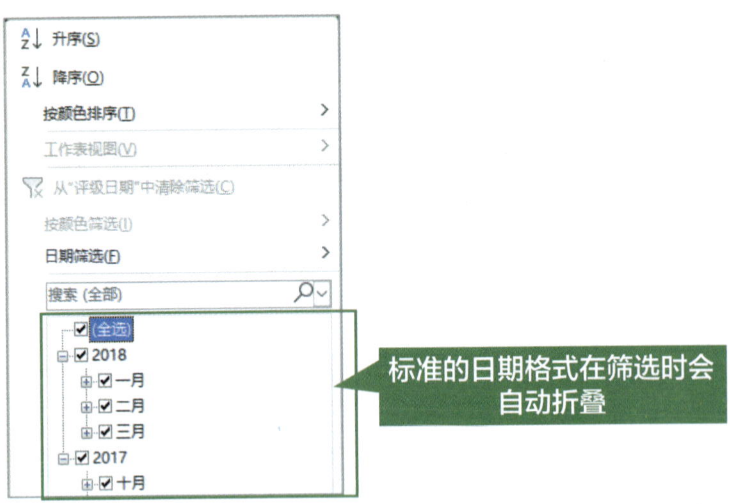

* 筛选中的日期会自动折叠 *

这也可以作为一个简易的判断日期列的格式是否标准的方法。

如果筛选的列中有单元格或字体被填充了颜色，那么在筛选时【按颜色筛选】选项会被激活。【按颜色筛选】是自 Excel 2007 开始提供的功能，可分别按字体颜色、单元格的填充颜色进行筛选，通过右击执行此筛选操作会更加简便。

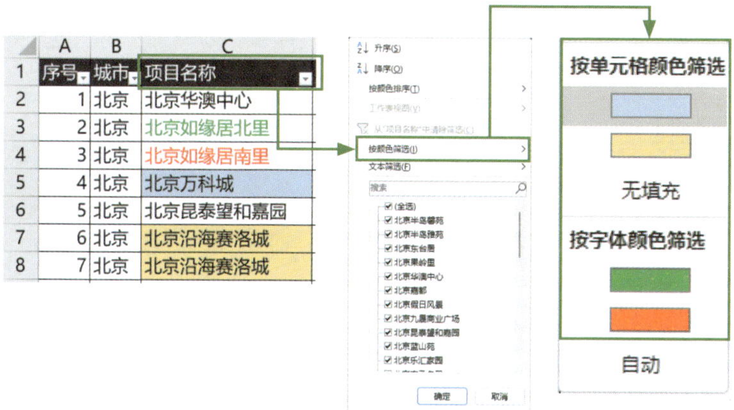

* 按颜色筛选 *

根据所筛选列的内容不同，筛选的配置选项也会发生相应的变化。

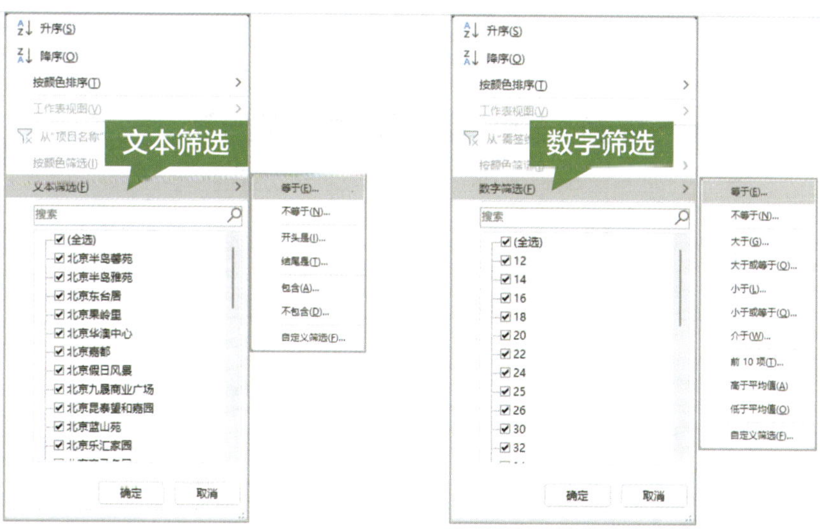

* 不同数据类型的筛选配置选项 *

以下图的项目签约数量表为例，完成 3 项筛选任务，借此了解筛选的基本操作。

	A	B	C	D	E	F
1	序号	城市	项目名称	项目评级	评级日期	需签约数量
2	1	北京	北京华澳中心	A	2018/1/1	32
3	2	北京	北京如缘居北里	A	2017/10/16	46
4	3	北京	北京如缘居南里	A	2018/1/25	14
5	4	北京	北京万科城	A	2017/10/31	228
6	5	北京	北京昆泰望和嘉园	A	2017/12/8	24
7	6	北京	北京沿海赛洛城	A	2017/12/1	30

* 项目签约数量表 *

任务要求如下。

- 文本筛选：筛选 A 级项目。
- 数字筛选：筛选需签约数量大于 100 的项目。
- 日期筛选：筛选 2018 年的项目。

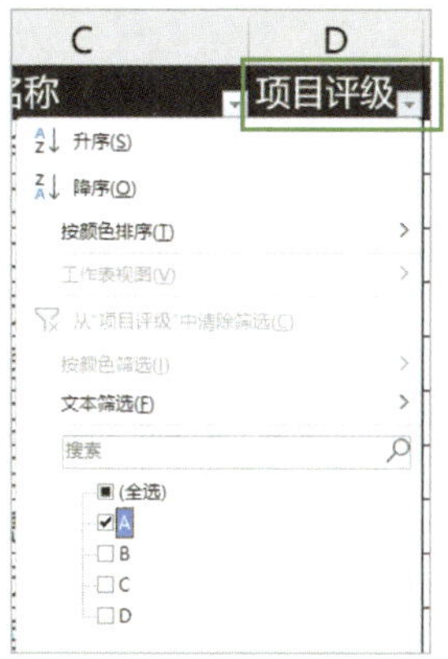

* 文本筛选 *

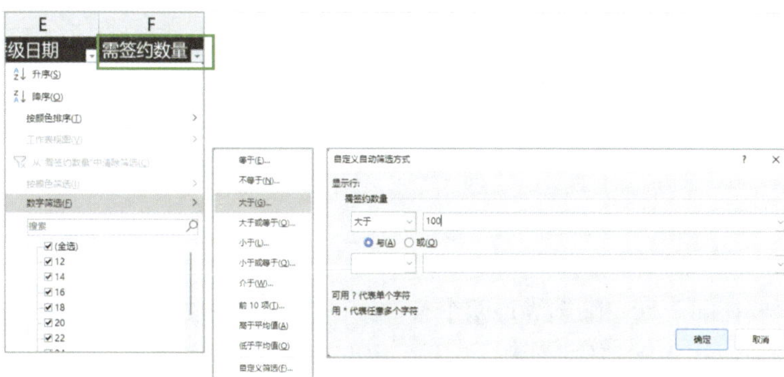

* 数字筛选 *

* 日期筛选 *

4.6.2 多条件筛选

视频案例

当要筛选需要同时满足多个条件的数据时，可以进行多条件筛选。

例如，要找出需签约数量大于 100 的 B 级项目，可以分别在【项目评级】列和【需签约数量】列中设定筛选条件，如下所示。

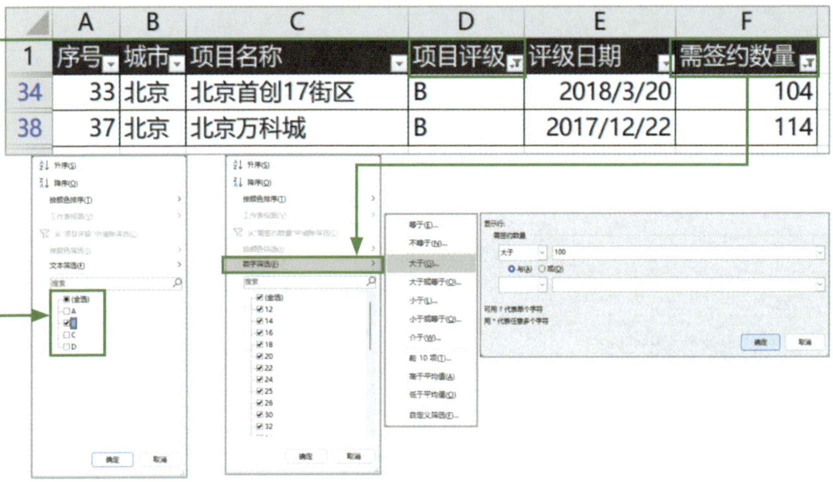

* 多条件筛选 *

如果要在同一列中筛选满足两个条件中任意一个的数据，应该怎么做呢？

例如，要找出需签约数量大于 100 或小于 20 的所有项目，可通过自定义筛选条件操作来实现，如下所示。

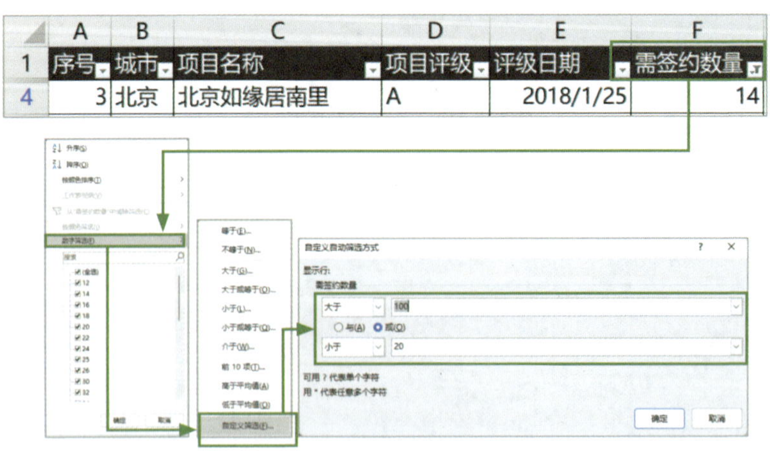

* 同列数据多条件筛选 *

自定义筛选方式最多设置两个条件，然而实际工作中可能会面临更加复杂的筛选需求，如果需要设置 3 个以上的筛选条件，该如何设置？

多重条件匹配——高级筛选

高级筛选功能提供了更加灵活多样的筛选方式，可以实现涉及 3 个及以上条件的复杂筛选，还能够在筛选的同时设置是否保留重复项。

还是以项目签约数量表为例，要筛选出项目评级为 A 级，或需签约数量大于 100，或需签约数量小于 20 的所有项目。

注意，这里的 3 个条件为“或”的关系，即满足任意一个条件的数据都应该被筛选出来。

为了实现以上筛选，必须先在数据区域之外设置一个条件参数区域。

依据筛选条件，将条件逐个记录在条件参数区域中，具体如下图所示。

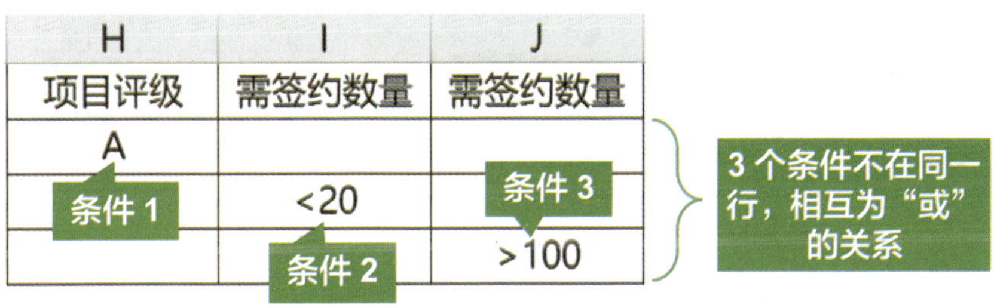

* 设置高级筛选的条件参数区域 *

设置好条件参数区域之后，就可以开始执行高级筛选操作了，具体步骤如下。

❶ 单击【数据】选项卡【排序和筛选】选项组中的【高级】按钮。

❷ 在打开的【高级筛选】对话框中分别设置【列表区域】和【条件区域】。

❸ 单击【确定】按钮。

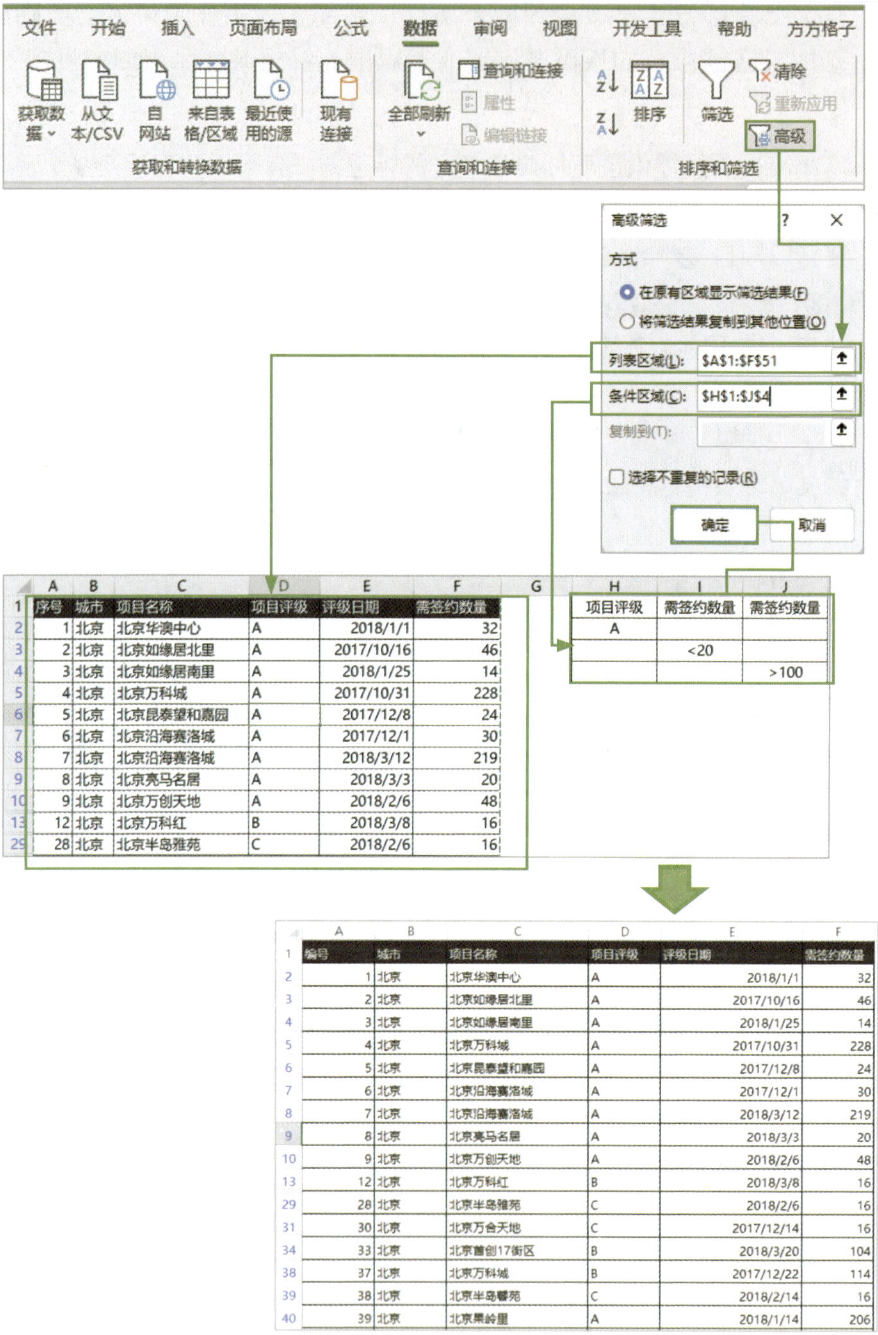
文件
开始
插入
页面布局
公式
数据
审阅
视图
开发工具
帮助
方方格子
获取数据
从文本/CSV
自网站
来自表格/区域
最近使用的源
现有连接
获取和转换数据
全部刷新
查询和连接
属性
编辑链接
查询和连接
排序
筛选
清除
重新应用
高级
排序和筛选
高级筛选
方式
在原有区域显示筛选结果(F)
将筛选结果复制到其他位置(O)
列表区域(L): $A$1:$F$51
条件区域(C): $H$1:$J$4
复制到(T):
选择不重复的记录(R)
确定
取消
序号 城市 项目名称 项目评级 评级日期 需签约数量
项目评级 需签约数量 需签约数量
A
<20
>100
编号 城市 项目名称 项目评级 评级日期 需签约数量

* 高级筛选操作步骤 *

为了更好地理解高级筛选功能，下面调整一下筛选条件。

仍然以项目签约数量表为例，这次不仅要筛选出项目评级为 A 级并且需签约数量大于 100 的项目，还要筛选出所有需签约数量小于 20 的项目。

注意，项目评级为 A 且需签约数量大于 100 这两个条件要同时满足。

这里的条件参数区域应该如何设置呢？方法如下。

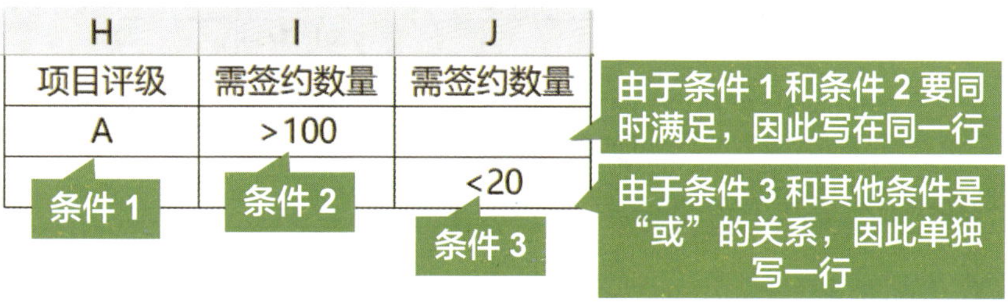

* 设置高级筛选的条件参数区域 *

后续的高级筛选操作步骤与之前的类似，如下所示。

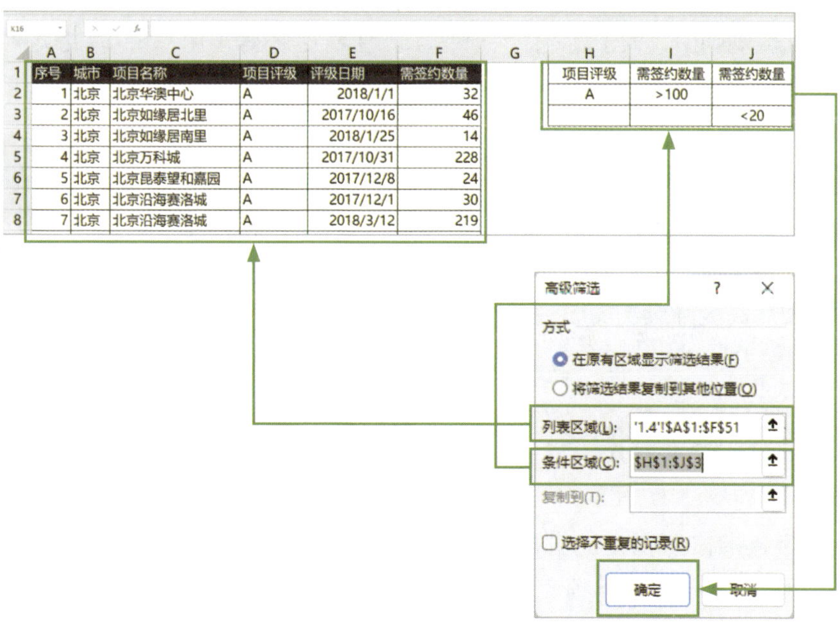

* 高级筛选操作步骤 *

筛选结果见下页。

	A	B	C	D	E	F
1	序号	城市	项目名称	项目评级	评级日期	需签约数量
4	3	北京	北京如缘居南里	A	2018/1/25	14
5	4	北京	北京万科城	A	2017/10/31	228
8	7	北京	北京沿海赛洛城	A	2018/3/12	219
13	12	北京	北京万科红	B	2018/3/8	16
29	28	北京	北京半岛雅苑	C	2018/2/6	16
31	30	北京	北京万合天地	C	2017/12/14	16
39	38	北京	北京半岛馨苑	C	2018/2/14	16
40	39	北京	北京果岭里	A	2018/1/14	206
43	42	北京	北京瑞绣佳园	A	2017/11/3	14
46	45	北京	北京东台居	A	2018/3/31	12
51	50	北京	北京万悦家园	B	2018/2/19	18

* 筛选结果 *

上面筛选出了所有需签约数量大于 100 的 A 级项目，也筛选出了所有需签约数量小于 20 的项目，当然，这些需签约数量小于 20 的项目当中也包含 A 级项目。

总结一下使用高级筛选功能的注意事项。

- 比较规则中，大于用 >，大于或等于用 >=，不等于用 <>，以此类推。
- 条件区域中的内容如果是文本，则只要包含该文本即符合条件。例如“万”，可筛选出【北京万科城】【北京万科红】【北京万合天地】【北京万悦家园】等项目。
- 支持通配符，如【Q*4】，可筛选出以 Q 开头，以 4 结尾的任意字符串。
- 勾选【选择不重复的记录】复选框即不显示重复项。
- 使用高级筛选功能时会自动关闭筛选器，需特别留意。

4.7 数据排序

排序是指按照指定的顺序将数据重新排列，是数据整理的一种重要手段。它也是 Excel 中使用频率最高的功能之一。

很多人对排序的理解局限于按照数值的大小进行升序或降序排列，导致在实际工作中无法根据具体的数据情况进行排序，从而影响解决问题的效率。

实际上，排序的本质就是比较和归位，观察下面 3 个排序案例。

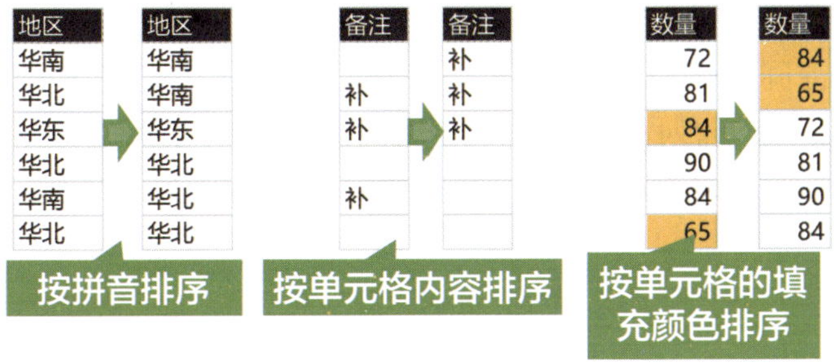

* 排序案例 *

从上面 3 个案例可以看出：排序实际上是通过比较单元格中填充内容的属性，将满足相同条件的数据汇集到一起。接下来就从排序的基本操作方法开始，逐步揭开数据排序的“面纱”。

4.7.1　数据排序基础

在 Excel 中，数据可以分为文本和数字两种类型，数字类型的数据又可以细分为时间、日期、整数等，数据类型不同，默认的排序方式也不一样。

对数字排序

数字的顺序是按数值的大小来确定的。

例如，下面的案例中，要对表格中的需签约数量做升序排序，实际上就是要比较需签约数量的大小，再排序。

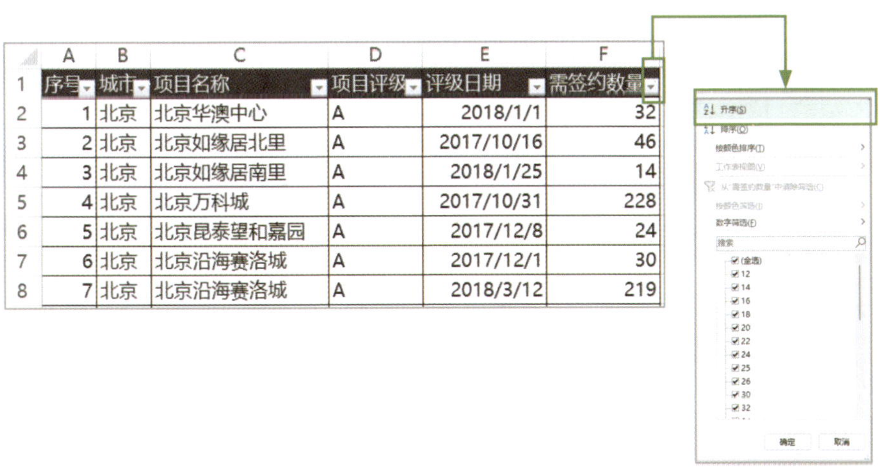

* 按需签约数量升序排序 *

对日期排序

日期和时间本质上是数字。例如在下面这个案例中，将【E2:E4】单元格区域的数字格式设置为【常规】，可以看到，原本的日期就变成了数字。

这里的数字代表的是当前单元格中的日期距 1900 年 1 月 1 日的天数。

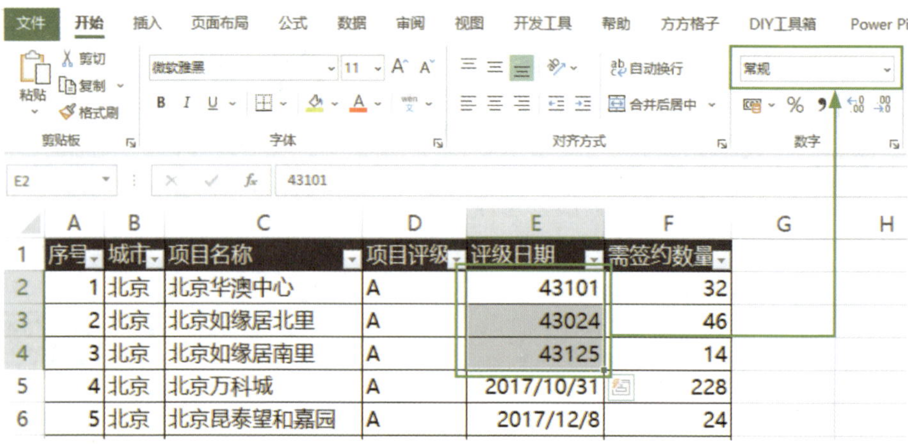

* 时间和日期本质上是数字 *

因此，对日期排序，实际上就是先比较数字的大小，再排序。

* 按评级日期升序排序 *

对文本排序

文本的顺序是按英文字母、中文拼音的前后关系来确定的。如果有多个字符，则从第一个字符开始比较和排序，第一个字符相同时，再按第二个字符继续比较和排序，以此类推。同样是升序，对文本排序的效果如下。

逻辑型文本
二
六
三
四
五
一

英文
a
about
ball
body
boy
cartoon

文本数字混合型
项目1
项目10
项目12
项目2
项目202
项目3

* 升序排列的各种文本 *

因为文本的顺序是通过逐字符比较而不是整体比较来确定的，所以当文本和数字混合在一起时，就无法按照正常的数值大小进行排序。同理，当数字和日期是文本形式的假数字、假日期时，也无法按照正常的数值大小进行排序。

假数字
1
101
11
15
21
3

假日期
2016/1/1
2016/10/30
2016/11/11
2016/12/12
2016/2/14
2016/6/1

* 对假数字和假日期升序排序的结果 *

所以，在发现排序结果不对时，通常要先检查数据源干不干净、正不正确，这就是反复强调数据规范性的原因。千万要警惕数字格式对数据排序的影响。

搞清楚原理后，再进行排序操作就相当简单了，以下表为例，使【项目名称】列数据升序排列。

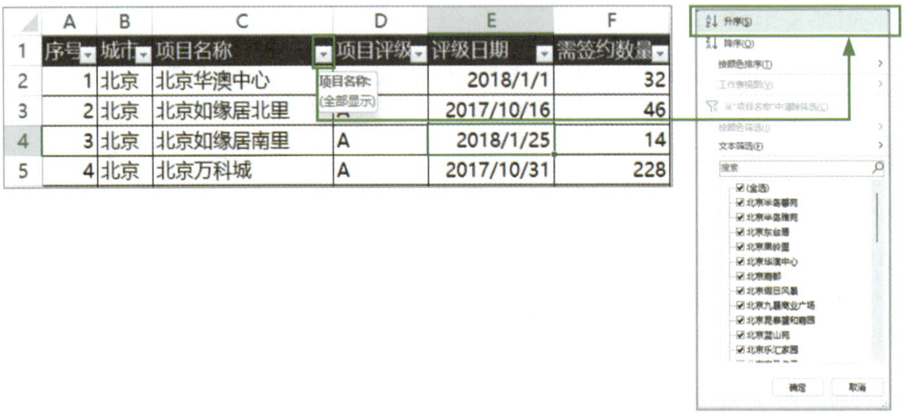

* 按项目名称升序排序 *

4.7.2 对混合文本排序

视频案例

前面提到，要警惕数字格式和数据规范性对数据排序的影响，那么真正遇到混合文本时，应该如何排序呢？

转换格式后再排序

下方的案例按照销售月份对表格数据进行了升序排序，可以看到排序结果并不理想。

	A	B	C	D	E
1	销售月份	北京	上海	深圳	广州
2	10月	5751	8553	4841	6471
3	11月	3844	6544	8993	8303
4	12月	2615	5817	6817	9638
5	1月	7930	1176	593	1103
6	2月	8278	963	579	1590

* 按照销售月份升序排序 *

由于数字和汉字混合在一起，排序时从第一个字符开始比较，因此【12 月】排到了【2 月】前面。要解决这个问题，方法非常简单，就是将数字与汉字拆开后再排序。

❶ 参考【A2】单元格中的销售月份【10 月】，在【F2】单元格中输入数字【10】。

❷ 按【Ctrl+E】快捷键，快速提取并向下填充月份对应的数字。

❸ 对新增的数字列进行升序排序。

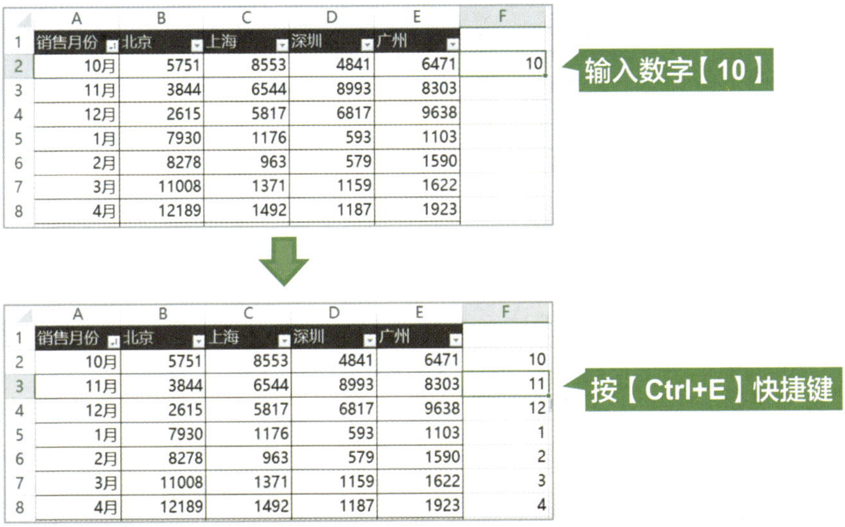

* 快速提取月份中的数字 *

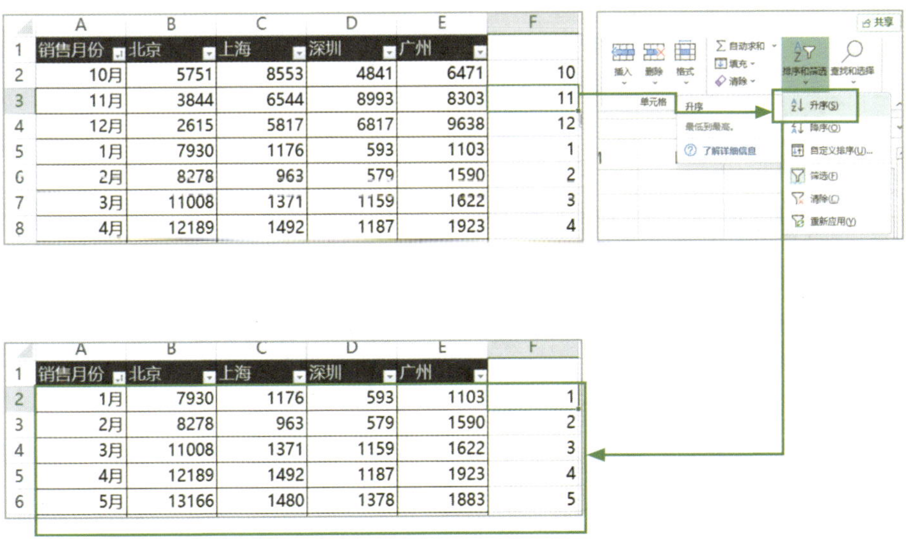

* 升序排序 *

再来看一个案例。

对不规范的日期进行排序时，排序结果也可能会出乎意料。

No	日期	产量/万	销量/万
1	1.1	45	84.58
4	1.1	49	96.13
5	1.11	100	74.04
6	1.15	70	78.98
2	1.2	77	73

* 对不规范的日期进行升序排序 *

观察数据可以发现，由于这里的日期被识别成了小数，因此【1.15】排到了【1.2】的前面。要使这列日期的格式变得规范，可以直接使用查找和替换功能将【.】批量替换为【-】。

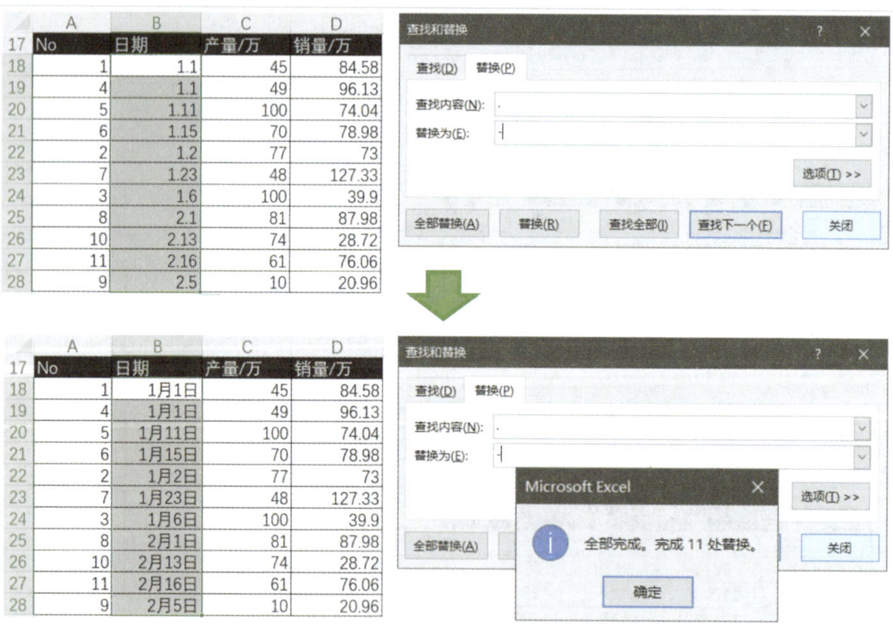

* 使用查找和替换功能规范日期格式 *

规范【日期】列的格式之后，再对其进行升序排序，结果就完全正确了。

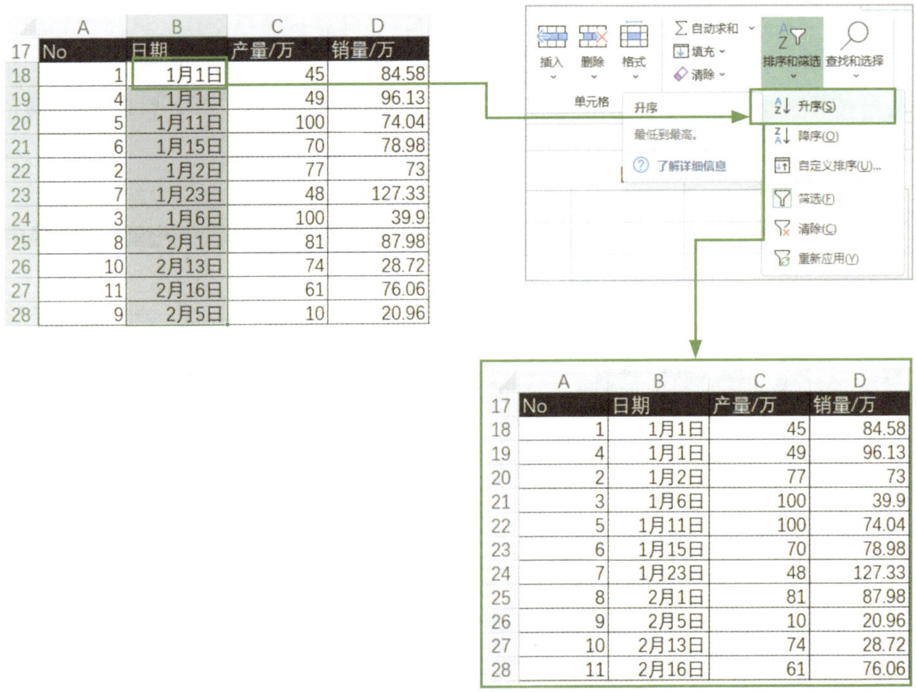

	A	B	C	D
17	No	日期	产量/万	销量/万
18	1	1月1日	45	84.58
19	4	1月1日	49	96.13
20	5	1月11日	100	74.04
21	6	1月15日	70	78.98
22	2	1月2日	77	73
23	7	1月23日	48	127.33
24	3	1月6日	100	39.9
25	8	2月1日	81	87.98
26	10	2月13日	74	28.72
27	11	2月16日	61	76.06
28	9	2月5日	10	20.96

	A	B	C	D
17	No	日期	产量/万	销量/万
18	1	1月1日	45	84.58
19	4	1月1日	49	96.13
20	2	1月2日	77	73
21	3	1月6日	100	39.9
22	5	1月11日	100	74.04
23	6	1月15日	70	78.98
24	7	1月23日	48	127.33
25	8	2月1日	81	87.98
26	9	2月5日	10	20.96
27	10	2月13日	74	28.72
28	11	2月16日	61	76.06

* 对规范的日期进行升序排序 *

4.7.3 按指定次序排序

有时候，要对某些有固定顺序的文本排序，使用 Excel 内置的排序方式根本无法实现。例如，中文序号、部门的次序、领导的级别等，对这些自带逻辑关系的数据排序需要用自定义序列排序的方法。

中文序号
二
三
四
一

中文序号
一
二
三
四

部门次序
HR
财务部
产品部
宣传部

部门次序
产品部
HR
财务部
宣传部

* 按指定次序排列的文本 *

添加自定义序列

除了默认的排序方式以外，Excel 还支持用户添加自定义序列，以满足各种各样的排序需求。

例如，在下方的案例中，要对年级进行升序排序，在默认状态下，结果会按照年级第一个汉字的拼音首字母来排列，这样的结果显然不是我们想要的。

	A	B	C	D
1	年级	班级	课程	老师
2	四年级	2班	语文	张磊
3	一年级	2班	数学基础	方赢丽
4	一年级	1班	语文	张莉
5	二年级	7班	英语基础	刘益君
6	二年级	9班	数学基础	刘远艺
7	二年级	1班	语文	庄菲菲
8	五年级	4班	语文	蔡秋妮
9	四年级	1班	数学	周慧敏
10	四年级	4班	数学	洪嘉莹

	A	B	C	D
1	年级	班级	课程	老师
23	四年级	5班	语文	周溢
24	五年级	4班	语文	蔡秋妮
25	五年级	2班	语文	周冬花
26	五年级	5班	语文	谭丽
27	五年级	1班	语文	赵发生
28	五年级	3班	数学	林婧
29	五年级	6班	数学	陈宇欢
30	一年级	2班	数学基础	方赢丽
31	一年级	1班	语文	张莉
32	一年级	3班	语文	林慧莹
33	一年级	5班	语文	冯建飘
34	一年级	6班	语文	何晓婷
35	一年级	7班	语文	李婷
36	一年级	4班	语文	叶玲

* 默认情况下对年级升序排序的结果 *

正确的做法是添加自定义序列进行排序。

❶ 选中【年级】列中的任意单元格。

❷ 单击【开始】选项卡中的【排序和筛选】按钮，选择【自定义排序】选项。

❸ 在打开的【排序】对话框中，单击【次序】右下方的下拉按钮，选择【自定义序列】选项。

❹ 在打开的【自定义序列】对话框中按顺序手动输入文本，输入完毕后单击【添加】按钮，单击【确定】按钮。

❺ 返回【排序】对话框，单击【确定】按钮。

自定义序列不仅可以用于排序，还可以像生成数字序列一样，通过自动填充批量生成完整的序列数据。对于经常要用到的一系列固定数据，可以先导入自定义序列，以备不时之需。

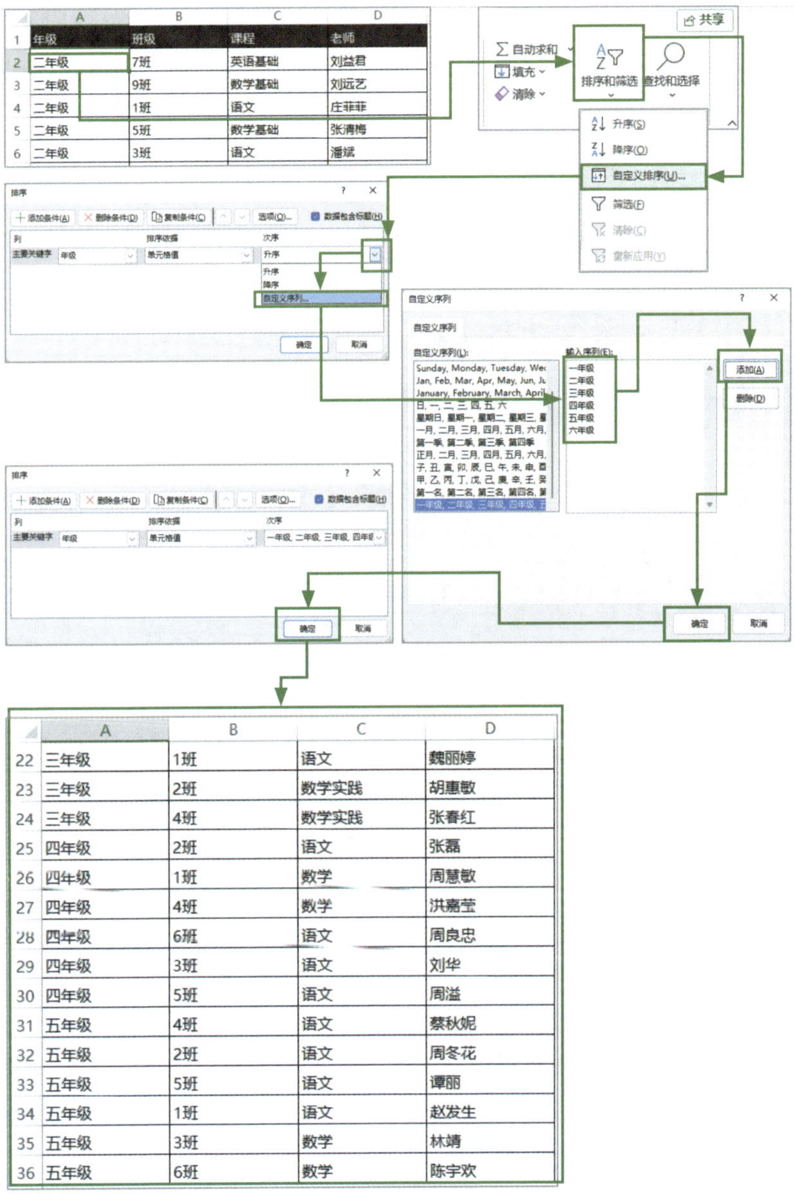
年级 班级 课程 老师
二年级 7班 英语基础 刘益君
二年级 9班 数学基础 刘远艺
二年级 1班 语文 庄菲菲
二年级 5班 数学基础 张清梅
二年级 3班 语文 潘斌
自动求和
填充
清除
排序和筛选
查找和选择
共享
升序(S)
降序(O)
自定义排序(U)...
筛选(F)
清除(C)
重新应用(Y)
排序
添加条件(A)
删除条件(D)
复制条件(C)
选项(O)...
数据包含标题(H)
主要关键字 年级 单元格值 升序
自定义序列...
确定 取消
自定义序列
输入序列(E):
一年级
二年级
三年级
四年级
五年级
六年级
添加(A)
删除(D)
一年级, 二年级, 三年级, 四年级, 五
22 三年级 1班 语文 魏丽婷
23 三年级 2班 数学实践 胡惠敏
24 三年级 4班 数学实践 张春红
25 四年级 2班 语文 张磊
26 四年级 1班 数学 周慧敏
27 四年级 4班 数学 洪嘉莹
28 四年级 6班 语文 周良忠
29 四年级 3班 语文 刘华
30 四年级 5班 语文 周溢
31 五年级 4班 语文 蔡秋妮
32 五年级 2班 语文 周冬花
33 五年级 5班 语文 谭丽
34 五年级 1班 语文 赵发生
35 五年级 3班 数学 林婧
36 五年级 6班 数学 陈宇欢

* 自定义序列的设置 *

4.7.4 对存在合并单元格的数据排序

视频案例

在执行排序操作时，如果出现下面的警报对话框，则说明排序区域包含合并单元格。要完成排序，必须先将合并单元格排除。

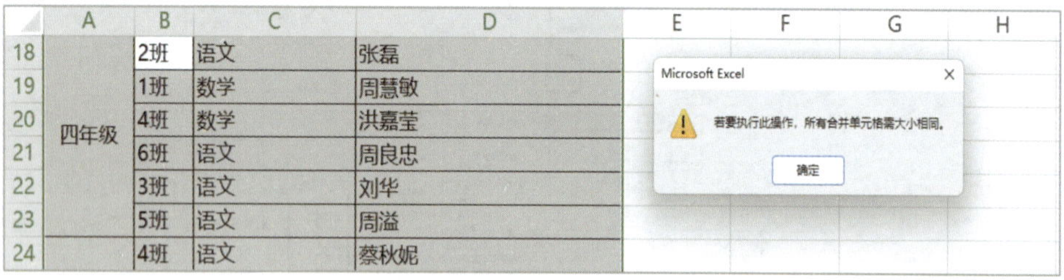

* 有合并单元格的表格区域无法进行排序操作 *

取消合并单元格后，再排序

❶ 选中合并单元格列，单击【开始】选项卡中的【合并后居中】按钮，取消单元格合并。

❷ 原合并列中出现很多空白单元格，保持该列处于选中状态下，按【Ctrl+G】快捷键打开【定位】对话框，单击【定位条件】按钮。

❸ 在打开的对话框中选择【空值】单选项，单击【确定】按钮，此时该列中的所有空白单元格都被选中。

❹ 直接在公式编辑栏的【A2】前面输入【=】，然后单击合并列中的第一个单元格，将其作为引用单元格。

❺ 按【Ctrl+Enter】快捷键进行批量填充。

❻ 填充完毕后，由于该列中还存在公式，因此为了确保后续排序准确，要先选中该列，按【Ctrl+C】快捷键进行复制，再右击，在快捷菜单中选择【选择性粘贴】→【粘贴数值】选项。

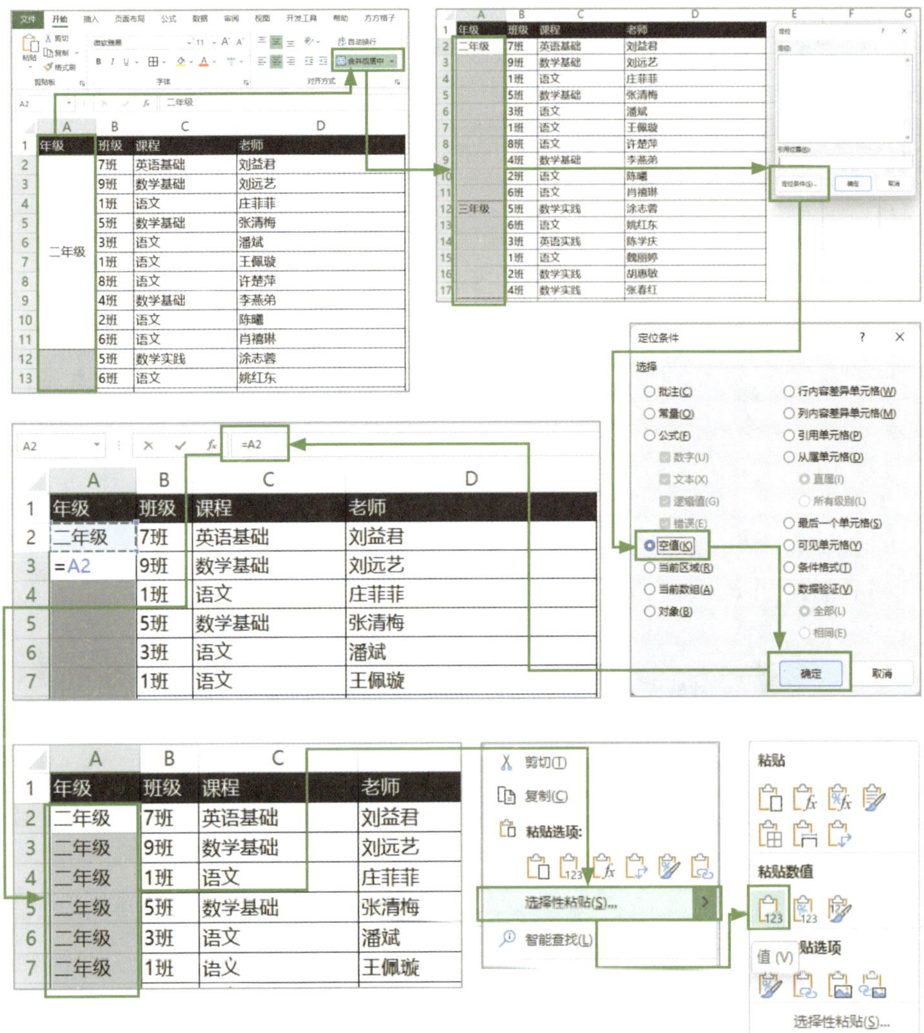

* 取消合并单元格并填充内容 *

最后按照上文介绍的方法，按需进行排序即可。

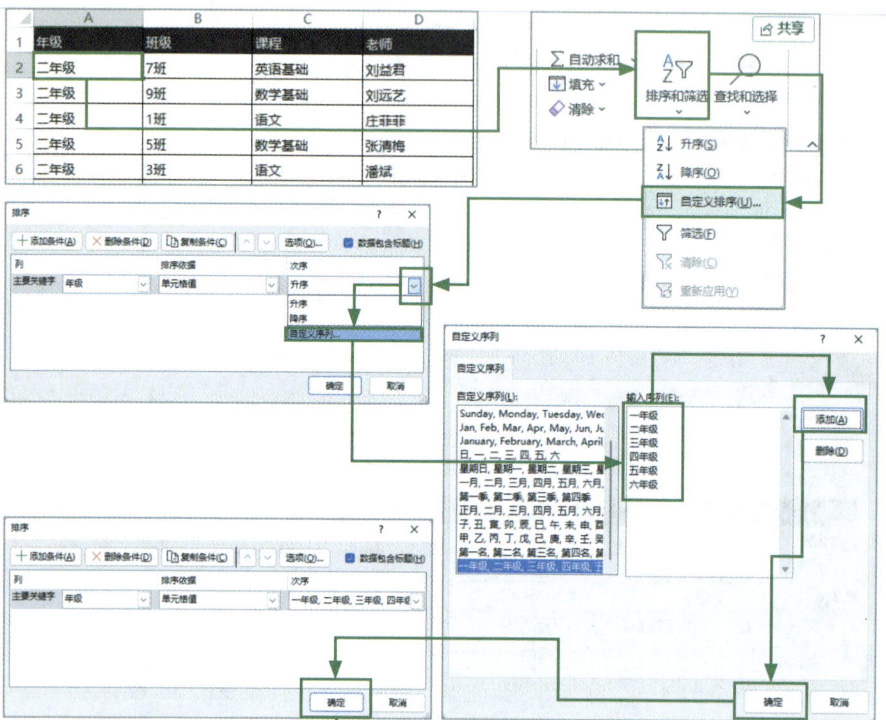

	A	B	C	D
22	三年级	1班	语文	魏丽婷
23	三年级	2班	数学实践	胡惠敏
24	三年级	4班	数学实践	张春红
25	四年级	2班	语文	张磊
26	四年级	1班	数学	周慧敏
27	四年级	4班	数学	洪嘉莹
28	四年级	6班	语文	周良忠
29	四年级	3班	语文	刘华
30	四年级	5班	语文	周溢
31	五年级	4班	语文	蔡秋妮
32	五年级	2班	语文	周冬花
33	五年级	5班	语文	谭丽
34	五年级	1班	语文	赵发生
35	五年级	3班	数学	林靖
36	五年级	6班	数学	陈宇欢

* 自定义序列排序 *

5

数据分析必会函数公式

你有没有想过，在用手机购物时，为什么购物软件总能推荐你喜欢的商品？在用地图软件导航时，地图软件是怎么知道哪些路段很拥挤的呢？国家反诈 App 是怎么识别诈骗电话的呢？

这些精准的猜测、推荐、提醒其实是手机软件基于大量的数据进行数据分析后给出的。

现在，人类生活处处都离不开手机，使用手机的过程中会产生大量的数据。基于这些数据进行精准的分析，给用户提供更好的服务，已经成为所有企业必做的事情。同时，数据分析也渐渐成为企业运营和管理人员需具备的基本能力。

其实，在日常工作中，各种数据分析的需求随处可见。

- 在销售分析管理中，如何按照季度分析出产品的销售趋势？
- 在合同款项管理中，如何快速分析出过期的款项？
- 在人员招聘流程中，如何分析出每个环节的流失率？

要解决这些问题，可以使用 Excel 进行数据分析。

Excel 中的函数公式可以依据已有的数据，按照特定的规则计算，从而生成新的数据。在数据分析过程中，函数公式几乎出现在每一个环节。在函数公式的计算能力的加持下，录入数据、计算与分析数据、可视化数据等环节会变得更简单。

接下来，讲解如何使用函数公式完成日常的数据分析工作。

5.1 数据分析基础

5.1.1 数据分析

新手学习数据分析时，往往会被网络上的各种广告、软文误导，以为要学习数据分析就一定要学习 Python、SQL、统计学等知识。

其实数据分析本质上就是分析问题和解决问题。无论使用什么工具、什么方法，目的都是解决问题。所以，数据分析的流程就是解决问题的流程。

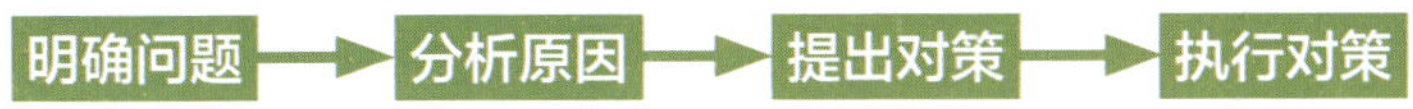

* 解决问题的流程 *

① 明确问题：明确要解决的问题或者要实现的目标。

② 分析原因：分析问题发生的原因是什么。

③ 提出对策：针对原因提出改善对策，验证对策是否有效。

④ 执行对策：将对策标准化成具体的执行动作，落实执行、解决问题。

问题得不到有效的解决，往往是因为在分析原因时没有有效地进行分析和验证，而是仅凭经验判断，导致结果出现偏差。

数据并不是凭空产生的，也不是拿来就可以直接分析的，数据分析需要按照完整的流程进行，而且每一步都离不开数据的计算。

Excel 中的函数公式是数据分析人员必须掌握的技能。

5.1.2 函数公式

Excel 中单元格的数据除了可以直接录入外，还可以通过函数公式计算得到。

公式

公式就是能够自动计算结果的算式。

在单元格里输入公式前必须先输入等号“=”。例如右图，在【A2】单元格中输入公式后按【Enter】键，就会自动得到结果【2】；而【A3】单元格中的【1+1】前面没有等号，它就不是公式，只是文本，不会计算出结果。

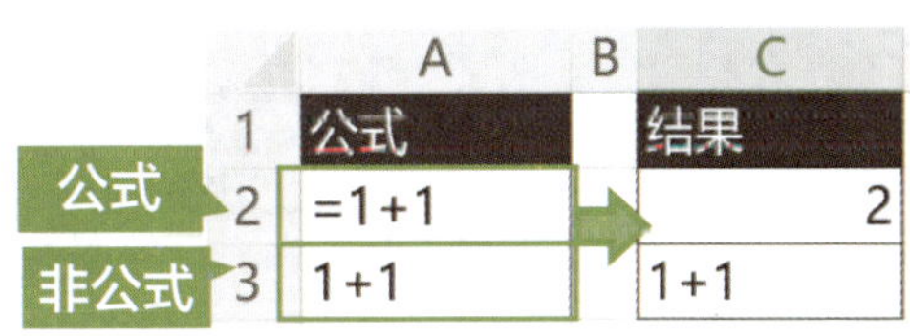

与数学公式一样，Excel 中的公式也有加减乘除等运算规则。按照目的和规则书写公式，就能得到想要的结果。

Excel 公式中的运算符号与数学公式大同小异，个别符号在写法上与数学公式有细微差别，如下页表所示。

计算方法	符号	公式写法示例	计算结果
乘以	*	=10*2	20
除以	/	=10/2	5
次方	^	=10^2	100
大于等于	>=	=2>=1	TRUE
小于等于	<=	=2<=1	FALSE
不等于	< >	=2< >1	TRUE

下面的案例中，要计算多个产品的总销量，如果使用运算符号写公式，则单元格中的公式如下。

=100+100+72+240+30+60+64+42+144+110+144

在 Excel 中，可使用字母代表单元格的列号、用数字代表行号。通过定位行号与列号，就可以找到对应的单元格并引用单元格中的数据。所以上面的公式可以改写成如下公式。

=B2+B3+B4+B5+B6+B7+B8+B9+B10+B11+B12

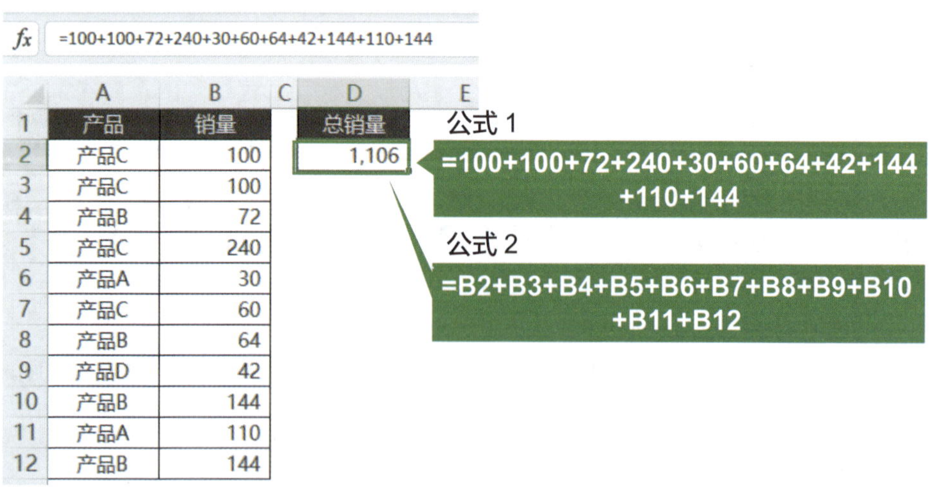

直接用单元格里的数据或引用单元格来做计算，结果是一样的。

公式正确，计算结果也正确，但是无论哪种写法，公式看上去都太长了。如果表格中有上万行的数据，要对它们进行计算、条件判断等，使用公式就会花费大量时间，效率非常低。

所以，Excel 提供了强大的函数功能。

函数

函数是 Excel 内置的一种计算规则。一个简单的函数替代一个复杂的公式，大大地降低了公式的复杂度。

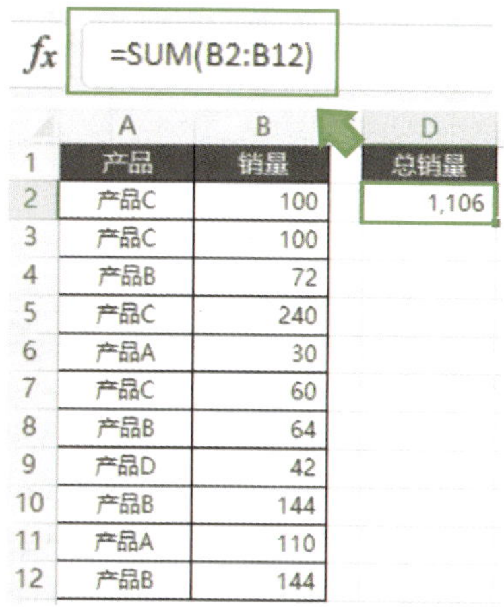

例如前面对多个数据求和，就可以使用一个简单的 SUM 函数快速完成，公式一下子就变得特别简单。

=SUM(B2:B12)

SUM 函数包含下面几个知识点。

- SUM 是函数的名称，作用是求和，可以对多个单元格、数据进行求和。
- B2:B12 代表单元格区域的引用。B2 是区域左上角单元格的地址，B12 是区域右下角单元格的地址，通过两个单元格，就可以引用一个连续的单元格区域，不用一个一个单元格地引用数据，大大缩短了公式的长度。

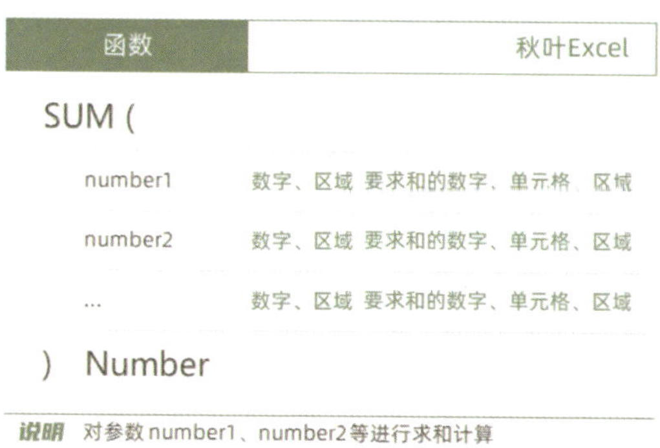

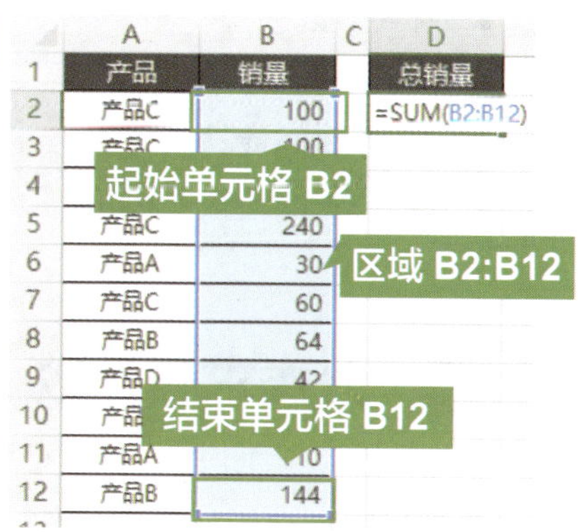

使用函数还有一个好处，就是只要更改函数的名称，就可以快速变换计算方式。

- 将 SUM 函数换成 MAX 函数，计算结果就变成了区域内的最大值。

• 将 SUM 函数换成 AVERAGE 函数，计算结果就变成了区域内数据的平均值。

	A	B	C	D	E	F
1	产品	销量		计算	结果	公式
2	产品C	100		求和	1,106	=SUM(B2:B12)
3	产品C	100		最大值	240	=MAX(B2:B12)
4	产品B	72		平均值	101	=AVERAGE(B2:B12)
5	产品C	240				
6	产品A	30				
7	产品C	60				
8	产品B	64				
9	产品D	42				
10	产品B	144				
11	产品A	110				
12	产品B	144				

怎么样？函数公式是不是非常强大！

不过，随着计算需求变得越来越复杂，函数公式的难度也会逐渐上升，因此掌握更多函数公式的知识很有必要，包括但不限于：参数及其作用、数据类型、计算规则、相对引用与绝对引用等。

接下来，根据数据分析的需求，逐步讲解函数公式及其使用场景。主要包括以下几个方面。

- 分类求和计数。
- 逻辑判断。
- 数据整理。
- 多表查询。
- 日期和时间计算。
- 函数公式的检查和校正。

5.2 分类求和计数

分类是数据分析的基本操作。按照不同的维度对数据进行分类统计，旨在对比分类数据，找出差异，并发现数据背后的问题。

在 Excel 函数公式中，按照不同的分类进行求和汇总、计数汇总，是非常高频的需求，可以使用 SUMIF、SUMIFS、COUNTIF、COUNTIFS 等函数来实现。

接下来，通过几个实战案例来讲解这些函数的具体用法。

5.2.1 如何计算每种产品的营业额

下面的表格是一份产品销售记录表，现在要分别统计每种产品的营业额（如无特殊说明，本章案例涉及的工资、收入、支出、营业额等，单位默认为“元”）总和，对比每种产品的营业额比例，从而更合理地分配资源，提高公司营业额。

	A	B	C	D	E	F	G	H
1	No	日期	产品	营业额		产品	营业额	比例
2	1	2017/2/4	产品C	100		产品A	140	13%
3	2	2017/9/30	产品C	100		产品B	424	38%
4	3	2017/12/17	产品B	72		产品C	500	45%
5	4	2017/12/21	产品C	240		产品D	42	4%
6	5	2017/3/29	产品A	30			计算营业额	计算比例
7	6	2017/6/16	产品C	60				
8	7	2017/8/5	产品B	64				
9	8	2017/12/19	产品D	42				
10	9	2017/7/6	产品B	144				
11	10	2017/11/5	产品A	110				
12	11	2017/12/28	产品B	144				

使用 SUMIF 函数在【G】列中计算出每种产品的营业额总和。

在【G2】单元格中输入下面的公式，然后向下拖动公式，填充到【产品D】行，即可完成营业额的统计。

```
=SUMIF( $C$2:$C$12 , F2 , $D$2:$D$12 )
           ❶          ❷        ❸
```

对照下图 SUMIF 函数的说明，公式理解起来并不难。

函数	秋叶Excel

SUMIF (

range	区域	要判断的条件区域
criteria	文本	条件判断的标准
sum_range	区域	需要求和的单元格区域

) Number

说明　对range区域中的数据进行判断，如果符合criteria条件，则对相同行的sum_range区域的数据求和先判断❶【$C$2:$C$12】区域中的数据是不是等于❷【F2】单元格中的“产品 A”，如果符合条件，就对同行的❸【$D$2:$D$12】区域中的数据进行求和。

按照这个逻辑，逐个判断【$C$2:$C$12】区域中的数据并求和后，就得到了产品 A 的营业额总和。

公式中有一个小细节需要注意，【$C$2:$C$12】中包含了 4 个美元符号，美元符号在 Excel 公式中表示行列锁定，作用是保证向下填充公式时，引用的区域不会发生变化。其中：

- 美元符号在字母前面，表示“锁定列”；
- 美元符号在数字前面，表示“锁定行”。

尝试把公式中的美元符号去掉，变成下面的样子。

=SUMIF(C2:C12❶ , F2❷ , D2:D12❸)

然后向下填充公式，可以明显地看到❶【C2:C12】变成了【C3:C13】，随后会变成【C4:C14】等，以此类推。

公式向下填充时，引用的产品区域会发生偏移。【G4】单元格中的公式偏移到了【C4:C14】，此时，【D2:D3】单元格的数据本应该被求和，却因为引用位置偏移，没有被计算进来。

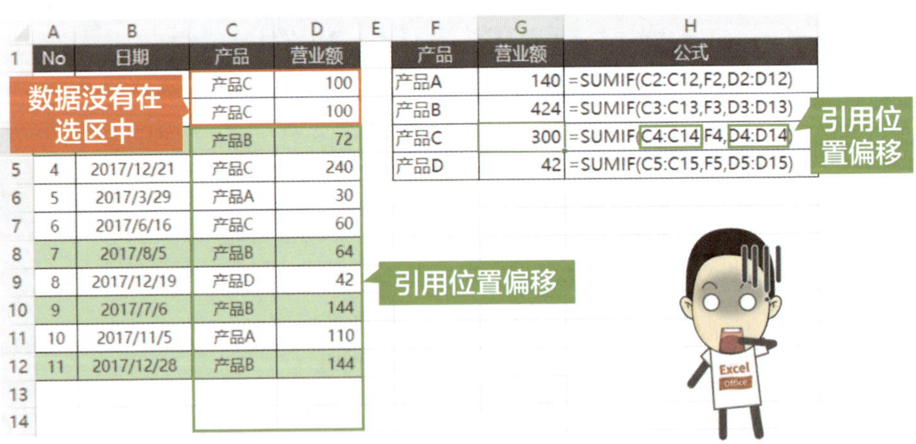

	A	B	C	D
1	No	日期	产品	营业额
2			产品C	100
3			产品C	100
4			产品B	72
5	4	2017/12/21	产品C	240
6	5	2017/3/29	产品A	30
7	6	2017/6/16	产品C	60
8	7	2017/8/5	产品B	64
9	8	2017/12/19	产品D	42
10	9	2017/7/6	产品B	144
11	10	2017/11/5	产品A	110
12	11	2017/12/28	产品B	144
13				
14				

F	G	H
产品	营业额	公式
产品A	140	=SUMIF(C2:C12,F2,D2:D12)
产品B	424	=SUMIF(C3:C13,F3,D3:D13)
产品C	300	=SUMIF(C4:C14,F4,D4:D14)
产品D	42	=SUMIF(C5:C15,F5,D5:D15)

所以在编写函数公式的时候，一定要注意锁定行列，保证填充公式时单元格的引用准确无误。

在【H2】单元格中输入下面的公式，计算每种产品的营业额占总营业额的比例。

```
=G2 / SUM( $G$2:$G$5 )
 ❶          ❷
```

公式中先用❷ SUM 函数对所有的数据进行求和，注意 SUM 函数中的引用区域添加了行列锁定，可以保证求和区域不偏移；然后用❶【G2】单元格除以总营业额，就计算出了产品 A 的营业额占比。这里的【G2】没有添加美元符号，当公式向下填充时，会变成【G3】单元格、【G4】单元格、【G5】单元格的引用，进而计算出每种产品的营业额占比。

F	G	H	I
产品	营业额	比例	公式
产品A	140	13%	=G2/SUM($G$2:$G$5)
产品B	424	38%	=G3/SUM($G$2:$G$5)
产品C	500	45%	=G4/SUM($G$2:$G$5)
产品D	42	4%	=G5/SUM($G$2:$G$5)

行列未锁定　行列锁定

5.2.2 如何对大于等于目标的数据求和

下面的表格中，假设每个产品的营业额目标是 100，现在要计算“营业额≥100”的营业额总和，应该如何实现？

```
=SUMIF($D$2:$D$12,">=100")
```

	A	B	C	D
1	No	日期	产品	营业额
2	1	2017/2/4	产品C	100
3	2	2017/9/30	产品C	100
4	3	2017/12/17	产品B	72
5	4	2017/12/21	产品C	240
6	5	2017/3/29	产品A	30
7	6	2017/6/16	产品C	60
8	7	2017/8/5	产品B	64
9	8	2017/12/19	产品D	42
10	9	2017/7/6	产品B	144
11	10	2017/11/5	产品A	110
12	11	2017/12/28	产品B	144

	F	G
1	条件	营业额
2	营业额≥100	838

营业额总和

依然可借助 SUMIF 函数来实现，在【G2】单元格中输入下面的公式。

```
=SUMIF( $D$2:$D$12 , ">=100" )
        ❶              ❷
```

注意这里的 SUMIF 函数只写了两个参数，并没有填写第 3 个参数 sum_range。

不要感到奇怪，因为这个求和需求中有一个特殊的地方，判断的区域❶是“营业额”，求和的区域❶也是“营业额”；在 SUMIF 函数中，如果判断和求和的区域是相同的，那么第 3 个参数就可以省略不写，以此来提高效率。

另外，函数公式中有一个新手常常犯错的地方，就是大于等于符号的写法。

- “≥”是错误的写法。
- “>=”是正确的写法。

下表罗列了几种常见的错误写法。

错误公式	错误原因
=SUMIF($D$2:$D$12,>=100)	参数 2 没有加双引号
=SUMIF(D2:D12, ">=100")	参数 1 没有进行行列锁定
=SUMIF($D$2:$D$12, “>=100”)	参数 2 的双引号不是半角状态

5.2.3 如何对指定范围内的数据求和

还是这个产品营业额的表格，现在要统计“100 ≤营业额≤ 200”的营业额总和，应该如何实现？

	B	C	D	E	F	G
1	日期	产品	营业额		条件	营业额
2	2017/2/4	产品C	100		100≤营业额≤200	598
3	2017/9/30	产品C	100			
4	2017/12/17	产品B	72			
5	2017/12/21	产品C	240			
6	2017/3/29	产品A	30			
7	2017/6/16	产品C	60			
8	2017/8/5	产品B	64			
9	2017/12/19	产品D	42			
10	2017/7/6	产品B	144			
11	2017/11/5	产品A	110			
12	2017/12/28	产品B	144			

营业额总和

注意看这个案例，求和的区域是“营业额”，判断的区域也是“营业额”，所以 SUMIF 函数可以只写前两个参数。

```
=SUMIF($D$2:$D$12,100<=$D$2:$D$12<=200)
```

❶ ❷

动手试一下就能发现，这个公式其实是错误的，这也是新手常犯的错误。因为在 Excel 中，要判断某个数据是不是在两个数值之间，应该按照两个条件来判断：

- 先判断 100<=$D$2:$D$12；
- 再判断 $D$2:$D$12<=200。

另外，SUMIF 函数只能判断一组条件。若要判断两组或两组以上的条件，则需要使用 SUMIFS 函数。正确的函数公式如下。

```
=SUMIFS($D$2:$D$12, $D$2:$D$12, ">=100", $D$2:$D$12, "<=200")
```

❶ ❷ ❸ ❹ ❺

对照着 SUMIFS 函数的说明，可以更好地理解这个公式。

公式的各个参数说明如下。

- 参数 1：要求和的区域，即【$D$2:$D$12】区域中的“营业额”数据。
- 参数 2 和参数 3：第 1 组判断条件和判断标准，即“$D$2:$D$12>=100”。

但是请注意，判断条件和判断标准要分开写。参数 2 是条件区域“$D$2:$D$12”；参数 3 是判断标准，即“>=100”，判断标准是文本，要用半角双引号引起来。大于等于的写法是“>=”，而不是“≥”。

- 参数 4 和参数 5：第 2 组判断条件和判断标准，和第 1 组类似，只是判断标准改成了“<=200”。

下表罗列了几种常见的错误写法。

错误公式	错误原因
=SUMIFS($D$2:$D$12, ">=100", $D$2:$D$12, "<=200", $D$2:$D$12)	参数 1 写到了参数 5 的位置
=SUMIFS($D$2:$D$12, "100<=", $D$2:$D$12, "<=200")	缺少参数 2，参数 3 应该是“>=100”
=SUMIFS($D$2:$D$12,$D$2:$D$12, "≥100", $D$2:$D$12, "≤200")	“≥”和“≤”符号错误，应该是“>=”和“<=”

5.2.4 如何按照产品和销售区域统计销售次数

本小节的需求要复杂一些，需要统计每个销售区域中每种产品的销售次数。这是一个多维度的统计，通过“销售区域”和“产品”这两个条件来统计数据。

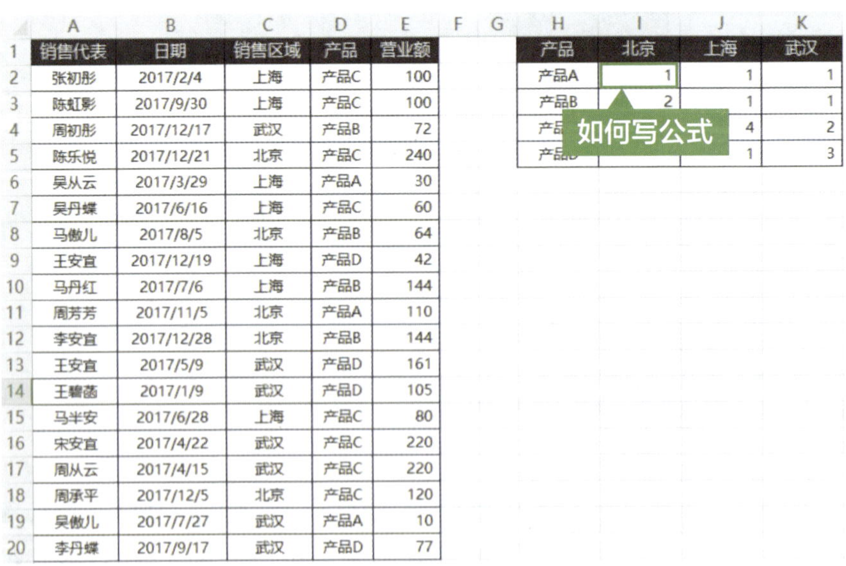

	A	B	C	D	E
1	销售代表	日期	销售区域	产品	营业额
2	张初彤	2017/2/4	上海	产品C	100
3	陈虹影	2017/9/30	上海	产品C	100
4	周初彤	2017/12/17	武汉	产品B	72
5	陈乐悦	2017/12/21	北京	产品C	240
6	吴从云	2017/3/29	上海	产品A	30
7	吴丹蝶	2017/6/16	上海	产品C	60
8	马傲儿	2017/8/5	北京	产品B	64
9	王安宜	2017/12/19	上海	产品D	42
10	马丹红	2017/7/6	上海	产品B	144
11	周芳芳	2017/11/5	北京	产品A	110
12	李安宜	2017/12/28	北京	产品B	144
13	王安宜	2017/5/9	武汉	产品D	161
14	王馨菡	2017/1/9	武汉	产品D	105
15	马半安	2017/6/28	上海	产品C	80
16	宋安宜	2017/4/22	武汉	产品C	220
17	周从云	2017/4/15	武汉	产品C	220
18	周承平	2017/12/5	北京	产品C	120
19	吴傲儿	2017/7/27	武汉	产品A	10
20	李丹蝶	2017/9/17	武汉	产品D	77

H	I	J	K
产品	北京	上海	武汉
产品A	1	1	1
产品B	2	1	1
产品C		4	2
产品D		1	3

对应的函数公式也更复杂，在【I2】单元格中填写下面的公式，然后向下填充公式，再向右填充公式，即可得到结果。

```
=COUNTIFS($D$2:$D$20, $H2, $C$2:$C$20, I$1)
```

❶ ❷ ❸ ❹

对照 COUNTIFS 函数的说明，可以更好地理解这个公式。

函数　秋叶Excel

COUNTIFS (

criteria_range1	区域	第1组要判断的条件区域
criteria1	文本	第1组条件判断的标准
criteria_range2	区域	第2组要判断的条件区域
criteria2	文本	第2组条件判断的标准
...	...	其他的判断条件和判断标准

) Number

说明　对每个criteria_range区域中的数据进行判断，如果符合对应criteria的条件，且每组条件都符合，则统计次数，否则不统计

- 参数 1 和参数 2：第 1 组判断条件和判断标准，即判断【$D$2:$D$20】区域的产品是否等于【$H2】单元格的产品名称。
- 参数 3 和参数 4：第 2 组判断条件和判断标准，即判断【$C$2:$C$20】区域的销售区域是否等于【I$1】单元格的销售区域名称。

需要特别注意各个参数中的行列锁定。

- 行列锁定。参数 1 和参数 3 中，用于判断的产品【$D$2:$D$20】和销售区域【$C$2:$C$20】在字母和数字前面都加上了美元符号❶，也就把行和列都锁定了，以确保填充公式时引用的区域不会偏移。
- 只锁定列。参数 2 在判断产品名称时，只在字母前面加上了“$”❷，表示只锁定列。这样在填充公式时，参数 2 一直引用【H】列的数据。
- 只锁定行。参数 4 在判断销售区域时，只在数字前面加上了“$”❸，表示只锁定行。这样在填充公式时，参数 4 一直引用第 2 行的数据。

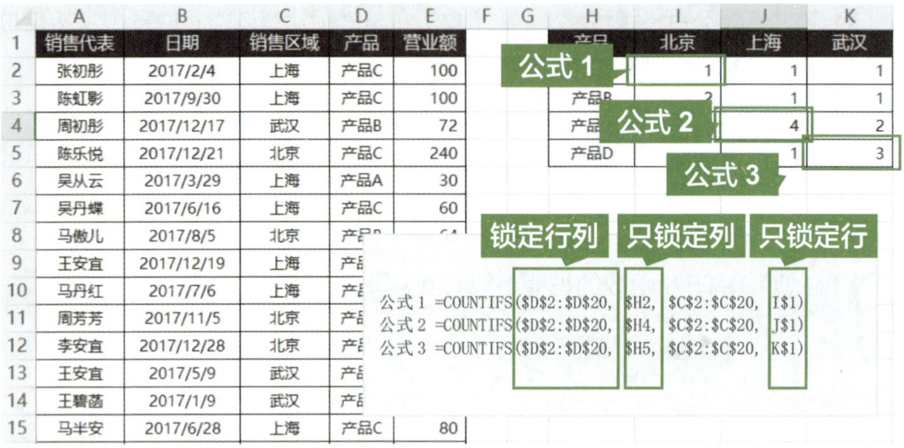

COUNTIFS 函数是计数类函数中最复杂的函数，明白 COUNTIFS 函数的使用方法之后，再来看计数类的其他函数，就会觉得很简单。

例如，如果只统计次数，则可以使用 COUNT 函数统计数字单元格的个数，或者用 COUNTA 函数统计非空单元格的个数。

函数	秋叶Excel

COUNT (

value1	区域	要统计数字单元格个数的第1个区域
value2	区域	要统计数字单元格个数的第2个区域
...	区域	要统计数字单元格个数的更多区域

) Number

说明 统计value1、value2等区域中数字单元格的个数

函数	秋叶Excel

COUNTA (

value1	区域	要统计非空单元格个数的第1个区域
value2	区域	要统计非空单元格个数的第2个区域
...	区域	要统计非空单元格个数的更多区域

) Number

说明 统计value1、value2等区域中非空单元格的个数

如果要按照单个条件统计次数，则可以使用 COUNTIF 函数来实现，该函数的说明见右图，相当于只有一组条件的 COUNTIFS 函数。

5.3 逻辑判断

上一节的案例中，分类都非常明确，如产品类、销售区域类等，在这些分类的基础上，使用 SUMIF、COUNTIF 等函数就可以快速完成分类统计。

但是，在实际工作中，不是所有的数据表都会给出清晰的分类，例如下面成绩表中的【成绩】列，每个人的分数都不相同，如何对成绩分类？

	A	B	C	D
1	序号	姓名	部门	成绩
2	1	阎初阳	行政部	80
3	2	傅诗蕾	物流部	75
4	3	夏如柏	物流部	89
5	4	冯清润	人力资源部	80
6	5	苏建同	培训部	90
7	6	叶小珍	物业部	79
8	7	贾若南	财务部	71
9	8	唐景行	财务部	80
10	9	曹凌春	市场部	85
11	10	许涵煦	市场部	84
12	11	卢晓筠	行政部	77
13	12	韩绮梦	市场部	89

如何对成绩分类

为了实现这一类数据的分类统计和分析，需要手动对数据进行分类。方法其实很简单，例如可以把成绩分成“合格”和“不合格”，或者分成“不及格”“及格”“良好”“优秀”等，然后统计人数进行对比即可。

判断成绩是“合格”还是“不合格”就是一种逻辑判断。根据条件判断是否成立，输出不同的结果。这个结果就是分类的结果，有了分类就可以更好地对人员分组，并进行不同的对比、分析和考评。

所以，逻辑判断类函数在数据分析的“分类”需求中非常重要。

5.3.1 成绩大于等于 80 备注“合格”，否则备注“不合格”

本小节讲解逻辑判断类函数中的基础函数——IF 函数。

下面是部门培训考核的成绩表，为了统计考核结果，需要为大于等于 80 的成绩备注“合格”，为小于 80 的成绩备注“不合格”。判断的逻辑如下。

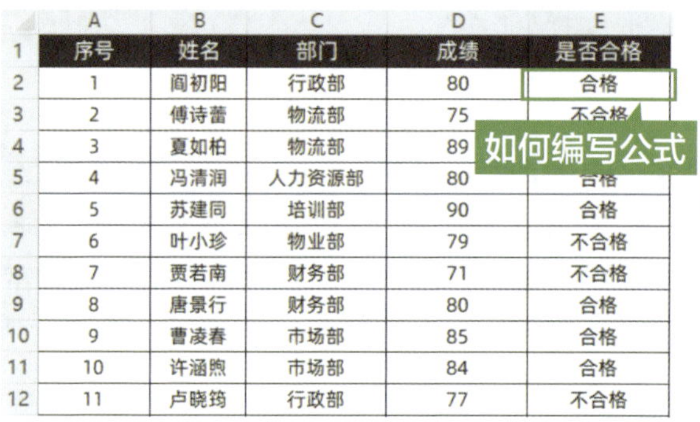

	A	B	C	D	E
1	序号	姓名	部门	成绩	是否合格
2	1	阎初阳	行政部	80	合格
3	2	傅诗蕾	物流部	75	不合格
4	3	夏如柏	物流部	89	[illegible]
5	4	冯清润	人力资源部	80	合格
6	5	苏建同	培训部	90	合格
7	6	叶小珍	物业部	79	不合格
8	7	贾若南	财务部	71	不合格
9	8	唐景行	财务部	80	合格
10	9	曹凌春	市场部	85	合格
11	10	许涵煦	市场部	84	合格
12	11	卢晓筠	行政部	77	不合格

按照上面的判断逻辑图，在【E2】单元格中输入下面的公式，然后向下填充。

=IF(D2>=80, "合格", "不合格")

❶ ❷ ❸

IF 函数的说明如右图所示，非常简单。但需要注意“>=”符号不要错写成“≥”。

另外，“合格”“不合格”都是文本，所以一定不要忘记用半角双引号引起来。

5.3.2 3 门课程的分数都大于等于 80 备注“合格”，否则备注“不合格”

当要判断的条件不止一个时，就需要配合 AND 函数或 OR 函数。这两个函数很好理解，AND 是“和”“且”的意思，表示多个条件必须同时满足才能成立；OR 是“或”的意思，表示只要满足多个条件中的任意一个就成立。AND 函数和 OR 函数的语法结构一模一样，说明如下。

函数	秋叶Excel

AND (

logical1	逻辑值	要判断的第1个逻辑条件
logical2	逻辑值	要判断的第2个逻辑条件
…	逻辑值	更多要判断的逻辑条件

) Boolean

说明 判断每个logical的结果，如果所有logical都是true，则返回true，否则返回false

函数	秋叶Excel

OR (

logical1	逻辑值	要判断的第1个逻辑条件
logical2	逻辑值	要判断的第2个逻辑条件
…	逻辑值	更多要判断的逻辑条件

) Boolean

说明 判断每个logical的结果，任意一个logical是true，就可以返回true，所有logical都是false才返回false

例如下方的成绩表，如果要“规章制度”“质量管理”“计算机技能”3 门课程的分数都大于等于 80 分，才算合格，就需要用 AND 函数来进行多个条件的判断。

	A	B	C	D	E	F	G
1	序号	姓名	部门	规章制度	质量管理	计算机技能	是否合格
2	1	阎初阳	行政部	80	90	89	
3	2	傅诗蕾	物流部	75	78	76	
4	3	夏如柏	物流部	89	81	83	
5	4	冯清润	人力资源部	80	80	90	
6	5	苏建同	培训部	90	83	85	
7	6	叶小珍	物业部	79	87	82	
8	7	贾若南	财务部	71	89	85	
9	8	唐景行	财务部	80	92	88	
10	9	曹凌春	市场部	85	76	69	
11	10	许涵煦	市场部	84	72	86	

在【G2】单元格中输入下面的公式，并向下填充。

```
=IF(AND(D2>=80,E2>=80,F2>=80),"合格","不合格")
```

❶ ❷ ❸

• AND 函数用于判断【D2】【E2】【F2】单元格中的数据是不是都大于

等于 80，如果是，则返回 TRUE，否则返回 FALSE ❶。

● IF 函数接收 AND 函数返回的结果，如果是 TRUE 则返回“合格”❷，否则返回“不合格”❸。

另外，这个问题还可以用 OR 函数来解决，看一下下面的公式，能不能满足要求呢?

```
=IF(OR(D2<80,E2<80,F2<80),"不合格","合格")
```

❶ OR(D2<80,E2<80,F2<80)　❷ "不合格"　❸ "合格"

当然可以满足要求，梳理一下这个公式的逻辑。

● OR 函数用于判断【D2】【E2】【F2】单元格中的数据是不是小于 80，如果有任意一个满足，则返回 TRUE，否则返回 FALSE ❶。

● IF 函数接收 OR 函数返回的结果，如果是 TRUE 则表示有小于 80 分的记录，那么返回“不合格”❷，否则就是没有小于 80 分的记录，返回“合格”❸。这个思路也是正确的。

```
=IF(MIN(D2:F2)<80,"不合格","合格")
```

❶ MIN(D2:F2)　❷ MIN(D2:F2)<80　❸ "不合格"　❹ "合格"

函数公式的乐趣，就在于同一个问题，不同的思路，解决方法会完全不同。这个问题还有以下两种解法。

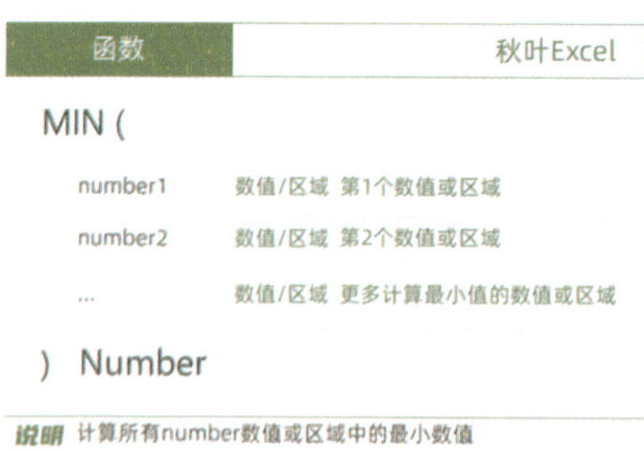

一种是使用 IF 函数和 MIN 函数实现。

思路是先用 MIN 函数计算出【D2:F2】单元格区域中的最小值❶，然后判断这个最小值是不是小于 80 ❷。如果连最小值都大于等于 80，那么所有的数据都大于等于 80；如果最小值小于 80，就无法满足所有数据都大于等于 80 的需求了。

所以，接下来把最小值小于 80 的判断结果给到 IF 函数，如果小于 80，则返回“不合格”❸，否则返回“合格”❹。同时公式的长度也大大地缩短了。

```
=IF(COUNTIF(D2:F2, "<80")>0, "不合格","合格")
```

❶ ❷ ❸ ❹

另一种是使用 IF 函数和 COUNTIF 函数实现。

先使用 COUNTIF 函数统计【D2:F2】区域中小于 80 分的成绩有几个❶，只要这个结果大于 0 ❷，就说明有小于 80 分的成绩，把这个结果给到 IF 函数，返回对应的“不合格”❸；如果小于 80 分的成绩个数为 0，说明所有的成绩都大于等于 80 分，那么返回“合格”❹。

后面两种方法的思路很巧妙，把判断成绩的问题转换成了求最小值和个数统计的问题，这样即便有几十门课程，公式也不会特别长，因为只需要修改一下引用的数据区域就可以了。

5.3.3 根据不同的分数，添加对应的备注

视频案例

本小节的成绩表的分类判断比较复杂，需要根据成绩分成“不及格”“及格”“良好”“优秀”4 个类别，方便对员工进行精细化的管理，直接分成“不合格”“合格”可能会打击员工的积极性。

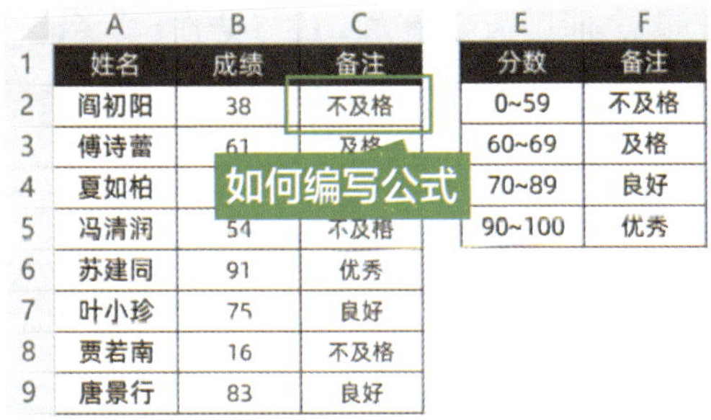

	A	B	C
1	姓名	成绩	备注
2	阎初阳	38	不及格
3	傅诗蕾	61	及格
4	夏如柏		
5	冯清润	54	不及格
6	苏建同	91	优秀
7	叶小珍	75	良好
8	贾若南	16	不及格
9	唐景行	83	良好

E	F
分数	备注
0~59	不及格
60~69	及格
70~89	良好
90~100	优秀

条件变复杂了，公式自然也会变得很长。在【C2】单元格中输入下面的公式，向下填充公式。

```
=IF(B2<60, "不及格", IF(B2<70, "及格", IF(B2<90, "良好","优秀")))
```

❶ ❷ ❸ ❹ ❺ ❻ ❼

不用担心，虽然公式很长，但梳理好思路，明白判断的逻辑之后，难度其实并不大。

公式的判断顺序是根据由小到大的成绩段进行的。

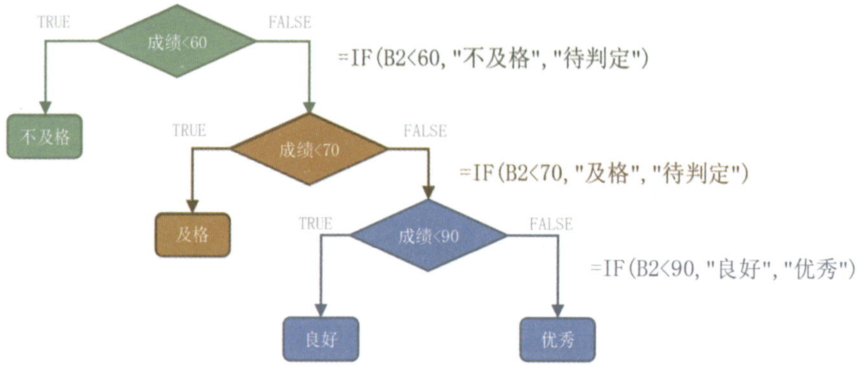

按照逻辑分支图，一层分支写一个 IF 函数。第 1 层 IF 函数用于判断成绩是否小于 60 分。

=IF(B2<60, "不及格", "待判定")

❶ ❷ ❸

如果成绩小于 60 分❶就返回“不及格”❷，因为大于 60 分还需要继续判断，所以返回值先写成“待判定”❸，为要返回的结果预留位置。

然后写第 2 层 IF 函数，判断成绩是否小于 70 分。

=IF(B2<70, "及格", "待判定")

❶ ❷ ❸

如果成绩小于 70 分❶就返回“及格”❷，因为大于 70 分还需要继续判断，所以返回值先写成“待判定”❸。用这个公式去替换掉大于 60 分的“待判定”，把公式变成下面的样子。

=IF(B2<60, "不及格", IF(B2<70, "及格", "待判定"))

这样就完成了小于 60 分和小于 70 分的判断，使用相同的方法写出小于 90 分的判断公式。

=IF(B2<90, "良好", "优秀")

❶ ❷ ❸

因为大于 90 分就是“优秀”，不需要再判断了，所以这里不需要写“待判定”。接下来把这个公式替换到上一个公式中，完整的判断公式就成功地写出来了。

=IF(B2<60, "不及格", IF(B2<70, "及格", IF(B2<90, "良好", "优秀")))

在遇到复杂逻辑问题或者公式时，不要慌，不用一次性写出来，可以先梳理清楚思路，一步一步地写公式，借助“待判定”、辅助列完成单个步骤的公式，然后把公式合并到一起，这样可以大大降低公式的难度，也能提高正确率。

5.4 数据整理

数据分析顺利进行的一个很重要的前提就是数据一定要规范。

前面的案例中，无论是用 SUMIF 函数做分类统计，还是用 IF 函数对成绩分类备注，都是直接引用单元格中的数据进行计算的，因为这些数据本身就是规范的。

	A	B	C	D
1	No	日期	产品	营业额
2	1	2017/2/4	产品C	100
3	2	2017/9/30	产品C	100
4	3	2017/12/17	产品B	72
5	4	2017/12/21	产品C	240
6	5	2017/3/29	产品A	30
7	6	2017/6/16	产品C	60
8	7	2017/8/5	产品B	64
9	8	2017/12/19	产品D	42
10	9	2017/7/6	产品B	144
11	10	2017/11/5	产品A	110
12	11	2017/12/28	产品B	144

规范的数据

	A	B	C
1	姓名	成绩	备注
2	阎初阳	38	不及格
3	傅诗蕾	61	及格
4	夏如柏	11	不及格
5	冯清润	54	不及格
6	苏建同	91	优秀
7	叶小珍	75	良好
8	贾若南	16	不及格
9	唐景行	83	良好

规范的数据

	A	B	C
1	项目	进度	备注
2	项目1	完成2021/10/16	
3	项目2	完成，负责人小张	
4	项目3	跟进中	
5	项目4	已经发货	
6	项目5	已经通知供应商加库存	
7	项目6	完成，所有子项目已经结案	
8	项目7		
9	项目8		

"完成"混在文本里

可是，在实际工作中遇到的数据可能并不"友好"。例如，左侧的表格中记录了不同项目的进度，现在需要备注每个项目是否完成。

从【B】列的进度信息中可以判断出，项目 1、项目 2、项目 6 是"完成"的状态，但是无法使用 IF 函数直接做出判断，因为每个进度信息的描述都不一样，这就是不规范的数据。

因此，学习一些数据整理相关的函数很有必要，把关键的信息"完成"提取出来，从而得到规范的数据，便于进行下一步的判断。

视频案例

5.4.1 如何判断项目是否完成

	A	B	C
1	项目	进度	备注
2	项目1	完成2021/10/16	完成
3	项目2	完成，负责人小张	完成
4	项目3	跟进中	
5	项目4	已经发货	
6	项目5	已经通知供应商加库存	
7	项目6	完成，所有子项目已经结案	完成
8	项目7	刚开始	
9	项目8	项目启动中	

如何提取"完成"

还是前面的那个案例，现在要根据【进度】列的描述信息判断每个项目是否完成。

仔细观察不难发现，项目 1、项目 2、项目 6 处于完成状态，因为进度信息包含"完成"，而且这些"完成"都在开头位置。

只需要提取每个进度信息开头的两个字符，判断是否等于"完成"，如果相等，就备注"完成"。在【C2】单元格中输入下面的公式，并向下填充公式，完成进度的判断。

=IF(LEFT(B2, 2)="完成" ,"完成", "")

❶ ❷ ❸

此公式先用 LEFT 函数来提取【B】列进度信息左侧的两个字符❶（LEFT

函数的说明见右图）。

然后把提取到的结果给 IF 函数，判断是否等于“完成”，如果相等，就返回“完成”❷，否则返回半角双引号❸，表示空白的文本。这样就完成了对项目进度的判断。

函数	秋叶Excel

LEFT (

text	文本	包含要提取字符的文本
num_chars	数字	指定要提取的字符的数量，必须大于0

) String

说明 从文本text左侧第一个字符开始，返回指定个数num_chars的字符

接下来，可以统计“完成”的数量，也可以筛选有“完成”的记录等，进行后续分析工作。

5.4.2 如何用 MID 函数提取出生日期

下面的案例讲解如何从身份证号码中把出生日期提取出来。

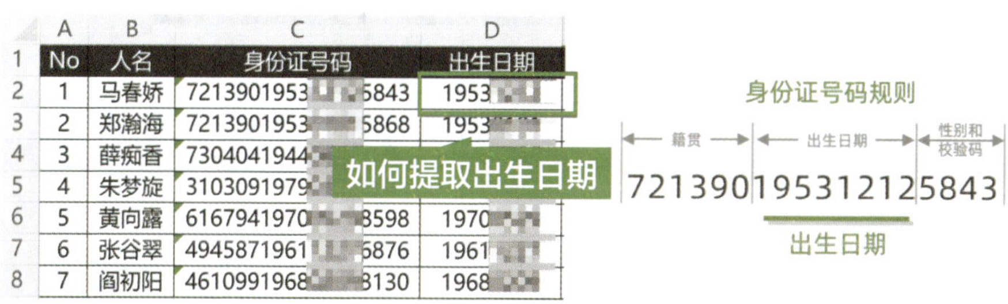

身份证号码是一串非常有规律的数字，共有 18 位，出生日期为第 7~14 位，要把这段数据提取出来，可以借助 MID 函数。

在【D2】单元格中输入下面的公式，并向下填充。

```
=MID(C2, 7, 8)
```

❶ C2　❷ 7　❸ 8

MID 函数的作用是从【C2】单元格❶的第 7 位字符开始❷提取 8 个字符❸，刚好就是出生日期。对照函数的说明，可以更好地理解 MID 函数的使用方法。

函数	秋叶Excel

MID (

text	文本	包含要提取字符的文本
start_num	数字	要提取字符的文本的起始位置
num_chars	数字	从文本中提取的字符个数

) String

说明 从文本text左侧第start_num个字符开始，返回指定个数num_chars的字符

另外，使用 MID 函数还可以提取员工的出生年份，计算出员工的年龄，用来分析年龄分布。

假如要计算员工到 2022 年的年龄，那么可以在【E2】单元格中输入下面的公式，并向下填充。

```
=2022-MID(C2,7,4)
 ────  ──────────
  ❷        ❶
```

公式中的 MID 函数用于提取【C2】单元格中从第 7 位字符开始的 4 个字符❶，得到出生年份，然后用 2022 减去这个年份❷，就计算出了员工到 2022 年时的年龄。计算结果如下。

	A	B	C	D	E
1	No	人名	身份证号码	出生日期	年龄
2	1	马春娇	721390195[illegible]843	1953[illegible]	69
3	2	郑瀚海	721390195[illegible]868	1953[illegible]	69
4	3	薛痴香	730404194[illegible]105	1944[illegible]	[illegible]8
5	4	朱梦旋	310309197[illegible]169	1979[illegible]	43
6	5	黄向露	616794197[illegible]598	1970[illegible]	52
7	6	张谷翠	494587196[illegible]876	1961[illegible]	61
8	7	阎初阳	461099196[illegible]130	1968[illegible]	54

年龄

5.4.3 如何用公式提取商品描述中的数据

数据越不规范，整理数据的时候要用到的函数就越多。

下面的表格中，商品的名称和价格混在一个单元格里，而且商品名称长短不一，很难通过 LEFT 函数或者 MID 函数直接提取。

	A	B	C
1	商品描述/元	商品名称	价格/元
2	真好用深层肌肉按摩器 2680	真好用深层肌肉按摩器	2680
3	真好用深层按摩仪 1899		
4	真好用深层按摩仪 1899		
5	真好用深层肌肉按摩器 2680		
6	秋叶肌肉按摩仪 1899		
7	秋叶层肌肉按摩仪 1480		
8	真好用手持式中频电疗仪 99		
9	真好用深层肌肉按摩仪 1899		

如何提取商品名称、价格

不过仔细观察还是可以发现规律：商品名称和价格之间都有一个空格。可以从这个空格入手提取数据。

- 找出空格的位置，可以使用 FIND 函数实现。
- 提取空格左边的字符，就是商品名称，可以使用 LEFT 函数实现。
- 提取空格右边的字符，就是商品价格，可以使用 MID 函数实现。

按照这个思路，把每一步的函数写出来组合到一起，就可以完成数据整理。

提取商品名称

在【B2】单元格中输入下面的公式，提取商品名称。

```
=LEFT(A2,FIND(" ",A2))
```

❸ ❶ ❷

此公式使用 FIND 函数查找【A2】单元格中空格的位置。FIND 函数的说明如下。

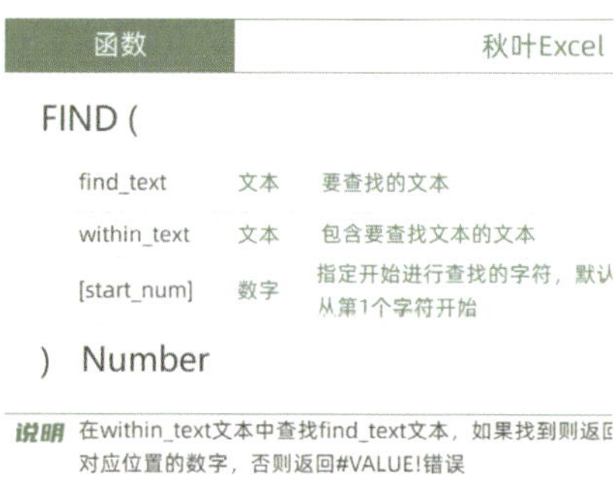

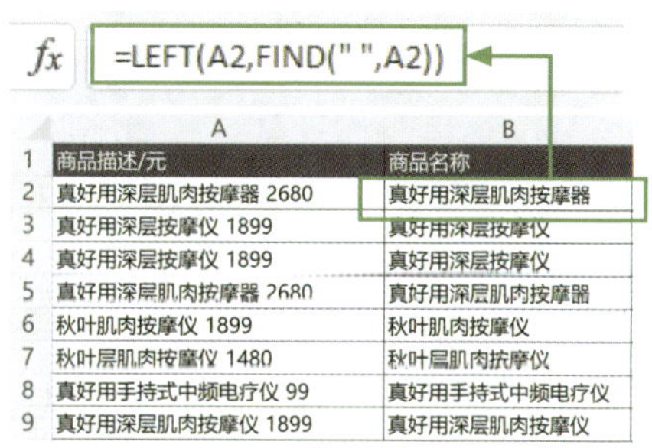

FIND 函数返回的是一个数字，表示空格❶在【A2】单元格❷中的位置，然后把这个数字传递给 LEFT 函数❸，就可以提取出【A2】单元格中空格左侧的数据了。

提取价格

在【C2】单元格中输入下面的公式并填充到最后一行，从而提取商品的价格。

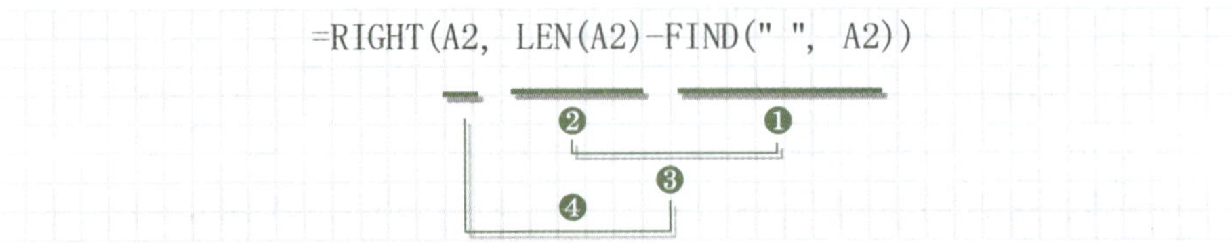

公式先使用 FIND 函数计算出空格的位置❶。然后用 LEN 函数计算出【A2】单元格中文本的总长度❷，用这个总长度减去空格的位置，得到的就是右侧价格的长度❸。最后用 RIGHT 函数提取【A2】单元格中文本右侧长度为❸的字符，价格就被提取出来了。

LEN 函数和 RIGHT 函数都不难，参考下面的函数说明加深理解。

函数	秋叶Excel
LEN (	
text	文本　要计算长度的文本
) Number	

说明　返回文本text的长度（包括空格）

函数		秋叶Excel
RIGHT (		
text	文本	包含要提取字符的文本
num_chars	数字	指定要提取字符的数量，必须大于0
) String		

说明　从文本字符串text右侧第一个字符开始，返回指定个数num_chars的字符

价格提取出来之后，就可以进行求和汇总，或者做其他的统计分析工作。

5.4.4　其他常用的数据整理函数

视频案例

除提取文本之外，文本的合并、文本的查找与替换、清除空格等也是整理数据时常用的操作。

接下来通过几个案例来讲解这些操作。

文本的合并

下面的表格是客户地址信息，为了更方便地核对地址，需要把省份、城市、客户、手机号信息合并到一个单元格中，如何实现呢？

	A	B	C	D	E
1	省份自治区	城市	客户	手机号	地址
2	黑龙江省	哈尔滨市	张**	150****1236	黑龙江省哈尔滨市张**150****1236
3	河南省	郑州市	李**	152****9452	
4	湖北省	武汉市	赵**	171****6	

如何合并省份、城市、客户、手机号

有 3 种方法可以实现。第 1 种方法：在【E2】单元格中输入下面的公式，并向下填充。

```
=A2 & B2 & C2 & D2
```

公式中的“&”是文本连接符，可以把指定单元格中的内容合并成一个字符串。此方法很简单，但是缺点也很明显。如果要合并的数据有几十个，就要写几十个文本连接符，效率比较低。

第 2 种方法：在【E2】单元格中输入下面的公式，并向下填充。

```
=CONCAT(A2:D2)
```

CONCAT 函数的作用就是将多个文本合并成一个文本，该函数的说明如右图。

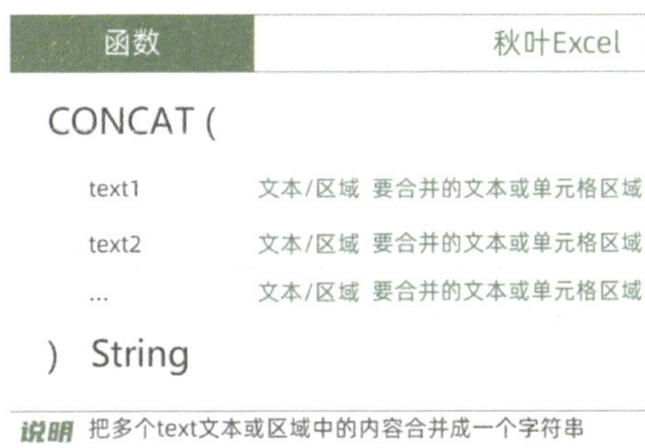

因为 CONCAT 函数的参数可以是区域，所以即便是合并几十个单元格中的文本，也只需要选择单元格区域就可以快速合并，非常高效。

第 3 种方法：在【E2】单元格中输入下面的公式，并向下填充。

```
=TEXTJOIN( ",", 1, A2:D2)
```

❶ ❷ ❸

使用 TEXTJOIN 函数合并文本

	A	B	C	D	E
1	省份自治区	城市	客户	手机号	地址
2	黑龙江省	哈尔滨市	张**	150****1236	黑龙江省,哈尔滨市,张**,150****1236
3	河南省	郑州市	李**	152****9452	河南省,郑州市,李**,152****9452
4	湖北省	武汉市	赵**	171****6666	湖北省,武汉市,赵**,171****6666

TEXTJOIN 函数的用法和 CONCAT 函数类似。TEXTJOIN 函数的说明如下。

函数	秋叶Excel

TEXTJOIN (

分隔符	文本	合并多个文本时，中间要间隔的字符
ignore_empty	逻辑值	指定是否忽略空白单元格。TRUE或1表示忽略
text1	文本/区域	要合并的单元格或者区域
text2	文本/区域	要合并的单元格或者区域

) String

说明 使用指定的分隔符，把多个text文本或区域中的内容合并成一个字符串。并根据ignore_empty参数，决定是否忽略空白单元格

通过 TEXTJOIN 函数的说明可以发现，公式中增加了分隔符❶，如果合并的区域中有空白单元格，则可以设置 ignore_empty 为 TRUE 或者 1❷，以忽略空白单元格，第 3 个参数设置为要合并的单元格区域❸。

显然这是一个比 CONCAT 函数高级的函数，所以低版本的 Excel 可能不支持 TEXTJOIN 函数，在使用之前，请确保你的 Excel 的版本是 2016 及以上。

文本的查找与替换

	A	B
16	姓名	效果
17	张三 李四 王五	张三,李四,王五
18	赵六 何涛 李明明 何欢	
19	黄宗泽 高冬	

把空格替换为逗号

左侧表格的【姓名】列中，姓名之间使用空格分隔，视觉上不够明显。如果将空格换成逗号就不容易看错。这个操作同样可以使用函数公式来实现。

在【B17】单元格中输入下面的公式，并向下填充。

```
=SUBSTITUTE(A17, " ", ",")
                ❶    ❷    ❸
```

公式很简单，只有一个 SUBSTITUTE 函数，作用是把【A17】单元格❶中的空格❷替换为半角逗号❸。SUBSTITUTE 函数的说明如右图所示。

函数	秋叶Excel

SUBSTITUTE (

text	文本	需要替换字符的文本
old_text	文本	需要替换的旧文本
new_text	文本	用来替换old_text的新文本
[instance_num]	数字	指定替换第几个old_text，若不写则替换所有old_text

) String

说明 在文本text中用新文本new_text替换旧文本old_text。如果有多个old_text文本，则可以用instance_num指定替换第几个

把 SUBTITUTE 函数理解成函数版的查找与替换，就很容易明白并记住每个参数的使用方法。

清除空格

从系统中导出数据时，常常会有一些莫名其妙的字符，有时从外观上看不

到这些字符，但进行查找、计算等操作时却怎么都不对。

下面的表格中，【订单编号】列明明只有两个不重复的单号，但是按照订单编号筛选时，却有 4 个选项，而且选项出现了重复。

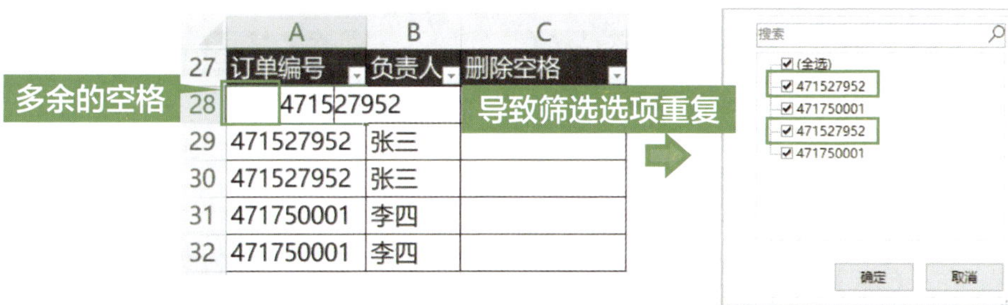

这个问题就是一些不可见的字符导致的。双击【A28】单元格就可以发现，编号的前面有一串空格。在【C28】单元格中输入下面的公式，并向下填充，可以清除空格。

=CLEAN(A28)

CLEAN 函数的说明如下。

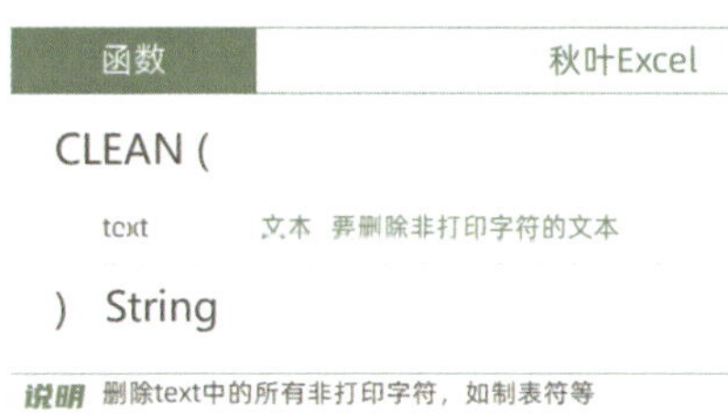

在【C】列中筛选订单编号，可以发现筛选选项不存在重复了。

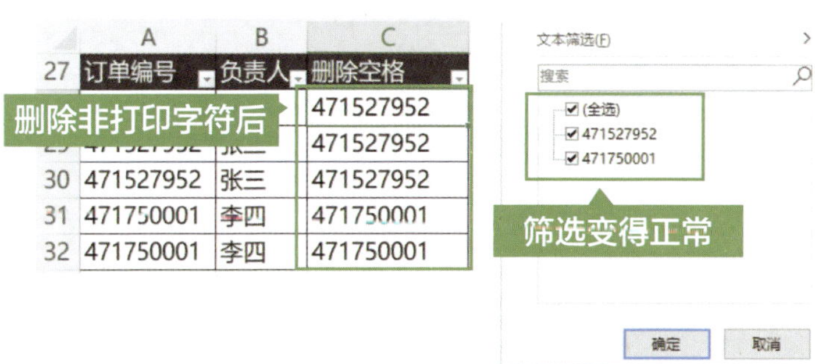

【负责人】列实际只有两个不同的姓名，但是基于当前数据插入透视表后，行标签里却出现了重复的姓名，这也是空格造成的。双击【B28】单元格，可以发现“张三”后面有许多空格。

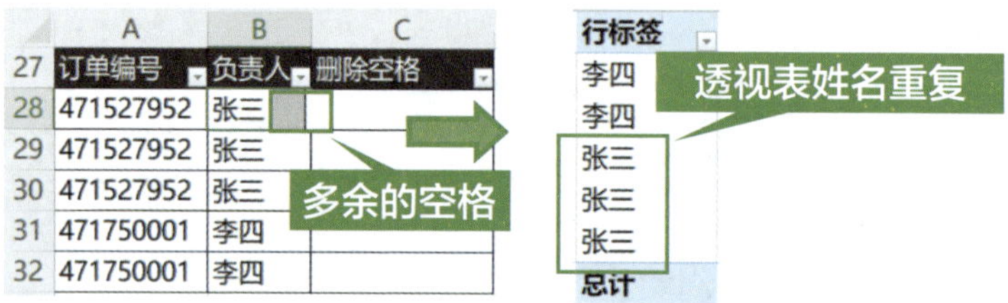

在【C28】单元格中输入下面的公式，并向下填充，可以删除文本两端多余的空格，规范姓名。然后基于【C】列的数据插入数据透视表，行标签中的姓名就不会重复了。

$$= \text{TRIM(B28)}$$

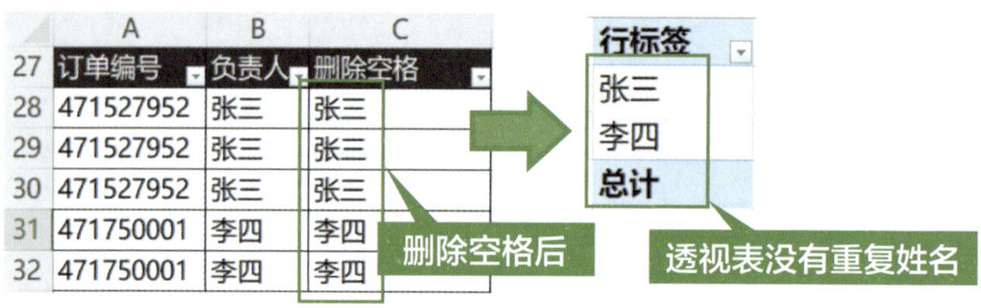

TRIM 函数和 CLEAN 函数的用法一样，都可以用于清除空格，但是功能有细微差别。

- CLEAN 函数用于清除所有多余的非打印字符，包括换行符。
- TRIM 函数用于清除文本中多余的空格，如文本开头与结尾处的空格，清除多个连续的空格时会保留一个空格。

TRIM 函数的说明如下。

函数	秋叶Excel

TRIM (

text　　文本　要删除空格的文本

) String

说明　删除text中多余的空格，如文本开头与结尾处的空格，删除多个连续的空格时会保留一个空格明白了这两个函数的用法，以后就不会被多余的空格困扰了。

5.5 多表查询

实际工作中表格肯定不止一个，大量的数据分布在不同的工作表中，在做统计、分析、核对的时候很不方便，这就产生了一个新的需求——多表查询。

所谓多表查询，就是通过函数把另外一个表格里的数据匹配到当前表格中，然后进行分析、核对。这个过程中有一个使用频率很高的函数，就是 VLOOKUP 函数。

接下来就从 VLOOKUP 函数开始重点讲解查找与匹配数据的各种方法，以及公式出错、发生异常时的处理方法。

5.5.1 如何使用 VLOOKUP 函数查找部门绩效

视频案例

下面的表格是员工明细表，【H】列和【I】列记录了每个部门的绩效情况。现在需要查找【A】列数据对应的绩效并填写到【F】列中，结合员工明细表给员工的绩效考评提供参考。这时就要用到 VLOOKUP 函数了。

员工明细表

部门	姓名	性别	在职状态	入职日期	部门绩效
销售部	马春娇	女	在职	2016/12/19	A
客服部	郑瀚海	女	在职	2015/7/17	
采购部	罗绮玉	女	在职	2013/	
工程部	薛痴香	男	在职	2011/	
销售部	朱梦旋	男	在职	2017/9/11	
生产部	黄向露	男	在职	2012/12/29	
质量部	张谷翠	男	在职	2015/12/29	
客服部	阎初阳	男	在职	2014/10/9	
生产部	傅诗蕾	女	在职	2005/8/1	
生产部	夏如柏	男	在职	2014/3/10	
采购部	冯清润	女	在职	2012/9/27	

如何查找绩效

部门绩效表

部门	部门绩效
销售部	A
客服部	A
采购部	C
工程部	C
生产部	A
质量部	B

在【F3】单元格中输入下面的公式，并向下填充。

```
=VLOOKUP(A3, $H$3:$I$8, 2, 0)
```

❶ ❷ ❸ ❹

VLOOKUP 函数并不难，其说明如下。

VLOOKUP 函数共有 4 个参数。

- 参数 1：要查找的值，也就是公式中的【A3】单元格中的值。
- 参数 2：查找的数据区域，包含返回列，即公式中的【$H$3:$I$8】。因为要向下填充公式，为了保证单元格引用不会出错，要锁定行号。可以手动在行号前面添加美元符号，也可以选中参数 2，按【F4】键实现行的锁定。

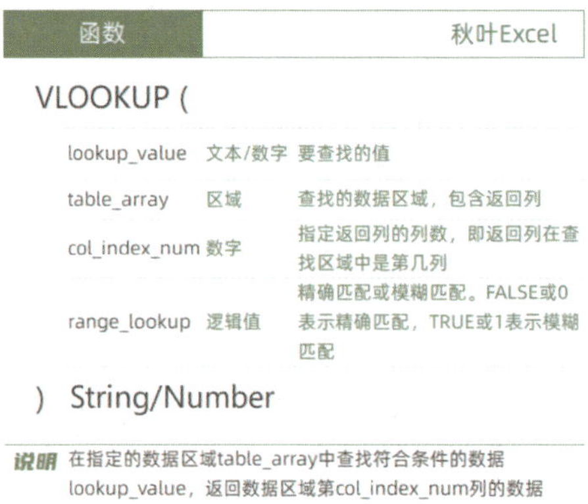

- 参数 3：要返回第几列的数据，即公式中的数字 2。因为查找区域只有两列，要返回的部门绩效数据在第 2 列，所以这里为 2。
- 参数 4：匹配模式。FALSE 或 0 表示精确匹配，TRUE 或 1 表示模糊匹配。

VLOOKUP 函数在计算过程中，会在【$H$3:$I$8】区域❷中的【H】列查找参数 1，即查找【A3】单元格的值❶，如果找到了，则返回参数 2【$H$3:$I$8】区域❷中的第 2 列❸，即【I】列，这是由参数 3 决定的。计算完成后，就得到了“销售部”对应的绩效“A”。

明白了 VLOOKUP 函数的用法之后，向下填充公式，每个部门的绩效就被快速匹配到【F】列中了。

	A	B	C	D	E	F
1	员工明细表					
2	部门	姓名	性别	在职状态	入职日期	部门绩效
3	销售部	马春娇	女	在职	2016/12/19	A
4	客服部	郑瀚海	女	在职	2015/7/17	A
5	采购部	罗绮玉	女	在职	2013/6/17	C
6	工程部	薛痴香	男	在职	2011/5/13	C
7	销售部	朱梦旋	男	在职	2017/9/11	A
8	生产部	黄向露	男	在职	2012/12/29	A
9	质量部	张谷翠	男	在职	2015/12/29	B
10	客服部	阎初阳	男	在职	2014/10/9	A
11	生产部	傅诗蕾	女	在职	2005/8/1	A
12	生产部	夏如柏	男	在职	2014/3/10	A

	H	I
1	部门绩效表	
2	部门	部门绩效
3	销售部	A
4	客服部	A
5	采购部	C
6	工程部	C
7	生产部	A
8	质量部	B

各部门绩效查询结果

5.5.2 如何根据销售数据计算对应的绩效等级

下面的表格是员工绩效考核表，【G】列和【H】列是绩效考核标准。现在要根据【C】列的销量数据，对比【G】列和【H】列的考核标准，把绩效等级记录到【D】列，应该如何实现呢？

	A	B	C	D	E	F	G	H
1	No	销售员	销量	等级			备注	等级
2	1	马春娇	240000	A+			8万以下	D
3	2	郑瀚海	280000				8万~12万	C
4	3	罗绮玉	[illegible]				12万~15万	B
5	4	薛痴香	115300				15万~20万	A
6	5	朱梦旋	40000				20万以上	A+
7	6	黄向露	80000					
8	7	张谷翠	250000					
9	8	阎初阳	270000					
10	9	傅诗蕾	150000					
11	10	夏如柏	80000					

如何查找绩效等级

仔细看一下绩效考核标准，如果销量是 8 万以下，等级就是 D，如果销量是 8 万 ~12 万，等级就是 C，以此类推。很明显这是一个逻辑判断的问题，可以使用 IF 函数来实现，对应的函数公式如下。

```
=IF(C2>200000,"A+",IF(C2>150000,"A",IF(C2>120000,"B",IF(C2>80000,"C","D"))))
```

但是这个公式太长了，而且双引号、括号非常多，特别容易出错，所以不推荐使用 IF 函数解决类似问题。

换一个思路，把逻辑判断的问题转换成一个数据查询的问题，根据销量查询对应的等级，这个过程用 VLOOKUP 函数实现，非常简单。

为此，需要在【F】列添加一个辅助列，添加规则，即把每个备注区间的最小值写在辅助列中，把查询区域整理成下面的样子。

F	G	H
辅助列	备注	等级
0	8万以下	D
80000	8万~12万	C
120000	12万~15万	B
150000	15万~20万	A
200000	20万以上	A+

辅助列中的下限值

例如，8 万以下就是 0 万 ~8 万，所以【F2】中写 0；8 万 ~12 万，【F3】中取最小值 80000，以此类推。

然后在【D2】单元格中输入下面的公式，向下填充，即可得出每个员工的绩效等级。

```
=VLOOKUP(C2, $F$1:$H$6, 3, 1)
```

❶ ❷ ❸ ❹

VLOOKUP 函数的用法前面介绍了，需要重点说明的是第 4 个参数。

VLOOKUP 函数的第 4 个参数表示查找匹配的模式，有两个选项。

- 精确匹配。此时参数 4 的取值为 FALSE 或者 0，表示查找区域中的内容必须和查找的内容完全一致，才能匹配成功。
- 模糊匹配。此时参数 4 的取值为 TRUE 或者 1，这里的模糊匹配主要针对数字，也就是说，查找区域的内容不一定要完全等于查找值，而是只要能查找到小于查找值的最大值，就可以完成数据的匹配。

	A	B	C	D
1	No	销售员	销量	等级
2	1	马春娇	240000	A+
3	2	郑瀚海	280000	A+
4	3	罗绮玉	10000	D
5	4	薛痴香	115300	C
6	5	朱梦旋	40000	D
7	6	黄向露	80000	C
8	7	张谷翠	250000	A+
9	8	阎初阳	270000	A+
10	9	傅诗蕾	150000	A
11	10	夏如柏	80000	C

以 4 号销售员“薛痴香”的销量 115300 为例，梳理一下模糊匹配的过程，看看是如何查找到等级 C 的。

	F	G	H
	辅助列	备注	等级
①	0	8万以下	D
②	80000	8万~12万	C
③	120000	12万~15万	B
	150000	15万~20万	A
	200000	20万以上	A+

❶ 从第 1 条记录开始查找，此时辅助列的数值为 0，0 小于 115300，只要比查找值 115300 小，就查找下一条记录。

❷ 第 2 条记录中，80000 小于 115300，所以继续查找下一条记录。

❸ 第 3 条记录中，120000 大于 115300，停止查找。模糊匹配的规则是，

如果找到了大于查找值的数据，则停止查找，同时将上一条记录作为匹配的结果。所以最终匹配到的结果是 80000 对应的等级“C”。

稍微总结一下 VLOOKUP 函数模糊匹配的注意事项，在使用的过程中，如果出现了错误，可以根据以下几点自行检查。

- 模糊匹配只适用于数字，文字不适用。
- 查找列必须是数字。
- 查找列的数字必须按从小到大的顺序排序。
- VLOOKUP 函数模糊匹配到的是小于查找值的最大值。

当一个问题有多个判断条件时，需要不停地嵌套 IF 函数，公式会变得很长。这个时候可以转换一下思路，把判断问题转换成查询问题，把判断条件转换成查询选项，然后用 VLOOKUP 函数查询匹配，可以减少函数的嵌套，提高效率。

5.5.3 如何按照姓名查询每个月的销量

前面的案例中，查找后返回的数据都只有一个，如果要返回的数据有很多，则可用 VLOOKUP 函数的另一种用法。下图中，表 1 是不同员工每个月的销量统计表，现在需要在表 2 中根据员工的姓名查询每个月的销量。

表1

销售员	1月	2月	3月	4月	5月	6月
马春娇	150	150	90	100	280	260
郑瀚海	30	100	100	260	200	80
罗绮玉	300	10	260	150	290	270
薛痴香	110	40	10	220	220	150
朱梦旋	260	110	40	250	160	160
黄向露	50	70	110	190	250	100
张谷翠	50	280	80	270	240	280
阎初阳	110	150	160	160	290	180
傅诗蕾	230	70	240	150	110	170

表2

姓名	1月	2月	3月	4月	5月	6月
郑瀚海	30					
黄向露	50					

如果只查询 1 月的销量，在【K3】单元格中输入下面的公式就可以了。

```
=VLOOKUP($J3, $A:$G, 2, 0)
```

❶ ❷ ❸ ❹

公式的作用是在【$A:$G】区域❷中查找【$J3】单元格❶的数据，注意这里使用“$”锁定了列号，避免向右填充公式时引用出错，然后返回【$A:$G】区域中的第 2 列❸数据，也就是 1 月的数据。

这是1月销量的查找公式，其他月份的销量查询方法类似，【L3】到【P3】单元格中的公式如下。

表1

销售员	1月	2月	3月	4月	5月	6月
马春娇	150	150	90	100	280	260
郑瀚海	30	100	100	260	200	80
罗绮玉	300	10	260	150	290	270
薛痴香	110	40	10	220	220	150
朱梦旋	260	110	40	250	160	160
黄向露	50	70	110	190	250	100
张谷翠	50	280	80	270	240	280
阎初阳	110	150	160	160	290	180
傅诗蕾	230	70	240	150	110	170

表2

姓名	1月	2月	3月	4月	5月	6月
郑瀚海	30	100	100	260	200	80
黄向露	50	70 ❶	110 ❷	190 ❸	250 ❹	100 ❺

❶ =VLOOKUP($J3, $A:$G, 3, 0)
❷ =VLOOKUP($J3, $A:$G, 4, 0)
❸ =VLOOKUP($J3, $A:$G, 5, 0)
❹ =VLOOKUP($J3, $A:$G, 6, 0)
❺ =VLOOKUP($J3, $A:$G, 7, 0)

注意到没有，这几个公式基本一样，唯一的区别就是第 3 个参数，即返回列号递增。

这样手动修改返回列号，效率显然太低了。好在 Excel 提供了一个 COLUMN 函数，可以自动生成数字序列。在【K3】单元格中输入下面的公式，向右拖曳填充公式，就可以自动生成 2、3、4、5、6、7 等序号。

```
=COLUMN(B1)
```

COLUMN 函数会获取【B1】单元格对应的列号，如果不写任何参数，就返回当前单元格所在的列号。函数说明如下。

表2

姓名	1月	2月	3月	4月	5月	6月
郑瀚海	2	3	4	5	6	7
黄向露						

COLUMN 函数用于批量生成序号

函数	秋叶Excel

COLUMN (
reference　单元格　要返回列号的单元格
) Number

说明　返回reference对应单元格的列号。如果没有设定reference，则返回当前公式单元格的列号

将 COLUMN 函数嵌套到 VLOOKUP 函数中作为第 3 个参数，即可自动

生成返回列号。在【K3】单元格中输入合并后的公式。

然后向右、向下拖曳填充公式，就可以完成多列返回结果的批量查询。

=VLOOKUP($J3, $A:$G, 2, 0)

↓

=VLOOKUP($J3, $A:$G, COLUMN(B1), 0)

fx =VLOOKUP($J3,$A:$G,COLUMN(B1),0)

表1

销售员	1月	2月	3月	4月	5月	6月
马春娇	150	150	90	100	280	260
郑瀚海	30	100	100	260	200	80
罗绮玉	300	10	260	150	290	270
薛痴香	110	40	10	220	220	150
朱梦旋	260	110	40	250	160	160
黄向露	50	70	110	190	250	100
张谷翠	50	280	80	270	240	280
阎初阳	110	150	160	160	290	180
傅诗蕾	230	70	240	150	110	170

表2

姓名	1月	2月	3月	4月	5月	6月
郑瀚海	30	100	100	260	200	80
黄向露	50	70	110	190	250	100

5.5.4 如何匹配对应的补助金额

VLOOKUP 函数与 COLUMN 函数一起使用，可以返回多列数据。

下图中，表 1 是一份出差补助表，员工的级别不同、出差的城市级别不同，补助金额也就不相同。

表 2 是一份员工的出差明细表，现在需要在【D10】单元格中填写公式，自动计算出差补助金额，应该怎么实现？

表1

级别	一线城市	二线城市	地级市
员工	700	600	500
主管	900	800	700
经理	1100	1000	900
总经理	1300	1200	1100

表2

姓名	级别	城市类别	补助/元
施夏梅	员工	一线城市	700
曹勤	主管	一线城市	
褚美娟	员工	地级市	
吕艳红	主管	一线城市	
赵朱婷	经理	二线城市	

如何计算补助

这个问题的难度有点大，因为涉及两个维度：员工级别、城市级别。

如果不考虑公式填充，【D10】单元格中的公式就很好写了。【D10】单元格中的参考公式如下。

```
=VLOOKUP(B10, $A$2:$D$6, 2, 0)
         ❶    ❷          ❸  ❹
```

根据【B10】单元格中的员工级别❶，在【A3:D6】区域中查找❷，出差的城市类别是“一线城市”，在【A2:D6】区域中的第 2 列❸，第 4 个参数写 0 表示精确匹配❹。

使用相同的方法写出其他员工的出差补助公式，如下图所示。

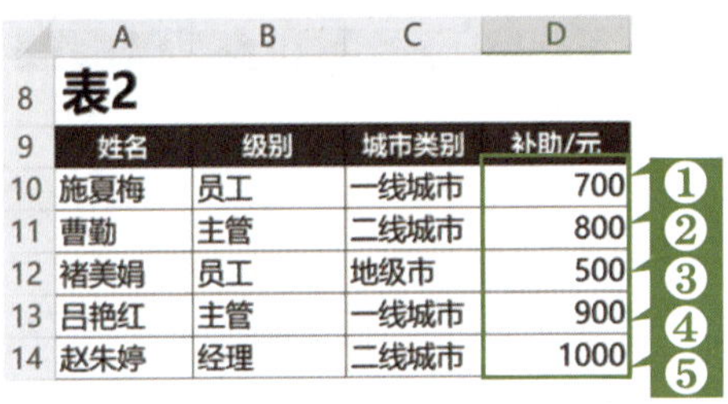

❶ =VLOOKUP(B10, $A$2:$D$6, 2, 0)
❷ =VLOOKUP(B11, $A$2:$D$6, 3, 0)
❸ =VLOOKUP(B12, $A$2:$D$6, 4, 0)
❹ =VLOOKUP(B13, $A$2:$D$6, 2, 0)
❺ =VLOOKUP(B14, $A$2:$D$6, 3, 0)

仔细观察可以发现，这些公式基本都一样，唯一不同的是参数 3 中的数值，2、3、4、2、3 不是递增的关系，也就无法用 COLUMN 函数来简化了。

这些数字是怎么来的呢？仔细观察可以知道，是【C10:C14】区域中的城市类别在【A2:D2】区域中的位置。

所以，这个时候如果有一个函数，能够根据城市类别查询所在列的位置，就可以自动生成 VLOOKUP 函数所需的参数 3 了。

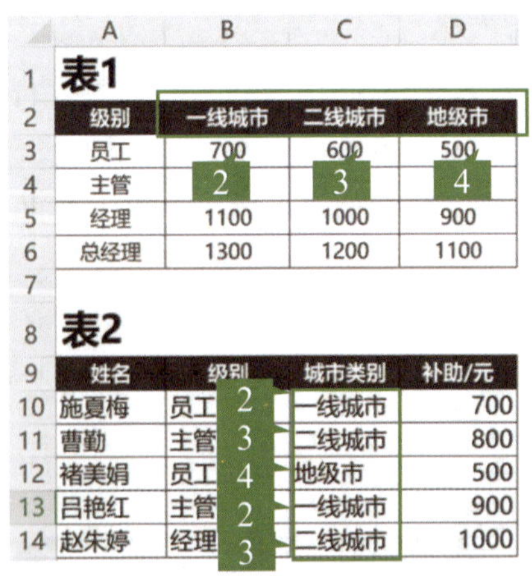

这个问题用 MATCH 函数就可以解决。MATCH 函数的作用就是查询数据所在位置。

MATCH 函数的说明如下。

函数	秋叶Excel

MATCH (

lookup_value	文本/数字	要查找的值
lookup_array	区域	查找的数据区域
match_type	数字	精确匹配或模糊匹配，可以指定为 0/FALSE 或 1/TRUE

) Number

说明 在lookup_array数据区域中查找lookup_value项，然后返回该项在此区域中的相对位置。查找模式由match_type决定

在【D10】单元格中输入下面的公式，可以自动计算出需要的列号。

```
=MATCH(C10, $A$2:$D$2, 0)
        ❶       ❷       ❸
```

MATCH 函数返回的列号

	A	B	C	D
8	表2			
9	姓名	级别	城市类别	助/元
10	施夏梅	员工	一线城市	2
11	曹勤	主管	二线城市	3
12	褚美娟	员工	地级市	4
13	吕艳红	主管	一线城市	2
14	赵朱婷	经理	二线城市	3

把 MATCH 函数嵌套到 VLOOKUP 函数中，替换掉原来的参数 3，就可以实现自动查询城市类别，准确计算补助金额了。

```
=VLOOKUP(B10, $A$2:$D$6, MATCH(C10,$A$2:$D$2,0), 0)
          ❶       ❷              ❸               ❹
```

VLOOKUP 函数返回的结果

	A	B	C	D
8	表2			
9	姓名	级别	城市类别	补助/元
10	施夏梅	员工	一线城市	700
11	曹勤	主管	二线城市	800
12	褚美娟	员工	地级市	500
13	吕艳红	主管	一线城市	900
14	赵朱婷	经理	二线城市	1000

怎么样？VLOOKUP 函数是不是特别强大，只要掌握了 VLOOKUP 函数每个参数的用法，根据需求嵌套其他的函数，就可以让数据的查询与核对变得更加灵活、更加高效。

5.6 日期和时间的计算

日期和时间是数据表中常见的数据，同时，它们还可以作为数据分析的分类维度。例如周报、月报、年报等都是基于时间维度的分析。

日期和时间也可以参与具体的计算，如计算合同还有多久到期，判断员工是否迟到早退等，都是对日期和时间的计算。

日期和时间有很多用法。接下来通过几个案例来系统地讲解日期和时间的计算。

5.6.1 如何计算两个日期相差的天数

视频案例

日期本质上就是数字，只是显示成了日期的样式，所以很多情况下日期可以像数字一样加减。

如右图中的表格，要计算出每个员工的出勤天数，在【F2】单元格中输入下面的公式，即用离职日期减去入职日期，向下填充即可。

=E2-D2

	A	B	C	D	E	F
1	No	工号	姓名	入职日期	离职日期	出勤天数
2	1	QY001	马春娇	2017/9/21	2017/10/5	14
3	2	QY002	郑瀚海	2017/9/28	2017/10/19	21
4	3	QY003	薛痴香	2017/10/18	20[illegible]	[illegible]
5	4	QY004	朱梦旋	2017/10/16	2017/11/5	20
6	5	QY005	黄向露	2017/10/3	2017/10/15	12
7	6	QY006	张谷翠	2017/10/3	2017/10/24	21
8	7	QY007	阎初阳	2017/10/7	2017/10/16	9
9	8	QY008	傅诗蕾	2017/10/18	2017/11/14	27
10	9	QY009	夏如柏	2017/10/4	2017/10/23	19

公式 =E2-D2

5.6.2 如何把出勤时长改成小时数

视频案例

时间本质上也是数字，所以时间也可以像数字一样加减。在下图的表格中，要计算出每个员工出勤的时长，用结束时间减去开始时间就可以了，【F2】单元格中的公式如右下所示。

	A	B	C	D	E	F	H
1	No	姓名	工号	开始时间	结束时间	出勤时长	效果
2	1	彭欢欣	QY8394	7:45:00	18:54:00	11:09:00	11.2
3	2	韩绮梦	QY8280	9:00:00	[illegible]	[illegible]	8.5
4	3	梁智杰	QY8804	7:32:00	[illegible]	[illegible]	9.2
5	4	叶小珍	QY3639	8:18:00	16:32:00	8:14:00	8.2
6	5	马春娇	QY2902	6:58:33	17:34:00	10:35:27	10.6

如何计算时间差

=E2-D2

这样计算出来的时长是时间格式，如果要改成【H】列中的小时数格式，则还需要以下两个步骤。

第 1 步，把【F2】单元格中的公式改成下面的样子。

=(E2-D2)*24

第 2 步，设置【F2:F6】区域的数字格式为【常规】。

日期和时间本质上都是数字，右图中，整数部分代表日期，小数部分代表时间。也就是说：

- 1 代表的是 1 天；
- 0.5 代表的是 0.5 天；
- 1 天有 24 个小时，0.5×24 就是 12 个小时。

时间是小数部分，所以两个时间相减自然也是一个小数，例如，【F2】单元格计算出的出勤时长是 0.464583，代表的是 0.464583 天，如果要转换成小时就需要乘以 24，即 0.464583×24≈11.15 小时。

不过，Excel 可能会把 11.15 显示为时间格式，即“3:36:00”，所以最后还需要将【F2:F6】区域的数字格式改为【常规】，并设置小数位数为一位，才能正确地显示成小时数。

除了加减，日期和时间还可以像数字一样做大小的比较。例如，下面的表格是一份考勤记录表，如果实际打卡时间大于应打卡时间，就备注“迟到”。

	A	B	C	D	E	F
19	No	姓名	工号	应打卡时间	实际打卡时间	是否迟到
20	1	彭欢欣	QY8394	8:00:00	7:45:00	
21	2	韩绮梦	QY8280	8:00:00	9:00:00	迟到
22	3	梁智杰	QY8804	8:00:00	7:32:00	
23	4	叶小珍	QY3639	8:00:00	8:18:00	迟到
24	5	马春娇	QY2902	8:00:00	6:58:33	

如何判断是否迟到

因为时间本质上是数字，所以在【F20】单元格中使用 IF 函数判断大小，并备注是否迟到就可以了，公式如下。

=IF(E20>D20, "迟到", "")

❶ ❷ ❸

思考一下，如果应打卡时间没有写在【D】列中，而是写在公式里，那么下面两个公式，哪一个能够返回正确的结果?

- =IF(E20>"08:00"," 迟到 ","")
- =IF(E20-"08:00">0," 迟到 ","")

动手尝试一下，具体原理将在 5.7.1 小节讲解。

5.6.3 如何计算员工入职到离职相差的月数

视频案例

在下面的表格中根据入职日期和离职日期计算相差的月数。

	A	B	C	D	E	F
1	No	入职日期	离职日期	相差的月数		效果
2	1	2017/2/21	2017/7/29			5
3	2	2017/9/28	2018/5/15			7
4	3	2017/1[illegible]	[illegible]			20
5	4	2017/1[illegible]	[illegible]			21
6	5	2017/10/3	2018/12/8			14
7	6	2017/10/3	2018/9/15			11

如果是计算相差的天数，直接用离职日期减去入职日期就可以了，但案例要求的是计算相差的月数，怎么实现呢? 方法有以下两种。

第 1 种方法，把每个月都统一看作 30 天，天数除以 30 就是对应的月数，所以在【D2】单元格中输入下面的公式并向下填充。

=(C2-B2)/30

	A	B	C	D	E	F
1	No	入职日期	离职日期	相差的月数		效果
2	1	20[illegible]	[illegible]	[illegible]		5
3	2	20[illegible]	[illegible]	[illegible]		7
4	3	2017/10/18	2019/6/20	20.33		20
5	4	2017/10/16	2019/8/15	22.27		21
6	5	2017/10/3	2018/12/8	14.37		14
7	6	2017/10/3	2018/9/15	11.57		11

但是计算结果显然不对，尤其是第 4 条记录，22.27 和【效果】列中的 21 相差了 1 个多月。这种方法不精确，不推荐。

第 2 种方法，使用 Excel 中的 DATEDIF 函数计算日期差。在【D2】单元格中输入下面的公式，向下填充公式。

=DATEDIF(B2, C2, "M")

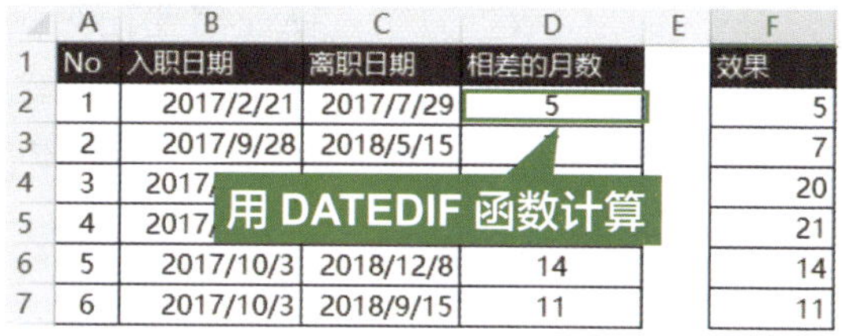

	A	B	C	D	E	F
1	No	入职日期	离职日期	相差的月数		效果
2	1	2017/2/21	2017/7/29	5		5
3	2	2017/9/28	2018/5/15			7
4	3	2017/[illegible]	[illegible]	[illegible]		20
5	4	2017/[illegible]	[illegible]	[illegible]		21
6	5	2017/10/3	2018/12/8	14		14
7	6	2017/10/3	2018/9/15	11		11

第 2 种方法非常精确地计算出了相差的月份。DATEDIF 函数会精确到每一天来计算日期差，是做日期倒计时、离合同到期的天数等计算最常用的函数。DATEDIF 函数的说明如下。

函数	秋叶Excel

DATEDIF (

start_date	日期	一个代表开始日期的日期
end_date	日期	一个代表结束日期的日期
unit	文本	要返回的日期差类型，可以设置为：Y/M/D/YM/MD/YD

) Number

说明 计算start_date和end_date相差的日期差，具体单位由unit决定。Y/M/D分别表示相差的年数、月数、天数；YM/YD/MD，表示忽略第1个字母单位，计算第2个字母单位的日期差

DATEDIF 函数的重点是第 3 个参数，代表返回的日期差类型，通过下图的示例加深理解。

No	入职日期	离职日期	功能	公式	效果
1	2018/7/15	2020/8/19	计算日期相差年数	=DATEDIF(B16,C16,"Y")	2
2	2018/7/15	2020/8/19	计算日期相差月数	=DATEDIF(B17,C17,"M")	25
3	2018/7/15	2020/8/19	计算日期相差天数	=DATEDIF(B18,C18,"D")	766
4	2018/7/15	2020/8/19	计算日期相差月数，忽略年	=DATEDIF(B19,C19,"YM")	1
5	2018/7/15	2020/8/19	计算日期相差天数，忽略年	=DATEDIF(B20,C20,"YD")	35
6	2018/7/15	2020/8/19	计算日期相差天数，忽略月	=DATEDIF(B21,C21,"MD")	4

例如，第 4 行的公式【=DATEDIF(B19,C19, "YM")】代表忽略年计算相差的月数，也就是计算 7/15 与 8/19 相差的月数，即 1 个月。

5.6.4 如何根据日期提取年月日和周别

基于日期做数据分析，往往需要把对应的日期单位提取出来，然后再分类统计。

例如，如果要做月报，就需要有一列月份数据；如果要做周报，就需要计算出对应的周别。

	A	B	C	D	E	F
1	No	日期	年	月	日	周别
2	1	2017/9/21	2017	9	21	39
3	2	2017/9/22				
4	3	2017/9/23				
5	4	2017/9/24				
6	5	2017/9/25				
7	6	2017/9/26				
8	7	2017/9/27				

如何提取不同的日期单位

上面的表格中，列出了 4 种日期单位的计算需求，对应的公式如下。

- 年份计算，在【C2】单元格中输入公式【=YEAR(B2)】。
- 月份计算，在【D2】单元格中输入公式【=MONTH(B2)】。
- 日期计算，在【E2】单元格中输入公式【=DAY(B2)】。
- 周别计算，在【F2】单元格中输入公式【=WEEKNUM(B2,2)】。

YEAR 函数、MONTH 函数、DAY 函数的难度都不大，它们都只有一个参数，选择对应的日期就可以计算出需要的年、月、日。

值得关注的是 WEEKNUM 函数，它用于计算日期对应的周别。

=WEEKNUM(B2, 2)

❶ ❷

函数	秋叶Excel

WEEKNUM (

serial_number 日期 要计算周别的日期

return_type 数字 一个数字，确定一周从周几开始

) Number

说明 计算日期serial_number对应的周别。可以通过return_type指定每周从周几开始，通常设置为2，表示从周一开始

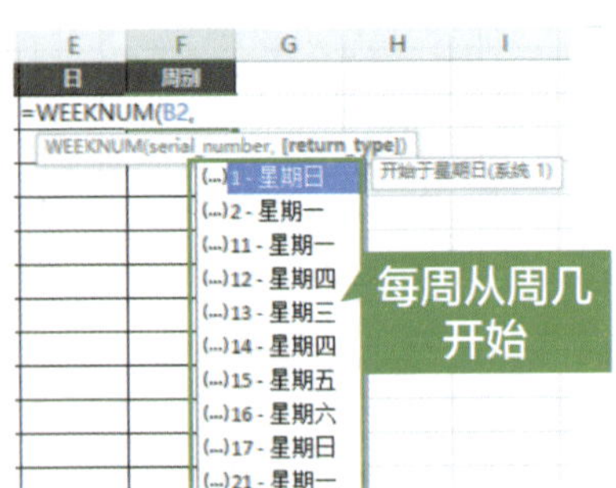

第 2 个参数 return_type 通常设置为 2，如果要使用其他的周别规则，在输入 WEEKNUM 函数的过程中，Excel 会给出具体的参考选项，根据需求选择即可。

日期和时间类的计算公式还有很多，下图列出了 12 种常用的日期和时间计算公式，不直接应用于数据统计分析，具体的使用说明请参考本书配套案例文件。

	J	K	L	M	N
1	No	日期	要求	公式	结果
2	1	2017/9/21	计算3个月之后的日期	=EDATE(K2,3)	2017/12/21
3	2	2017/9/22	计算3个月之前的日期	=EDATE(K3,-3)	2017/6/22
4	3	2017/9/23	计算本月最后一天	=EOMONTH(K3,0)	2017/9/30
5	4	2017/9/24	计算下个月最后一天	=EOMONTH(K4,1)	2017/10/31
6	5	2017/9/25	计算上个月最后一天	=EOMONTH(K5,-1)	2017/8/31
7	6	2017/9/26	计算星期几	=WEEKDAY(K7,2)	2
8	7	6:58:33	提取小时	=HOUR(K8)	6
9	8	6:58:33	提取分钟	=MINUTE(K9)	58
10	9	6:58:33	提取秒	=SECOND(K10)	33
11	10	/	计算当前的时间	=NOW()	2022/8/18 10:02
12	11	/	计算当前的日期	=TODAY()	2022/8/18
13	12	/	组合日期	=DATE(2022,2,5)	2022/2/5

5.7 函数公式的检查和校正

每个职场人在使用函数公式时，想必都会遇到一些问题：公式出现错误；明明计算没问题，但是结果总是不对等。很多新手一遇到这些问题就慌了，而有经验的人却会细心检查、耐心调整，边观察边试错，一步步求出正确答案。

函数公式该如何检查、如何校正呢？接下来通过几个案例系统地讲解。

5.7.1 常见的错误

视频案例

函数拼写错误

函数拼写错误是最低级的错误，如将 VLOOKUP 写成了 ULOOKUP，因为 Excel 中没有 ULOOKUP 函数，所以会出现“#NAME?”的错误。

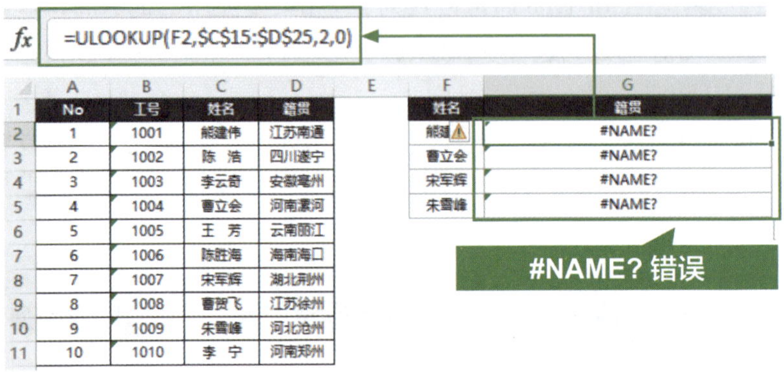

这类错误其实很好避免，记住函数名称的前几个字母就可以了。在输入函数的过程中，Excel 会给出函数提示，选择需要的函数即可。如果输入函数的过程中没有提示，大概率是函数名称写错了。

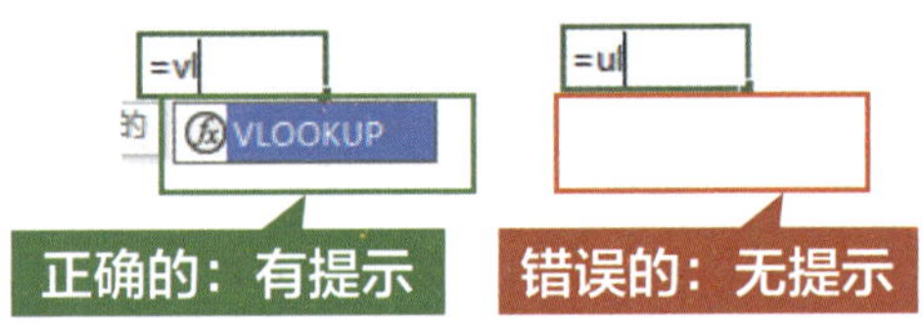

数据输入错误

函数没有问题，数据如果输入错误，也会导致计算结果不正确。

下面的表格中，要根据【F】列的姓名查找对应的籍贯，你发现数据哪里不对了吗？

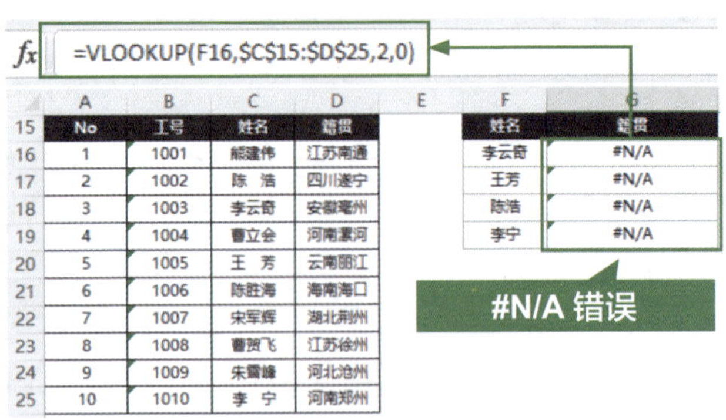

没错，【C】列的姓名中有多余的空格（选择【C】列数据，按【Ctrl+U】

快捷键给姓名添加下划线，空格会变得更加明显），无法匹配【F】列，导致【G】列出现“#N/A”错误。

解决的方法并不难，按【Ctrl+H】快捷键打开【查找和替换】对话框，查找空格，【替换为】文本框中不填写内容，表示删除空格，单击【全部替换】按钮把空格都删掉。这样【G】列的结果就全部都正确了。

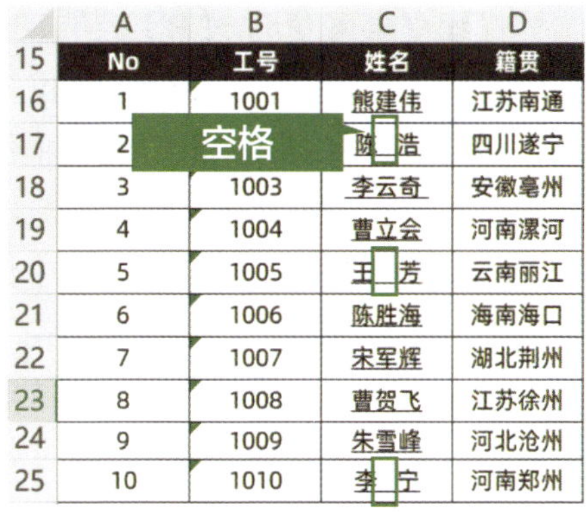

	A	B	C	D
15	No	工号	姓名	籍贯
16	1	1001	熊建伟	江苏南通
17	2		陈 浩	四川遂宁
18	3	1003	李云奇	安徽亳州
19	4	1004	曹立会	河南漯河
20	5	1005	王 芳	云南丽江
21	6	1006	陈胜海	海南海口
22	7	1007	宋军辉	湖北荆州
23	8	1008	曹贺飞	江苏徐州
24	9	1009	朱雪峰	河北沧州
25	10	1010	李 宁	河南郑州

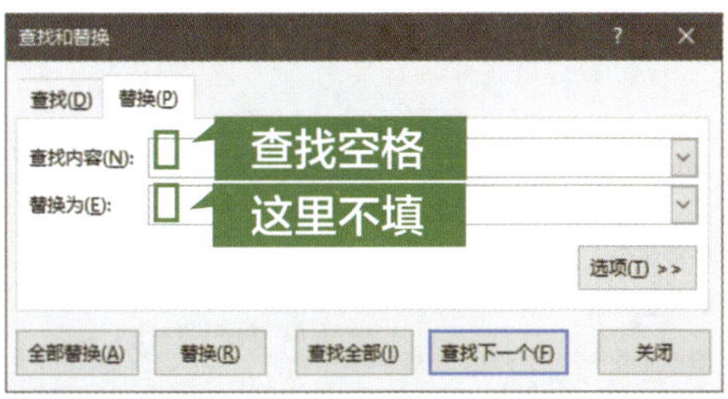

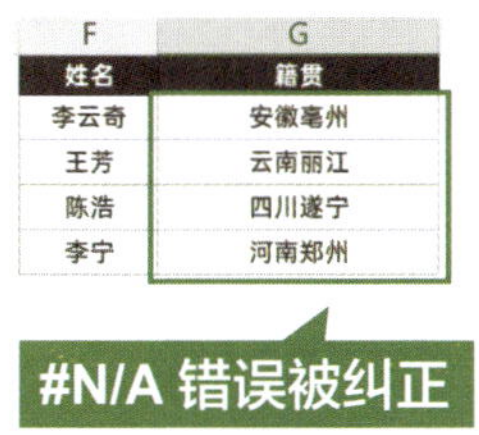

F	G
姓名	籍贯
李云奇	安徽亳州
王芳	云南丽江
陈浩	四川遂宁
李宁	河南郑州

数据格式错误

数据格式错误不太容易发现，新手很容易犯这个错误。

下面的表格中，要根据【F】列的工号查询对应的姓名。函数名称没错，工号里也没有空格，为什么公式还是出错了呢？

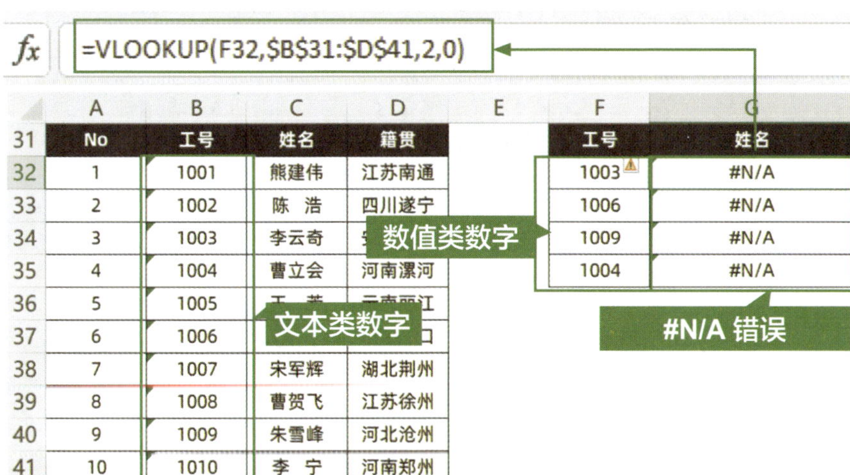

	A	B	C	D	E	F	G
31	No	工号	姓名	籍贯		工号	姓名
32	1	1001	熊建伟	江苏南通		1003	#N/A
33	2	1002	陈 浩	四川遂宁		1006	#N/A
34	3	1003	李云奇			1009	#N/A
35	4	1004	曹立会	河南漯河		1004	#N/A
36	5	1005					
37	6	1006					
38	7	1007	宋军辉	湖北荆州			
39	8	1008	曹贺飞	江苏徐州			
40	9	1009	朱雪峰	河北沧州			
41	10	1010	李 宁	河南郑州			

仔细观察可发现，【B】列的工号单元格左上角有绿色的小三角形，但是【F】列的工号单元格是没有这种小三角形的，这是一个非常重要的知识点。

- 文本类数字。如果单元格中保存的是数字，而且左上角有绿色的小三角形，那么这是一个文本类数字。
- 数值类数字。如果单元格中保存的是数字，而且左上角没有绿色的小三角形，那么这是一个数值类数字。

VLOOKUP 函数在匹配数据的时候非常严格，格式不相同的数据是不会匹配的。所以这里需要统一工号的格式。

选择【B32:B41】单元格区域，在【数据】选项卡中单击【分列】按钮，然后在打开的对话框中直接单击【完成】按钮，就可以完成文本类数字到数值类数字的转换。

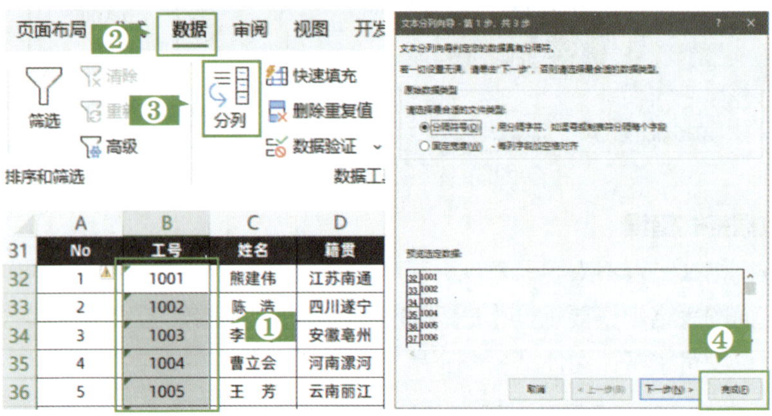

对应的 VLOOKUP 函数的计算结果就正确了。

	A	B	C	D
31	No	工号	姓名	籍贯
32	1	1001	熊建伟	江苏南通
33	2	1002	陈　浩	四川遂宁
34	3	1003	李云奇	安徽亳州
35	4	1004	曹立会	河南漯河
36	5	1005	王　芳	云南丽江
37	6	1006	陈胜海	海南海口
38	7	1007	宋军辉	湖北荆州
39	8	1008	曹贺飞	江苏徐州
40	9	1009	朱雪峰	河北沧州
41	10	1010	李　宁	河南郑州

F	G
工号	姓名
1003	李云奇
1006	陈胜海
1009	朱雪峰
1004	曹立会

#N/A 错误被纠正

还记得下面这个思考题吗？需要根据实际打卡时间，在【F20】单元格中判断员工是否迟到，当时给了两个公式，哪一个才是正确的呢？

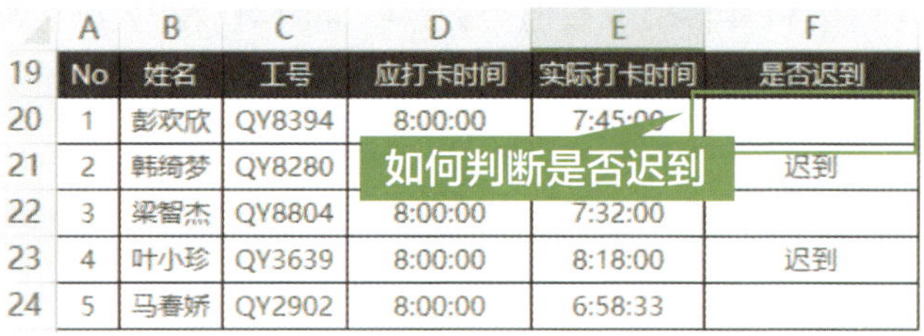

19	No	姓名	工号	应打卡时间	实际打卡时间	是否迟到
20	1	彭欢欣	QY8394	8:00:00	7:45:00	
21	2	韩绮梦	QY8280			迟到
22	3	梁智杰	QY8804	8:00:00	7:32:00	
23	4	叶小珍	QY3639	8:00:00	8:18:00	迟到
24	5	马春娇	QY2902	8:00:00	6:58:33	

- =IF(E20>"08:00"," 迟到 ","")
- =IF(E20-"08:00">0," 迟到 ","")

正确的是第 2 个公式。

第 1 个公式中，【E20】单元格中保存的是时间数据，因为时间的本质就是数字，所以【E20】中的数据可以理解成数字。但是 "08:00" 是用半角双引号引起来的，说明这是一个文本。比较数字和文本的大小，显然没有任何意义，所以公式错误。

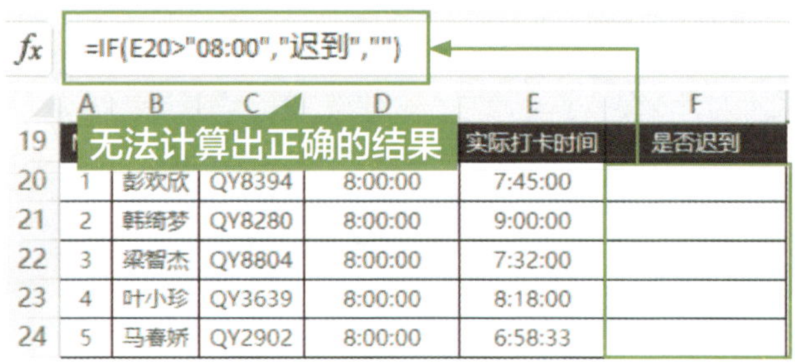

=IF(E20>"08:00","迟到","")

19	No	姓名	工号	应打卡时间	实际打卡时间	是否迟到
20	1	彭欢欣	QY8394	8:00:00	7:45:00	
21	2	韩绮梦	QY8280	8:00:00	9:00:00	
22	3	梁智杰	QY8804	8:00:00	7:32:00	
23	4	叶小珍	QY3639	8:00:00	8:18:00	
24	5	马春娇	QY2902	8:00:00	6:58:33	

第 2 个公式中，E20-"08:00" 是最关键的操作，因为文本类数字在进行加减乘除计算时，会自动转换成数值类数字，所以 E20-"08:00" 在计算的过程中会把 "08:00" 转换成数值类数字格式，从而正常地计算出结果，再判断结果是否大于 0，就可以得到正确的判断结果了。

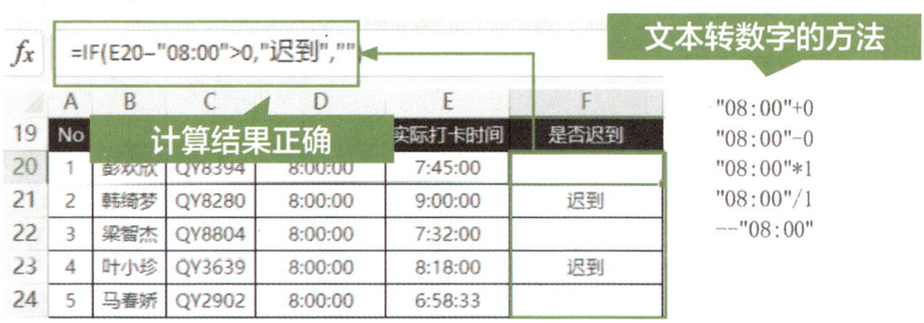

=IF(E20-"08:00">0,"迟到",""

19	No	姓名	工号	应打卡时间	实际打卡时间	是否迟到
20	1	彭欢欣	QY8394	8:00:00	7:45:00	
21	2	韩绮梦	QY8280	8:00:00	9:00:00	迟到
22	3	梁智杰	QY8804	8:00:00	7:32:00	
23	4	叶小珍	QY3639	8:00:00	8:18:00	迟到
24	5	马春娇	QY2902	8:00:00	6:58:33	

其实第 1 个公式很好纠正，把 "08:00" 改成 --"08:00"，通过两个减号对 "08:00" 做计算可以将其转换成数值类数字，同时对数值大小也没有影响。公式变成下面这样，就可以正确地计算了。

=IF(E20>--"08:00", "迟到", "")

❶（--"08:00"）

fx =IF(E20>--"08:00","迟到","")

新公式计算结果正确

	A	B	C	D	E	F
19	No				实际打卡时间	是否迟到
20	1	彭欢欣	QY8394	8:00:00	7:45:00	
21	2	韩绮梦	QY8280	8:00:00	9:00:00	迟到
22	3	梁智杰	QY8804	8:00:00	7:32:00	
23	4	叶小珍	QY3639	8:00:00	8:18:00	迟到
24	5	马春娇	QY2902	8:00:00	6:58:33	

引用区域错误

观察下面的案例，函数拼写、数据拼写、数据格式全部都没有问题，公式还是出错了，为什么？

=VLOOKUP(F49, $A$48:$C$58, 2, 0)

❶ F49　❷ $A$48:$C$58　❸ 2　❹ 0

fx =VLOOKUP(F49,$A$48:$C$58,2,0)

	A	B	C	D	E	F	G
48	No	工号	姓名	籍贯		工号	姓名
49	1	1001	熊建伟	江苏南通		1003	#N/A
50	2	1002	陈 浩	四川遂宁		1006	#N/A
51	3	1003	李云奇	安徽亳州		1009	#N/A
52	4	1004	曹立会	河南漯河		1004	#N/A
53	5	1005	王 芳	云南丽江			
54	6	1006	陈胜海	海南海口			
55	7	1007	宋军辉	湖北荆州			
56	8	1008	曹贺飞	江苏徐州			
57	9	1009	朱雪峰	河北沧州			
58	10	1010	李 宁	河南郑州			

#N/A 错误

这个问题出在 VLOOKUP 函数的使用方法上。

VLOOKUP 函数在查找数据时有一个很严格的规则，要查找的值❶必须在第 2 个参数区域的第 1 列❷。

上面的公式中，要根据工号查找姓名，所以工号应该在【$A$48:$C$58】区域的第 1 列【A】列，但工号实际在【B】列。

所以解决的方法就是修改第 2 个参数，从【B】列开始选择，并包含要返回的“姓名”列，修改后的公式如下。

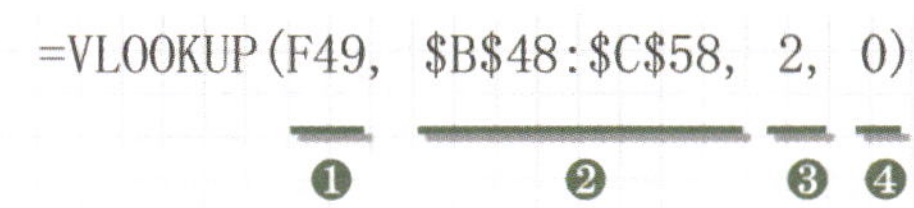

单元格格式错误

单元格格式错误的出现频率非常高。下面的案例中，公式没错，引用区域也没错，但就是计算不出结果。

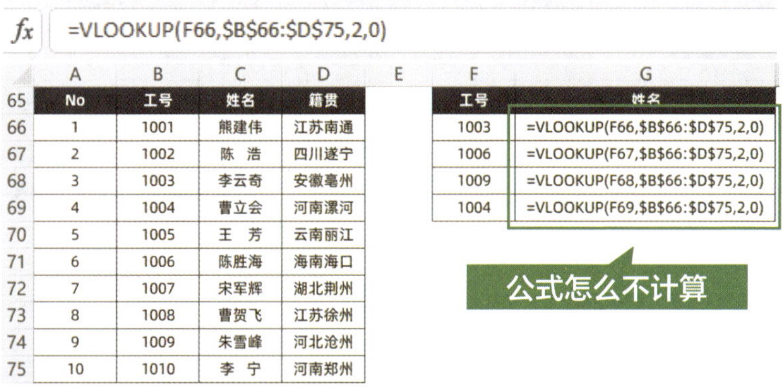

这类问题所有的函数公式都有可能遇到，其原因是单元格的格式错误。

选中【G66:G69】单元格区域，查看单元格格式，将【文本】改成【常规】，然后在【数据】选项卡中单击【分列】按钮，在打开的对话框中直接单击【完成】按钮，就可以纠正单元格格式错误。

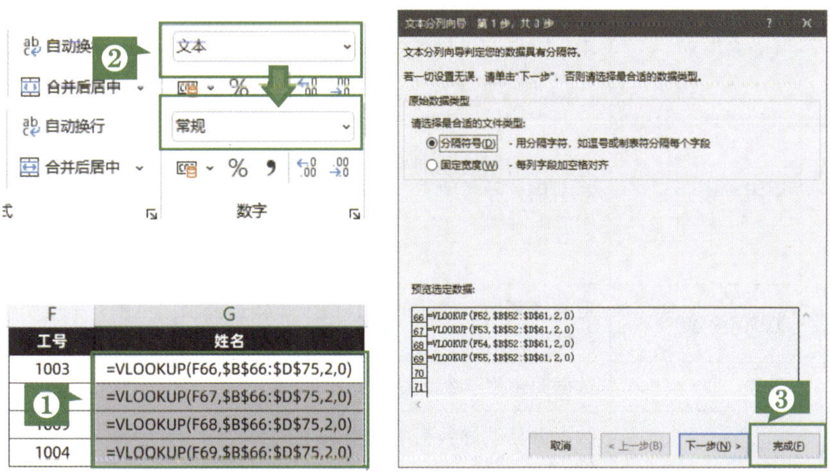

在实际使用函数公式解决问题的过程中，可能会遇到许多五花八门的错误，为了尽可能避免这些错误，可以参考下面的检查要项清单进行核对，以提高解决问题的效率。

类型	要点	说明	解决思路
数据规范	单元格格式	公式单元格为文本格式，只显示公式，不显示计算结果	分列法：批量转换为常规格式。 公式法：*1、--
	数字格式	编辑栏中实际内容不一致	统一内容和数字格式
	数据错漏	拼写错误、漏字、多字	填补空缺、替换、修改、删除
	拼写不一致	同一项内容有多种拼写方式	统一数据：筛选、替换、批量填充等
	多余空格、空行	存在多余空格和不可见符号	清除空格与空行：替换、定位、排序、填充等
	假日期、假数字	无法计算	分列法、公式法
公式书写规范	名称拼写	名称字母顺序有误，写错、多写、漏写字母	逐字符检查核对
	标点符号	多余、遗漏标点，夹杂中文标点	逐个符号、逐个参数核对
	嵌套函数	括号位置错误	按括号颜色分辨嵌套层次
参数规范	遗漏	缺必要参数，遗漏分隔符	查看函数帮助和提示进行修正
	过多	多分隔符	检查分隔符，删除多余符号
	不符合要求	不符合函数本身对参数的需求。如 SUMIF 函数中求和区域和条件区域必须大小相等	查看函数帮助和提示进行修正
数据引用规范	引用方式	要固定引用的范围采用了相对引用，导致填充公式时引用范围偏移	① 双击进入编辑状态，检查引用框位置； ② 在【公式】选项卡中单击【显示公式】按钮，查看公式的引用情况； ③ 按【F4】键切换引用方式
	范围不完整	遗漏了新增、修改的或其他数据	重新选择引用范围：拖曳引用框边角，或修改公式参数
	丢失	数据源删改导致丢失数据	同上
	偏移	数据源移动导致引用范围偏移	同上

5.7.2 排错工具和技巧

除了要掌握常见的错误及其纠正方法外，还要熟练使用 Excel 中的排错工具、功能，以便在遇到问题时，能快速解决。

【公式】选项卡中有一系列公式审核工具，使用它们可以精准地定位问题。

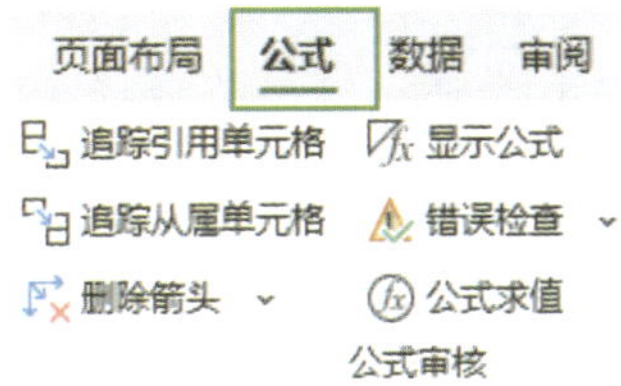

追踪工具

利用追踪工具，可以检查当前单元格中公式所引用数据的来源和去向。

下面的表格中，选中【H4】单元格后，单击【追踪引用单元格】按钮，就能直观地看到该单元格中的公式引用了哪些数据和区域，其中的蓝色箭头指明了数据的流向。

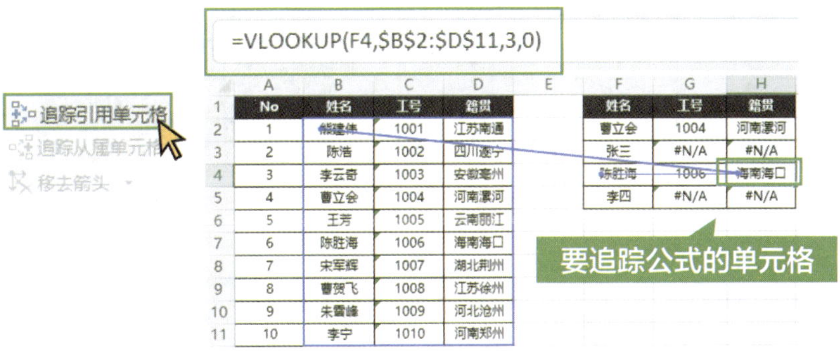

单击【追踪从属单元格】按钮，可以查看当前单元格被哪些单元格引用。下面的表格中，选中【B3】单元格，单击【追踪从属单元格】按钮，可以看到右边有 8 个单元格引用了【B3】单元格。

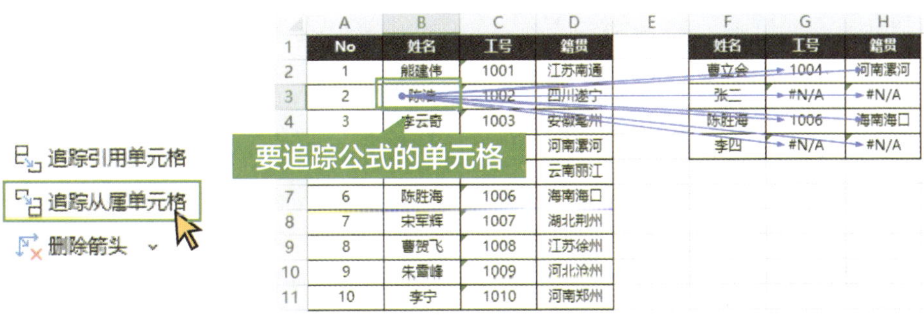

检查完毕，可以单击【删除箭头】按钮清除所有箭头。

显示公式工具

显示公式工具与追踪工具有异曲同工之妙。显示公式模式下，不仅可以在表格中看到全部公式的“真身”，还可以通过选中一个带公式的单元格，以彩色引用框形式显示该公式所引用的数据和区域。此工具适合批量排查引用范围。

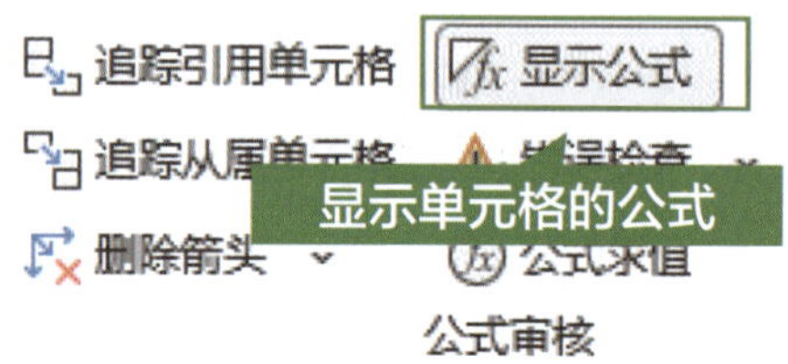

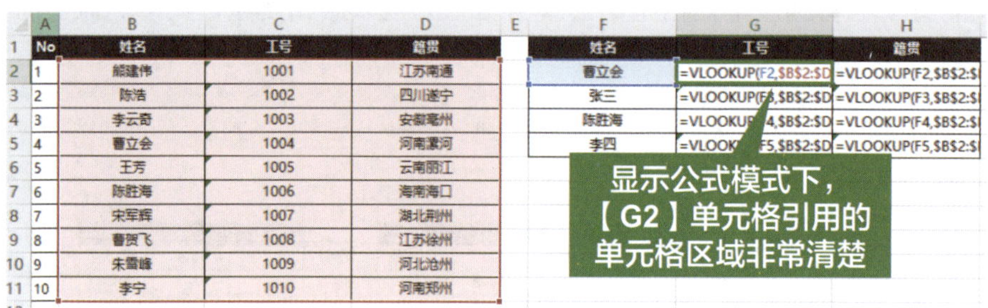

分解步骤，查看计算过程

在【公式求值】对话框中，可以逐步查看计算过程，发现错误的具体位置，从而更加明确错误来自哪里，更快地解决问题。

如在 5.4.3 小节“如何用公式提取商品描述中的数据”的案例中，【C2】单元格中的公式比较长，不太容易理解。

```
=RIGHT(A2,LEN(A2)-FIND(" ",A2))
```

可以选中【C2】单元格，在【公式】选项卡中单击【公式求值】按钮，然后在打开的对话框中不断单击【求值】按钮，就可以查看这个公式的计算过程。

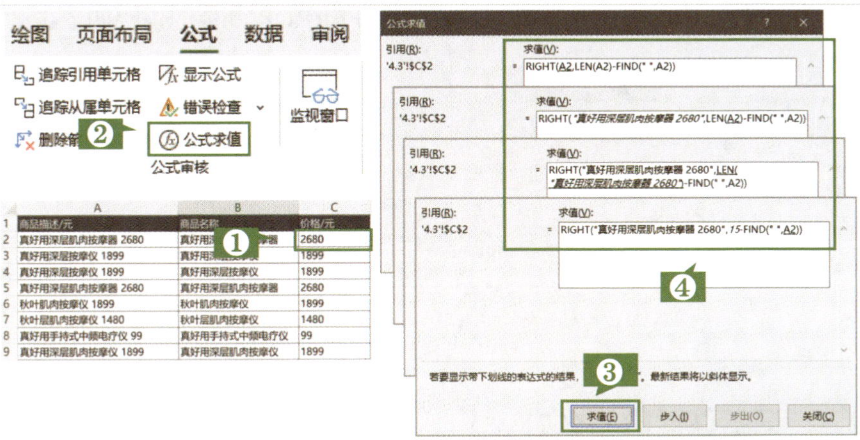

公式如何屏蔽错误

有时虽然公式本身没有错误，但是计算逻辑可能会导致结果出错。例如，下面的表格中，要根据【F】列的姓名查找对应的工号，但是【B】列数据中没有张三和李四这两个人，所以出现了“#N/A”的错误。

	A	B	C	D	E	F	G	H
1	No	姓名	工号	籍贯		姓名	工号	籍贯
2	1	熊建伟	1001	江苏南通		曹立会	1004	河南漯河
3	2	陈浩	1002	四川遂宁		张三	#N/A	#N/A
4	3	李云奇	1003	安徽亳州		陈胜海	1006	海南海口
5	4	曹立会	1004	河南漯河		李四	#N/A	#N/A
6	5	王芳	1005	云南丽江				
7	6	陈胜海	1006	海南海口				
8	7	宋军辉	1007	湖北荆州				
9	8	曹贺飞	1008	江苏徐州				
10	9	朱雪峰	1009	河北沧州				
11	10	李宁	1010	河南郑州				

#N/A 错误

这种错误是正常的，如果不想显示这类错误，可以使用IFERROR函数屏蔽它们，直接将该函数嵌套在原来的公式外面。所以【G2】单元格中修改后的公式如下。

```
=IFERROR(VLOOKUP(F2,$B:$D,2,0),  "")
```

❶ VLOOKUP(F2,$B:$D,2,0)　❷ ""

如果VLOOKUP函数❶的计算结果出现了错误，IFERROR函数就会把结果显示成参数 2 中的文本，此处是空白❷。IFERROR 函数的说明如下。

5.7.3 记不住函数怎么办

即使是常年和表格打交道的职场人，也未必能准确记得所有常用函数及其语法和参数，他们记住的都是和自己工作息息相关的那些使用频率很高的函数。

对于函数，实践得多了，用得多了，你自然就记住了。你可能会遇到的问题有：

- 用到某一个函数时，不知道参数该怎么设置；
- 写公式时不知道用哪个或哪些函数。

Excel 提供了几个贴心的小功能，可以减轻你的记忆负担。

浮动提示框

输入函数时，按【Tab】键可以自动补齐函数名称，而且在添加参数的过程中，浮动提示框上会加粗显示当前正在输入的参数。单击某个参数名称，可以直接选中该参数的所有内容。

有多个选项的参数，将鼠标指针在选项上悬停几秒会显示简要的说明，双击即可选择该选项作为参数，根本不用担心记不住。

直达函数的帮助文件

在输入函数的过程中，若一时半会儿想不起来某个函数的具体功能和参数要求，可以直接在浮动提示框上单击函数名称，直达该函数的帮助文件，查看相关说明。

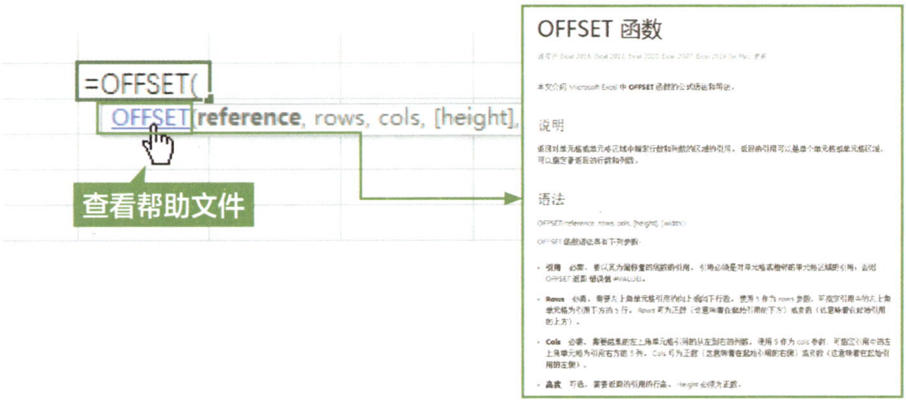

利用关键词搜索相关函数

单击编辑栏中的【插入函数】按钮 f_x，在打开的对话框中根据关键词搜索相关的函数，选择一个函数，就能在底下看到该函数的大概功能，便于筛选函数。

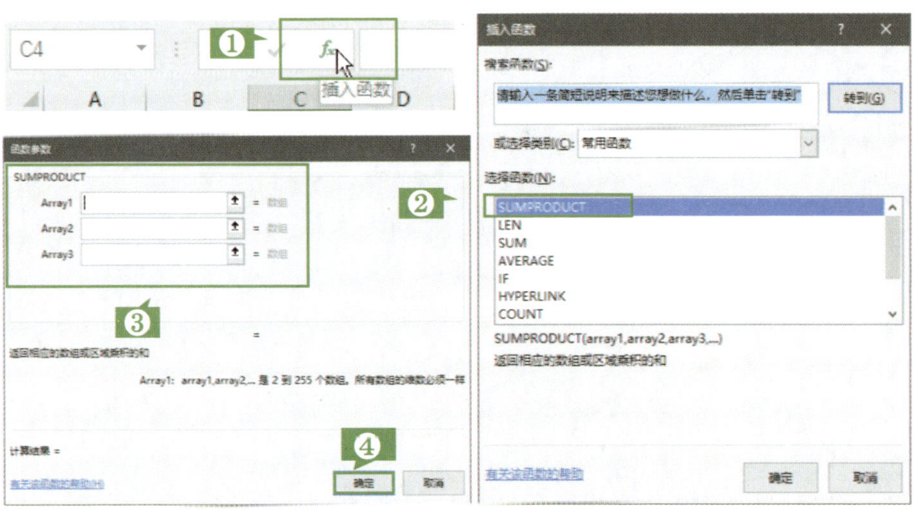

这个方法的优点是非常全面，所有函数都能在这里查到。缺点是函数说明比较简短，不太容易理解。

尤其是像 VLOOKUP 这种复杂的函数，每个参数是什么类型，有没有什么注意事项，都没有做详细的说明。

所以，我们专门给大家做了一个“Excel 常用函数说明”，包括常用的 40 多个函数，在本书的配套资源中可以找到。

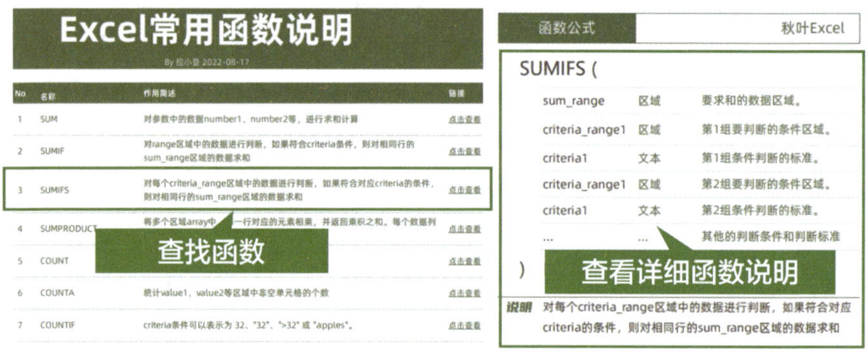

该说明对每个函数的功能、参数的类型、返回值的类型等，都用通俗易懂的语言做了详细的说明。对函数了解得越详细，使用的时候就会越顺手。

通过不断的练习、实践，以及总结每个函数的底层逻辑，慢慢学会梳理思路，学会使用组合函数解决复杂的问题，你的办公效率会逐渐提高。

6

数据分析必会功能：数据透视表

上一章已经通过函数公式演示了常见的数据统计分析，如数据分类、条件计数与求和、数据核对与查询等。但是在实践过程中，你可能会发现函数公式有以下几个难点。

- 难度大。函数多，规则多，学习起来难度较大。
- 易出错。引用区域、格式、符号等，一不小心都可能出错。
- 不好记。从规则到如何避免出错，需要记住的知识点非常多，而且不好记。

另外，在实际工作中，工作需求可能会频繁变化，领导上午提出一种分析需求，下午可能会换成其他需求，这样你上午做的工作可能就白费了；制作日报、周报、月报等统计分析报表时，每次都要重新统计数据，如果和 PPT 报告格式不同，还得进行大量的复制粘贴操作，非常费时。

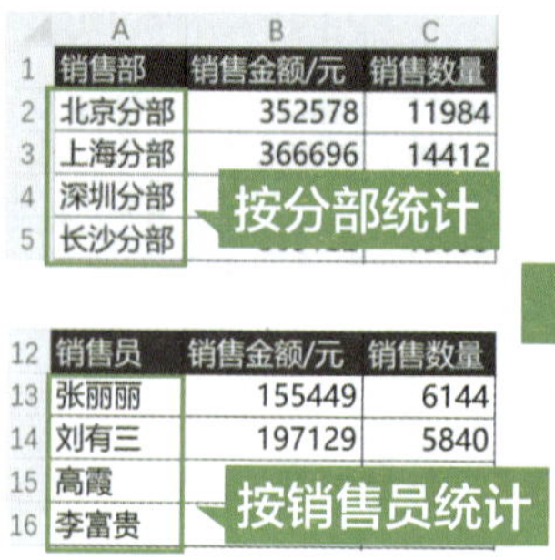

上午按分部统计，下午就按人员统计了

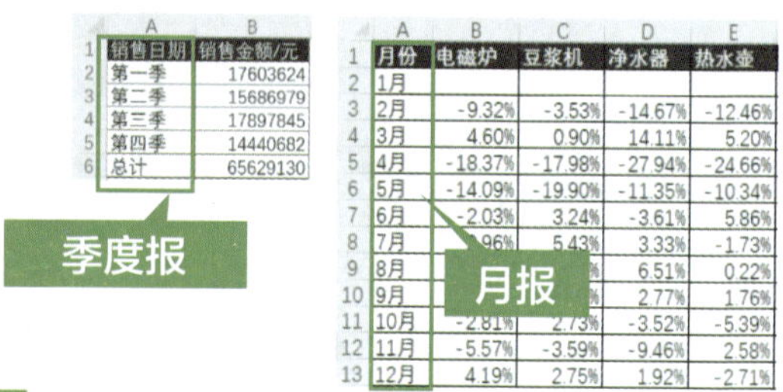

做完季度报，又做月报

如果有一个功能，既拥有和函数公式一样强大的计算能力，学习和使用起来又非常轻松，那该多好啊！

惊喜的是，Excel 中真的有这样一个神奇的功能，新手也能轻松学会，快速完成数据的统计分析，这个功能就是数据透视表。

数据透视表是一个可视化的统计工具，只需要通过鼠标操作就可以实现数据的高效统计分析。接下来全面地介绍这个强大的数据分析功能。

6.1 数据透视表基础

通过上一章可以知道分类是数据分析的基本操作，根据分类做好数据统计，然后再进行对比和分析。

在 Excel 中，添加数据透视表后，拖曳数据字段就可以完成分类，设置一下【值汇总依据】就可以实现求和、求平均数、求百分比、分段或分组统计等统计与计算。这些简单易用的功能，让多维度的数据汇总分析像搭积木一样简单、轻松。

视频案例

6.1.1 如何统计每个分部的销售总额与总销量

下面以一个有 200 多行记录的销售明细表为例，讲解数据透视表的基础操作，然后详细介绍每一类统计分析方法如何用数据透视表来完成。

下面是销售明细表，需要统计每个分部的销售总额和总销量。

编号	销售部	销售员	销售时间	商品	单价/元	销售数量	销售金额/元
1	北京分部	张丽丽	2017/8/1	单片夹	48.00	75	3,600.00
2	北京分部	刘有三	2017/8/1	纽扣袋|拉链袋	17.00	147	2,499.00
3	长沙分部	高霞	2017/8/2	信封	30.00	248	7,440.00
4	上海分部	李富贵	2017/8/6	信封	30.00	213	6,390.00
5	北京分部	刘有三	2017/8/6	报刊架	45.00	241	10,845.00
6	长沙分部	高霞	2017/8/10	报刊架	45.00	262	11,790.00
7	深圳分部	王鹏宇	2017/8/14	铅笔	32.00	245	7,840.00
8	上海分部	李辉	2017/8/19	文件柜	11.00	207	2,277.00
9	上海分部	李富贵	2017/8/23	标价机	14.00	199	2,786.00
10	深圳分部	王鹏宇	2017/8/23	铅笔	32.00	255	8,160.00
11	北京分部	张丽丽	2017/8/24	绿板	21.00	167	3,507.00
12	北京分部	刘有三	2017/8/28	数据流带	41.00	108	4,428.00
13	深圳分部	王鹏宇	2017/9/2	白板	29.00	138	4,002.00
14	北京分部	刘有三	2017/9/3	双面胶	6.00	71	426.00

如何统计每个分部的销售总额与总销量

分类数据

按照【销售部】列进行分类。

这在数据透视表中实现起来是非常简单的。

销售部	销售金额/元
北京分部	
上海分部	
深圳分部	
长沙分部	

【销售部】列

选择销售明细表中的任意单元格，如【A1】单元格，然后在【插入】选项卡中单击【数据透视表】按钮，打开创建数据透视表的对话框，Excel 会自动识别当前数据区域作为数据源，直接单击【确定】按钮，Excel 会自动新建一个空白的数据透视表。

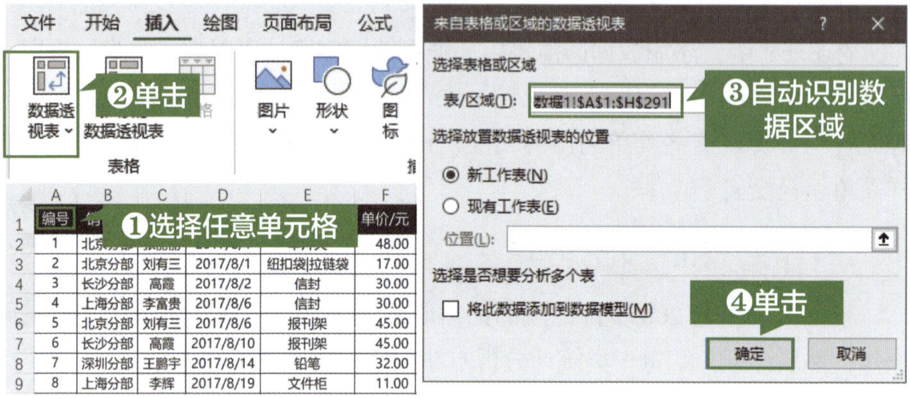

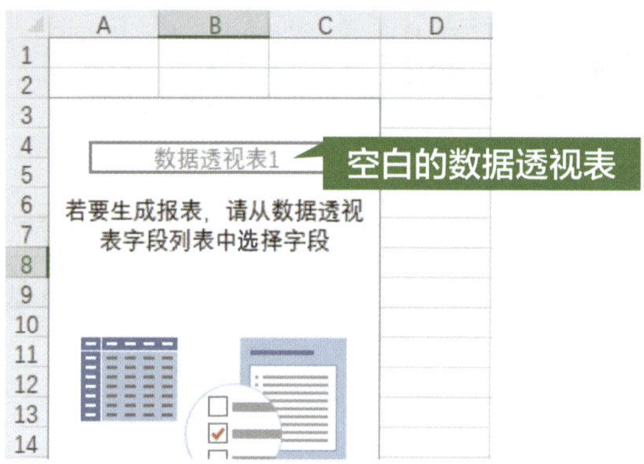

选择空白数据透视表中的任意单元格，右边会显示【数据透视表字段】面板，Excel 会自动识别销售明细表中的表头数据，并将其作为数据透视表的字段列表。

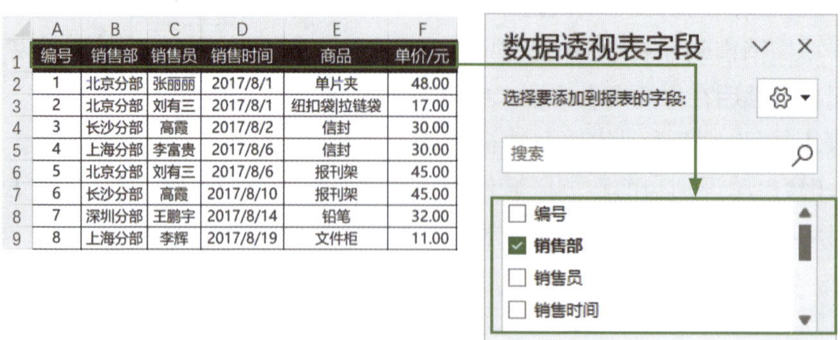

只需要把【销售部】字段拖曳到下方的【行】区域中，就可以把所有的部门快速列出来，完成数据的分类。

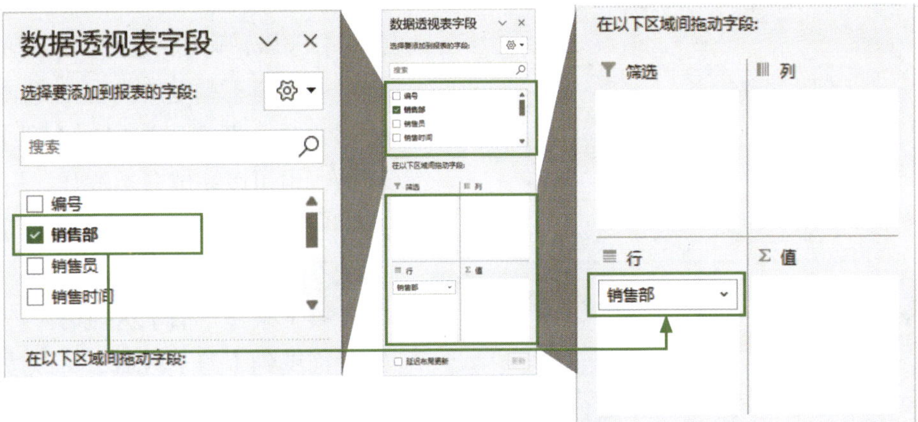

统计数据

数据的统计也非常简单。把要统计的【销售金额/元】字段拖曳到【值】区域中，就可以完成每个部门的销售总额的统计。

用相同的方法把【销售数量】字段拖曳到【值】区域中，就可以完成总销量的统计。

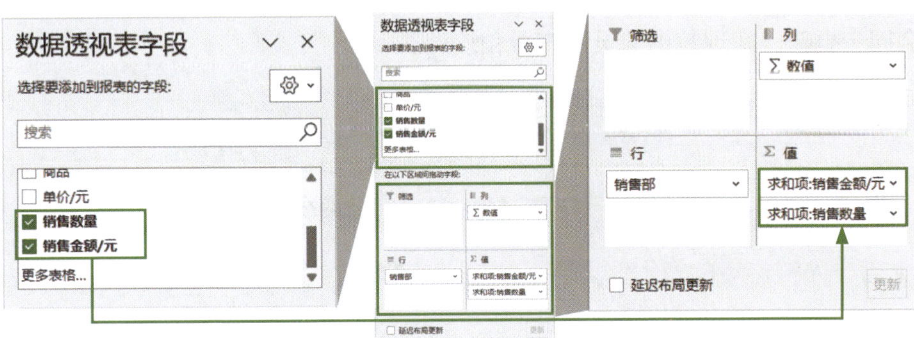

怎么样，是不是非常简单？

只要了解了数据透视表的【数据透视表字段】面板中每个区域的功能，就可以快速上手，完成各种数据统计。

首先是字段列表❶。从原始数据表头中识别出来的字段名称的列表就是

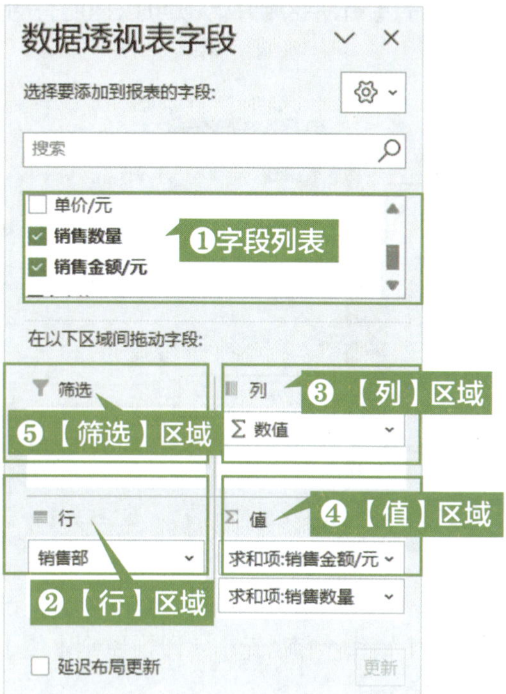

字段列表。

然后是【行】区域❷和【列】区域❸。把字段拖曳到【行】区域，可以快速提取当前字段中所有不重复的内容，完成分类操作。把字段拖曳到【列】区域，也可以完成分类操作，只是字段内容排列的方向与【行】区域不同。

接下来是【值】区域❹。把字段拖曳到【值】区域，可以按照【行】【列】区域中字段的分类统计数据。如果字段数据是文本类型，则统计数量；如果字段数据是数字类型，则求和。当然，具体的统计方式是可以进行修改的，后面会详细介绍。

最后是【筛选】区域❺。此区域用于在数据透视表顶部增加筛选选项，单击筛选按钮▾，可以根据需求筛选数据，此时数据透视表统计的结果也会同步更新，实现数据的灵活查看和统计。

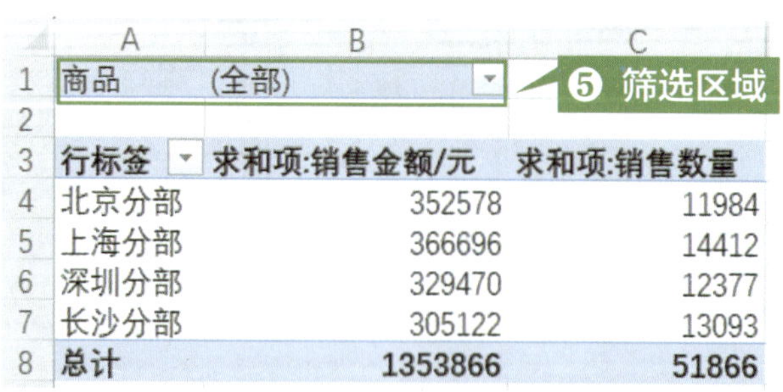

	A	B	C
1	商品	(全部)	
2			
3	行标签	求和项:销售金额/元	求和项:销售数量
4	北京分部	352578	11984
5	上海分部	366696	14412
6	深圳分部	329470	12377
7	长沙分部	305122	13093
8	**总计**	**1353866**	**51866**

6.1.2 如何按照分部统计不同销售员的销量与销售额

视频案例

在数据分析过程中，可能会遇到分类非常多的情况，甚至不同分类之间存在层级、交叉的关系。

例如，在下面的销售明细表中，要分别按照“销售部”“销售员”分类，统计对应的销量和销售额，可以用数据透视表实现吗？

编号	销售部	销售员	销售时间	商品	单价/元	销售数量	销售金额/元
1	北京分部	张丽丽	2017/8/1	单片夹	48.00	75	3,600.00
2	北京分部	刘有三	2017/8/1	纽扣袋拉链袋	17.00	147	2,499.00
3	长沙分部	高霞	2017/8/2	信封	30.00	248	7,440.00
4	上海分部	李富贵	2017/8/6	信封	30.00	213	6,390.00
5	北京分部	刘有三	2017/8/6	报刊架	45.00	241	10,845.00
6	长沙分部	高霞	2017/8/10	报刊架	45.00	262	11,790.00
7	深圳分部	王鹏宇	2017/8/14	铅笔	32.00	245	7,840.00
8	上海分部	李辉	2017/8/19	文件柜	11.00	207	2,277.00
9	上海分部	李富贵	2017/8/23	标价[illegible]	14.00	199	2,786.00

	北京分部		上海分部		深圳分部		长沙分部	
销售员	销售数量	销售金额/元	销售数量	销售金额/元	销售数量	销售金额/元	销售数量	销售金额/元
邓强							5083	135386
高霞							8010	169736
高晓丽								
李富贵			7544					
李辉			6868					
刘有三	5840	197129						
王鹏宇					7053	188481		
张丽丽	6144	155449						

如何按照分部统计不同销售员的销量与销售额？

当然是可以的。

在插入数据透视表之前，可以先对照着【数据透视表字段】面板梳理一下字段的放置位置。

列标签

	北京分部		上海分部		深圳分部		长沙分部	
销售员	销售数量	销售金额/元	销售数量	销售金额/元	销售数量	销售金额/元	销售数量	销售金额/元
邓强							5083	135386
高霞							8010	169736
高晓丽					5324	140989		
李富贵			7544	192986				
李辉			6868	173710				
刘有三	5840	197129						
王鹏宇					7053	188481		
张丽丽	6144	155449						

行标签

值区域

- 销售员的姓名分布在不同的行，所以【销售员】字段应放在【行】区域。
- 销售部的名称分布在不同的列，所以【销售部】字段应放在【列】区域。

• 销售数量、销售金额在统计过程中进行了求和计算，所以它们应该放在【值】区域。

梳理完字段的放置位置之后，就可以动手插入数据透视表了。

选择销售明细表中的任意单元格，在【插入】选项卡中单击【数据透视表】按钮，在打开的对话框中单击【确定】按钮，新建一个数据透视表。

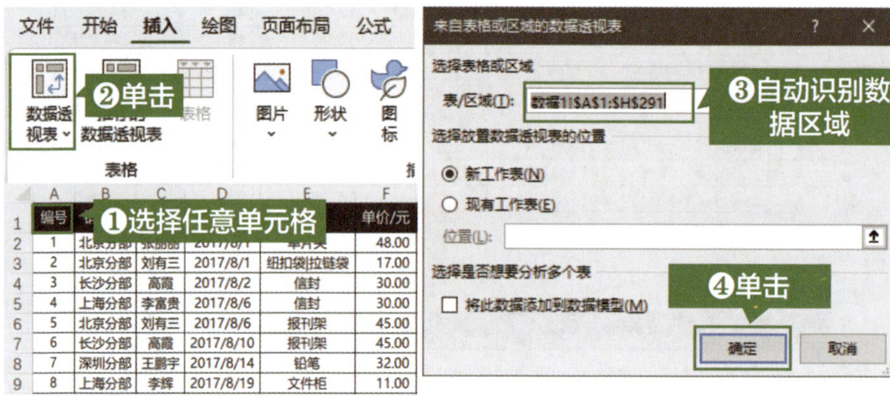

根据刚才梳理的字段的放置位置，把字段拖曳到对应的区域。

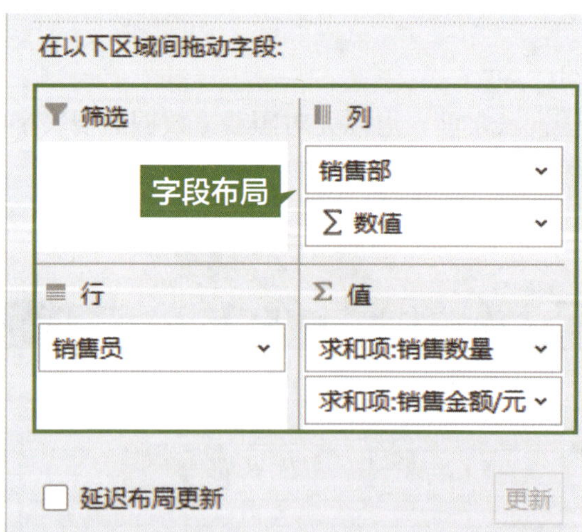

数据透视表就自动地完成了数据的统计，效果如下。

行标签	列标签 北京分部 求和项:销售数量	求和项:销售金额/元	上海分部 求和项:销售数量	求和项:销售金额/元
邓强				
高霞				
高晓丽				
李富贵			7544	192986
李辉			6868	173710
刘有三	5840	197129		
王鹏宇				
张丽丽	6144	155449		
总计	11984	352578	14412	366696

最后选择所有的数据，给单元格加上边框，统计就完成了。

行标签	列标签 北京分部 求和项:销售数量	求和项:销售金额/元	上海分部 求和项:销售数量	求和项:销售金额/元
邓强				
高霞				
高晓丽				
李富贵			7544	192986
李辉			6868	173710
刘有三	5840	197129		
王鹏宇				
张丽丽	6144	155449		
总计	11984	352578	14412	366696

用数据透视表统计数据非常简单、高效，试错的成本也非常低，所以在学习过程中可以多尝试，把字段拖曳到不同区域，查看不同的效果。

例如，把【销售员】【销售部】字段都放在【行】区域，可以看到数据透视表中出现了层级的布局效果。单击分部左侧的【减号】按钮⊟，还可以折叠或展开分部数据。

行标签	求和项:销售数量	求和项:销售金额/元
⊟北京分部	11984	352578
刘有三	5840	197129
张丽丽	6144	155449
⊟上海分部	14412	366696
李富贵	7544	192986
李辉	6868	173710
⊟深圳分部	12377	329470
高晓丽	5324	140989
王鹏宇	7053	188481
⊟长沙分部	13093	305122
邓强	5083	135386
高霞	8010	169736
总计	51866	1353866

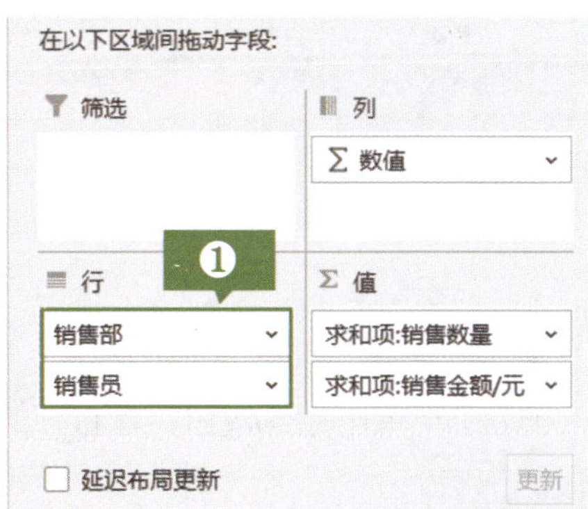

把【销售员】字段放在【行】区域，把【销售部】字段放在【筛选】区域，然后按照分部进行筛选，就可以查看不同分部、不同销售员的销售数据，非常灵活。

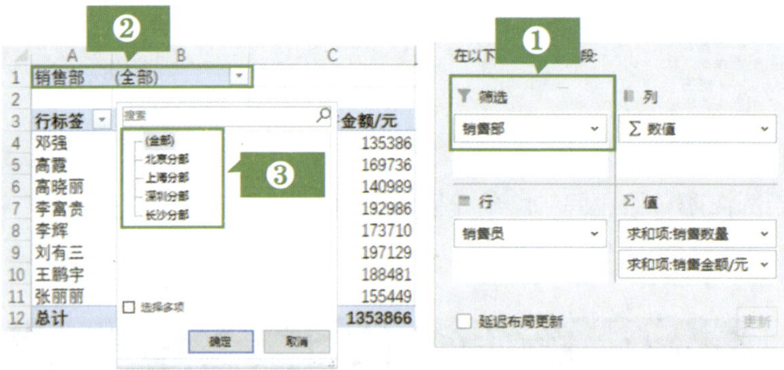

考虑到新手可能会遇到各种问题，下面总结了一些使用数据透视表时的常见问题及其解决方法，帮助新手少走弯路。

数据透视表创建好之后，如何删除不想要的字段？

将字段名称拖出原来的区域，或在字段列表区域中取消勾选该字段，就能将字段从数据透视表中删除。

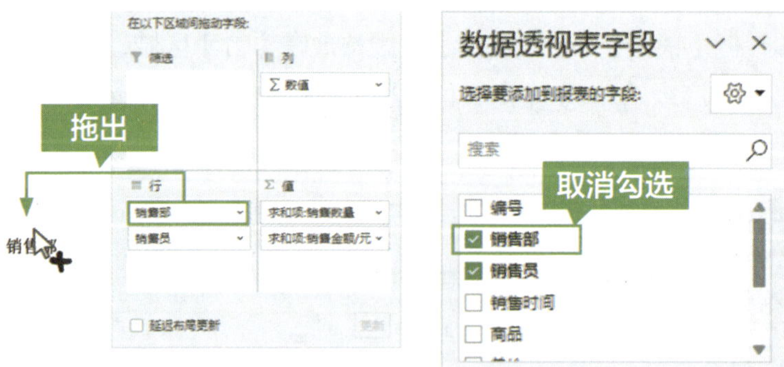

字段列表区域太小，字段显示不全，操作不方便怎么办？

方法 1：单击⚙ ▾按钮，在打开的下拉列表中选择合适的布局，以便选用字段。

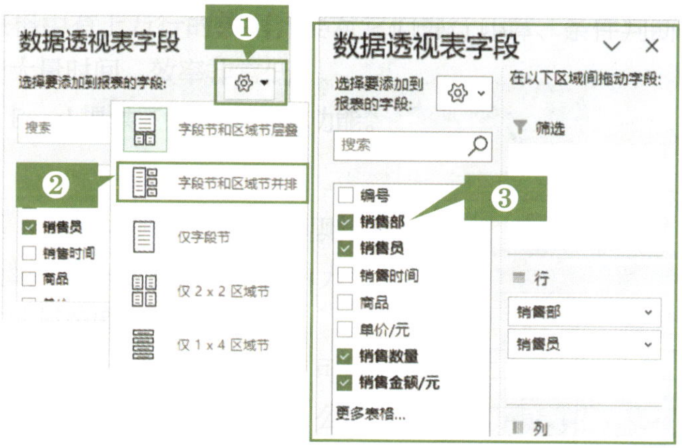

方法 2：可以拖曳字段列表区域的边线，调整区域大小。

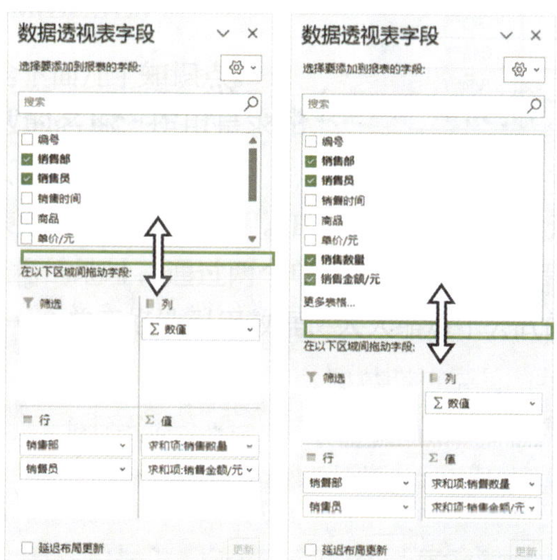

选择数据透视表中的单元格，为什么右侧没有显示【数据透视表字段】面板?

先确认选择了数据透视表中的单元格，然后在【数据透视表分析】选项卡中单击【字段列表】按钮，就能打开【数据透视表字段】面板。

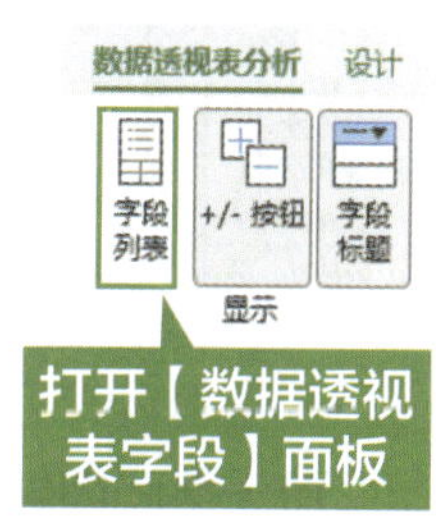

如何在现有工作表中创建数据透视表?

在创建数据透视表的对话框中，选择【现有工作表】

单选项，然后选择一个空白单元格作为插入点即可。

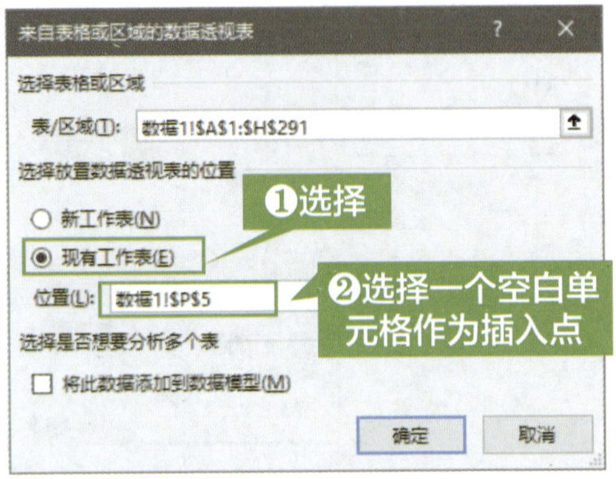

6.2 分组统计，实现多维度数据分析

把字段拖曳到数据透视表的【行】或【列】区域，就可以实现数据的分类，然后进一步做分类统计。

但是有一些数据只是列出字段的内容，不能算作分类，因为字段内容太多了，最具代表性的就是日期数据。

例如下面的表格是一份销售明细表，把【销售日期】拖曳到【行】区域，得到的行标签内容特别多，无法快速得出分析结论。

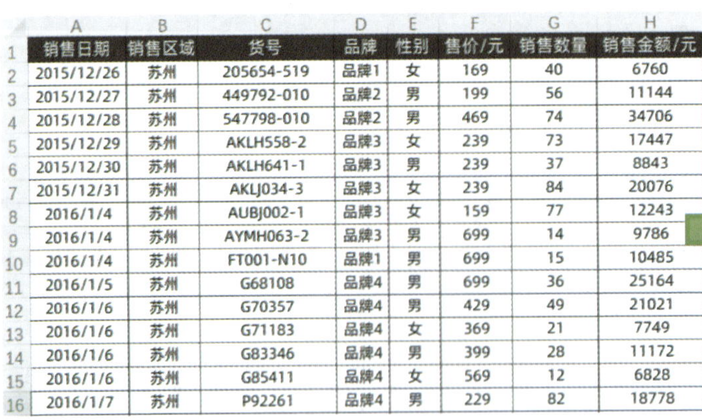

销售日期	销售区域	货号	品牌	性别	售价/元	销售数量	销售金额/元
2015/12/26	苏州	205654-519	品牌1	女	169	40	6760
2015/12/27	苏州	449792-010	品牌2	男	199	56	11144
2015/12/28	苏州	547798-010	品牌2	男	469	74	34706
2015/12/29	苏州	AKLH558-2	品牌3	女	239	73	17447
2015/12/30	苏州	AKLH641-1	品牌3	男	239	37	8843
2015/12/31	苏州	AKLJ034-3	品牌3	女	239	84	20076
2016/1/4	苏州	AUBJ002-1	品牌3	女	159	77	12243
2016/1/4	苏州	AYMH063-2	品牌3	男	699	14	9786
2016/1/4	苏州	FT001-N10	品牌1	男	699	15	10485
2016/1/5	苏州	G68108	品牌4	男	699	36	25164
2016/1/6	苏州	G70357	品牌4	男	429	49	21021
2016/1/6	苏州	G71183	品牌4	女	369	21	7749
2016/1/6	苏州	G83346	品牌4	男	399	28	11172
2016/1/6	苏州	G85411	品牌4	女	569	12	6828
2016/1/7	苏州	P92261	品牌4	男	229	82	18778

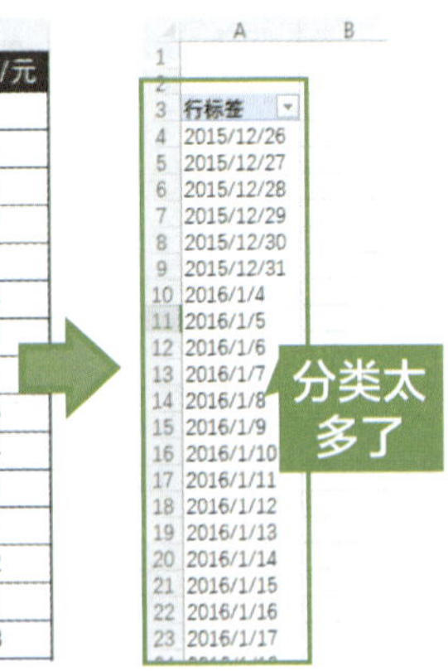

工作中，常常需要对日期进行分组统计，以制作相应的报表，如按年、季度、月来制作年报、季度报、月报。HR 可能需要按年龄段统计公司人员的年龄构成，老师常常需要按分数段统计学生人数等。

好在这些需求对数据透视表来说，实现起来并不困难。

6.2.1 如何按照季度统计销售金额

以上面的销售明细表为例，如果要统计每个季度的销售金额，应该如何实现呢？

	A	B	C	D	E	F	G	H
1	销售日期	销售区域	货号	品牌	性别	售价/元	销售数量	销售金额/元
2	2015/12/26	苏州	205654-519	品牌1	女	169	40	6760
3	2015/12/27	苏州	449792-010	品牌2	男	199	56	11144
4	2015/12/28	苏州	547798-010	品牌2	男	469	74	34706
5	2015/12/29	苏州	AKLH558-2	品牌3	女	239	73	17447
6	2015/12/30	苏州	AKLH641-1	品牌3	男	239	37	8843
7	2015/12/31	苏州	AKLJ034-3	品牌3	女	239	84	20076
8	2016/1/4	苏州	AUBJ002-1	品牌3	女	159	77	12243
9	2016/1/4	苏州	AYMH063-2	品牌3	男	699	14	9786
10	2016/1/4	苏州	FT001-N10	品牌1	男	699	15	10485
11	2016/1/5	苏州	G68108	品牌4	男	699	36	25164
12	2016/1/6	苏州	G70357	品牌4	男	429	49	21021
13	2016/1/6	苏州	G71183	品牌4	女	369	21	7749
14	2016/1/6	苏州	G83346	品牌4	男	399	28	11172
15	2016/1/6	苏州	G85411	品牌4	女	569	12	6828
16	2016/1/7	苏州	P92261	品牌4	男	229	82	18778

	A	B
1	销售日期	销售金额/元
2	第一季	17603624
3	第二季	15686979
4	第三季	17897845
5	第四季	14440682
6	总计	65629130

插入数据透视表之后，把【销售日期】字段拖曳到【行】区域，再把【销售金额 / 元】字段拖曳到【值】区域，完成统计。

注意看，此时行标签中显示的并不是销售日期，而是把日期自动按照年、月、日进行了分组。单击年份旁边的【加号】按钮 ⊞ 就可以展开分组，查看月份信息。

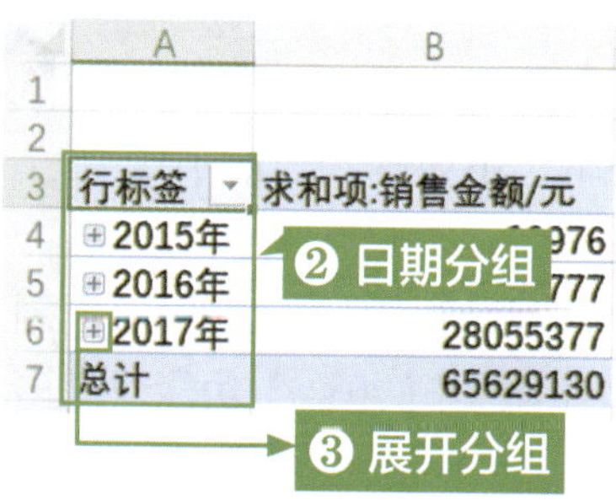

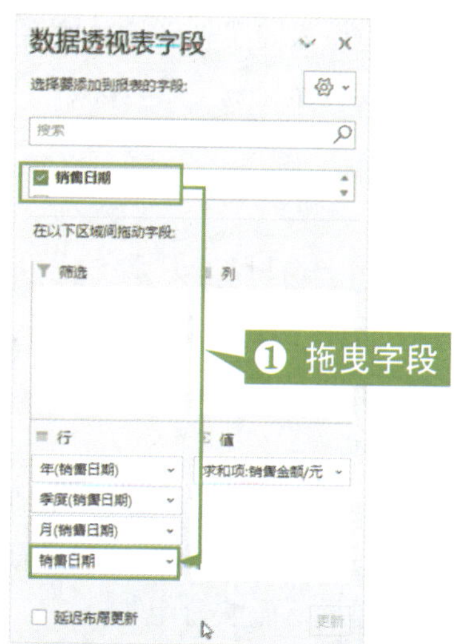

只要使用 2013 以上版本的 Excel，就可以实现这一效果，因为在数据透视表中，只要日期、时间列中的数据是系统标准格式，在将标准日期拖入分类字段区域时，就会立即自动分组。

如果日期分组的结果不符合需求，则可以在行标签的日期上右击，在快捷菜单中选择【组合】选项，在打开的对话框中选择需要的分组，在这个案例中，选择【季度】选项后单击【确定】按钮。

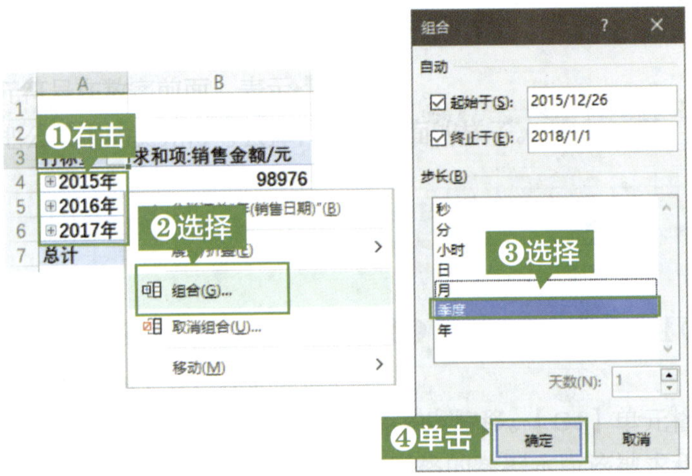

重新设置分组后，就自动完成了按季度统计销售金额，这个功能简直太棒了！能让我们轻松地完成统计。

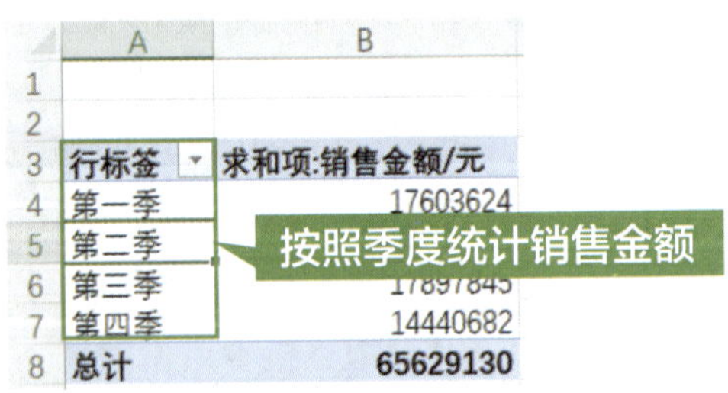

6.2.2 为什么无法对日期分组

学会了组合功能，实现了日期的自动分类统计后，你可能会迫不及待地去整改一下月报。提醒一下，不要踩到日期不规范的坑。

例如，下面的销售明细表包含了订单的创建时间，现在要根据创建时间按季度统计订单数量。但是在数据透视表中使用【组合】功能时却出现了问题，提示“无法分组”。

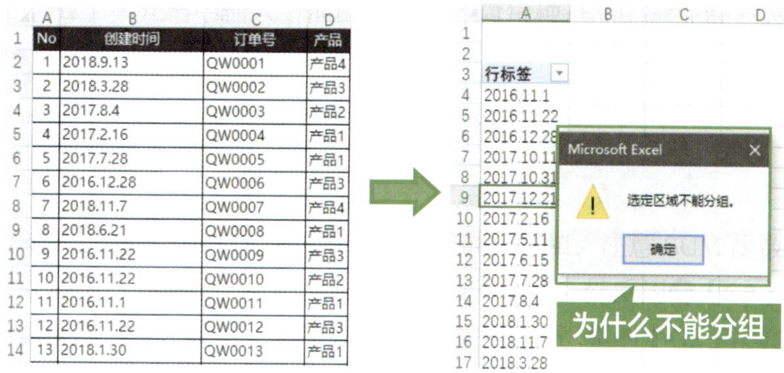

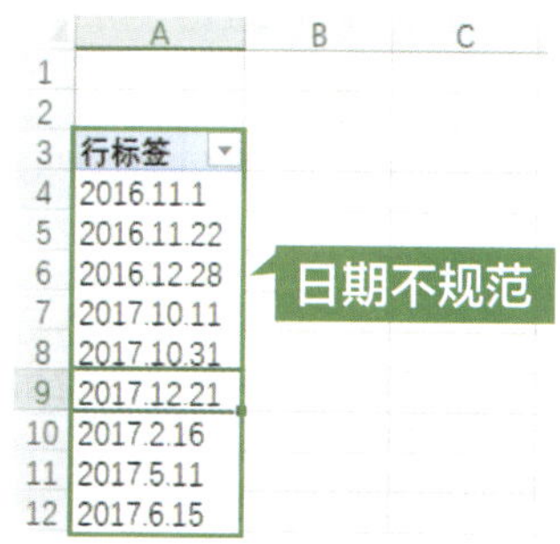

这是典型的日期不规范导致的错误，规范的日期格式应该是“2018-09-13”或者“2018/9/13”。【创建时间】列中的日期“2018.9.13”其实是文本，而【组合】功能是无法应用在文本数据上的，所以出现了错误。

解决的方法很简单。选择【B】列中的所有数据，在【数据】选项卡中单击【分列】按钮，在打开的对话框中一直单击【下一步】按钮，停留在第3步的对话框中，将【列数据格式】中的【日期】设置为【YMD】格式，单击【完成】按钮，就可以把文本类型的日期转换成规范的日期格式。

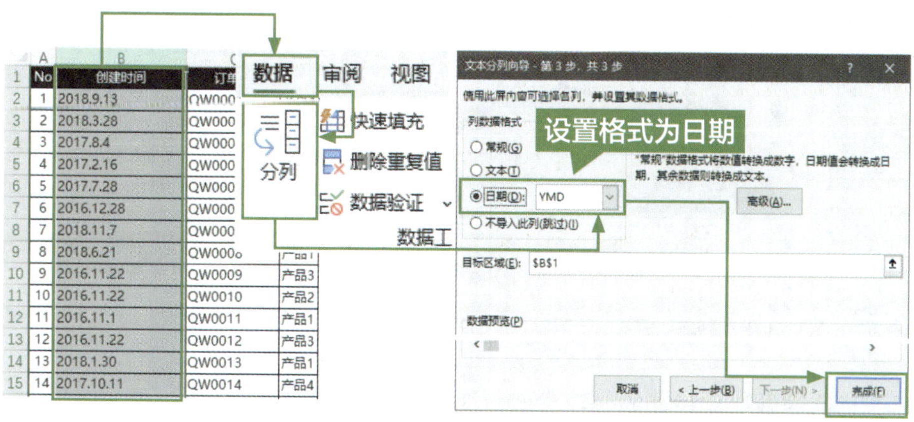

日期格式转换完成后，在数据透视表上右击，在快捷菜单中选择【刷新】

选项，然后重新对日期【组合】，并选择【季度】选项。

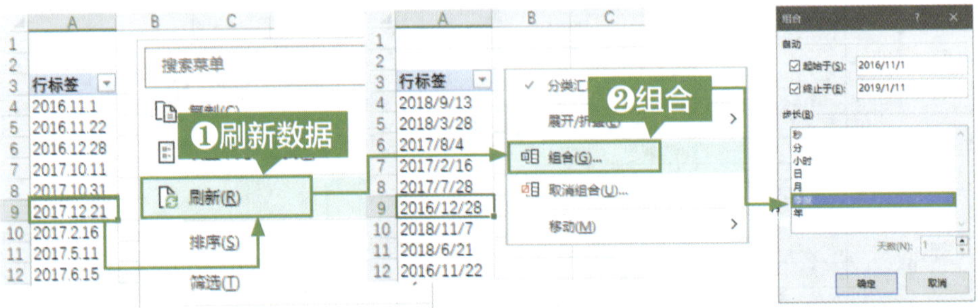

如果此时组合仍然出现错误，那么一方面可以确认一下日期列中是否还有空格或格式不规范的日期，若有则将其转换成规范日期；另一方面可以多刷新几次数据透视表，然后重新组合。

6.2.3 如何按照价格区间统计销量

和日期数据一样有组合需求的还有数值数据，数值可以通过设定区间步长，实现自动分段统计。

例如下面的销售明细表，为了分析不同产品的热销程度，可以按照产品的售价进行分组，按照 200 元一组，统计分析不同价格区间的产品销量，从而找出主力产品分布在哪个价格区间。

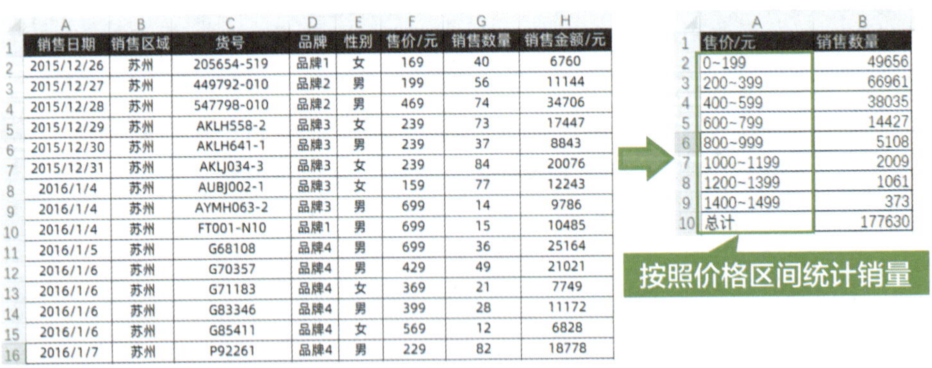

销售日期	销售区域	货号	品牌	性别	售价/元	销售数量	销售金额/元
2015/12/26	苏州	205654-519	品牌1	女	169	40	6760
2015/12/27	苏州	449792-010	品牌2	男	199	56	11144
2015/12/28	苏州	547798-010	品牌2	男	469	74	34706
2015/12/29	苏州	AKLH558-2	品牌3	女	239	73	17447
2015/12/30	苏州	AKLH641-1	品牌3	男	239	37	8843
2015/12/31	苏州	AKLJ034-3	品牌3	女	239	84	20076
2016/1/4	苏州	AUBJ002-1	品牌3	女	159	77	12243
2016/1/4	苏州	AYMH063-2	品牌3	男	699	14	9786
2016/1/4	苏州	FT001-N10	品牌1	男	699	15	10485
2016/1/5	苏州	G68108	品牌4	男	699	36	25164
2016/1/6	苏州	G70357	品牌4	男	429	49	21021
2016/1/6	苏州	G71183	品牌4	女	369	21	7749
2016/1/6	苏州	G83346	品牌4	男	399	28	11172
2016/1/6	苏州	G85411	品牌4	女	569	12	6828
2016/1/7	苏州	P92261	品牌4	男	229	82	18778

售价/元	销售数量
0~199	49656
200~399	66961
400~599	38035
600~799	14427
800~999	5108
1000~1199	2009
1200~1399	1061
1400~1499	373
总计	177630

按照价格区间统计销量

具体的做法和日期的分组类似。插入数据透视表后，把【售价 / 元】拖曳到【行】区域，把【销售数量】拖曳到【值】区域，完成基本的统计。

接下来在售价行标签上右击，在快捷菜单中选择【组合】选项，在打开的对话框中设置以下参数。

- 起始于：0。表示价格从 0 开始计算。
- 终止于：保持不变。
- 步长：200。

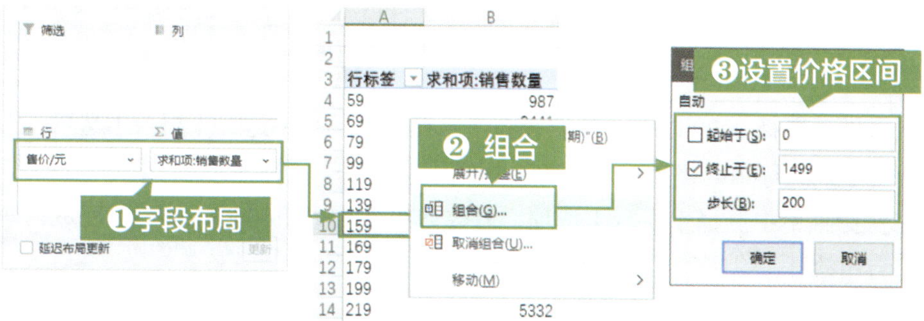

组合后，各个价格区间的销售数量就计算出来了。

数值自动分组的原理很简单，就是指定起点、终点和步长（间距），起点和终点之间的数值按照指定步长自动分组。如果有超出此区间的数据，就会头尾自动各分为一组。

除了自动分组外，还可以手动选择数据进行组合，实现“不等距”的分组。

例如，要分析 1000 以下和 1000~1500 价格区间的产品销量，就可以手动进行分组。

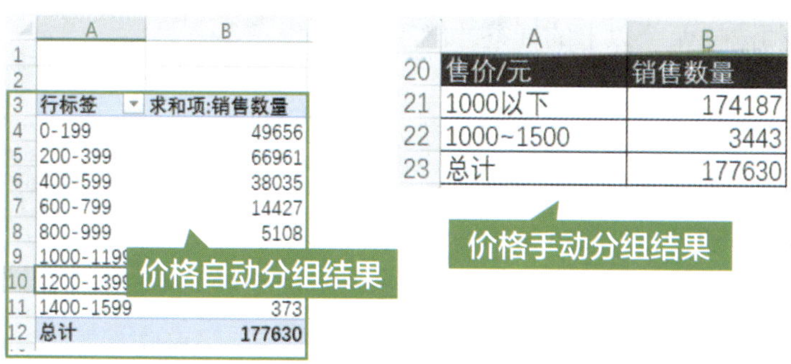

先在售价行标签上右击，在快捷菜单中选择【取消组合】选项取消当前分组，恢复到原始状态。

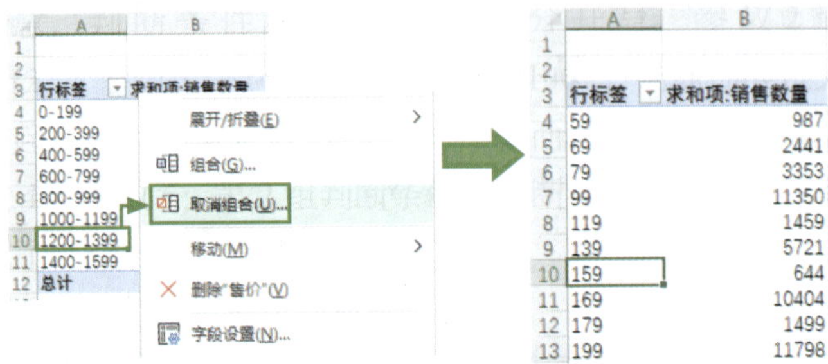

然后选择 1000 以下的数据，右击，在快捷菜单中选择【组合】选项，选择分组的名称单元格，输入【1000 以下】；再选择 1000~1500 的数据，右击，在快捷菜单中选择【组合】选项，修改分组名称为【1000~1500】，完成自定义分组统计。

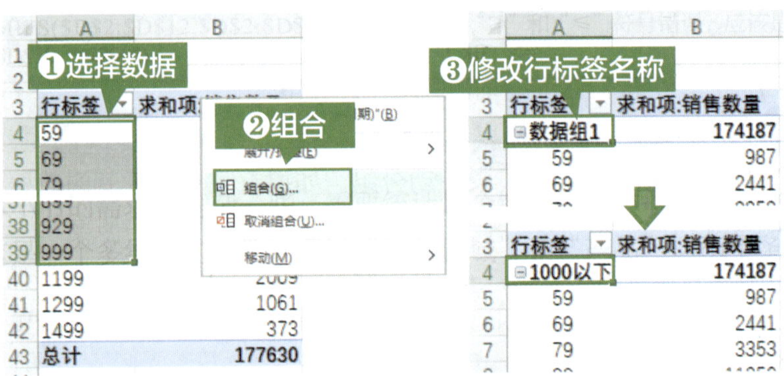

分组统计就是这么简单！但是手动分组有以下两个局限。

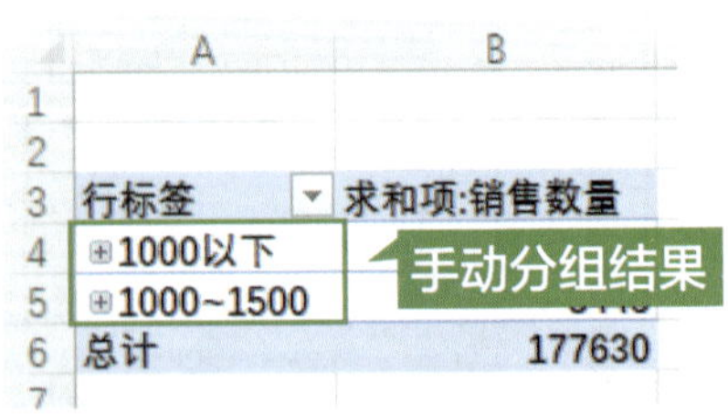

- 必须选择两个以上的标签才能手动分组。
- 标签较多、组别较多、需要反复更新时，不仅不省事，反而更加麻烦。

因而，在遇到更复杂的情形时，不如直接在数据源的【I】列添加一个价格区间辅助列，使用 IF 函数判断价格备注分组。

=IF(F2<1000, "1000 以下" , "1000~1500")

性别	售价/元	销售数量	销售金额/元	辅助列
女	169	40	6760	1000以下
男	199	56	11144	1000以下
男	469	74	34706	1000以下
女	239	73	17447	1000以下
男	239	37	8843	1000以下
女	239	84	20076	1000以下
女	159	77	12243	1000以下

辅助列

这样就能用数据透视表直接分类汇总。

行标签	求和项:销售数量
1000~1500	3443
1000以下	174187
总计	177630

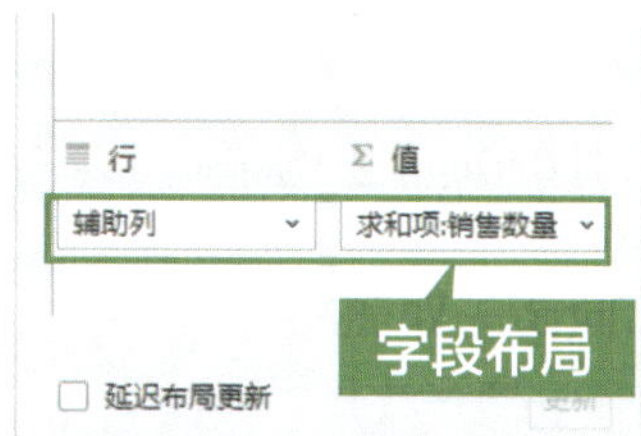

6.2.4 如何按照周别分组统计数据

做周报时，要按照周别分组统计数据。例如按照周别统计每周的销售金额总和。

周别	销售金额/元
WK01	46488
WK02	940203
WK03	[illegible]
WK04	[illegible]
WK05	1572184

按周别统计

经过前面的学习，可以立马想到用数据透视表的【组合】功能来分组。但是遗憾的是，数据透视表的【组合】功能只能按照年、季度、月来对日期进行分组，不能按周别分组。

这里可以换个思路，以7天为一个自定义的周期进行分组统计。

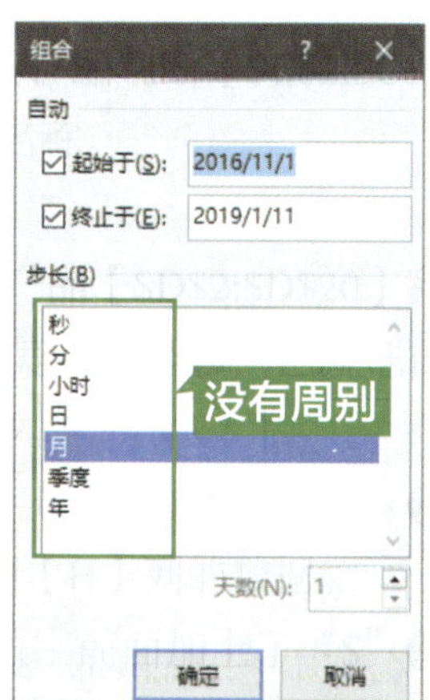

在数据透视表的日期行标签上右击，在快捷菜单中选择【组合】选项，然后在打开的【组合】对话框中执行以下操作：取消【步长】栏中的月、季度、年的默认分组；选择【日】分组方式，输入天数【7】；单击【确定】按钮，按7天一组重新分组，即以周别分组。

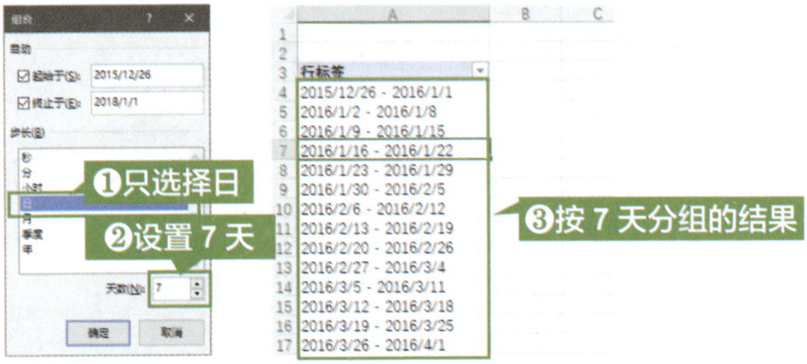

这样，也算是实现了周报的统计，但是对比需求，结果就不那么令人满意，毕竟需要的周别信息没有显示出来。

这时可以把这个需求归类成复杂的分组需求，使用函数公式来分组。

在表格的最后一列添加辅助列【周别】，输入下面的公式，根据日期计算出对应的周别。

=TEXT(WEEKNUM(A2,2), "WK00")

❶ WEEKNUM(A2,2)　❷ "WK00"

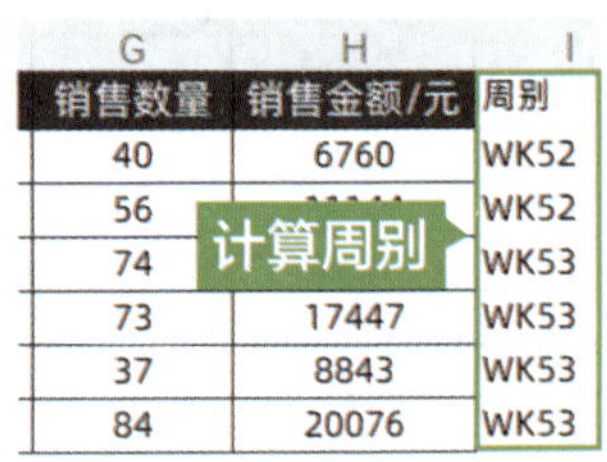

销售数量	销售金额/元	周别
40	6760	WK52
56	[illegible]	WK52
74	[illegible]	WK53
73	17447	WK53
37	8843	WK53
84	20076	WK53

然后重新插入数据透视表，把【周别】字段拖曳到【行】区域，把【销售金额 / 元】字段拖曳到【值】区域，轻松完成周别的统计，而且显示出了周别信息，完美！

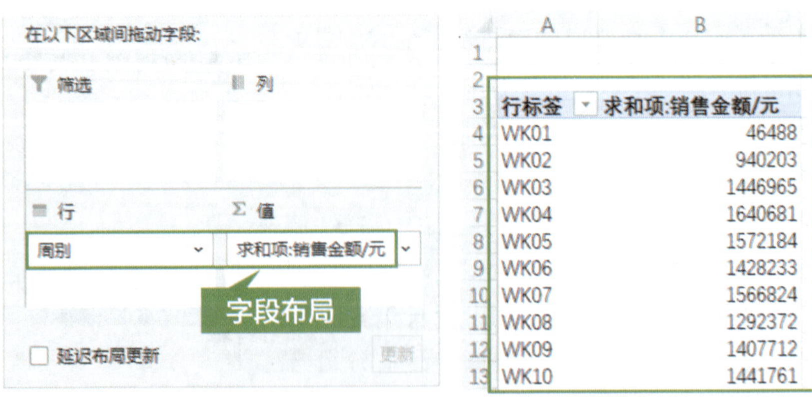

行标签	求和项:销售金额/元
WK01	46488
WK02	940203
WK03	1446965
WK04	1640681
WK05	1572184
WK06	1428233
WK07	1566824
WK08	1292372
WK09	1407712
WK10	1441761

公式中用 WEEKNUM 函数根据日期计算出对应的周别，然后用 TEXT 函数给数据添加单元格格式，实现数字的补 0。函数的说明如下。

函数	秋叶Excel

WEEKNUM (

serial_number 日期 要计算周别的日期

return_type 数字 一个数字，确定一周从周几开始

) Number

说明 计算日期serial_number对应的周别。可以通过return_type指定每周从周几开始，通常设置为2，表示从周一开始

函数	秋叶Excel

TEXT (

value 文本 要修改显示格式的文本

fomat_text 文本 用来修改文本显示格式的格式代码

) String

说明 通过格式代码fomat_text向value应用格式，进而更改显示方式

6.3 布局美化，让分析报表更好看

使用数据透视表不仅可以快速汇总统计数据，实现数据统计的自动化，还可以调整表格的布局。

如果你以为数据透视表只能是下图这个样子，就太小看数据透视表的功能了。

	A	B	C	D	E	F	G	H
3	求和项:应发工资	列标签						
4	行标签	不在岗人员	返聘人员	临时工	内退人员	外购劳务	正式员工	总计
5	⊟处室	**40939**	**29653**		**114157**	**422445**	**4685128**	**5292322**
6	管理类		13520				1267243	1280763
7	技术类		16133				2475832	2491965
8	决策类						221188	221188
9	其他类	40939			114157			155096
10	生产类					422445	687358	1109803
11	营销类						20196	20196
12	研发类						13311	13311
13	⊟二分厂	**15724**		**137534**	**71285**	**730769**	**1025354**	**1980666**
14	管理类						127439	127439
15	技术类						229351	229351
16	决策类						31601	31601
17	其他类	15724			71285			87009
18	生产类			137534		730769	636963	1505266
19	⊟三分厂	**18681**			**36361**	**1502784**	**1969245**	**3527071**
20	管理类						159041	159041
21	技术类						302320	302320
22	决策类						22005	22005
23	其他类	18681			36361			55042
24	生产类					1502784	1468889	2971673
25	营销类						16990	16990
26	⊟四分厂	**82036**	**13054**		**111157**	**1028837**	**3415069**	**4650153**
27	管理类						377586	377586
28	技术类		8518				401451	409969
29	决策类						12442	12442
30	其他类	82036			111157			193193
31	生产类		4536			1028837	2561878	3595251
32	营销类						61712	61712
33	⊟一分厂	**31091**		**53127**	**43833**	**719518**	**1756654**	**2604223**

接下来以下面这个数据透视表为例，讲解数据透视表的美化技巧。

	部门	职位类别	不在岗人员	返聘人员	临时工	内退人员	外购劳务	正式员工	总计
5	处室	管理类	/	1.4万	/	/	/	126.7万	128.1万
6		技术类	/	1.6万	/	/	/	247.6万	249.2万
7		决策类	/	/	/	/	/	22.1万	22.1万
8		其他类	4.1万	/	/	11.4万	/	/	15.5万
9		生产类	/	/	/	/	42.2万	68.7万	111.0万
10		营销类	/	/	/	/	/	2.0万	2.0万
11		研发类	/	/	/	/	/	1.3万	1.3万
12	小计		**4.1万**	**3.0万**	**/**	**11.4万**	**42.2万**	**468.5万**	**529.2万**
13	二分厂	管理类	/	/	/	/	/	12.7万	12.7万
14		技术类	/	/	/	/	/	22.9万	22.9万
15		决策类	/	/	/	/	/	3.2万	3.2万
16		其他类	1.6万	/	/	7.1万	/	/	8.7万
17		生产类	/	/	13.8万	/	73.1万	63.7万	150.5万
18	小计		**1.6万**	**/**	**13.8万**	**7.1万**	**73.1万**	**102.5万**	**198.1万**
19	三分厂	管理类	/	/	/	/	/	15.9万	15.9万
20		技术类	/	/	/	/	/	30.2万	30.2万
21		决策类	/	/	/	/	/	2.2万	2.2万
22		其他类	1.9万	/	/	3.6万	/	/	5.5万
23		生产类	/	/	/	/	150.3万	146.9万	297.2万
24		营销类	/	/	/	/	/	1.7万	1.7万
25	小计		**1.9万**	**/**	**/**	**3.6万**	**150.3万**	**196.9万**	**352.7万**
26	四分厂	管理类	/	/	/	/	/	37.8万	37.8万
27		技术类	/	0.9万	/	/	/	40.1万	41.0万
28		决策类	/	/	/	/	/	1.2万	1.2万
29		其他类	8.2万	/	/	11.1万	/	/	19.3万
30		生产类	/	0.5万	/	/	102.9万	256.2万	359.5万
31		营销类	/	/	/	/	/	6.2万	6.2万
32	小计		**8.2万**	**1.3万**	**/**	**11.1万**	**102.9万**	**341.5万**	**465.0万**

这个数据透视表的美化步骤比较多，下面拆分成不同的小节来讲解。

6.3.1 设置数据透视表

视频案例

根据统计的结果，梳理出不同字段的放置位置，完成数据透视表的统计。

- 【行】区域：【部门】【职位类别】。
- 【列】区域：【员工类别】。
- 【值】区域：【应发工资】。

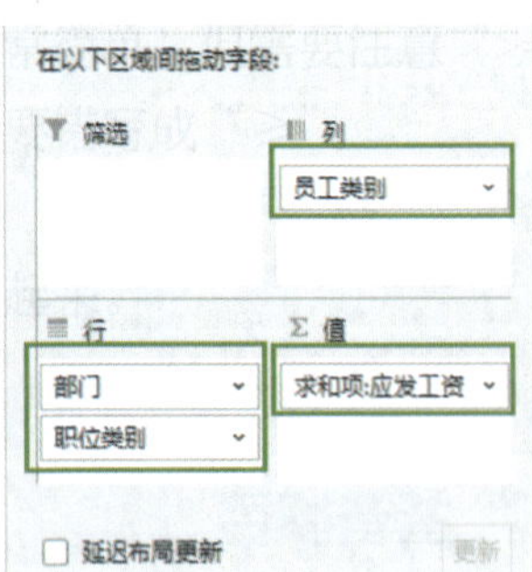

	求和项:应发工资	列标签						
4	行标签	不在岗人员	返聘人员	临时工	内退人员	外购劳务	正式员工	总计
5	**处室**	**40939**	**29653**		**114157**	**422445**	**4685128**	**5292322**
6	管理类		13520				1267243	1280763
7	技术类		16133				2475832	2491965
8	决策类						221188	221188
9	其他类	40939			114157			155096
10	生产类					422445	687358	1109803
11	营销类						20196	20196
12	研发类						13311	13311
13	**二分厂**	**15724**		**137534**	**71285**	**730769**	**1025354**	**1980666**
14	管理类						127439	127439
15	技术类						229351	229351
16	决策类						31601	31601
17	其他类	15724			71285			87009
18	生产类			137534		730769	636963	1505266
19	**三分厂**	**18681**			**36361**	**1502784**	**1969245**	**3527071**

统计结果

如何让数据透视表结果分布在不同列

数据透视表创建完成后，一个明显的问题就出现了，【部门】和【职位类别】两列数据混在一列，但这里需要将不同类的数据分布在不同的列中。

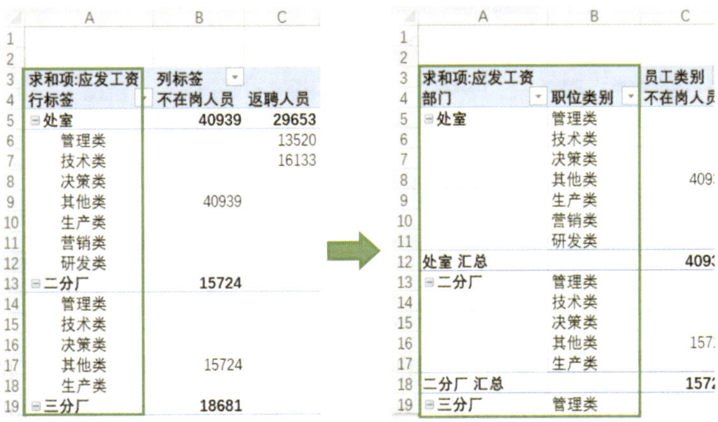

选择数据透视表的任意单元格后，在【设计】选项卡中单击【报表布局】按钮，选择【以表格形式显示】选项，就可以把数据分布在不同的列中。

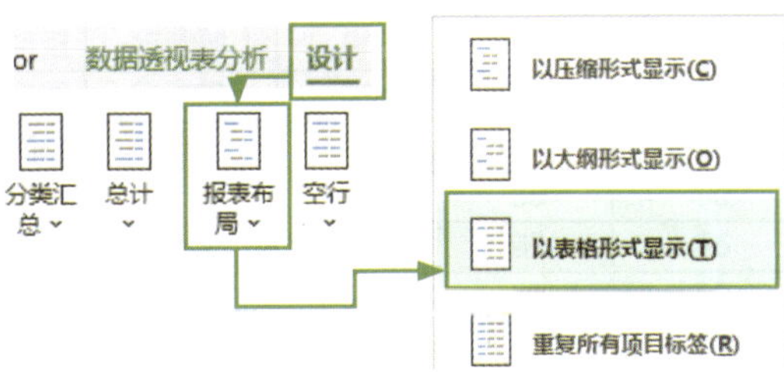

其他几种布局方式不是特别常用，不过也可以尝试，了解更多的布局方法。

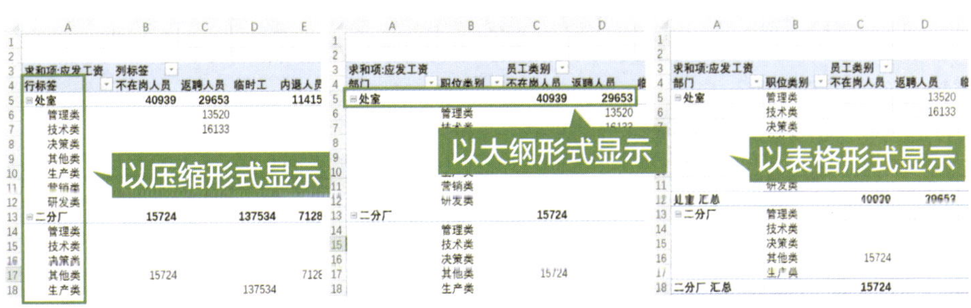

如何给数据透视表结果添加分类汇总

对比目标效果，接下来给标题添加【小计】行，而数据透视表中各个部门的汇总数据就是对应的【小计】行。

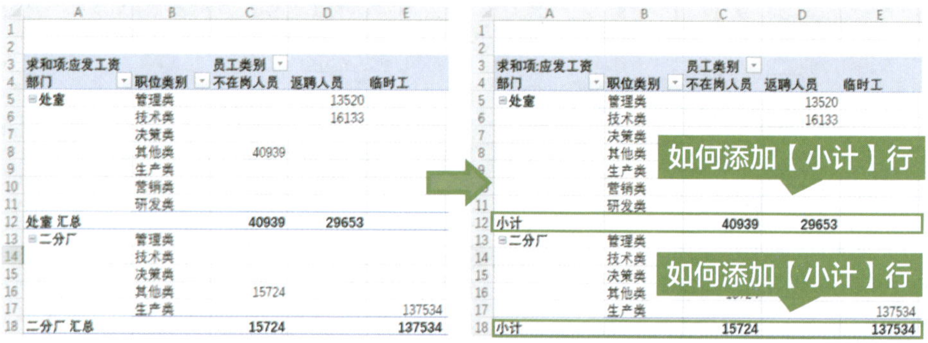

在数据透视表的【设计】选项卡中单击【分类汇总】按钮，选择需要的选项，即可添加或删除分类汇总的行。这里选择【在组的底部显示所有分类汇总】选项。

然后选择需分类汇总的文字，输入【小计】，就可以把分类汇总批量改成【小计】。

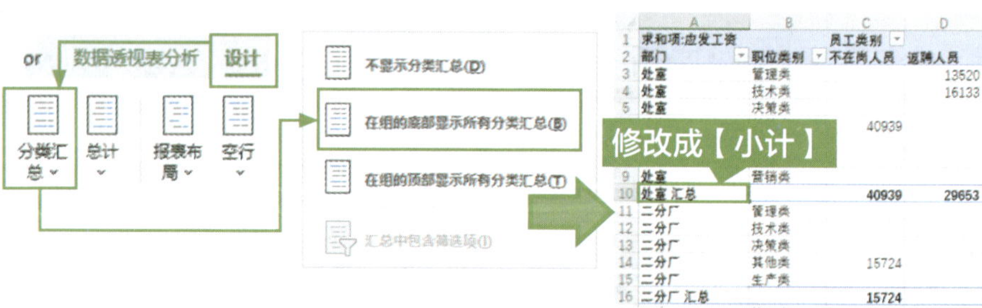

6.3.2 美化行标签内容

如何合并相同单元格

对比目标效果，这里需要把相同部门的单元格合并起来，使数据的层次更加清晰。

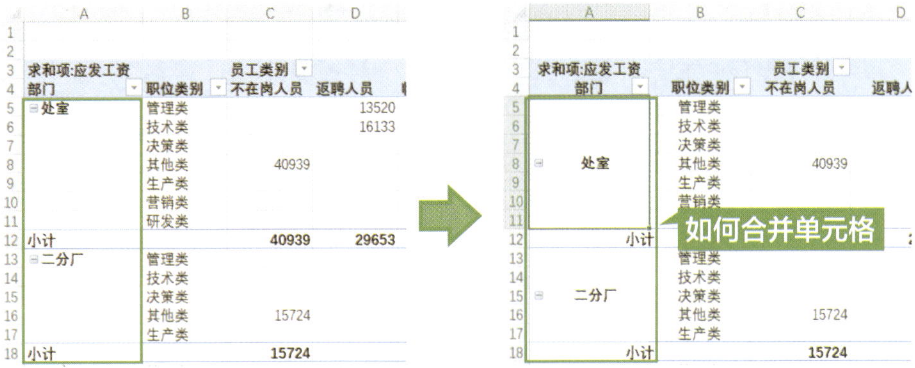

在普通的表格里，想要批量合并相同单元格，并不是一件容易的事情。但是在数据透视表里，操作起来非常简单。

在数据透视表单元格上右击，在快捷菜单中选择【数据透视表选项】，在打开的对话框的【布局和格式】选项卡中勾选【合并且居中排列带标签的单元格】复选框就可以了。

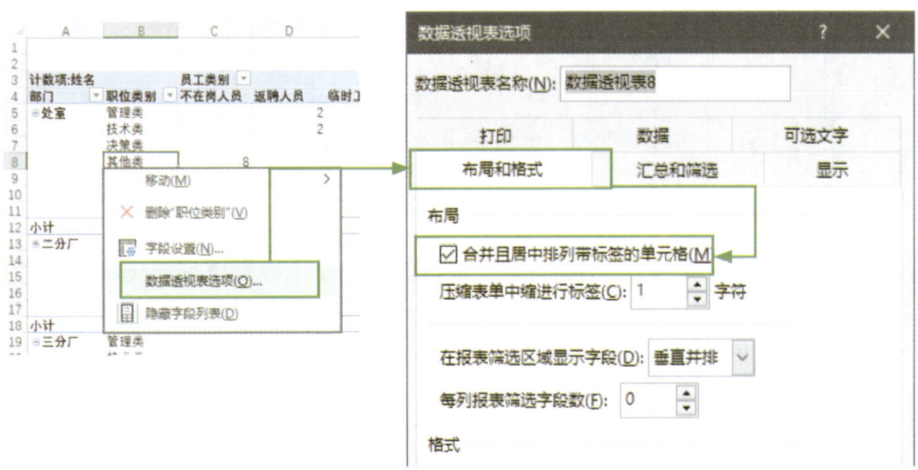

使用数据透视表一方面可以批量合并单元格，非常高效；另一方面可以对数据透视表中的合并单元格进行排序，或者手动拖曳单元格排序，而这在普通表格的合并单元格里是无法实现的。

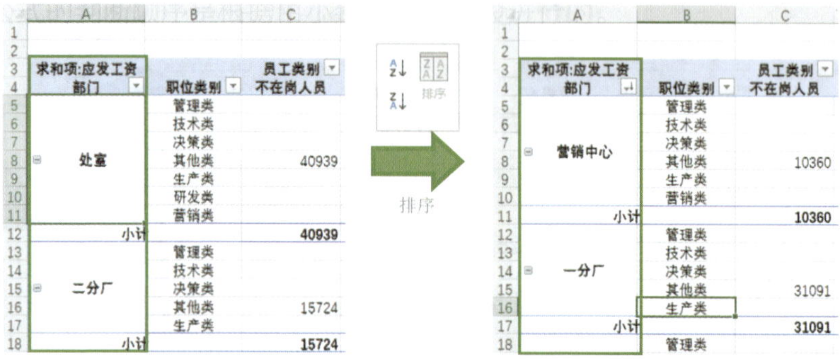

如何重复相同单元格

如果希望最终统计的结果是一个明细表，像下面的样子，则需要把部门重复显示。

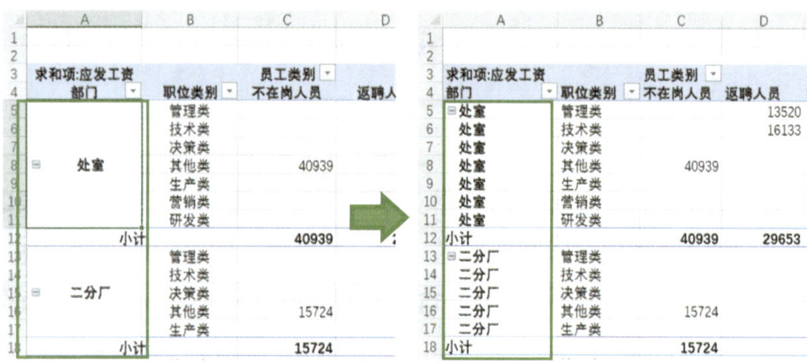

在数据透视表结果上右击，在快捷菜单中选择【数据透视表选项】，在打开的对话框的【布局和格式】选项卡中取消勾选【合并且居中排列带标签的单元格】复选框，将合并的单元格恢复到原始状态。

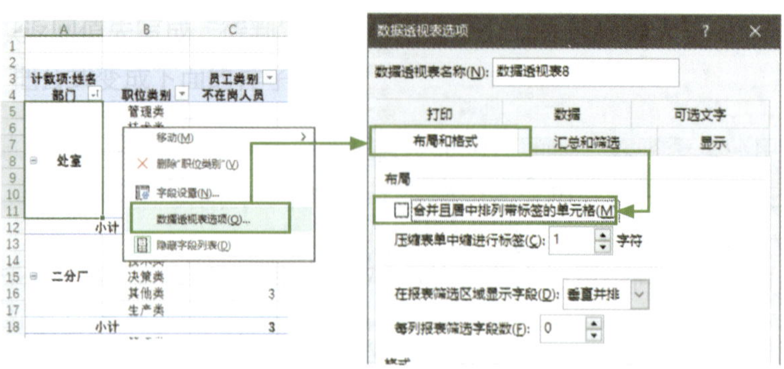

然后在数据透视表的【设计】选项卡中单击【报表布局】按钮，选择【重复所有项目标签】选项就可以了。

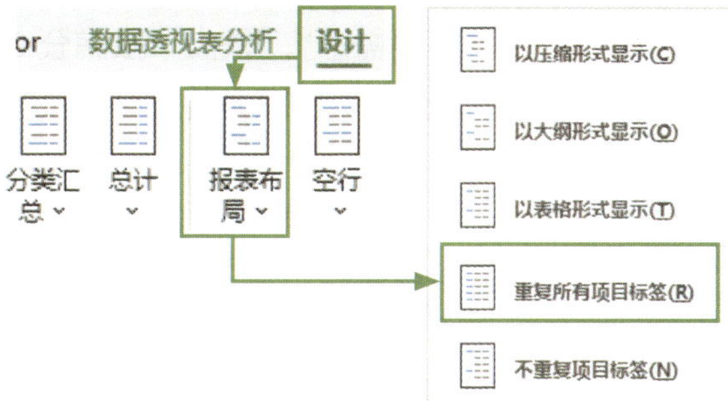

6.3.3 美化单元格样式

到这里，数据透视表的结构基本就美化好了，接下来讲解单元格的具体美化。

如何让空白单元格显示为 0

统计结果中有很多空白单元格，如果可以显示为 0，整个表格看上去就不会很空。

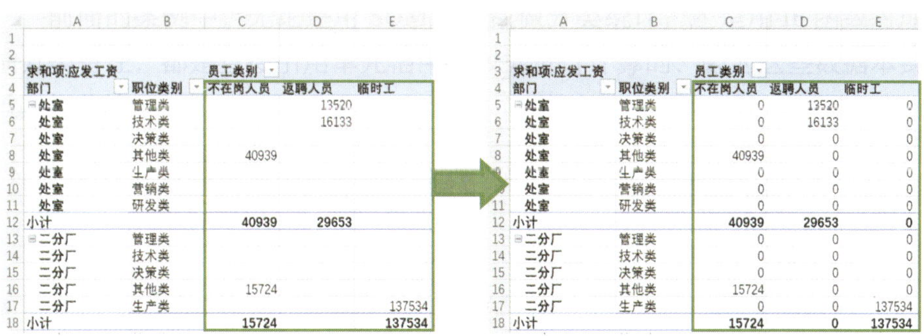

求和项:应发工资		员工类别		
部门	职位类别	不在岗人员	返聘人员	临时工
处室	管理类		13520	
处室	技术类		16133	
处室	决策类			
处室	其他类	40939		
处室	生产类			
处室	营销类			
处室	研发类			
小计		40939	29653	
二分厂	管理类			
二分厂	技术类			
二分厂	决策类			
二分厂	其他类	15724		
二分厂	生产类			137534
小计		15724		137534

求和项:应发工资		员工类别		
部门	职位类别	不在岗人员	返聘人员	临时工
处室	管理类	0	13520	0
处室	技术类	0	16133	0
处室	决策类	0	0	0
处室	其他类	40939	0	0
处室	生产类	0	0	0
处室	营销类	0	0	0
处室	研发类	0	0	0
小计		40939	29653	0
二分厂	管理类	0	0	0
二分厂	技术类	0	0	0
二分厂	决策类	0	0	0
二分厂	其他类	15724	0	0
二分厂	生产类	0	0	137534
小计		15724	0	137534

在数据透视表上右击，在快捷菜单中选择【数据透视表选项】，在打开的对话框的【布局和格式】选项卡中勾选【对于空单元格，显示】复选框，并在右边的文本框中输入【0】。

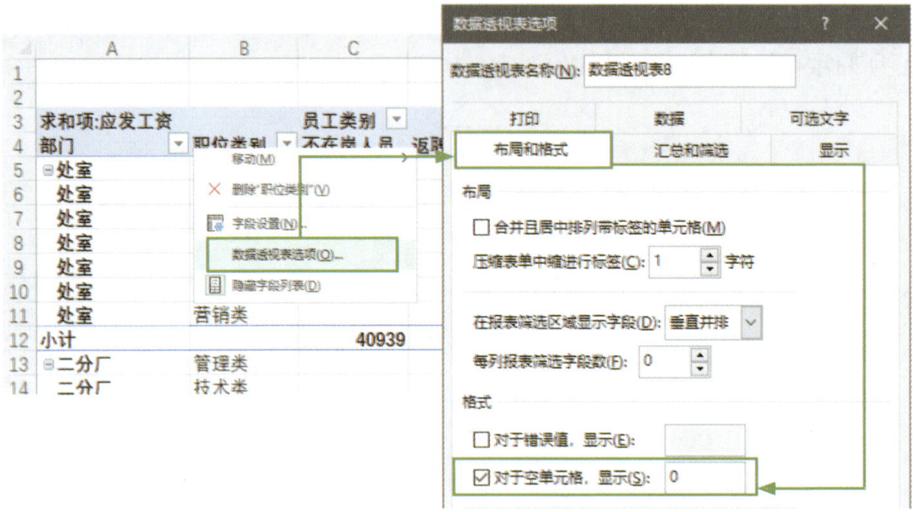

再来看统计结果，空白单元格就全部显示为 0 了。

统计值如何改成以万为单位

空白单元格美化完后，需要美化数字部分。部分数字比较大，已经超出了 6 位，阅读起来不直观，如果改成以“万”为单位的数据，那么阅读起来会更加轻松。

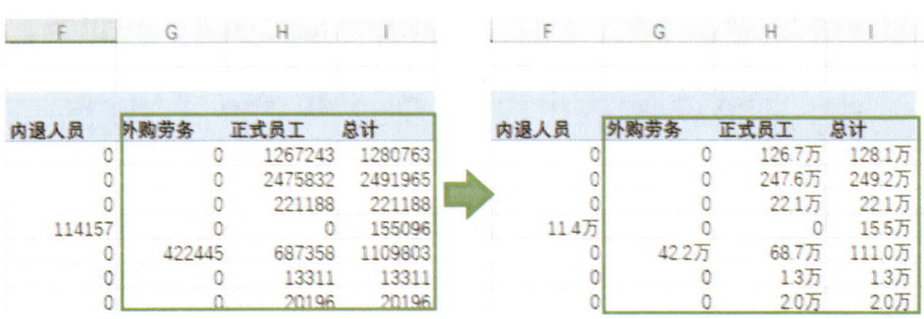

这一效果同样可以批量设置。在任意一个数字上右击，在快捷菜单中选择【值字段设置】选项。

在打开的对话框中单击左下角的【数字格式】按钮，在打开的对话框中选择【自定义】选项，输入自定义的单元格格式，单击【确定】按钮。

数字以“万”为单位显示后，数据透视表一下子就变得简单明了了。

这个单元格格式代码中包含 3 个条件，不同条件之间用分号分隔。

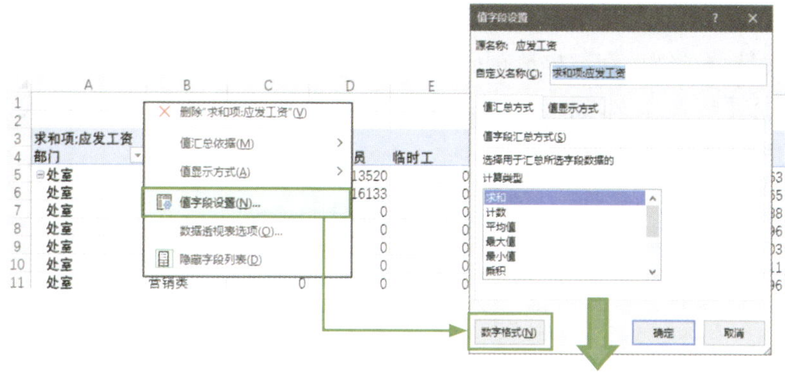

● 数字 >0 时，以“万”为单位显示，即【0!.0,“万”】。

● 数字 <0 时，不显示，就是两个分号之间的内容；

● 数字 =0 时，显示为 0，即分号最右侧的 0。

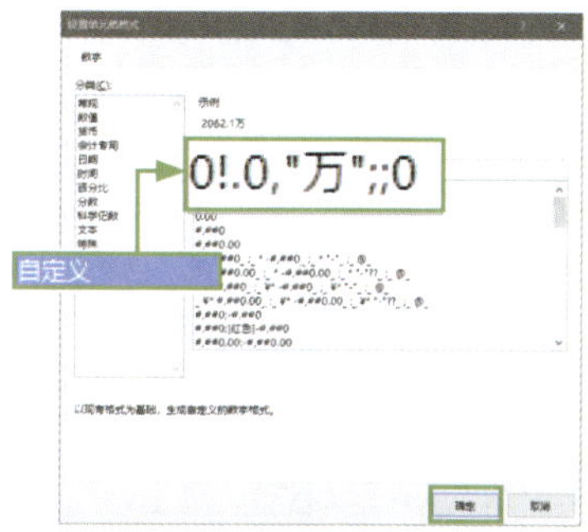

如何修改数据透视表的配色

布局和数字样式都调整完毕后，最后一步是调整数据透视表的配色。

选择数据透视表的任意单元格，在【设计】选项卡中单击【数据透视表样式】中的任意一个样式，就可以批量给数据透视表换色了。这里选择的是【中等色】中的【浅蓝色】样式。

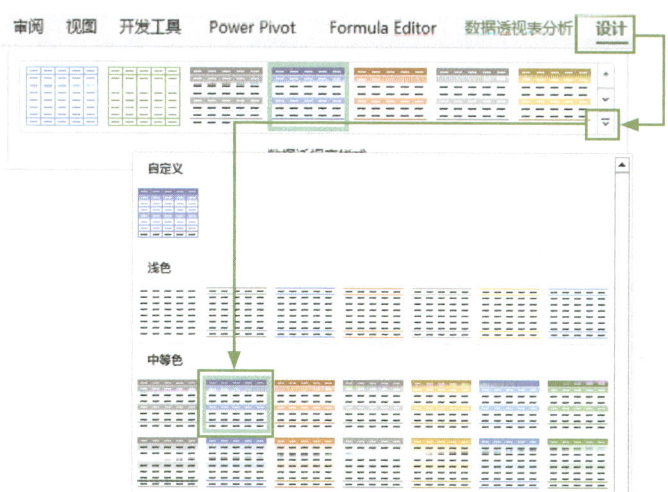

如果对 Excel 自带的样式不满意，可以在样式上右击，在快捷菜单中选择【复制】选项。然后在数据透视表样式中找到复制好的样式，右击，在快捷菜单中选择【修改】选项，就可以自己调整表格的样式、单元格的样式、行列标签的样式等。

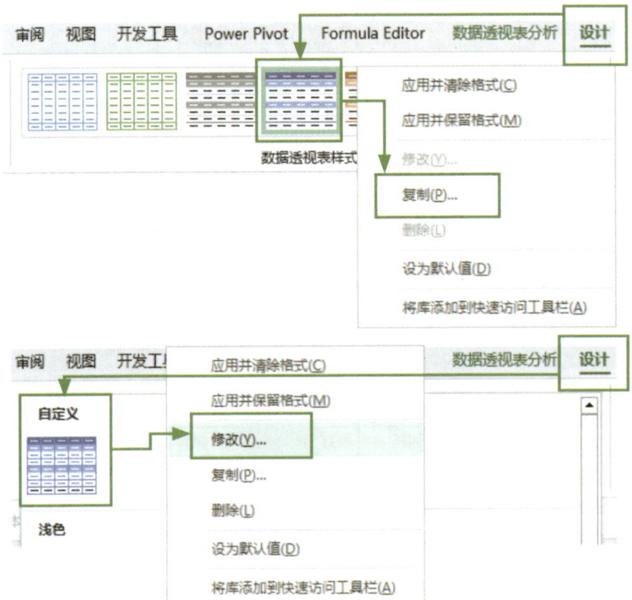

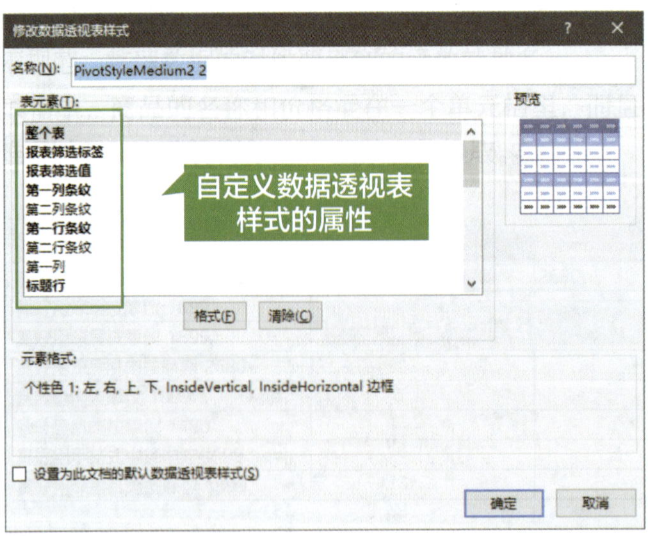

设置好数据透视表的样式之后，在【设计】选项卡中选择自定义的样式，就可以将其批量应用到所有的数据透视表上，实现数据透视表样式的复用。

到这里，数据透视表基本就美化完成了。

6.3.4 数据透视表美化的常见问题

考虑到初学者可能会遇到各种奇怪的问题，下面总结了一些数据透视表美化的常见问题，帮助初学者少走弯路。

行标签中的【+】和【-】按钮如何删除？

选择数据透视表的任意单元格，在【数据透视表分析】选项卡中单击【+/- 按钮】就可以隐藏或显示【+】和【-】按钮。

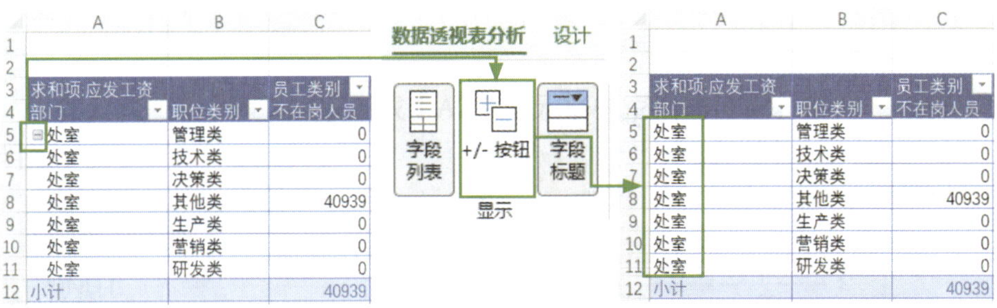

如何删除数据透视表中的分类汇总？

在对应分类汇总上右击，取消勾选对应的分类汇总，就可以将其删除。

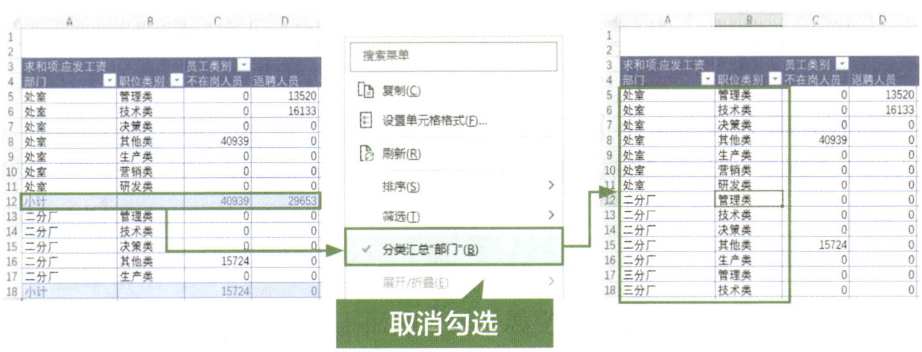

如何删除行标签中自动生成的【求和项：】【计数项：】等内容?

要修改行标签中字段的名称，选择单元格后直接输入新的名称即可。

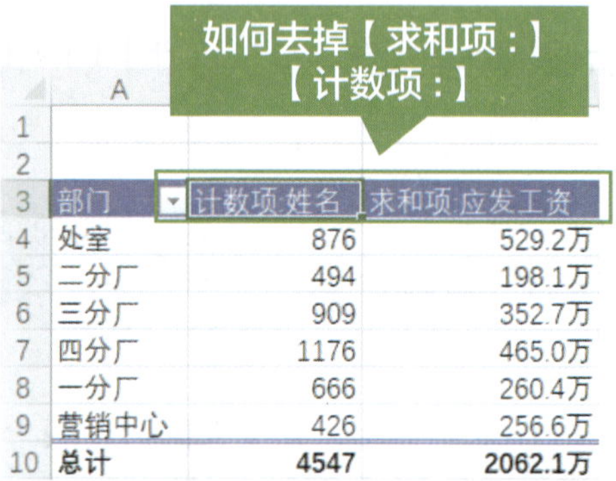

	A		
1			
2			
3	部门	计数项:姓名	求和项:应发工资
4	处室	876	529.2万
5	二分厂	494	198.1万
6	三分厂	909	352.7万
7	四分厂	1176	465.0万
8	一分厂	666	260.4万
9	营销中心	426	256.6万
10	总计	4547	2062.1万

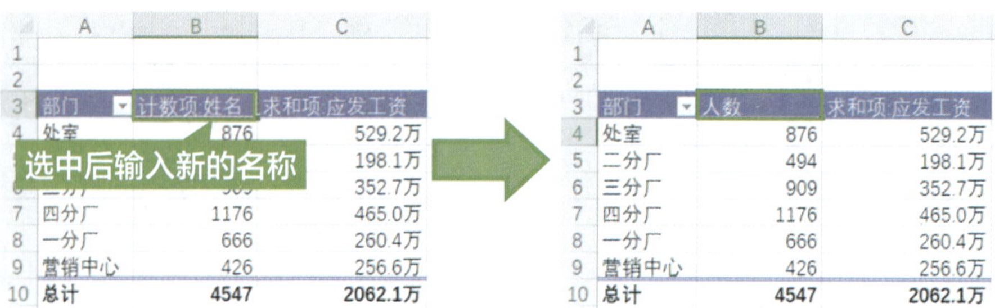

	A	B	C
1			
2			
3	部门	人数	求和项:应发工资
4	处室	876	529.2万
5	二分厂	494	198.1万
6	三分厂	909	352.7万
7	四分厂	1176	465.0万
8	一分厂	666	260.4万
9	营销中心	426	256.6万
10	总计	4547	2062.1万

如果要批量修改，如批量删除【求和项：】，则可以使用查找和替换功能来实现。在【查找内容】文本框中输入【求和项：】，在【替换为】文本框中输入一个空格【　】，然后单击【全部替换】按钮。

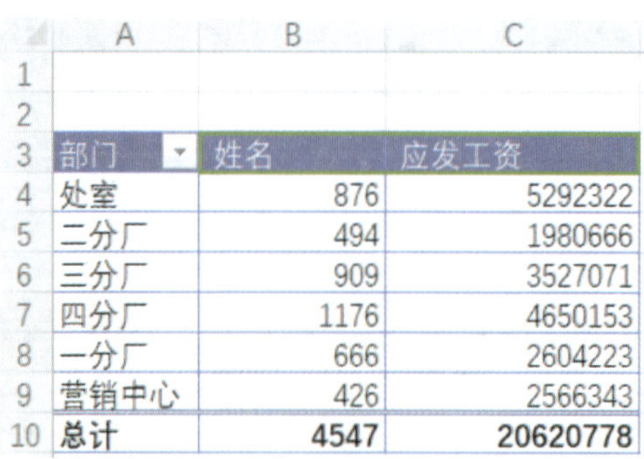

	A	B	C
1			
2			
3	部门	姓名	应发工资
4	处室	876	5292322
5	二分厂	494	1980666
6	三分厂	909	3527071
7	四分厂	1176	4650153
8	一分厂	666	2604223
9	营销中心	426	2566343
10	总计	4547	20620778

每次刷新，列宽都会变回默认状态，如何固定列宽？

打开【数据透视表选项】对话框，取消勾选【更新时自动调整列宽】复选框，以后刷新数据透视表时，列宽就不会自动变化了。

6.4 统计数据，多种统计方式一键切换

在数据的分类和美化方面，数据透视表彰显了其独有的魅力。

除此之外，在数据的统计上，数据透视表也有多种强大的统计方式，只需要进行简单的操作就可以轻松切换。

6.4.1 如何统计每个渠道的最后一次交易日期和平均销售数量

视频案例

下图是一份不同平台的交易数据，现在需要计算不同渠道的最后一次交易日期，以及各渠道的平均销售数量，对各渠道的用户活跃度和消费能力做一个分析评估。

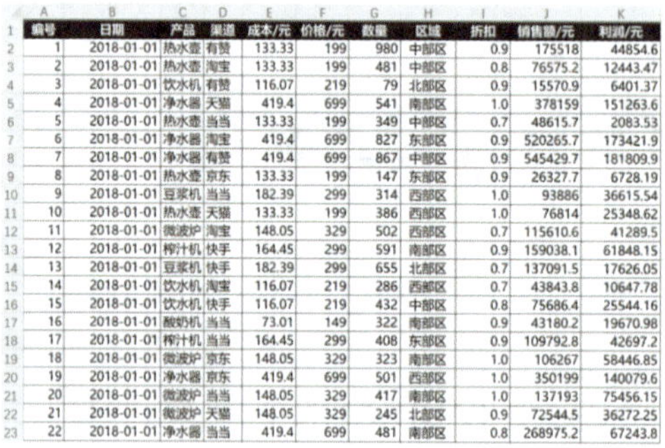

编号	日期	产品	渠道	成本/元	价格/元	数量	区域	折扣	销售额/元	利润/元
1	2018-01-01	热水壶	有赞	133.33	199	980	中部区	0.9	175518	44854.6
2	2018-01-01	热水壶	淘宝	133.33	199	481	中部区	0.8	76575.2	12443.47
3	2018-01-01	饮水机	有赞	116.07	219	79	北部区	0.9	15570.9	6401.37
4	2018-01-01	净水器	天猫	419.4	699	541	南部区	1.0	378159	151263.6
5	2018-01-01	热水壶	当当	133.33	199	349	中部区	0.7	48615.7	2083.53
6	2018-01-01	净水器	淘宝	419.4	699	827	东部区	0.9	520265.7	173421.9
7	2018-01-01	净水器	有赞	419.4	699	867	中部区	0.9	545429.7	181809.9
8	2018-01-01	热水壶	京东	133.33	199	147	东部区	0.9	26327.7	6728.19
9	2018-01-01	豆浆机	当当	182.39	299	314	西部区	1.0	93886	36615.54
10	2018-01-01	热水壶	天猫	133.33	199	386	西部区	1.0	76814	25348.62
11	2018-01-01	微波炉	淘宝	148.05	329	502	西部区	0.7	115610.6	41289.5
12	2018-01-01	榨汁机	快手	164.45	299	591	南部区	0.9	159038.1	61848.15
13	2018-01-01	豆浆机	快手	182.39	299	655	北部区	0.7	137091.5	17626.05
14	2018-01-01	饮水机	淘宝	116.07	219	286	西部区	0.7	43843.8	10647.78
15	2018-01-01	饮水机	快手	116.07	219	432	中部区	0.8	75686.4	25544.16
16	2018-01-01	酸奶机	当当	73.01	149	322	南部区	0.9	43180.2	19670.98
17	2018-01-01	榨汁机	当当	164.45	299	408	东部区	0.9	109792.8	42697.2
18	2018-01-01	微波炉	京东	148.05	329	323	南部区	1.0	106267	58446.85
19	2018-01-01	净水器	京东	419.4	699	501	西部区	1.0	350199	140079.6
20	2018-01-01	微波炉	当当	148.05	329	417	南部区	1.0	137193	75456.15
21	2018-01-01	微波炉	天猫	148.05	329	245	北部区	0.9	72544.5	36272.25
22	2018-01-01	净水器	当当	419.4	699	481	南部区	0.8	268975.2	67243.8

行标签	最大值项:日期	平均值项:数量
当当	2020/4/12	520.4544004
抖音	2020/5/3	522.2273358
京东	2020/6/14	514.8422757
快手	2020/5/3	519.6923431
淘宝	2020/8/16	518.2544917
天猫	2020/11/19	522.9144249
有赞	2020/5/28	532.6212087
总计	2020/11/19	521.5821767

面对多个不同的统计需求和统计口径时，常常会让人一筹莫展，因为可能需要写一堆复杂的函数公式。

但是得益于数据透视表强大的统计功能，这件事情变得非常简单。

选择表格中的任意单元格，插入数据透视表，根据统计的结果，将字段拖曳到对应的区域中。

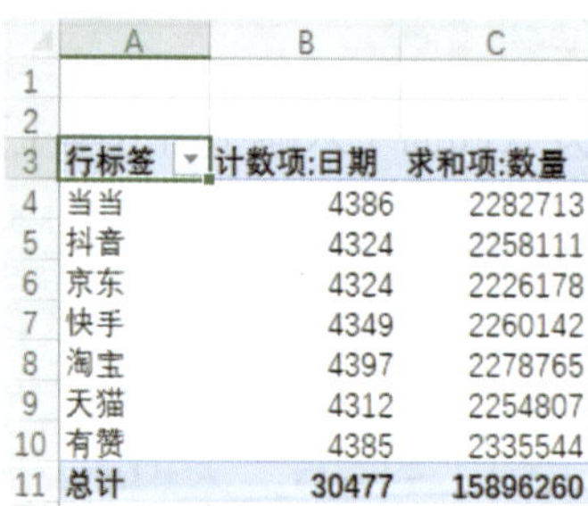

行标签	计数项:日期	求和项:数量
当当	4386	2282713
抖音	4324	2258111
京东	4324	2226178
快手	4349	2260142
淘宝	4397	2278765
天猫	4312	2254807
有赞	4385	2335544
总计	30477	15896260

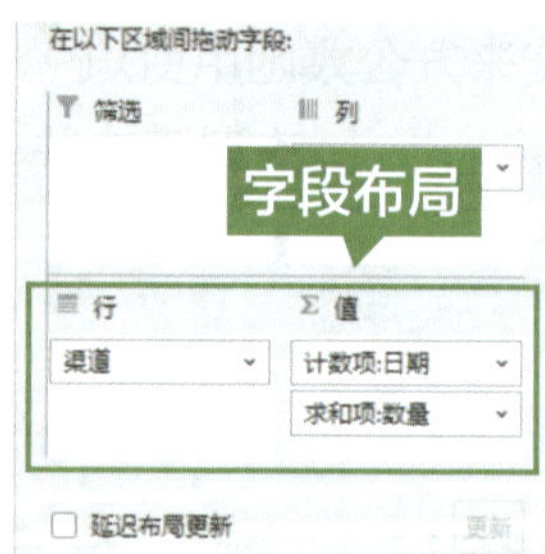

- 【行】区域：【渠道】。
- 【值】区域：【日期】【数量】。

统计的结果显然不符合要求，日期默认是计数，需要改成最大值。因为日期本质是数字，所以其最大值就是最后交易日期。

数量默认是做求和运算，需要改成求平均值。修改统计方式，操作起来非常简单。

在任意日期单元格上右击，在快捷菜单中选择【值汇总依据】→【最大值】选项。

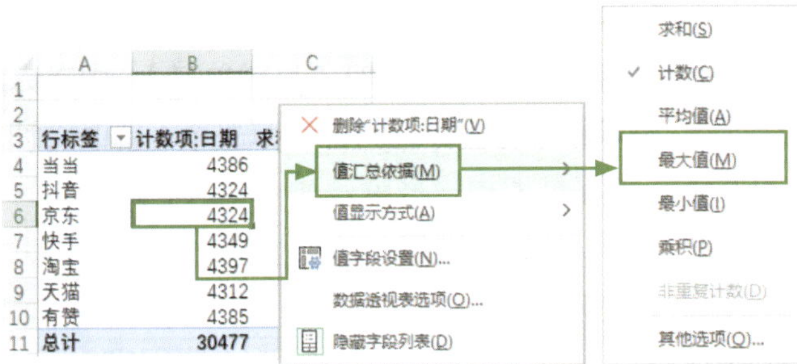

在任意数量单元格上右击，在快捷菜单中选择【值汇总依据】→【平均值】选项，这样结果就满足本案例的需求了。

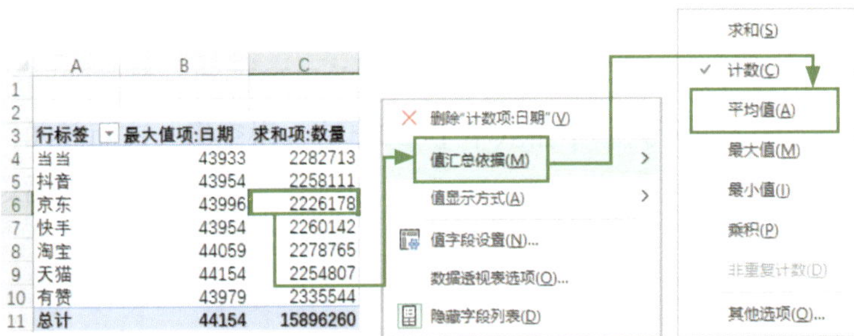

在数据透视表中通过值汇总依据功能可以快速把统计方式切换成求和、计数、平均值、最大值、最小值、乘积，选择【其他选项】，还可以切换成乘积、方差等方式。

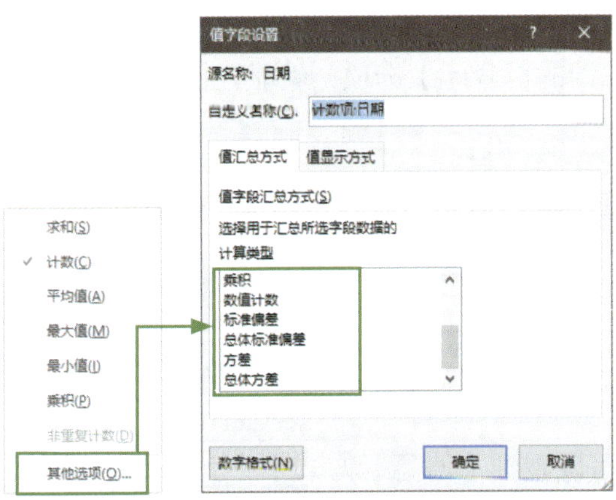

但执行以上操作的前提是，统计的数据是数字格式，如果是文本格式，那么只能选择【计数】选项。

6.4.2 如何计算各个产品的销售额占比

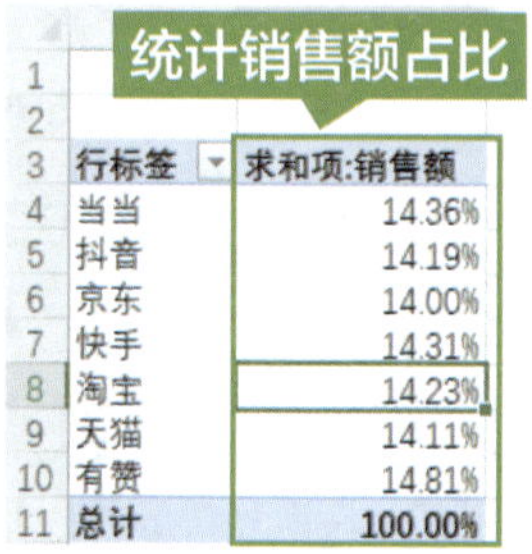

统计数据时，经常会用百分比来对比个体占整体数据的比例，这是一种非常好的分析方法。

例如，右边的统计结果是不同渠道的销售额占比，可以看出，不同渠道的销售额分布比较均匀。

这个效果可以通过数据透视表的值显示方式功能快速实现。

先插入数据透视表，再根据统计结果梳理出每个字段的放置位置。

- 【行】区域：【渠道】。
- 【值】区域：【销售额】。

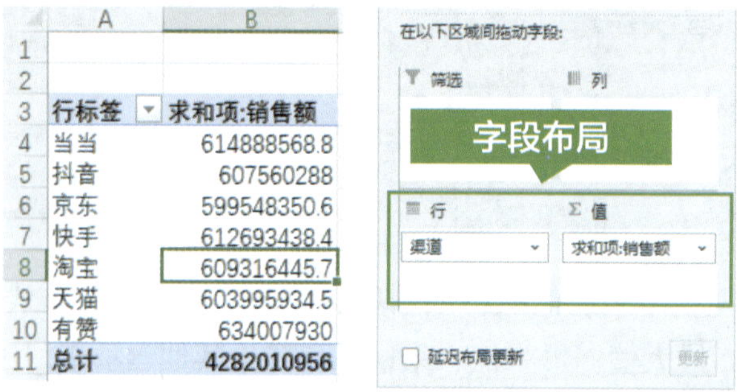

数据统计完成后，在任意销售额单元格上右击，在快捷菜单中选择【值显示方式】→【总计的百分比】选项，就能轻松得到不同渠道的销售额占比。

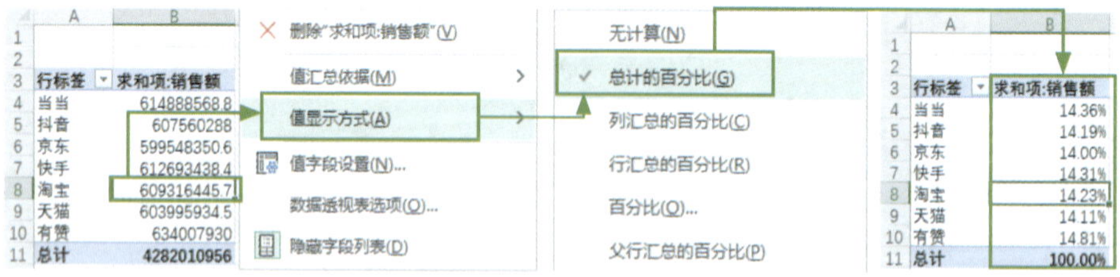

与此同时，可以看到【值显示方式】中有各种选项，归纳为三大类：百分比分析、多层级分析、上下文分析。

每一个类别具体是什么含义，有什么功能呢？接下来以简化的案例详细展示应用各类值显示方式进行统计分析的效果。

百分比分析

百分比分析统计的是单元格数据占总计行的百分比，这个“总计行”是一个相对的概念。

例如，在数据透视表中按照渠道和地区统计销售额，那么第 12 行和【G】列的数据是统计区域各个单元格的“总计”，【G12】单元格的数据是第 12 行和【G】列汇总的“总计”。

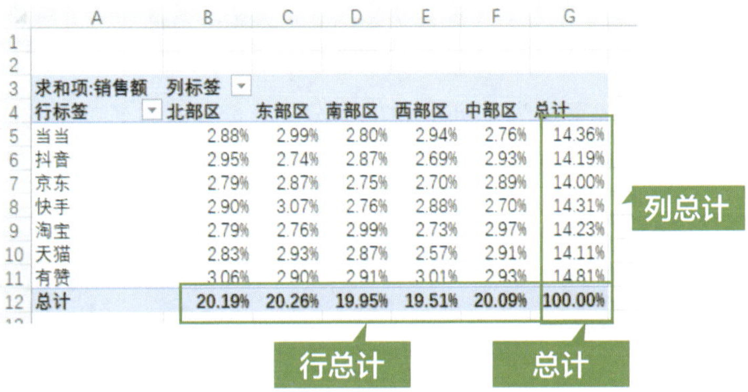

求和项:销售额	列标签					
行标签	北部区	东部区	南部区	西部区	中部区	总计
当当	2.88%	2.99%	2.80%	2.94%	2.76%	14.36%
抖音	2.95%	2.74%	2.87%	2.69%	2.93%	14.19%
京东	2.79%	2.87%	2.75%	2.70%	2.89%	14.00%
快手	2.90%	3.07%	2.76%	2.88%	2.70%	14.31%
淘宝	2.79%	2.76%	2.99%	2.73%	2.97%	14.23%
天猫	2.83%	2.93%	2.87%	2.57%	2.91%	14.11%
有赞	3.06%	2.90%	2.91%	3.01%	2.93%	14.81%
总计	20.19%	20.26%	19.95%	19.51%	20.09%	100.00%

因此，在统计结果上右击，在快捷菜单中选择【值显示方式】→【总计的百分比】选项，这里的“总计”是指【G12】单元格，所有的数据加起来是 100%，对应的计算逻辑如下。

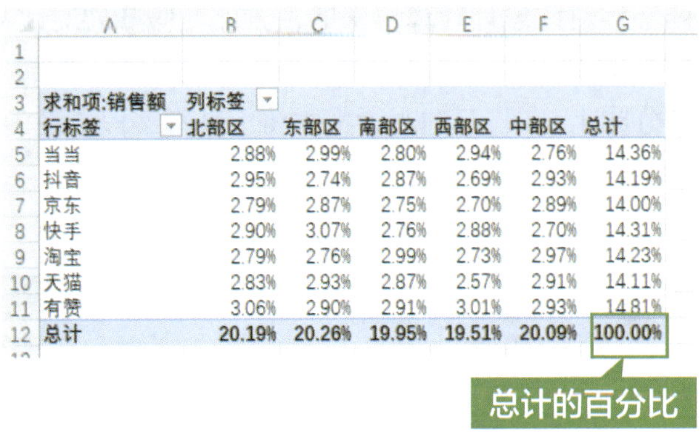

求和项:销售额	列标签					
行标签	北部区	东部区	南部区	西部区	中部区	总计
当当	2.88%	2.99%	2.80%	2.94%	2.76%	14.36%
抖音	2.95%	2.74%	2.87%	2.69%	2.93%	14.19%
京东	2.79%	2.87%	2.75%	2.70%	2.89%	14.00%
快手	2.90%	3.07%	2.76%	2.88%	2.70%	14.31%
淘宝	2.79%	2.76%	2.99%	2.73%	2.97%	14.23%
天猫	2.83%	2.93%	2.87%	2.57%	2.91%	14.11%
有赞	3.06%	2.90%	2.91%	3.01%	2.93%	14.81%
总计	20.19%	20.26%	19.95%	19.51%	20.09%	100.00%

将【值显示方式】改为【行汇总的百分比】，这里的汇总指的是第 12 行

的汇总，每行的数据累加起来是 100%，对应的计算逻辑如下。

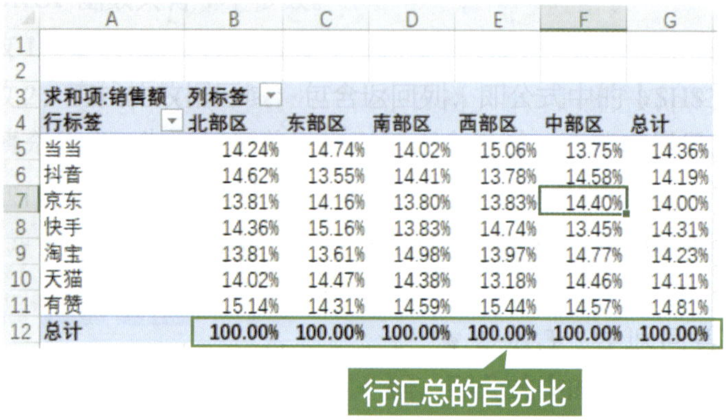

求和项:销售额	列标签					
行标签	北部区	东部区	南部区	西部区	中部区	总计
当当	14.24%	14.74%	14.02%	15.06%	13.75%	14.36%
抖音	14.62%	13.55%	14.41%	13.78%	14.58%	14.19%
京东	13.81%	14.16%	13.80%	13.83%	14.40%	14.00%
快手	14.36%	15.16%	13.83%	14.74%	13.45%	14.31%
淘宝	13.81%	13.61%	14.98%	13.97%	14.77%	14.23%
天猫	14.02%	14.47%	14.38%	13.18%	14.46%	14.11%
有赞	15.14%	14.31%	14.59%	15.44%	14.57%	14.81%
总计	100.00%	100.00%	100.00%	100.00%	100.00%	100.00%

将【值显示方式】改为【列汇总的百分比】，这里的汇总指的是【G】列的汇总，每列的数据累加起来是 100%，对应的计算逻辑如下。

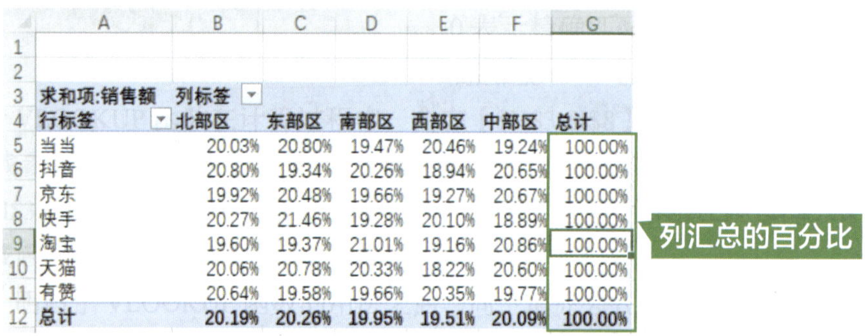

求和项:销售额	列标签					
行标签	北部区	东部区	南部区	西部区	中部区	总计
当当	20.03%	20.80%	19.47%	20.46%	19.24%	100.00%
抖音	20.80%	19.34%	20.26%	18.94%	20.65%	100.00%
京东	19.92%	20.48%	19.66%	19.27%	20.67%	100.00%
快手	20.27%	21.46%	19.28%	20.10%	18.89%	100.00%
淘宝	19.60%	19.37%	21.01%	19.16%	20.86%	100.00%
天猫	20.06%	20.78%	20.33%	18.22%	20.60%	100.00%
有赞	20.64%	19.58%	19.66%	20.35%	19.77%	100.00%
总计	20.19%	20.26%	19.95%	19.51%	20.09%	100.00%

以上是行列选项对比总计计算出来的百分比。假如要对比某个选项计算百分比，在当前案例中计算每个渠道对比当当的百分比，则需要把【值显示方式】改为【百分比】，在打开的对话框中将【基本字段】设为【渠道】，将【基本项】设为【当当】。

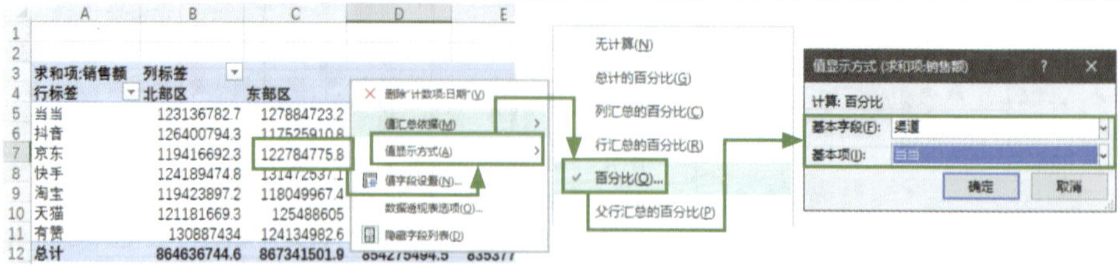

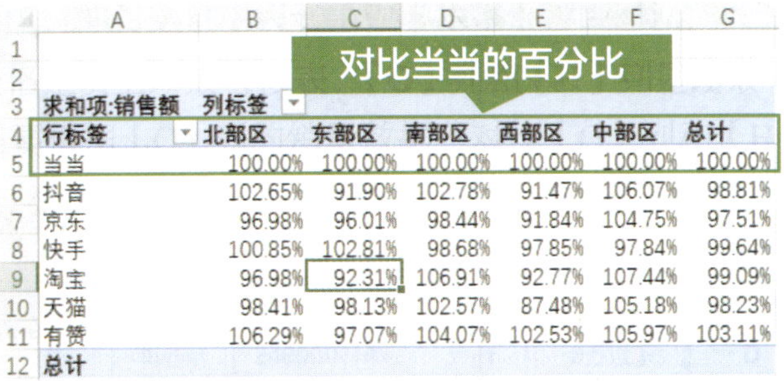

表面上看这个选项好像用处不大，但是如果按照日期统计月报、季度报等数据，【百分比】选项的强大就会展现到极致，因为它是统计同比、环比的“利器”。

下面是按照月份和地区统计的销售额数据。在统计结果上右击，在快捷菜单中选择【值显示方式】→【百分比】选项，在打开的对话框中将【基本字段】设为【月（日期）】，将【基本项】设为【（上一个）】，单击【确定】按钮。

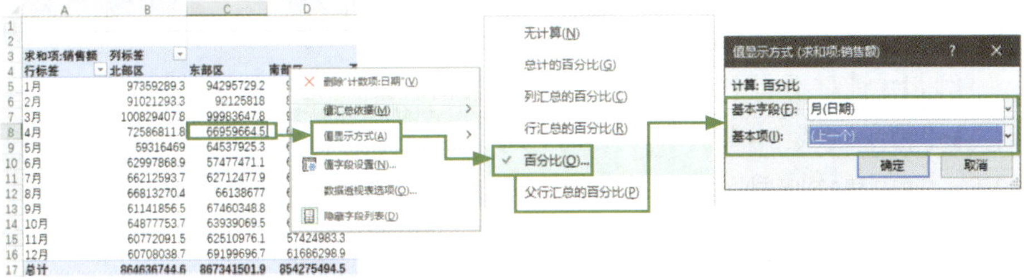

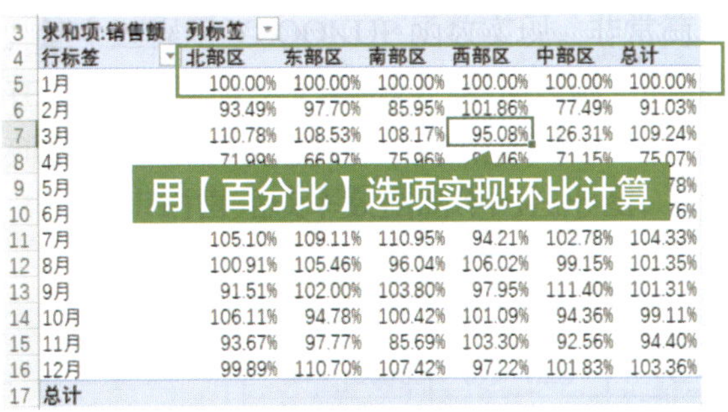

这样的百分比是将当前月份的销售额除以上一个月的销售额得到的。

如果要计算每个月的环比增长率，可以把【值显示方式】改成【差异百分比】，在打开的对话框中将【基本字段】设为【月（日期）】，将【基本项】设为【（上一个）】，单击【确定】按钮。

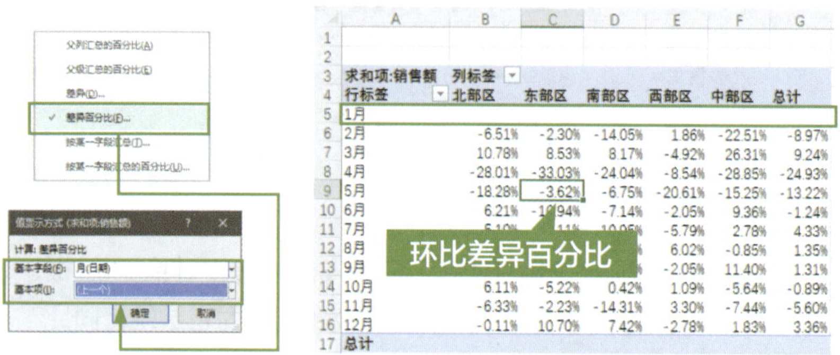

如果只想看差异，不需要百分比，则可以把【值显示方式】改成【差异】，操作是类似的。

多层级分析

数据透视表中，如果【行】区域中有多个字段，就会生成父级字段的分类汇总。

例如，针对不同平台的交易数据，按照下面的字段布局统计销售额。

- 【行】区域：【渠道】【产品】。
- 【列】区域：【区域】。
- 【值】区域：【销售额】。

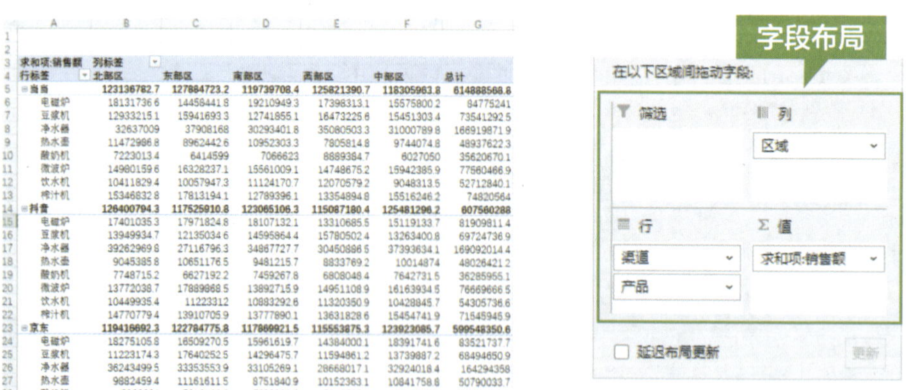

在统计结果上右击，在快捷菜单中选择【值显示方式】→【父行汇总的百分比】选项，那么每个百分比都是基于上一级分类汇总计算的，每个层级中各行数据累加起来刚好是 100%。

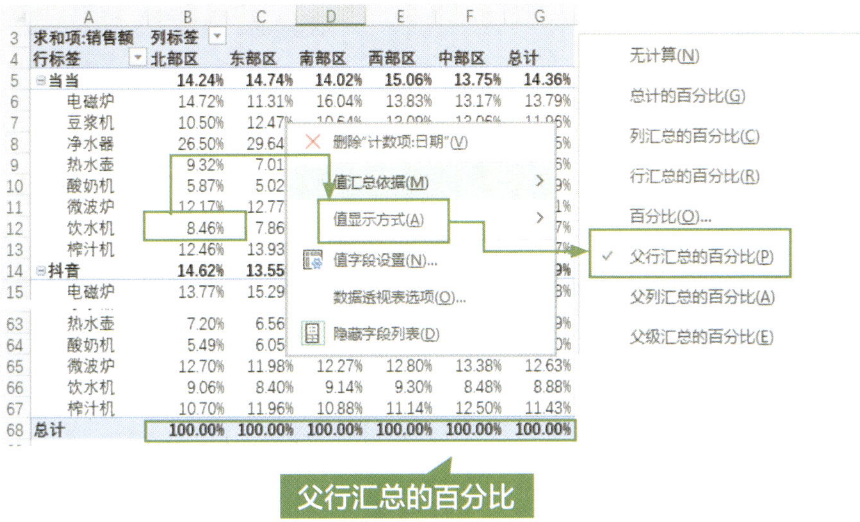

在任意渠道单元格上右击，在快捷菜单中选择【展开 / 折叠】→【折叠整个字段】选项，可以看到分类汇总的百分比是基于总计计算的，结果也是 100%。

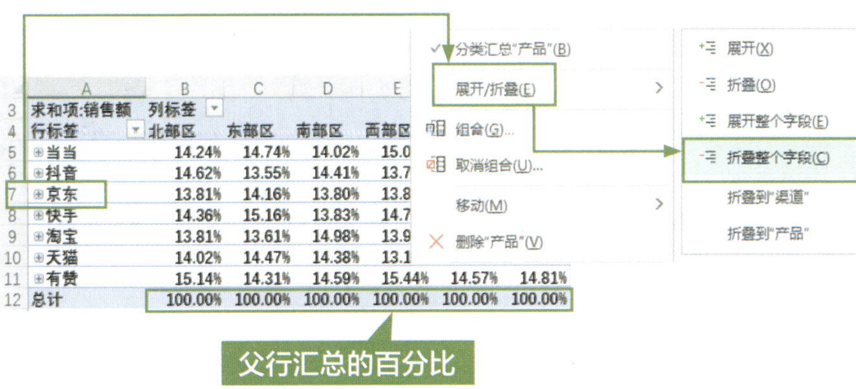

【父列汇总的百分比】的效果类似，只不过是在列方向做汇总计算。

【父级汇总的百分比】稍有不同，选择【父级汇总的百分比】选项后会打开对话框，需要指定一个【基本字段】作为父级（这里选择【渠道】），单击【确定】按钮，之后所有字段的数据都除以这个字段的数据，得到百分比。

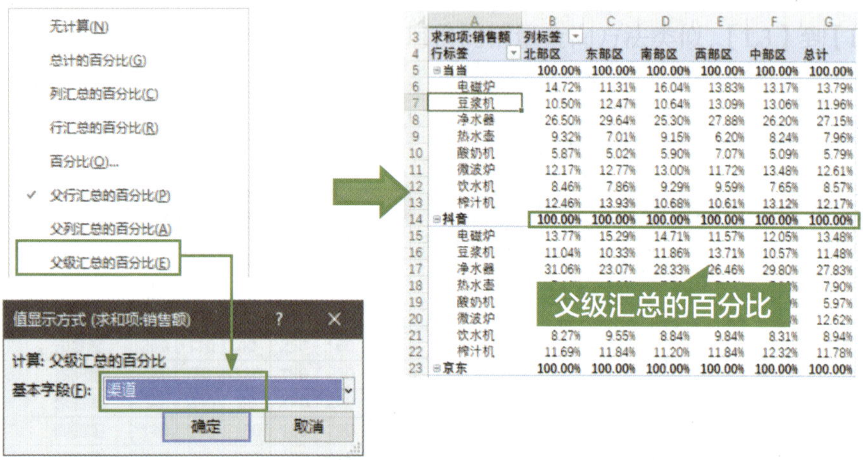

如果父级的级别小于或等于当前字段级别，则显示 100%。例如将【基本字段】设置为【产品】，因为产品是统计结果中最小的级别，所以统计结果全部都是 100%。

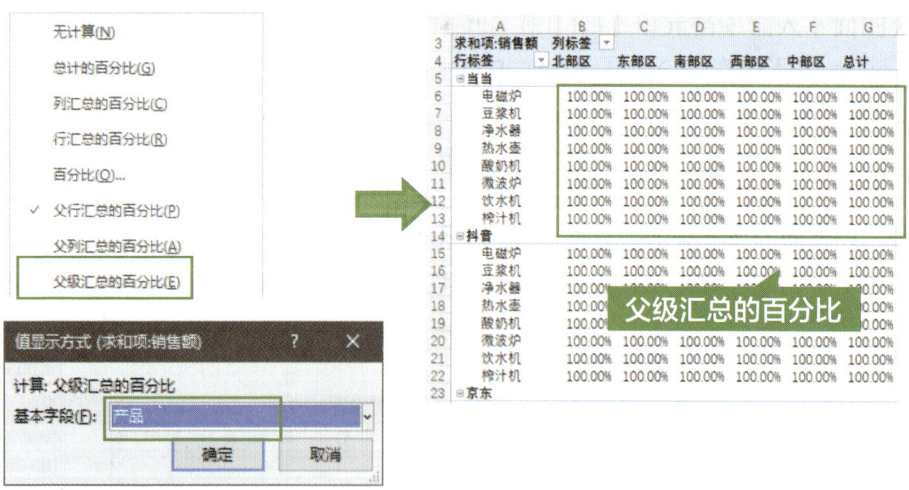

上下文分析

上下文分析是指数据的计算是基于上一个或下一个数据进行的。

例如基于不同平台的交易数据按照【渠道】统计销量，然后在这个基础上计算出每个渠道的累计销量及对应的名次，这就是上下文分析。

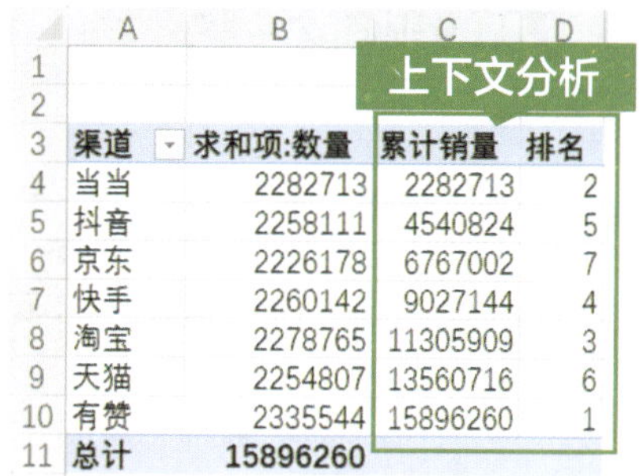

先计算累计销量。在统计结果上右击，在快捷菜单中选择【值显示方式】→【按某一字段汇总】选项，在打开的对话框中将【基本字段】设为【渠道】，单击【确定】按钮即可计算出每个渠道的累计销量。

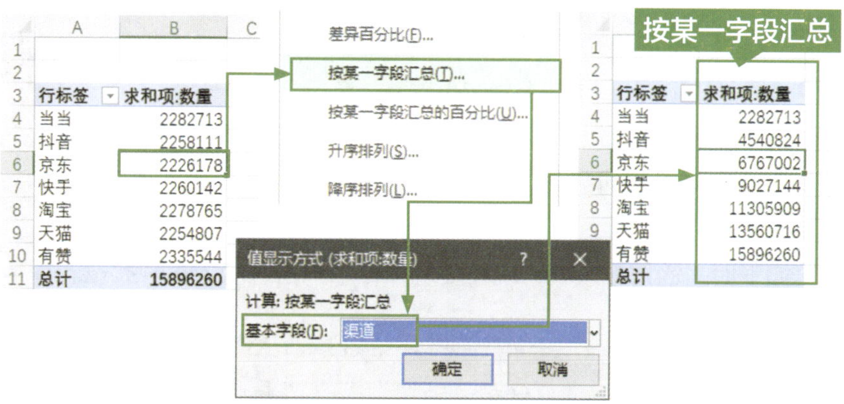

接下来计算销量排名。再次拖曳【销量】字段到【值】区域，在统计结果上右击，在快捷菜单中选择【值显示方式】→【降序排列】选项，在打开的对话框中将【基本字段】设为【渠道】，单击【确定】按钮，每个渠道的销量排名就轻松计算出来了。

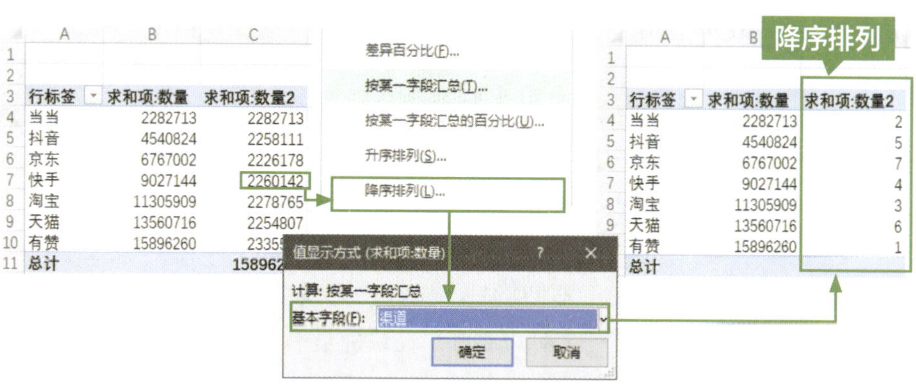

最后分别修改统计字段为【累计销量】和【排名】，就完成了数据的上下文统计。

修改字段名称

渠道	累计销量	排名
当当	2282713	2
抖音	4540824	5
京东	6767002	7
快手	9027144	4
淘宝	11305909	3
天猫	13560716	6
有赞	15896260	1
总计		

6.4.3 去除重复，计算每个销售区域的货号数量

视频案例

系统在记录数据时，会把每次产品销售、用户访问等信息记录在表格中，难免会出现重复的记录。在分析数据时，特别是统计次数时，经常需要先去除重复再进行统计。

例如下面的销售记录表，现在要统计每个销售区域的货号数量。

销售日期	销售区域	货号	品牌	性别	售价/元
2017/1/1	苏州	182894-455	Jack wolfskin	女	99
2017/1/1	苏州	205635-402	Jack wolfskin	女	219
2017/1/1	苏州	205654-021	Jack wolfskin	女	169
2017/1/1	苏州	205654-519	Jack wolfskin	女	169
2017/1/1	苏州	377781-010	Septwolves	男	249
2017/1/2	苏州	543369-010	Septwolves	男	799
2017/1/2	苏州	588685-002	Septwolves	男	299
2017/1/3	苏州	AKLH641-1	Lining	男	239
2017/1/3	苏州	AKLJ013-4	Lining	男	219
2017/1/3	苏州	AKLJ041-2	Lining	男	269
2017/1/3	苏州	AWDJ099-2	Lining	男	339
2017/1/3	苏州	D86971	Eichitoo	女	369
2017/1/3	苏州	F76715	Eichitoo	女	329
2017/1/3	苏州	FT001-N10	Jack wolfskin	男	699
2017/1/4	苏州	G70726	Eichitoo	女	929

销售区域	货号数量	货号数量去重
昆山	100	73
苏州	102	68
无锡	151	91
总计	344	232

去除重复统计数量

只统计货号数量并不是一件困难的事情。按照下面的字段布局，创建数据透视表并拖曳字段到指定区域，就可以完成。

- 【行】区域：【销售区域】。
- 【值】区域：【货号】。

根据前面积累的经验，要把货号的统计方式从【计数】改成【非重复计数】，只需在【计数项：货号】列上右击，在快捷菜单中选择【值汇总依据】→

【非重复计数】选项就可以了。

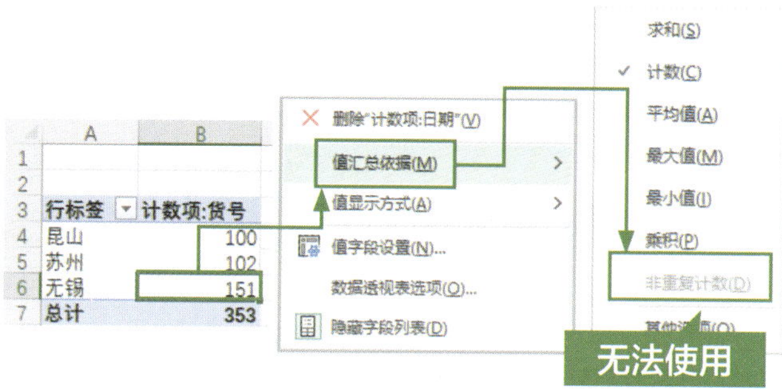

但是尝试过后，你就会发现【非重复计数】选项是灰色的，这是因为缺少了一个关键的步骤。在插入数据透视表的时候，在数据透视表向导对话框中一定要勾选【将此数据添加到数据模型】复选框。

勾选之后再按照前面的方法操作，【值汇总依据】中的【非重复计数】选项就可以用了。

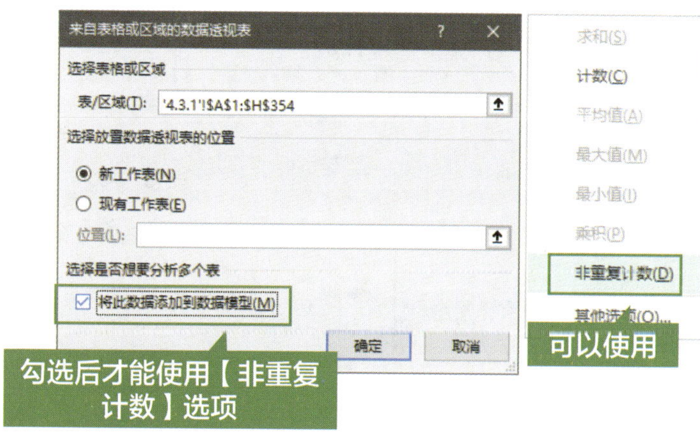

这里需要特别说明两点。

- WPS 不支持将数据添加到数据模型。
- 在 Excel 中，将数据添加到数据模型后，不仅可以做非重复计数，还有更强大的功能供使用。

如何实现非重复计数

如果 Excel 中没有【将此数据添加到数据模型】复选框，那么只能使用函数公式来实现非重复计数。

回到原始数据中，添加辅助列【货号次数去重】，在【I2】单元格中输入下面的公式，按照【销售区域】统计【货号】出现的次数，如果次数大于 1 就备注 1，否则备注 0。

```
=IF(COUNTIFS($B$2:B2,B2,$C$2:C2,C2)=1,1,0)
```

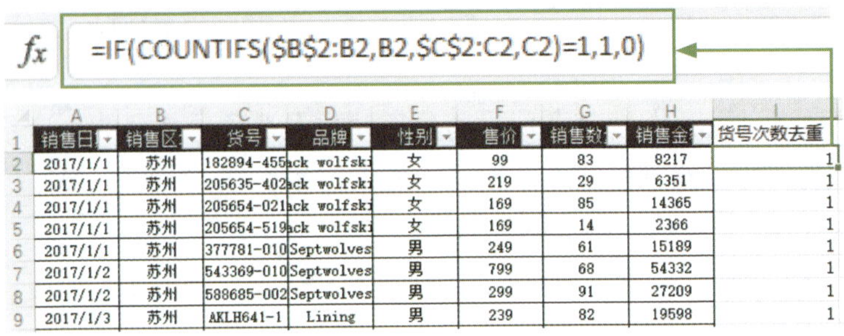

	A	B	C	D	E	F	G	H	I
1	销售日	销售区	货号	品牌	性别	售价	销售数	销售金	货号次数去重
2	2017/1/1	苏州	182894-455	ack wolfski	女	99	83	8217	1
3	2017/1/1	苏州	205635-402	ack wolfski	女	219	29	6351	1
4	2017/1/1	苏州	205654-021	ack wolfski	女	169	85	14365	1
5	2017/1/1	苏州	205654-519	ack wolfski	女	169	14	2366	1
6	2017/1/1	苏州	377781-010	Septwolves	男	249	61	15189	1
7	2017/1/2	苏州	543369-010	Septwolves	男	799	68	54332	1
8	2017/1/2	苏州	588685-002	Septwolves	男	299	91	27209	1
9	2017/1/3	苏州	AKLH641-1	Lining	男	239	82	19598	1

然后将【销售区域】字段拖曳到【行】区域，将【货号次数去重】字段拖曳到【值】区域，就可以实现非重复计数。

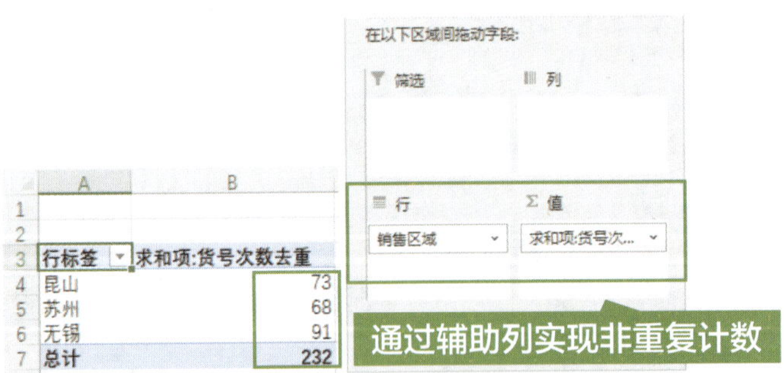

	A	B
1		
2		
3	行标签	求和项:货号次数去重
4	昆山	73
5	苏州	68
6	无锡	91
7	总计	232

强大的数据模型

勾选【将此数据添加到数据模型】复选框不只是为了满足【非重复计数】这样一个简单的需求，实际上这背后有一个非常强大的数据建模工具——Power Pivot，借助这个工具可以完成很多数据透视表无法实现的操作。

例如在下面的明细表中，要统计每个销售员卖了哪些物料，应该怎么做？

编号	销售员	销售时间	物料	销售数量
1	刘有三	2017/8/1	单片夹	75
2	刘有三	2017/8/1	单片夹	147
3	高霞	2017/8/2	单片夹	20
4	邓强	2017/8/6	单片夹	213
5	刘有三	2017/8/6	铅笔	241
6	高霞	2017/8/10	铅笔	10
7	刘有三	2017/8/14	铅笔	245
8	邓强	2017/8/19	铅笔	207
9	高霞	2017/8/23	双面胶	20
10	高霞	2017/8/23	双面胶	255
11	高霞	2017/8/24	双面胶	10
12	刘有三	2017/8/28	双面胶	108
13	刘有三	2017/9/2	蓝牙鼠标	138
14	刘有三	2017/9/3	蓝牙鼠标	71
15	邓强	2017/9/8	双面胶	297
16	刘有三	2017/9/13	资料架	224
17	刘有三	2017/9/17	资料架	94
18	刘有三	2017/9/20	资料架	181
19	刘有三	2017/9/23	资料架	296

按类别合并文本

行标签	物料合并
邓强	单片夹，铅笔，双面胶
高霞	单片夹，铅笔，双面胶，双面胶，双面胶
刘有三	单片夹，单片夹，铅笔，铅笔，双面胶，蓝牙鼠标，蓝牙鼠标，资料架，资料架，资料架，资料架
总计	**单片夹，单片夹，单片夹，单片夹，铅笔，铅笔，铅笔，铅笔，双面胶，双面胶，双面胶，双面胶**

你可能立马就想到了数据透视表的字段布局。

- 【行】区域：【销售员】。
- 【值】区域：【物料】。

但是插入数据透视表并进行统计之后，只得到了物料的个数，而且【值汇总依据】中并没有合并文本之类的选项。

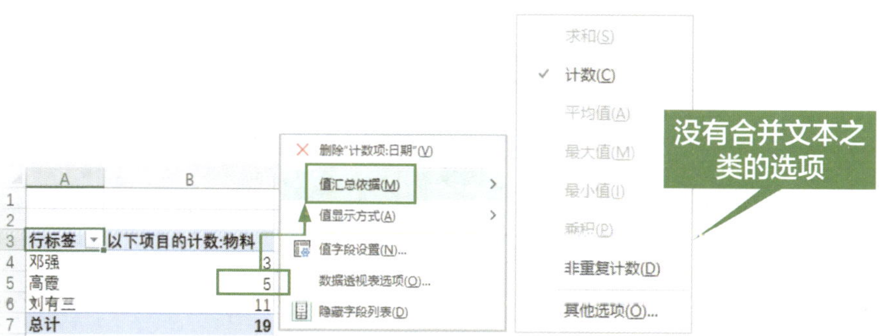

这个时候就要用到强大的 Power Pivot 了。

插入数据透视表的时候勾选【将此数据添加到数据模型】复选框，然后在右侧的【数据透视表字段】面板中右击【区域】，在快捷菜单中选择【添加度量值】选项。

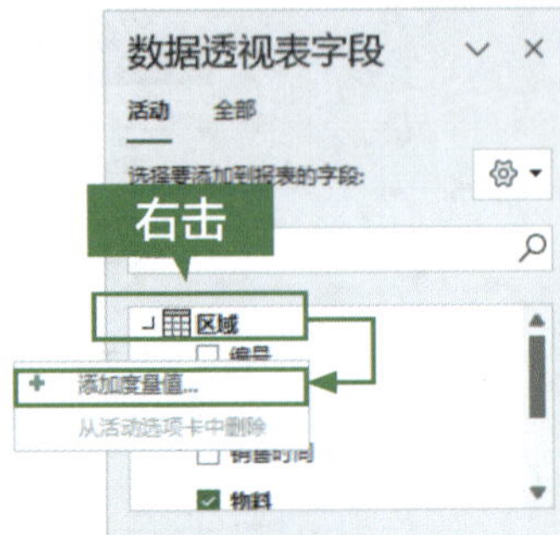

在打开的对话框中填写度量值的名称，输入度量值的公式，单击【确定】按钮。

=CONCATENATEX('区域','区域'[物料],"，")

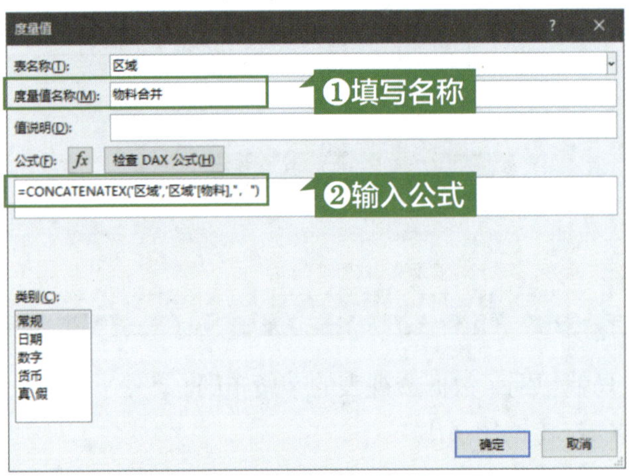

创建度量值之后，在数据透视表中进行统计。把【销售员】字段拖曳到【行】区域，把【物料合并】字段拖曳到【值】区域，每个销售员销售的物料明细就被快速整理出来了。

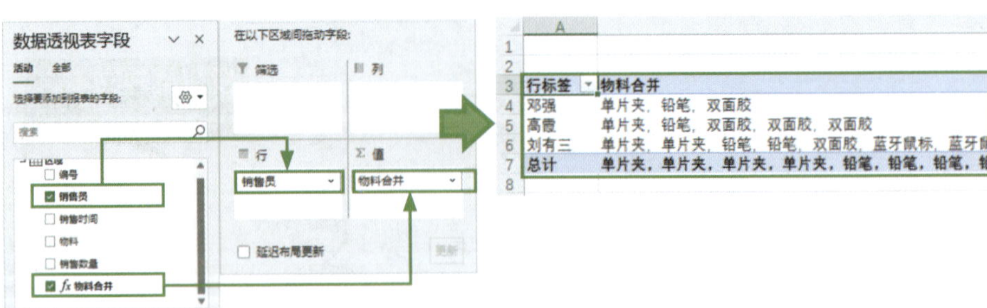

上面这段公式你可能完全看不懂，没关系，因为这不是普通的函数公式，而是专属 Power Pivot 的数据分析表达式（Data Analysis Expression，DAX），是独立于函数公式的新的统计规则。

可以先通过搜索简单了解 DAX，后续根据需求再做深入了解，一旦掌握了 DAX，就可以把这个功能轻松地迁移到 Power BI 中，解决更多、更复杂的数据分析与统计需求，并输出高级的数据大屏、看板。

6.5 排序筛选，让数据分析更有条理

在完成汇总统计后，有序地组织数据，能更容易地看出数据背后的规律，从而提高统计报表的可读性。通过排序或者筛选，把相同的数据整理到一起，快速浏览核对，是最简单也是最实用的方法。

6.5.1 如何在数据透视表中对数据排序

下图是一份销售明细表，按照销售部和商品统计了销售数量。

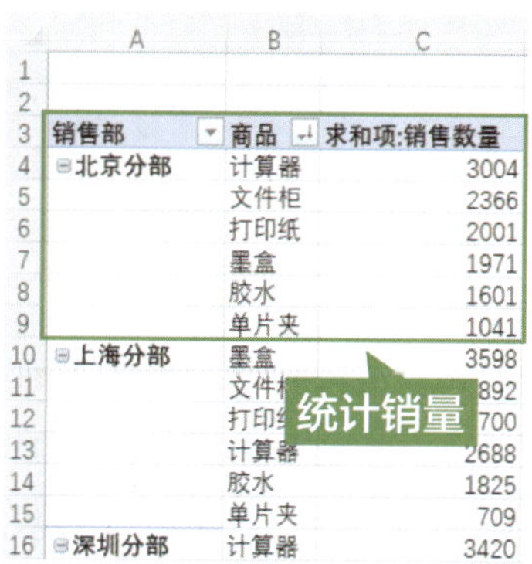

销售部	商品	求和项:销售数量
北京分部	计算器	3004
	文件柜	2366
	打印纸	2001
	墨盒	1971
	胶水	1601
	单片夹	1041
上海分部	墨盒	3598
	文件	892
	打印	700
	计算器	2688
	胶水	1825
	单片夹	709
深圳分部	计算器	3420

现在需要按照商品的名称进行排序，方便核对不同商品的销量。在任意商品单元格上右击，在快捷菜单中选择【排序】→【升序】选项就可以完成排序。

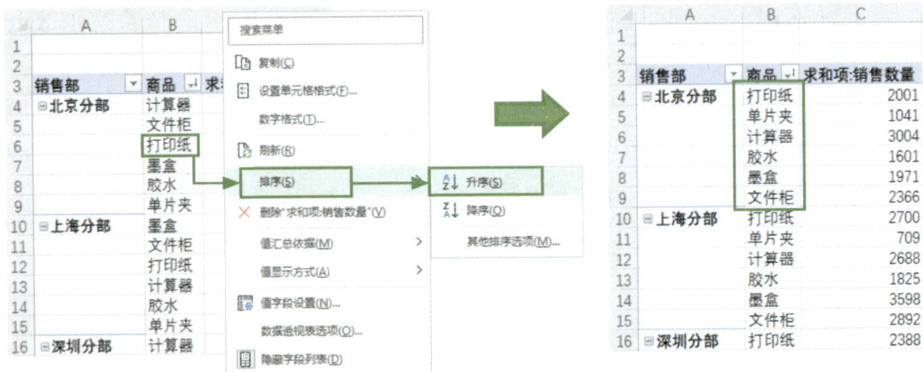

对数值排序，操作是一样的，在销量单元格上右击，在快捷菜单中选择【排序】→【降序】选项，就可以完成销量的降序排列。

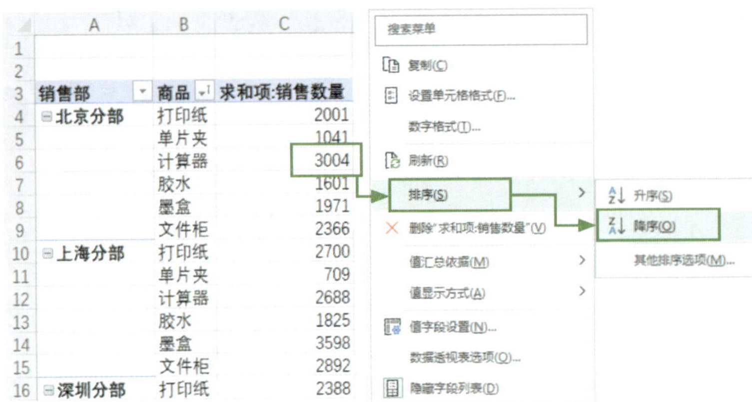

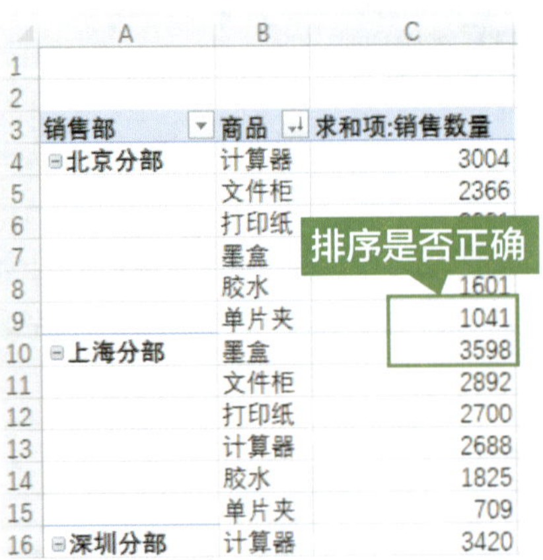

新手这时会有一个困惑，为什么墨盒的销量是 3598，却排在销量为 1041 的单片夹后面？

这是正确的，因为数据透视表中有两个层级的行标签，即【销售部】【商品】，数据透视表会在保证层次结构的基础上进行排序。所以销量是在【销售部】这个分组内进行的排序。

销量为 3598 的墨盒是【上海分部】

的第 1 名，销量为 1041 的单片夹是【北京分部】的最后一名，两个数据刚好排在了一起，所以出现了这个误解，但是在各自的分组里，销量依然是降序排列的。

如果要实现所有数字降序排列，那么要先删除数据透视表中的层级，只保留一个行标签。

在表格中添加一个辅助列，把销售部和商品数据合并到一起。

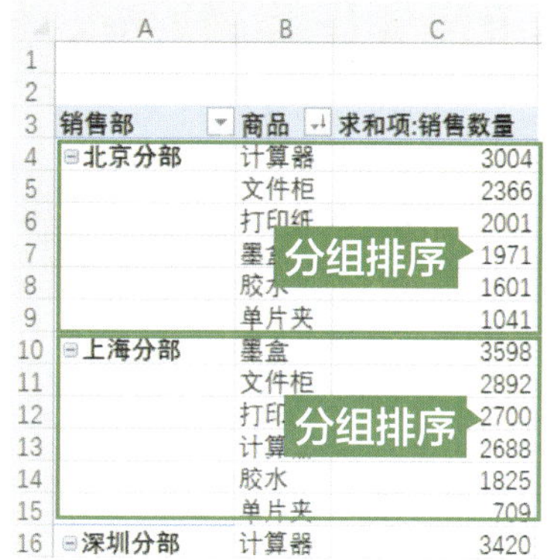

	A	B	C
1			
2			
3	销售部	商品	求和项:销售数量
4	⊟北京分部	计算器	3004
5		文件柜	2366
6		打印纸	2001
7		墨	1971
8		胶	1601
9		单片夹	1041
10	⊟上海分部	墨盒	3598
11		文件柜	2892
12		打印	2700
13		计算	2688
14		胶水	1825
15		单片夹	709
16	⊟深圳分部	计算器	3420

fx =B2&E2

	A	B	C	D	E	F	G	H	I
1	编号	销售部	销售员	销售时间	商品	单价/元	销售数量	销售金额/元	辅助列
2	1	北京分部	张丽丽	2017/8/1	单片夹	48.00	75	3,600.00	北京分部单片夹
3	2	北京分部	刘有三	2017/8/1	单片夹	17.00	147	2,499.00	北京分部单片夹
4	3	长沙分部	高霞	2017/8/2	单片夹	30.00	248	7,440.00	长沙分部单片夹
5	4	上海分部	李富贵	2017/8/6	单片夹	30.00	213	6,390.00	上海分部单片夹
6	5	北京分部	刘有三	2017/8/6	单片夹	45.00	241	10,845.00	北京分部单片夹
7	6	长沙分部	高霞	2017/8/10	单片夹	45.00	262	11,790.00	长沙分部单片夹
8	7	深圳分部	王鹏宇	2017/8/14	单片夹	32.00	245	7,840.00	深圳分部单片夹
9	8	上海分部	李辉	2017/8/19	文件柜	11.00	207	2,277.00	上海分部文件柜
10	9	上海分部	李富贵	2017/8/23	文件柜	14.00	199	2,786.00	上海分部文件柜
11	10	深圳分部	王鹏宇	2017/8/23	单片夹	32.00	255	8,160.00	深圳分部单片夹
12	11	北京分部	张丽丽	2017/8/24	文件柜	21.00	167	3,507.00	北京分部文件柜
13	12	北京分部	刘有三	2017/8/28	文件柜	41.00	108	4,428.00	北京分部文件柜
14	13	深圳分部	王鹏宇	2017/9/2	文件柜	29.00	138	4,002.00	深圳分部文件柜

然后通过这个辅助列创建数据透视表并统计销售数量，再对销售数量排序，就可以看到所有的数字都是降序排列的。

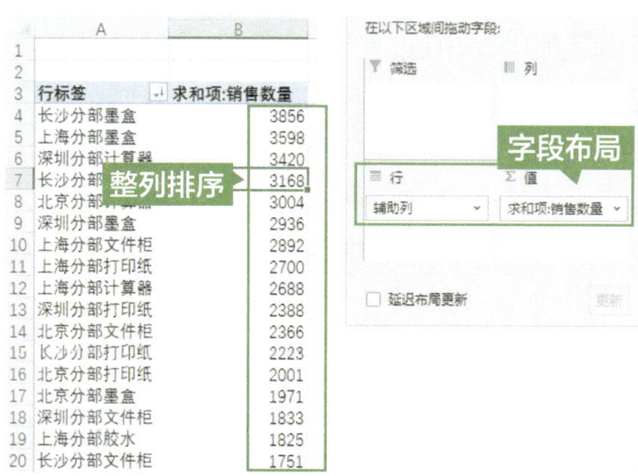

	A	B
1		
2		
3	行标签	求和项:销售数量
4	长沙分部墨盒	3856
5	上海分部墨盒	3598
6	深圳分部计算器	3420
7	长沙分部	3168
8	北京分部	3004
9	深圳分部墨盒	2936
10	上海分部文件柜	2892
11	上海分部打印纸	2700
12	上海分部计算器	2688
13	深圳分部打印纸	2388
14	北京分部文件柜	2366
15	长沙分部打印纸	2223
16	北京分部打印纸	2001
17	北京分部墨盒	1971
18	深圳分部文件柜	1833
19	上海分部胶水	1825
20	长沙分部文件柜	1751

6.5.2 如何在数据透视表中筛选数据

如果数据透视表中仅需要显示特定类别的数据，则可以通过筛选操作实现。

例如，下图是按照销售部、商品、销售员统计销量后的数据透视表。

求和项:销售数量		销售员								
销售部	商品	邓强	高霞	高晓丽	李富贵	李辉	刘有三	王鹏宇	张丽丽	总计
北京分部	计算器						911		2093	3004
	胶水						818		783	1601
	单片夹						388		653	1041
	墨盒						1442		529	1971
	打印纸						1344		657	2001
	文件柜						937		1429	2366
上海分部	单片夹				213	496				709
	文件柜				2066	826				2892
	计算器				1774	914				2688
	胶水				763	1062				1825
	打印纸				1246	1454				2700
	墨盒				1482	2116				3598
深圳分部	计算器			1425				1995		3420
	胶水			730				570		1300
	单片夹							500		500
	墨盒			1225				1711		2936
	打印纸			1250				1138		2388
	文件柜			694				1139		1833
长沙分部	计算器	1623	1545							3168
	胶水	766	437							1203
	单片夹	194	698							892
	墨盒	833	3023							3856
	打印纸	545	1678							2223
	文件柜	1122	629							1751
总计		5083	8010	5324	7544	6868	5840	7053	6144	51866

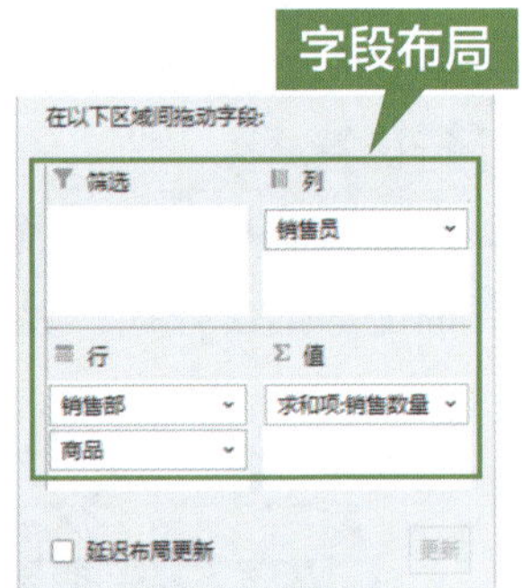

各字段的放置位置如下。

- 【行】区域:【销售部】【商品】。
- 【列】区域:【销售员】。
- 【值】区域:【销售数量】。

现在想要筛选出商品单片夹的销售数据，只需要在行标签【商品】中单击筛选按钮，勾选【单片夹】复选框，单击【确定】按钮。

行标签、列标签都可以用这个方法来筛选数据，但是如果需要频繁地查看各商品的销售数据，这并不是最高效的方法，数据透视表的【切片器】功能是最佳的选择。

选择数据透视表中的任意单元格，在【数据透视表分析】选项卡中单击【插入切片器】按钮，在打开的对话框中勾选【商品】复选框，单击【确定】按钮。

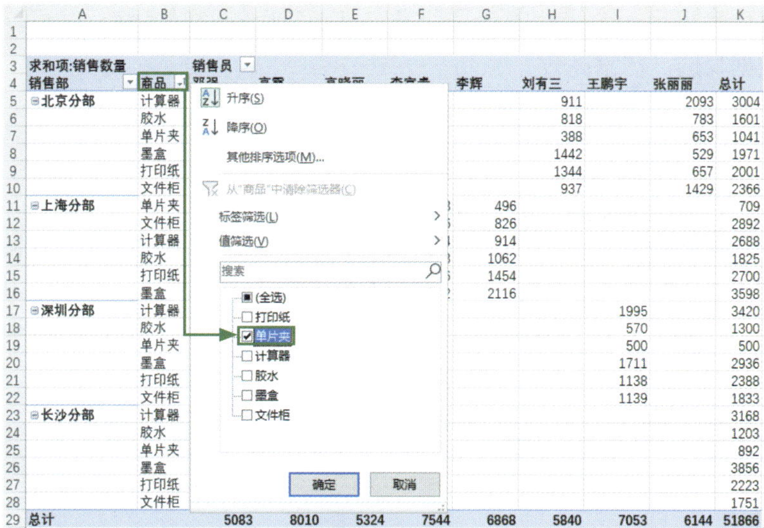

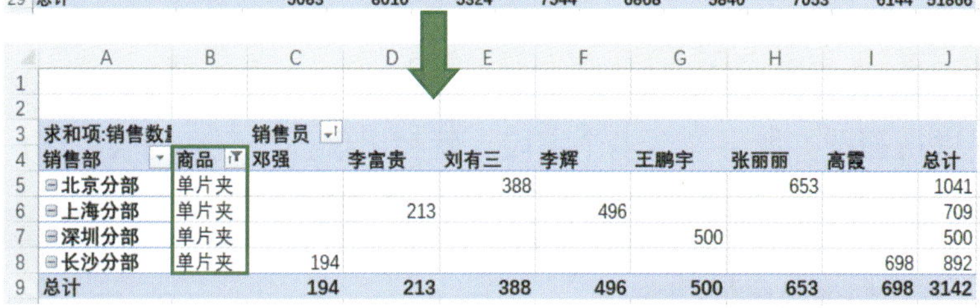

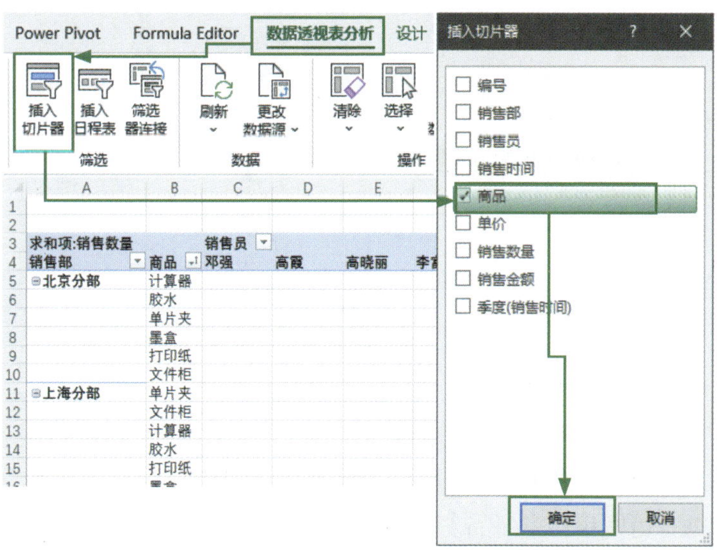

然后会出现一个浮动的商品列表，单击对应的商品名称，就可以快速地完成数据筛选，非常高效。

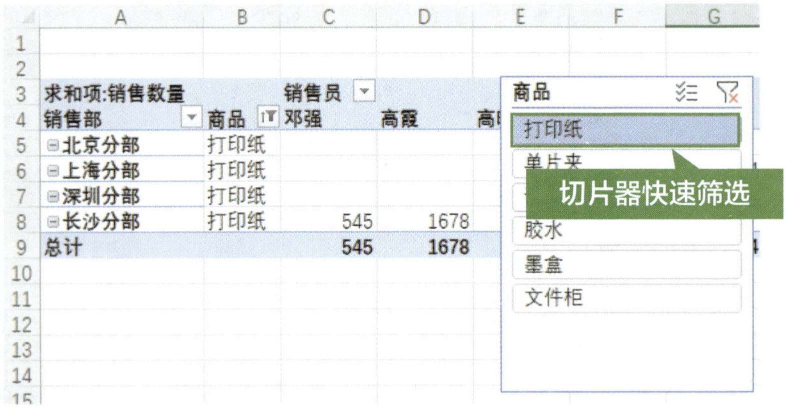

值得说明的是，在插入切片器时，可以在打开的对话框中选择要使用哪些字段进行筛选。如果勾选多个字段，就会出现多个浮动列表，选择不同列表中的选项，可以轻松实现多个维度、多个条件的筛选。

另外，还可以根据统计的结果进行筛选。例如现在要筛选出销量大于 2000 的数据，可以单击【商品】中的筛选按钮，选择【值筛选】→【大于】选项，然后在打开的对话框中输入【2000】，单击【确定】按钮。

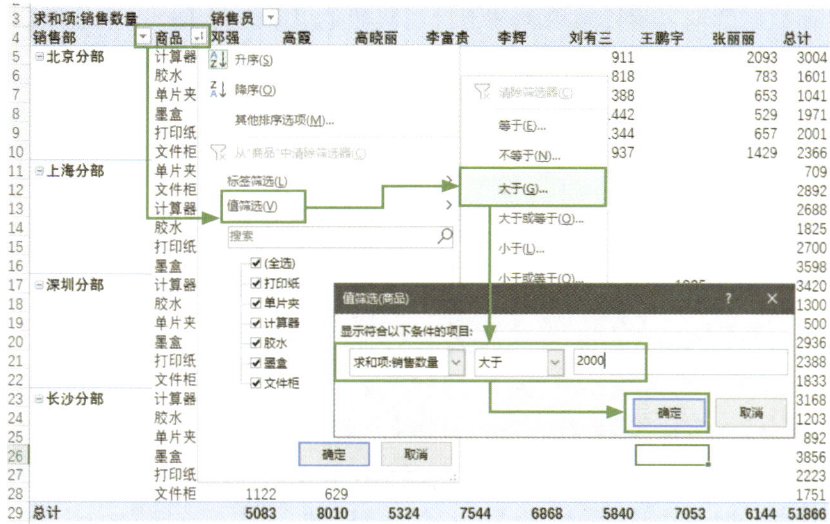

需要说明的是，这里是针对商品的总计进行筛选的，因此可以看到，统计结果中仍然有小于 2000 的记录，数值的筛选本质上筛选出来的是商品销量总和大于 2000 的数据。

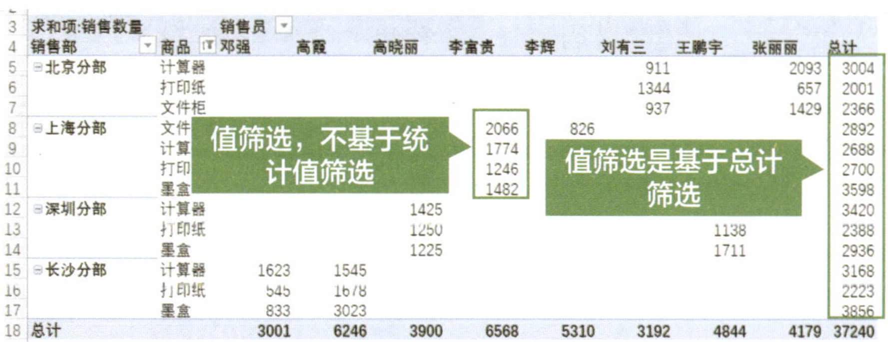

6.6 自动统计，通过数据透视表搭建自动化报表

6.6.1 新增数据后，统计结果如何更新

数据透视表创建之后，会一直和原始数据保持关联。原始数据发生变化

后，在数据透视表统计结果上右击，在快捷菜单中选择【刷新】选项即可更新数据透视表。

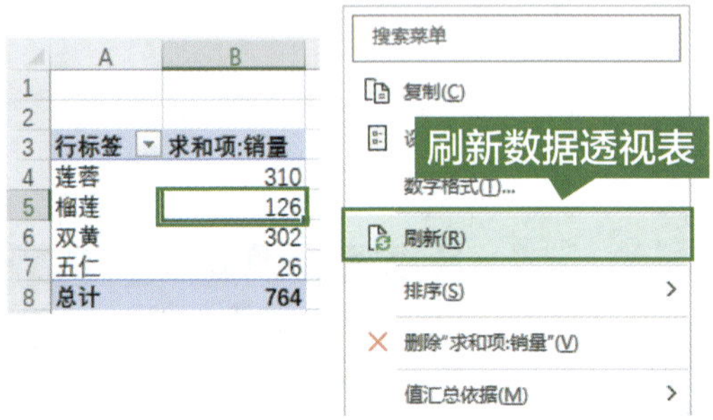

但是如果向数据源添加了记录，再刷新数据透视表就无济于事了。因为创建数据透视表时引用的数据源是一个固定区域。解决此问题的方法有两个。

方法 1：更改数据源。

在【数据透视表分析】选项卡中单击【更改数据源】按钮，重新选择数据源区域，将新数据记录包含在内，单击【确定】按钮，然后刷新数据透视表。

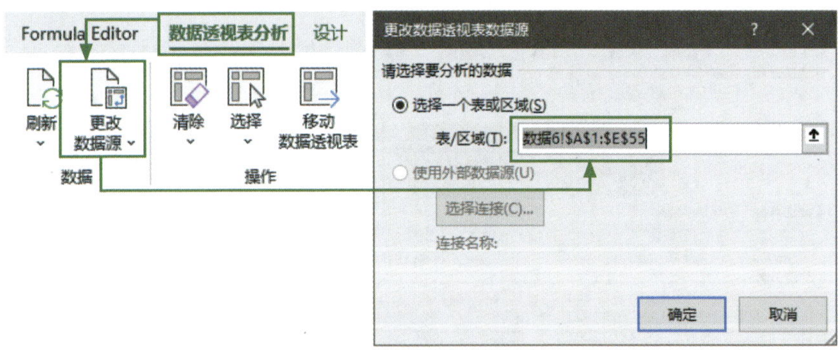

不过，每次新增数据后都更改数据源，显然不够高效，所以推荐使用第 2 种方法。

方法 2：转换为智能表格，变成动态数据源。

在原始表格中选择任意单元格，按【Ctrl+T】快捷键打开【创建表】对话框，单击【确定】按钮，把原始表格转换成智能表格，使之具备自动扩展功能，这样新增数据时该表格便能自动扩展区域，变成动态数据源。

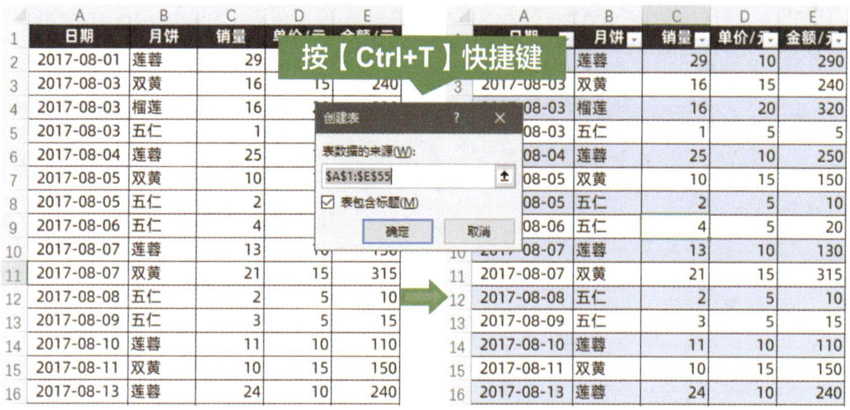

接下来，基于这个数据源插入数据透视表并统计数据，这样以后再添加新行，只需直接刷新数据透视表，新增的行就会自动更新到汇总结果中。在统计的结果上插入一个数据透视图，这张图表也能同步更新，一个能自动统计的“报表系统”就搭建好了。

新增数据前　　　　新增数据后

6.6.2 针对多个工作表创建数据透视表

说到自动统计，要解决的第一个大难题，就是针对多个工作表的数据进行统计分析。

但是数据透视表的数据源只能有一个，所以实现多个工作表的自动统计的必经之路，就是数据的合并。

例如下面的表格中有 4 种产品的销售数据，现在需要把数据汇总起来统计每个省 / 自治区的营业额。

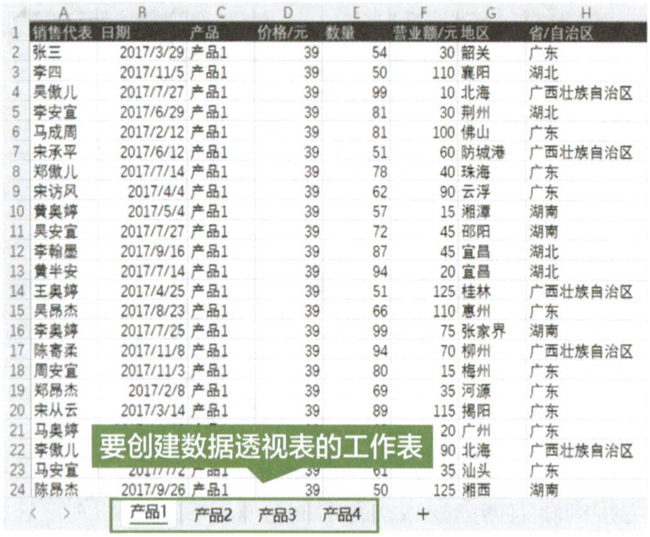

先参考第 4 章合并多个工作表的方法，使用 Power Query 将多个工作表中的数据合并起来。

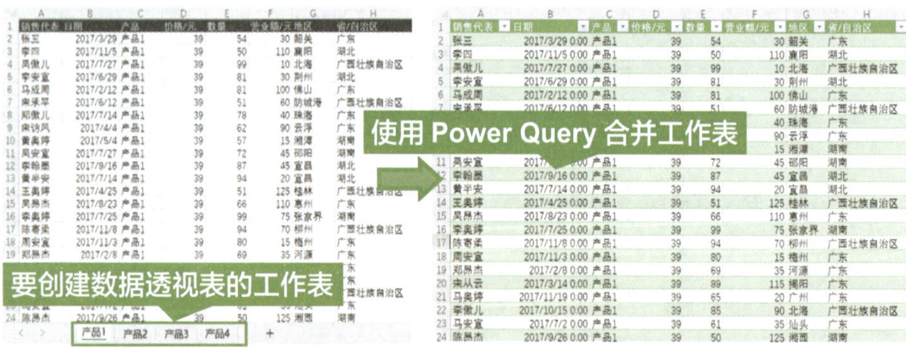

然后基于合并后的数据插入数据透视表，统计每个省份的营业额。这个过程和操作普通的数据透视表是完全一样的。

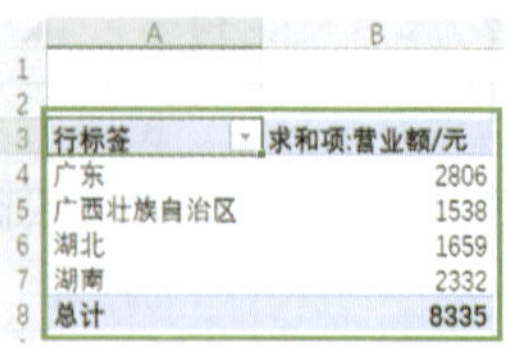

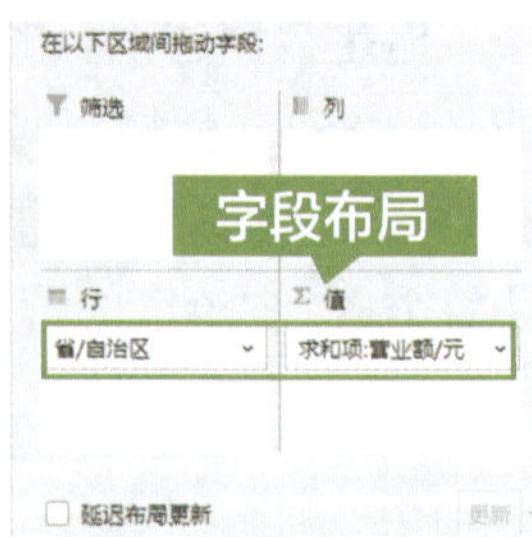

至此，自动统计的流程就完成了。如果原始表格中的数据发生了变化，如把产品 1 工作表中的第 1 个省份改为【秋叶 Excel】。

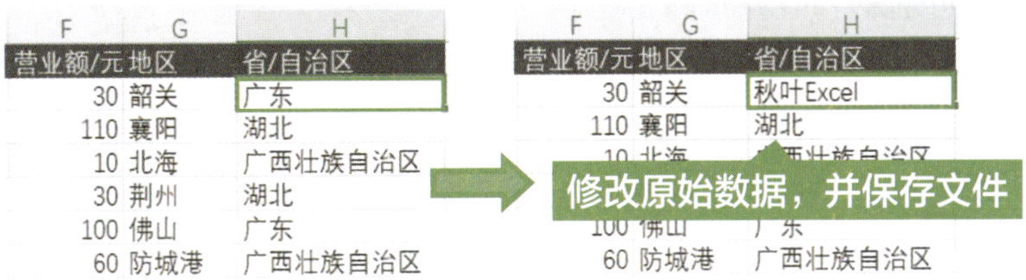

只需要在【数据透视表分析】选项卡中单击【刷新】按钮，选择【全部刷新】选项，统计结果就能自动更新。

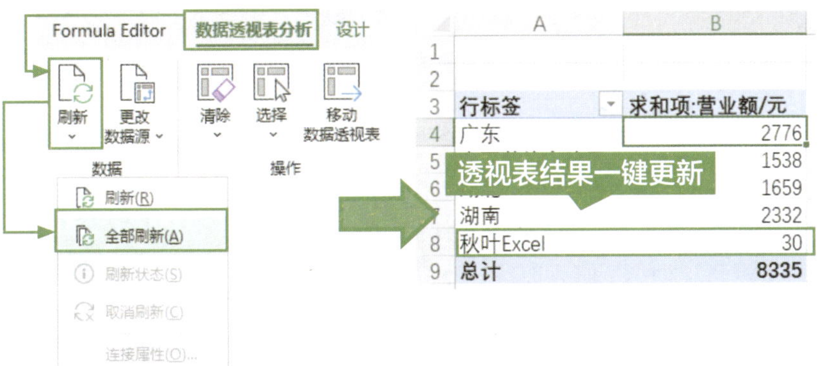

这是因为 Power Query 的合并过程和原始数据是关联的，而数据透视表的统计结果又和合并后的工作表关联，两个自动化的过程关联起来之后，就搭建出了一个“自动合并 + 自动统计”的报表系统。

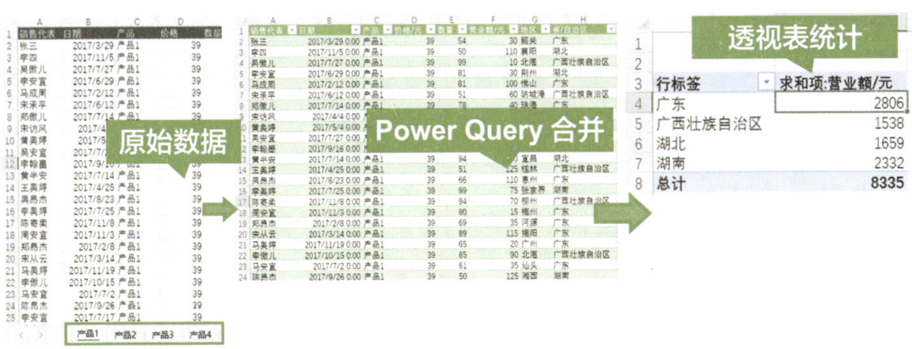

* 一键自动刷新的统计系统 *

整个自动化报表系统实现后，如果和上一个案例一样，根据统计结果创建对应的图表，那么从原始数据到数据可视化呈现，这样一条完整的自动化数据分析路线就会非常清晰。

接下来你要做的就是继续深入学习数据可视化知识，把实现这条路线所需的技能快速补齐，然后在实践中运用起来，成为办公室里的数据分析达人！

那还等什么？赶紧进入下一章，学习让数据“说话”的可视化技巧吧！

7

让数据“说话”

7.1 数据可视化方式

在完成数据的录入、整理、计算、分析之后，往往得到的是一个密密麻麻的数据表格，如果想要快速在其中找到符合要求的数据，会很麻烦。

针对这个问题，很多人的第一反应可能就是对数据进行筛选，然后为其添加特殊的标注。虽然这不失为一种办法，但在实际的工作中，往往会遇到以下更为复杂的问题。

- 需对比多行数据的大小，且要能直观地显示各行数据的排名。
- 在单元格中直接显示数据的增加、减少等变化情况。
- 在整个表格区域中集中展示数据的分布情况。
- 在同一行的单元格中同时展现多列数据的对比、变化情况。

……

想要解决以上问题，就会涉及数据可视化的操作。

所谓数据可视化，其实就是通过一定的方法，转换数据的视觉表现形式的过程。通过数据可视化，可以直观地展示数据，快速呈现分析结果。

那么 Excel 中有哪些常见的数据可视化方式呢？接下来一一介绍。

7.1.1 数据条，快速对比数据大小

在大量的销售数据中，很难直接看出数据的排名，尤其是数据的数量级较大的时候，如下方左图所示。这个时候可以把数据转换成数据条的形式，通过对比数据条的长度，可以快速判断数据的大小。

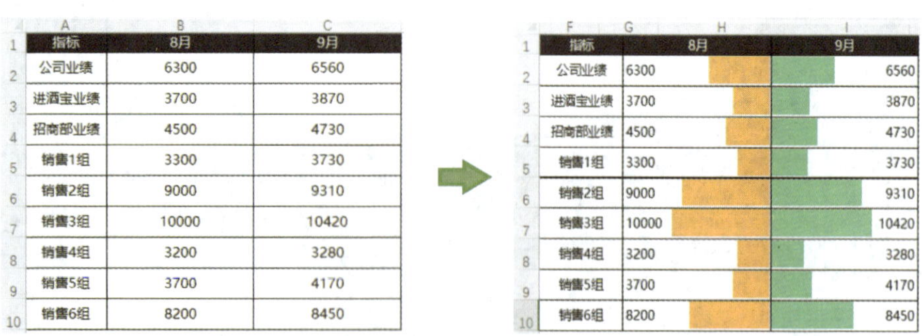

指标	8月	9月
公司业绩	6300	6560
进酒宝业绩	3700	3870
招商部业绩	4500	4730
销售1组	3300	3730
销售2组	9000	9310
销售3组	10000	10420
销售4组	3200	3280
销售5组	3700	4170
销售6组	8200	8450

指标	8月		9月
公司业绩	6300		6560
进酒宝业绩	3700		3870
招商部业绩	4500		4730
销售1组	3300		3730
销售2组	9000		9310
销售3组	10000		10420
销售4组	3200		3280
销售5组	3700		4170
销售6组	8200		8450

7.1.2 图标集，用图标标记数据状态

在数据分析过程中，有时可能只需要把数据分成不同的类别，对比各个类别的数量，这个时候用图标集比较合适。

例如下面的员工绩效考核表，分数被分成了3个不同的阶段，并标记上了不同颜色的圆点，这样只看圆点的颜色就能对整体的员工绩效考核情况有一个大致的了解。

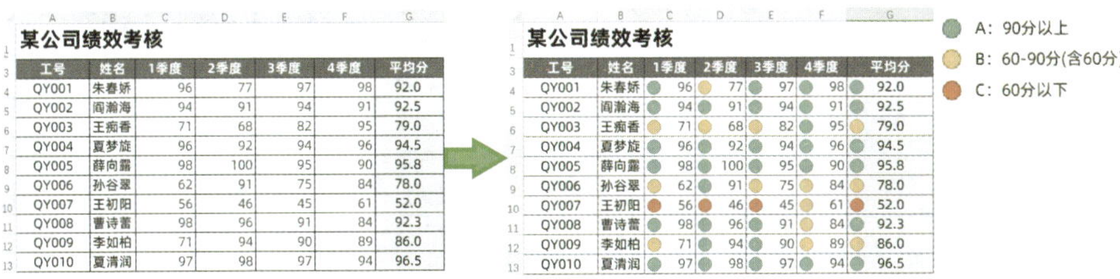

某公司绩效考核

工号	姓名	1季度	2季度	3季度	4季度	平均分
QY001	朱春娇	96	77	97	98	92.0
QY002	阎瀚海	94	91	94	91	92.5
QY003	王痴香	71	68	82	95	79.0
QY004	夏梦旋	96	92	94	96	94.5
QY005	薛向露	98	100	95	90	95.8
QY006	孙谷翠	62	91	75	84	78.0
QY007	王初阳	56	46	45	61	52.0
QY008	曹诗蕾	98	96	91	84	92.3
QY009	李如柏	71	94	90	89	86.0
QY010	夏清润	97	98	97	94	96.5

下面的项目进度表可以使用饼图图标，把百分数归入4个范围，以此来呈现项目的进度，让项目进度一目了然。

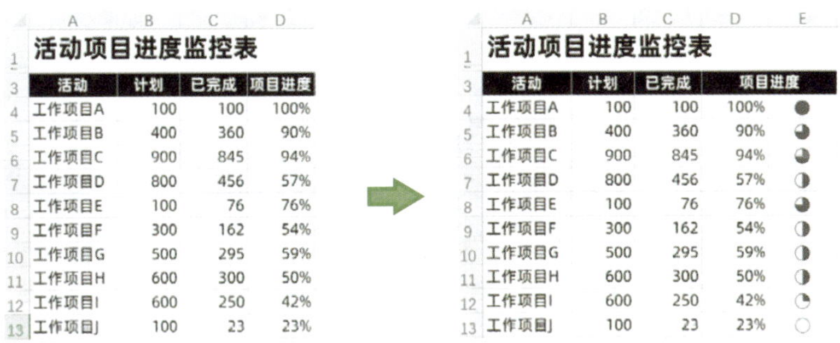

活动项目进度监控表

活动	计划	已完成	项目进度
工作项目A	100	100	100%
工作项目B	400	360	90%
工作项目C	900	845	94%
工作项目D	800	456	57%
工作项目E	100	76	76%
工作项目F	300	162	54%
工作项目G	500	295	59%
工作项目H	600	300	50%
工作项目I	600	250	42%
工作项目J	100	23	23%

下面的销售对比表中，把上升的数据标记成向上的图标，将下降的数据标记成向下的图标，这样一眼就能看出数据的增减变化。

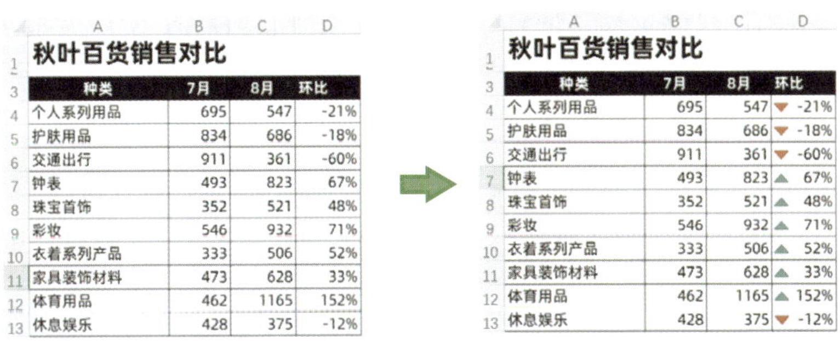

秋叶百货销售对比

种类	7月	8月	环比
个人系列用品	695	547	-21%
护肤用品	834	686	-18%
交通出行	911	361	-60%
钟表	493	823	67%
珠宝首饰	352	521	48%
彩妆	546	932	71%
衣着系列产品	333	506	52%
家具装饰材料	473	628	33%
体育用品	462	1165	152%
休息娱乐	428	375	-12%

7.1.3 突出标记，快速自动标记数据

查找数据、标记数据是查询与核对数据时常有的操作。面对数据量比较大的表格，快速地、自动地标记数据，可以提高分析效率。

例如，下面的员工综合素质考核表中，把小于 60 分的数据自动标记成红色，可以清楚地看到关键数据。

姓名	销售能力	表达能力	写作能力	团队协作	专业知识	总成绩
朱春娇	70	73	72	44	50	309
阎瀚海	52	93	78	83	72	378
王痴香	48	38	30	95	66	277
夏梦旋	17	11	80	11	67	186
薛向露	90	65	75	45	55	330
孙谷翠	61	82	71	46	67	327
王初阳	53	66	68	92	75	354

姓名	销售能力	表达能力	写作能力	团队协作	专业知识	总成绩
朱春娇	70	73	72	44	50	309
阎瀚海	52	93	78	83	72	378
王痴香	48	38	30	95	66	277
夏梦旋	17	11	80	11	67	186
薛向露	90	65	75	45	55	330
孙谷翠	61	82	71	46	67	327
王初阳	53	66	68	92	75	354

下面的考勤记录表中，用红色标记上班迟到的记录，用黄色标记下班早退的记录。

员工考勤记录

序号	部门	姓名	时间		出勤情况														备注
					1	2	3	4	5	6	7	8	9	10	11	12	13	14	
1	Excel特训营部	张三	上午	8:00	7:51	7:54	7:47	7:57		8:01	8:00	7:58	7:58	7:59		8:09	7:58	6:39	
			下午	17:30	17:31	17:56	19:41	17:31		17:31	18:11	17:37	17:40	17:36		21:37	23:33		
2		李四	上午	8:00	7:50	7:12	7:55	7:16	7:04	7:40	7:21	8:08	7:48	7:36	7:35	7:21	7:40	8:17	
			下午	17:30	18:35	18:07	17:04	17:07	17:50	17:58	18:23	16:59	16:49	18:17	16:44	18:39	17:54	17:01	
3		王五	上午	8:00	7:45	7:39	7:44	7:44		7:56	7:58	7:36	7:46	7:46			7:44	7:46	
			下午	17:30	17:33	17:33	17:43	17:32		17:36	17:33	17:34	17:33	17:32			23:34		
4		赵六	上午	8:00	7:34	8:19	7:42	7:40	7:27	8:19	7:19	7:46	8:00	7:21	7:53	7:52	7:04	7:42	
			下午	17:30	17:38	16:42	16:41	17:55	17:13	18:15	17:57	16:55	18:38	17:58	17:25	18:28	17:13	17:55	
5		何伟	上午	8:00	7:34	7:44	7:41	7:08		7:44	7:20	8:19	8:18	7:52			8:09	7:15	
			下午	17:30	18:29	17:27	18:35	17:12		18:22	17:43	16:58	18:16	16:47			16:48	16:50	
6		刘涛	上午	8:00	7:02	7:53	7:39	8:07		8:07	8:05	7:26	8:11	7:25			8:06	8:00	
			下午	17:30	17:50	18:06	18:12	18:27		16:48	17:35	17:27	17:12	17:44			18:26	18:24	
7		李凯	上午	8:00	7:23	8:18	7:11	7:36		8:12	7:28	7:08	7:25	7:16			7:23	8:12	
			下午	17:30	18:08	18:38	18:10	18:11		16:50	18:32	18:34	17:29	17:58			17:34	17:40	

备注

1. 本资料为工资计发依据，望按时填报。

使用 Excel 中的条件格式功能，自动判断数据大小并进行突出标记，既可以提高核对数据的效率，又可以保证数据的精确性，避免人工核对的失误。

7.1.4 迷你图，复杂数据一秒变清晰

如果想要看到具体数值的变化趋势，如周期性增加或减少、销量变化等，只标记颜色或添加图标就不好实现了。

产品销售趋势

商品	1月	2月	3月	4月	5月	6月	7月	8月	9月	10月	11月	12月
2B铅笔	393	379	1456	466	477	861	392	377	1006	519	1567	1886
笔记本	191	189	1776	705	559	1200	461	426	870	358	1129	607
便利贴	297	168	1033	281	851	825	623	525	1185	403	1125	1331
纸巾	1782	1594	3624	1695	2725	3521	2876	2555	4050	2340	4098	3975

这个时候在右侧单元格中插入迷你折线图来展示每个月销售数据的变化趋势，既能节省空间又能直观展示数据，无疑是一个给数据报表增光添彩的绝佳方法。

产品销售趋势

商品	1月	2月	3月	4月	5月	6月	7月	8月	9月	10月	11月	12月	销售趋势
2B铅笔	393	379	1456	466	477	861	392	377	1006	519	1567	1886	
笔记本	191	189	1776	705	559	1200	461	426				607	
便利贴	297	168	1033	281	851	825	623	525	1185	403	1125	1331	
纸巾	1782	1594	3624	1695	2725	3521	2876	2555	4050	2340	4098	3975	

迷你折线图

以上就是在 Excel 中让数据“说话”的常见方法，有没有让你眼前一亮？原来枯燥的数据可以变得这么直观、清晰。接下来将搭配相应案例详细讲解各种可视化效果的实现方法。

7.2 数据条

条件格式，顾名思义就是根据单元格的数值大小，有条件地设置不同的样式。

条件格式直接作用在选定的表格区域，包含突出显示单元格规则、数据条、色阶、图标集等丰富的可视化样式。

在【开始】选项卡中单击【条件格式】按钮，可以看到多个不同的选项，大致可以分为以下 3 类。

- 格式化规则：按规则用字体格式、单元格格式突显符合条件的区域。
- 图形化规则：分别用数据条、色阶、图标 3 种图形元素，按规则将选区内的数据标识出来。

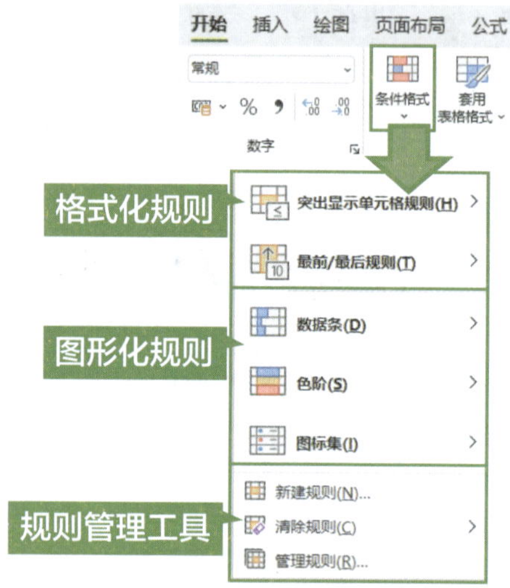

- 规则管理工具：自定义、清除和编辑规则，修改规则的应用范围。

接下来从最简单、最实用的数据条开始，介绍各种条件格式的可视化方法。

7.2.1 如何把数字变成数据条

下面的表格中是某公司各销售小组 8 月与 9 月的销售数据，以及环比增长率。观察左图中的增长率，无法快速地对比数据的大小，把数字变成对应大小的数据条之后，数据大小就变得一目了然。

指标	8月	9月	环比增长率
公司业绩	6300	6560	4.13%
进酒宝业绩	3700	3870	4.59%
招商部业绩	4500	4730	5.11%
销售1组	3300	3730	13.03%
销售2组	9000	9310	3.44%
销售3组	10000	10420	4.20%
销售4组	3200	3280	2.50%
销售5组	3700	4170	12.70%
销售6组	8200	8450	3.05%

指标	8月	9月	环比增长率
公司业绩	6300	6560	4.13%
进酒宝业绩	3700	3870	4.59%
招商部业绩	4500	4730	5.11%
销售1组	3300	3730	13.03%
销售2组	9000	9310	3.44%
销售3组	10000	10420	4.20%
销售4组	3200	3280	2.50%
销售5组	3700	4170	12.70%
销售6组	8200	8450	3.05%

条件格式会对选中区域中的所有数据生效，操作过程大致如下。

❶选择环比增长率区域【D2:D10】，❷在【开始】选项卡中单击【条件格式】按钮，❸选择【数据条】选项，❹选择喜欢的数据条样式。

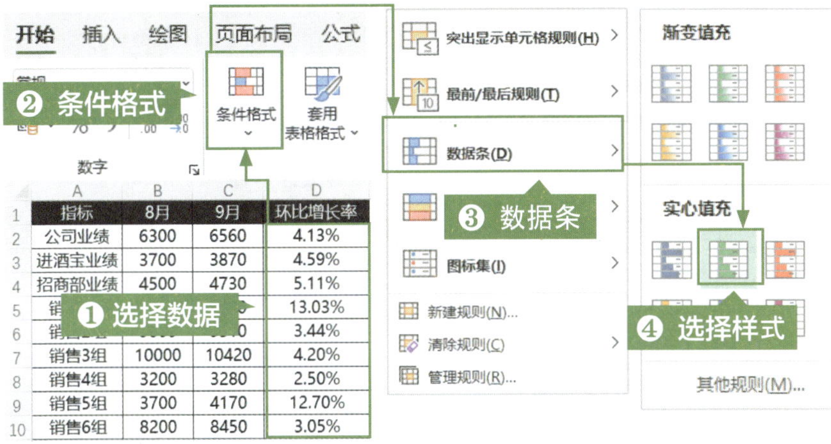

7.2.2 如何让数据条的大小和数值匹配

上一个案例虽然已经完成了数据到数据条的转换，但是细心的你应该注意到了，数据条的长度是有问题的。13.03% 的数据不应该占满整个单元格，它距离 100% 还差得很远呢。

相比之下，下面右图中的数据条能够更准确地呈现百分比的大小。

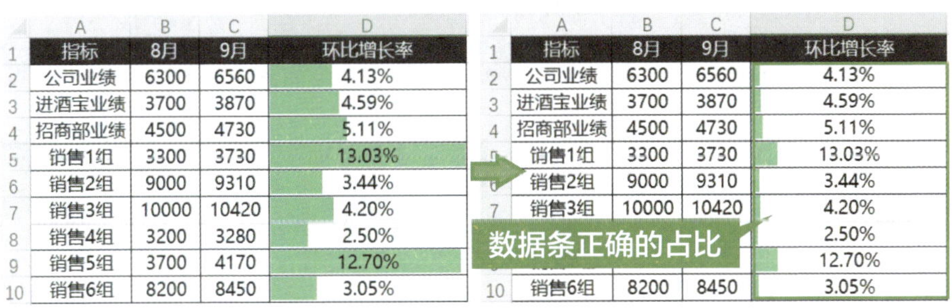

出现上述情况的原因是，数据条默认选择数据区域中的“最大值”作为数据条的总长度，其余数据按比例缩短显示。

如果想让数据条真实反映数据的大小，就必须对默认的数据条规则进行修改，具体操作如下。

❶选中环比增长率数据所在的单元格区域，❷在【开始】选项卡中单击【条件格式】按钮，❸选择【管理规则】选项。

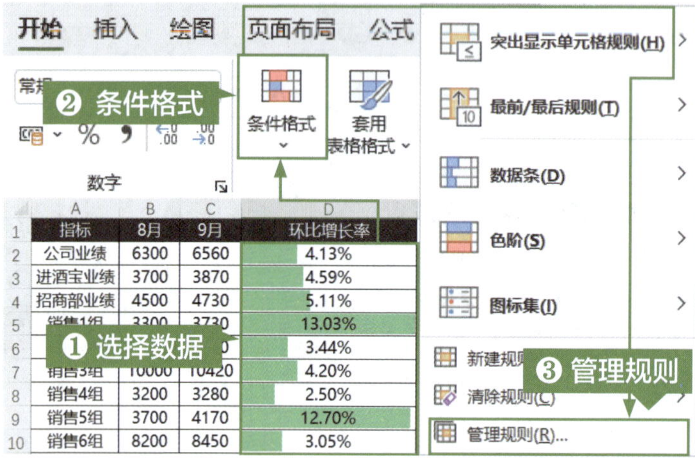

在打开的【条件格式规则管理器】对话框中，❶选择创建好的数据条，❷单击【编辑规则】按钮，打开【编辑格式规则】对话框。

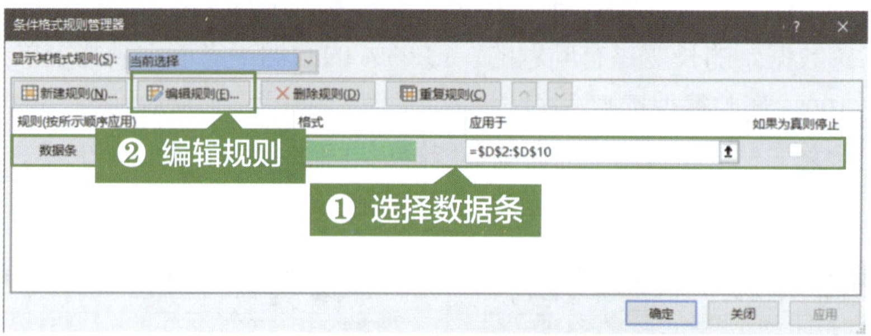

在【编辑格式规则】对话框中，❶设置【最小值】的【类型】为【数字】、【值】为【0】，❷设置【最大值】的【类型】为【数字】、【值】为【1】，❸单击【确定】按钮，返回【条件格式规则管理器】对话框，单击【确定】按钮即可让数据条按照真实数据的比例显示。

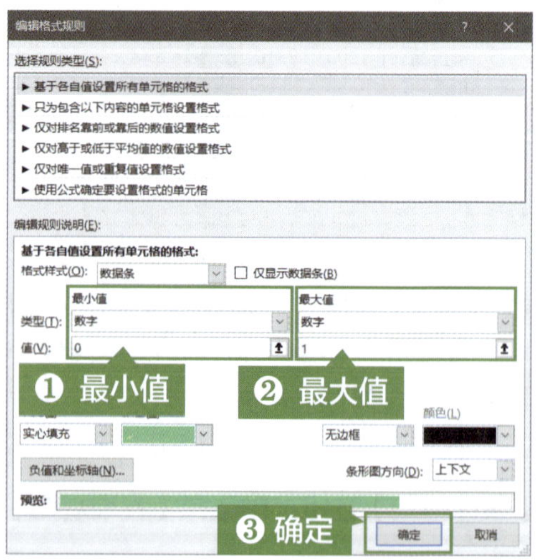

7.2.3 如何制作左右分布的数据条

对比两个月不同销售部门的业绩情况时，如果直接套用数据条的效果，就会出现下面左图所示的情况，要如何调整才能得到下面右图所示的“旋风图”的效果呢？其实实现起来很容易，具体操作如下。

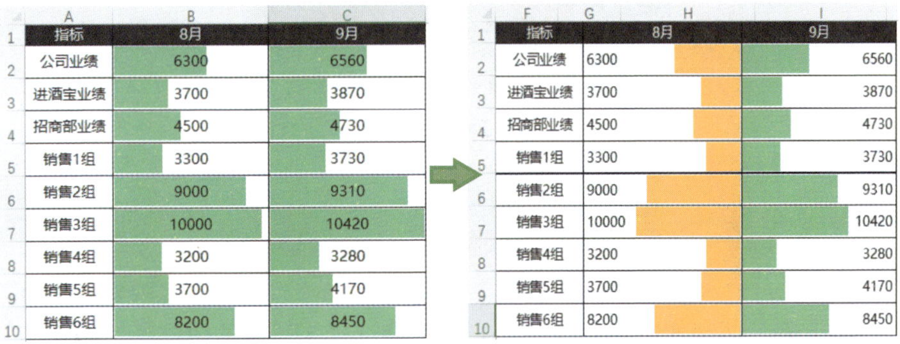

指标	8月	9月
公司业绩	6300	6560
进酒宝业绩	3700	3870
招商部业绩	4500	4730
销售1组	3300	3730
销售2组	9000	9310
销售3组	10000	10420
销售4组	3200	3280
销售5组	3700	4170
销售6组	8200	8450

指标		8月	9月
公司业绩	6300		6560
进酒宝业绩	3700		3870
招商部业绩	4500		4730
销售1组	3300		3730
销售2组	9000		9310
销售3组	10000		10420
销售4组	3200		3280
销售5组	3700		4170
销售6组	8200		8450

添加数据条

因为要对比 8 月和 9 月的数据，所以需要分别选择数据来添加数据条，具体操作如下。

❶选择 8 月份的数据，❷在【开始】选项卡中单击【条件格式】按钮，❸选择【数据条】选项，❹选择黄色的数据条样式，给 8 月份的数据添加数据条。

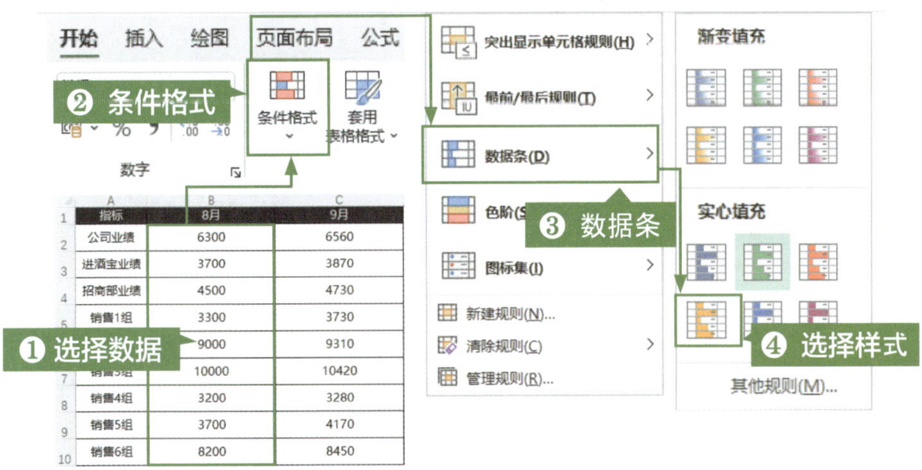

使用相同的方法给9月份的数据添加绿色的数据条，完成后的效果如下。

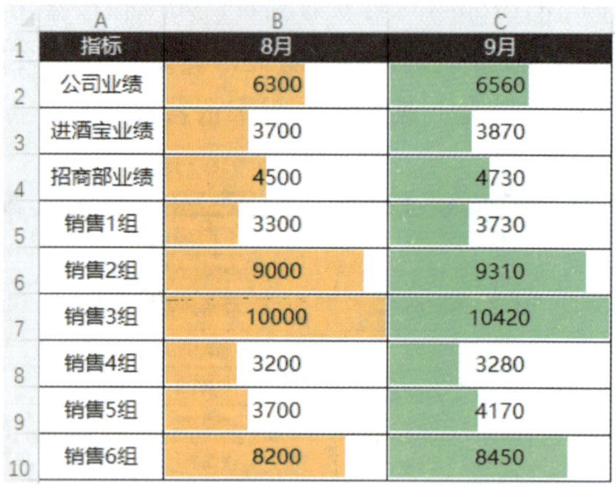

指标	8月	9月
公司业绩	6300	6560
进酒宝业绩	3700	3870
招商部业绩	4500	4730
销售1组	3300	3730
销售2组	9000	9310
销售3组	10000	10420
销售4组	3200	3280
销售5组	3700	4170
销售6组	8200	8450

接下来，调整 8 月份数据条的方向。❶选择 8 月份的数据条，❷在【开始】选项卡中单击【条件格式】按钮，❸选择【管理规则】选项。

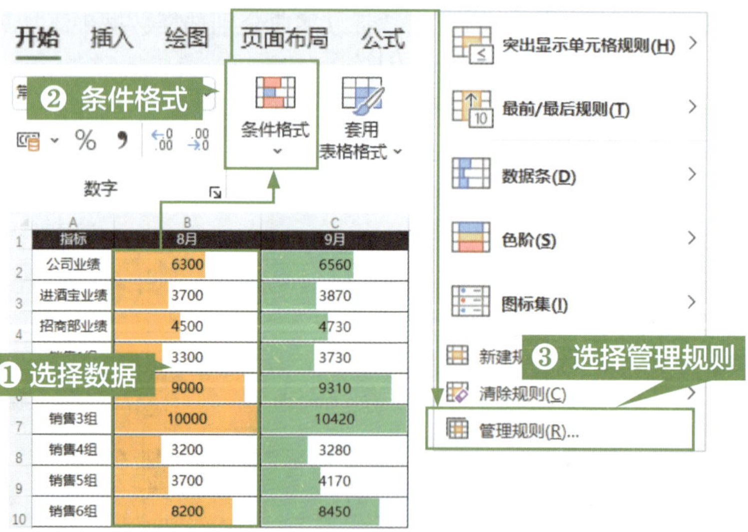

在打开的【条件格式规则管理器】对话框中，❶选择创建好的数据条，❷单击【编辑规则】按钮，❸在打开的对话框中设置【条形图方向】为【从右到左】，❹单击【确定】按钮，返回【条件格式规则管理器】对话框，单击【确定】按钮完成设置。

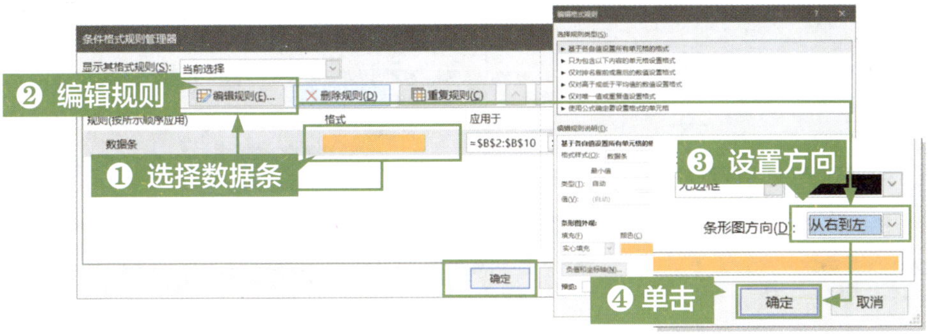

“旋风图”的效果就基本定型了，如下图所示。

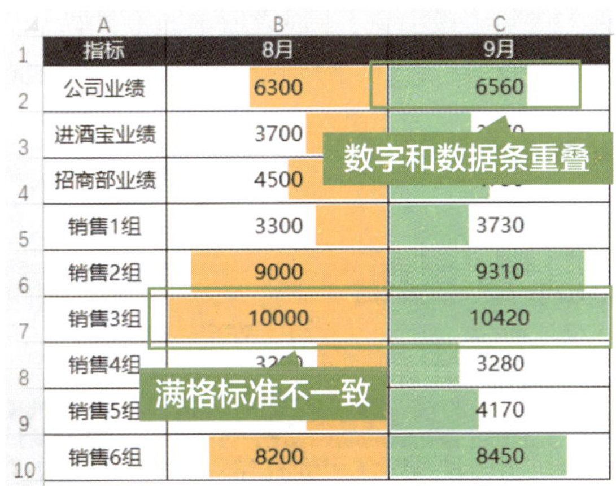

但是，有两个细节是很多人都容易忽视的。

- 部分数据和数据条重叠，不是很美观。
- 8 月和 9 月满格的数据不一致，一个是 10000，另一个是 10420，会影响判断。

后者是因为两个数据条最大值的标准不一样，所以必须统一这两列数据条的规则。

修改数据条规则

以 8 月份数据为例，❶选择 8 月份的数据，❷在【开始】选项卡中单击【条件格式】按钮，❸选择【管理规则】选项，❹在打开的对话框中选择数据条后，❺ 单击【编辑规则】按钮。

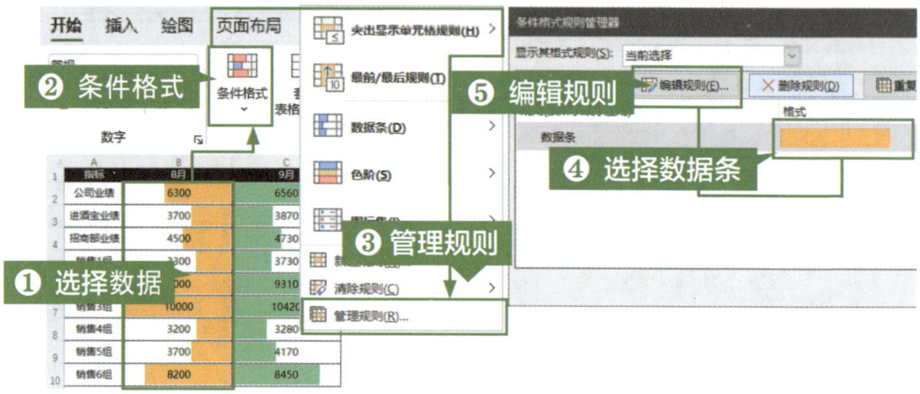

在打开的对话框中将【最小值】【最大值】的【类型】设置为【数字】，将【最小值】和【最大值】的【值】分别设置为【0】和【15000】。

使用相同的方法对 9 月份的数据条规则进行相同的调整，并设置数据条【最小值】【最大值】的【值】分别为【0】和【15000】。

调整单元格的数据对齐方式

目前的数字还是和数据条有一些重叠，可以通过设置文本对齐和列宽实现最终效果。具体操作如下。

❶将 8 月份数据设置为【左对齐】，❷ 9 月份数据设置为【右对齐】。

选择两列数据，调整一下列宽。至此，借助条件格式中的数据条效果制作的“旋风图”就完成了。如果设置完成后，数字和数据条之间还是有重叠，则可以尝试增大两列的宽度，或者把最大值设置得更大，如 20000。

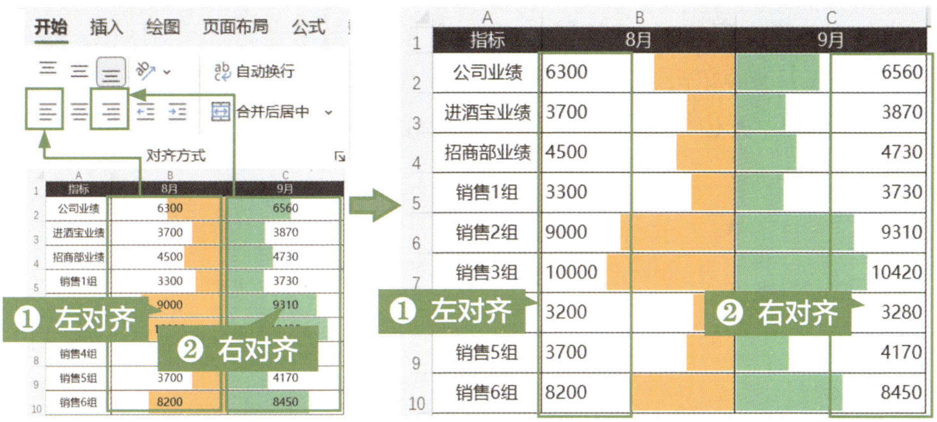

7.3 图标集

图标集功能可以自动地把数据划分成不同的类别，并用相应的图标来代表这个类别。使用图标集，可以快速将数据分区，让用户更好地观察数据的分布情况。

7.3.1 如何根据不同的绩效分数标记不同的图标

下面的表格是某公司的绩效考核表，考核的成绩分成不同的等级，60 分以下为不及格，60～90 分为良好，90 分以上为优秀。只看数字很难区分等级，给数字标记上对应的图标，成绩等级一下子就直观很多。

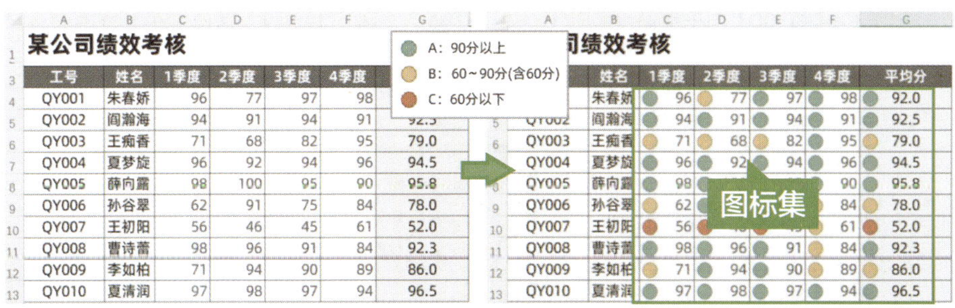

快速添加图标集

这个效果实现起来并不复杂。❶选择考核分数所在的单元格区域，❷在【开始】选项卡中单击【条件格式】按钮，❸选择【图标集】选项，❹选择【三色交通灯（无边框）】样式，可以用绿灯代表优秀，用黄灯代表良好，用红灯代表不及格。

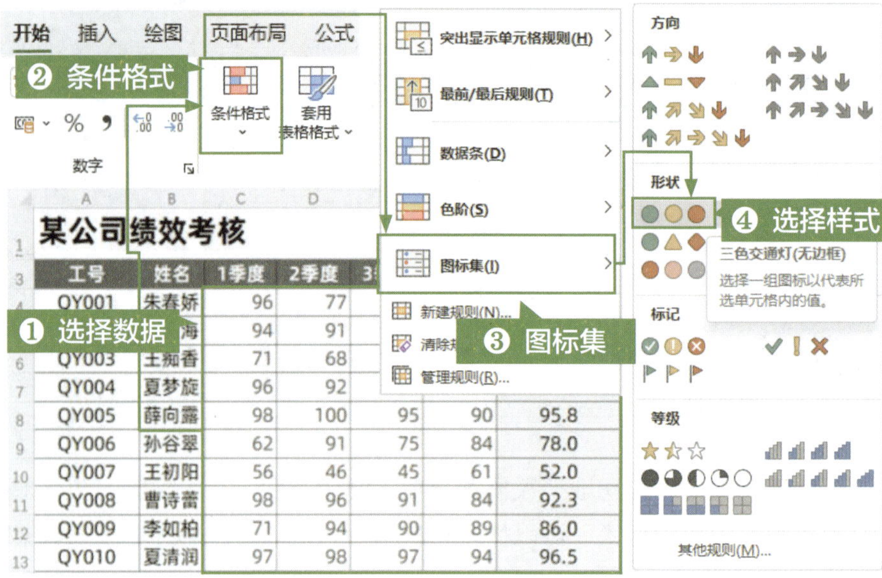

添加后的效果如下图所示。

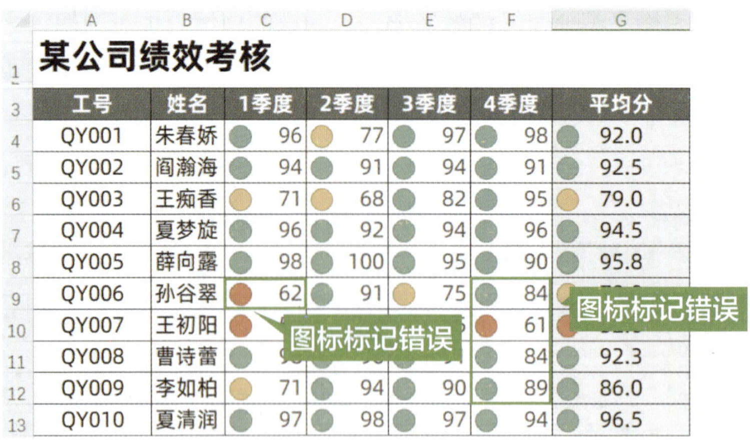

某公司绩效考核

工号	姓名	1季度	2季度	3季度	4季度	平均分
QY001	朱春娇	96	77	97	98	92.0
QY002	阎瀚海	94	91	94	91	92.5
QY003	王痴香	71	68	82	95	79.0
QY004	夏梦旋	96	92	94	96	94.5
QY005	薛向露	98	100	95	90	95.8
QY006	孙谷翠	62	91	75	84	[illegible]
QY007	王初阳	[illegible]	[illegible]	[illegible]	61	[illegible]
QY008	曹诗蕾	[illegible]	[illegible]	[illegible]	84	92.3
QY009	李如柏	71	94	90	89	86.0
QY010	夏清润	97	98	97	94	96.5

很明显，图中有些数据的图标不符合分数等级的规则，这个时候就需要对条件格式规则进行修改。

❶选择考核分数所在的单元格区域，❷在【开始】选项卡中单击【条件格式】按钮，❸选择【管理规则】选项，❹在打开的对话框中选择创建好的图标集，❺单击【编辑规则】按钮，打开【编辑格式规则】对话框。

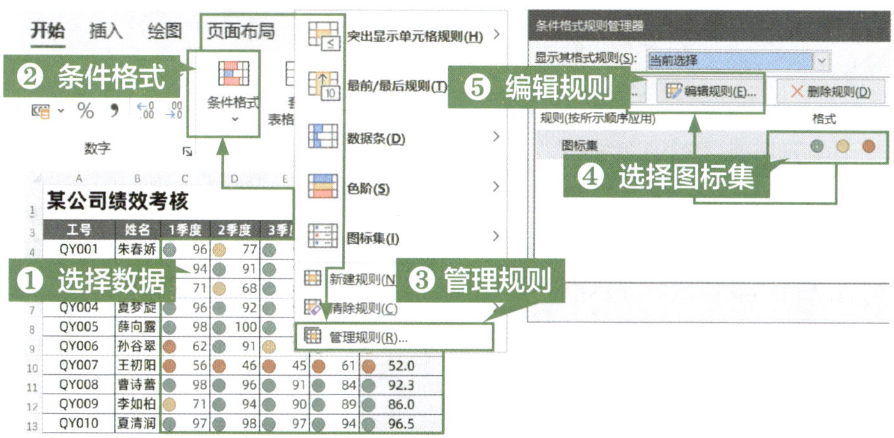

此时就会发现图标及对应的数值与类型出了问题。❶将所有图标的【类型】更改为【数字】，❷将绿灯的【值】改为【90】，将黄灯的【值】改为【60】，单击【确定】按钮，即可让图标正确显示。

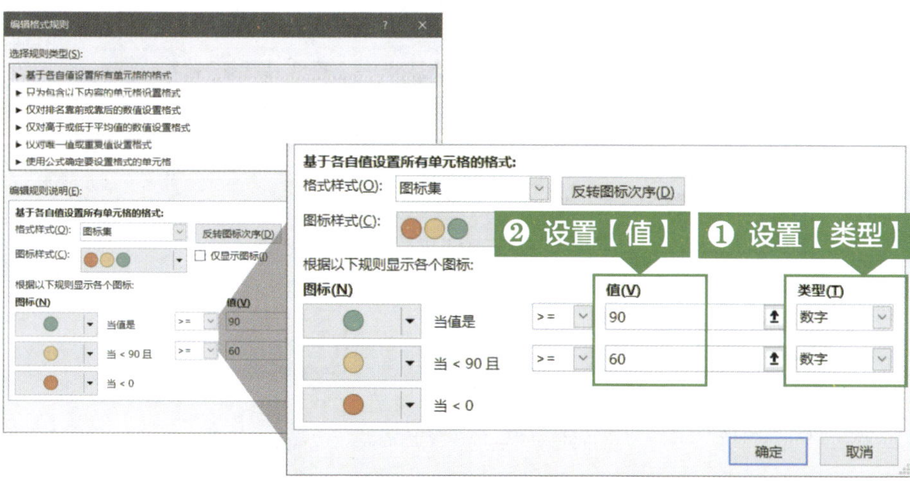

修改之后，各个数据的图标就正常了。

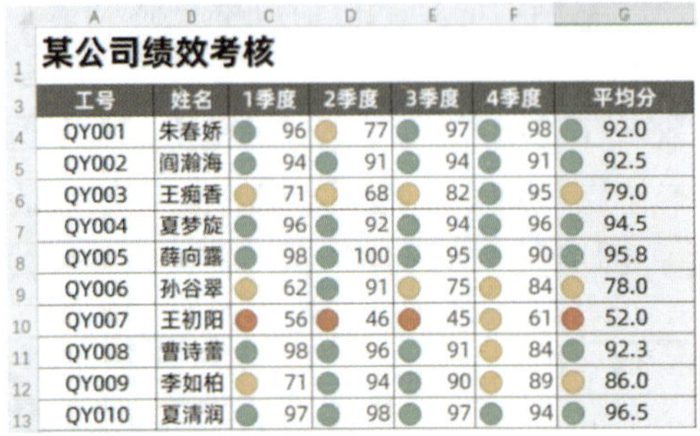

工号	姓名	1季度	2季度	3季度	4季度	平均分
QY001	朱春娇	96	77	97	98	92.0
QY002	阎瀚海	94	91	94	91	92.5
QY003	王痴香	71	68	82	95	79.0
QY004	夏梦旋	96	92	94	96	94.5
QY005	薛向露	98	100	95	90	95.8
QY006	孙谷翠	62	91	75	84	78.0
QY007	王初阳	56	46	45	61	52.0
QY008	曹诗蕾	98	96	91	84	92.3
QY009	李如柏	71	94	90	89	86.0
QY010	夏清润	97	98	97	94	96.5

用单元格格式添加图标

在 Excel 中，除了图标集，还可以自定义单元格格式，让符合条件的数据自动变色或者显示额外的字符，变得与众不同。

如员工绩效考核这个案例，可以通过单元格格式把小于 60 分的数据标记成红色，并添加▼图标。

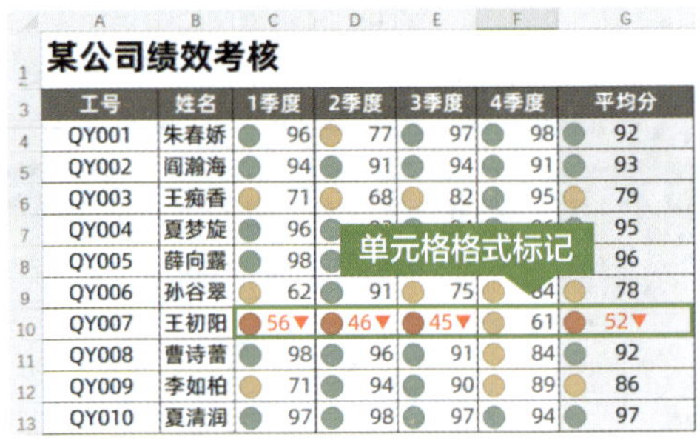

工号	姓名	1季度	2季度	3季度	4季度	平均分
QY001	朱春娇	96	77	97	98	92
QY002	阎瀚海	94	91	94	91	93
QY003	王痴香	71	68	82	95	79
QY004	夏梦旋	96				95
QY005	薛向露	98				96
QY006	孙谷翠	62	91	75	84	78
QY007	王初阳	56▼	46▼	45▼	61	52▼
QY008	曹诗蕾	98	96	91	84	92
QY009	李如柏	71	94	90	89	86
QY010	夏清润	97	98	97	94	97

具体操作并不难，❶ 选择考核分数所在的单元格区域，❷ 按【Ctrl+1】快捷键打开【设置单元格格式】对话框，选择【自定义】选项，❸ 设置格式代码，❹单击【确定】按钮，小于 60 分的数据就会自动标记成红色。

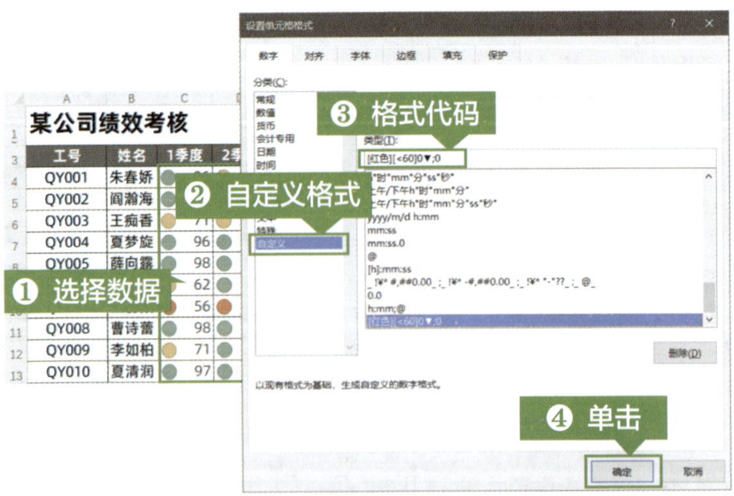

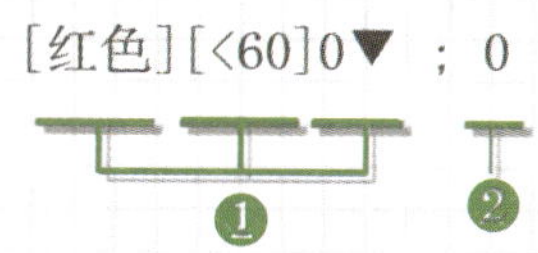

这个操作的关键在于自定义格式的代码，可以将其拆分为两个部分：❶小于 60 分的样式和❷大于等于 60 分的样式。两部分之间用分号“;”间隔，表示不同条件对应的样式。其中，❶小于 60 分的样式又要分为 3 个部分来理解。

- “[红色]”。在中括号里输入在单元格格式中用来设置字体的颜色。
- “[< 60]”。在单元格格式中，可以使用中括号进行类似 IF 函数的判断，如果数据符合这个条件，则应用当前条件对应的样式。如果不添加中括号判断，那么判断的规则默认是“> 0; < 0;0”，如右图所示。

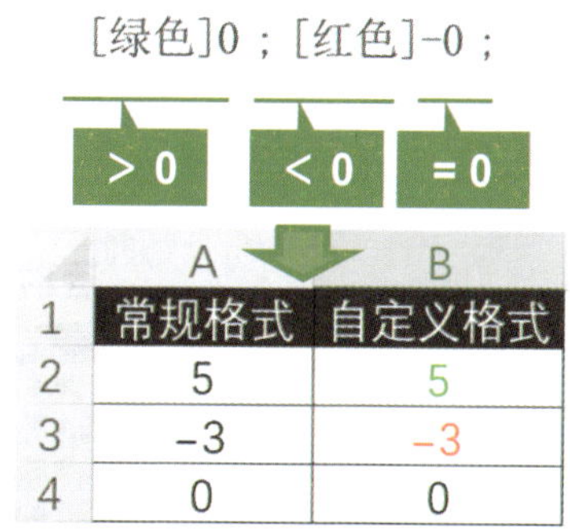

- “0 ▼”。其中“0”是数字占位符，可以代表任意数字，如果是“00”则表示两个数字占位符，不足两位的数字自动补 0；“▼”作为普通的文本，显示在“0”后面。

条件❷中只有一个 0，不做任何颜色的设置与条件判断，只是显示数字。

使用单元格格式给数据添加图标的好处是可以自定义图标符号的位置，既可以在数字前面，也可以在数字后面。

图标的符号可以换成文本，如这里将“▼”换成“不及格”，对应的格式代码就变成下面的样子，效果也会随之变化。

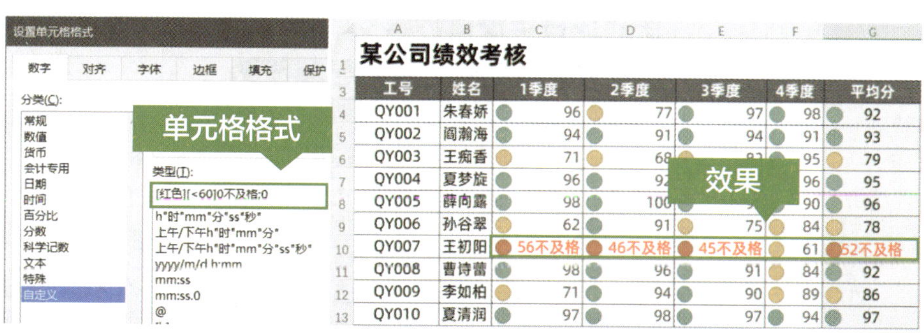

自定义数字格式虽然简单、有效，但是局限性也特别明显，如下。

- 只能自动改变颜色和添加字符。
- 中括号中的条件规则仅支持两条（不含颜色规则）。

如果涉及更多条件的数据格式的设置，自定义单元格格式就不够用了，需要使用更强大的条件格式功能。

7.3.2 如何用图标集呈现项目的进度

视频案例

不仅可以用图标集快速标记数据状态，还可以借助图标集中的五象限图来显示项目进度。

例如下面的表格中，为项目的进度添加对应的饼图图标，数据立马变得直观且生动有趣。

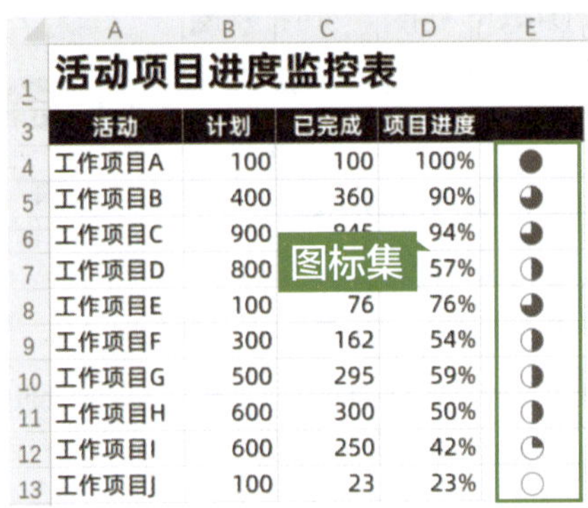

这个效果制作起来非常简单。

先在【E4】单元格中输入公式以引用【D4】单元格中的数据。

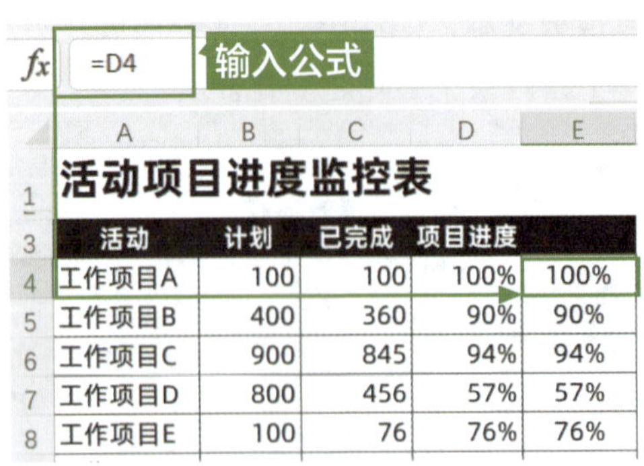

然后❶选择【E】列的数据，❷在【开始】选项卡中单击【条件格式】按

钮，❸选择【图标集】中的❹【五象限图】样式。

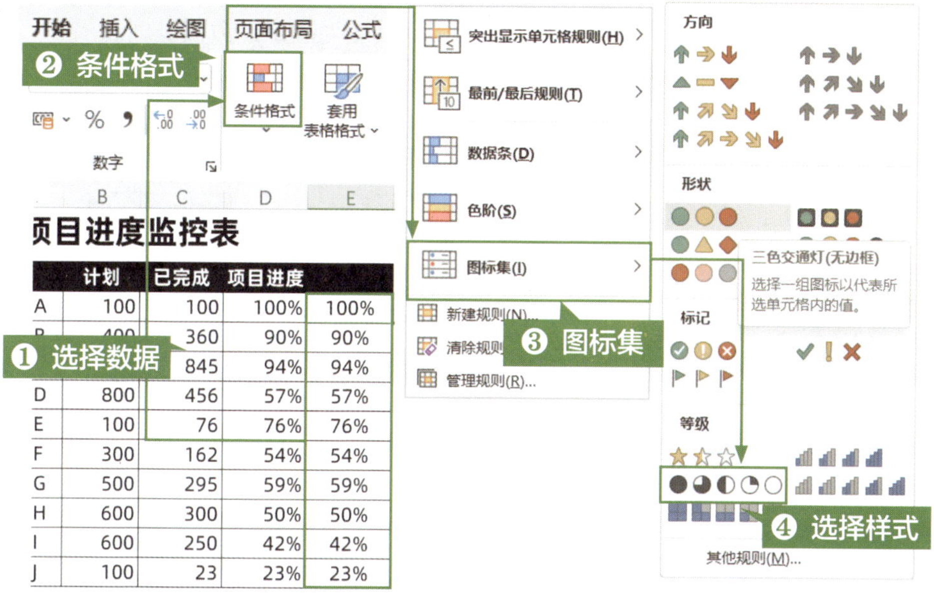

显然效果做出来了，但是对比一下目标效果和图标规则，发现有几处数据的图标匹配错误。

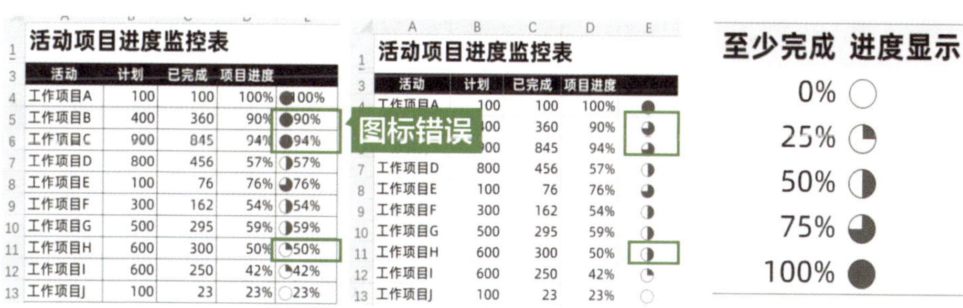

实际效果　　目标效果　　图标规则

这是因为图标集五象限图默认的数据类型为百分比类型，它默认以选中数据中的最小值和最大值为边界，如果选中区域的最小值和最大值不为 0 和 100%，图标的显示就会错乱。

此时就需要进入【编辑格式规则】对话框修正图标与分界值的对应关系，具体参数设置如下。

- 修改分界值的【类型】为【数字】，将其变为固定的数值类型。
- 从上往下依次修改【值】为【1】【0.75】【0.5】【0.25】。

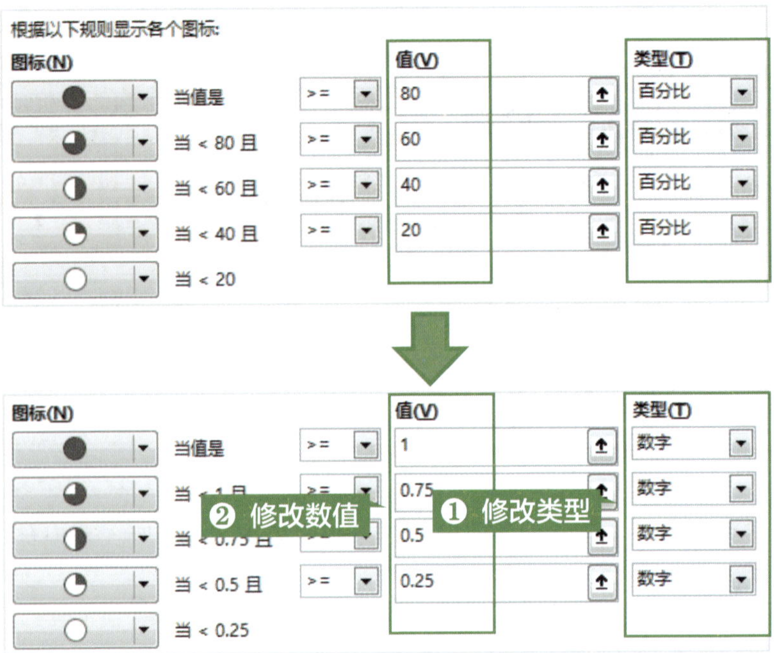

同时记得勾选【仅显示图标】复选框，设置完成后，饼图的图标就能正确地表示项目的进度了。

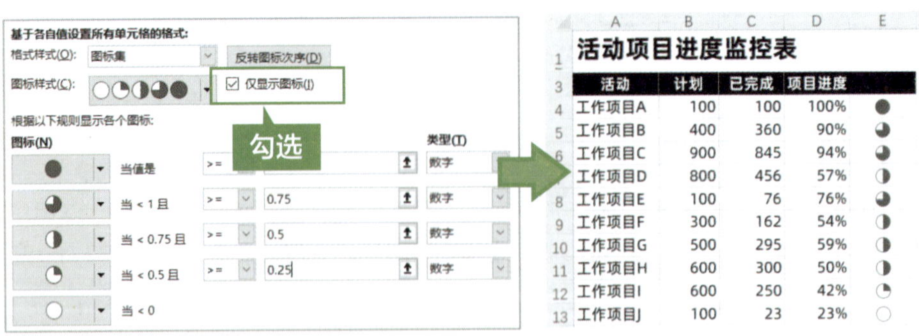

7.3.3 图标集使用中的常见问题

某个级别不需要图标，可以将其隐藏起来吗？

可以。在只需关注某个级别的数据时，如果为所有数据都添加图标，表格看起来就很乱。此时，可以在【编辑格式规则】对话框中隐藏部分级别的图标。

以成绩等级为例，现在需要把成绩图标改为两种：满分亮绿灯，不及格亮红灯。具体的隐藏图标的操作为：❶设置好对应等级的【数字】类型分界点，❷将小于 100 分且大于等于 60 分的数据的图标设为【无单元格图标】，然后就可以看到❸ 60~100 分的数据图标被隐藏了。

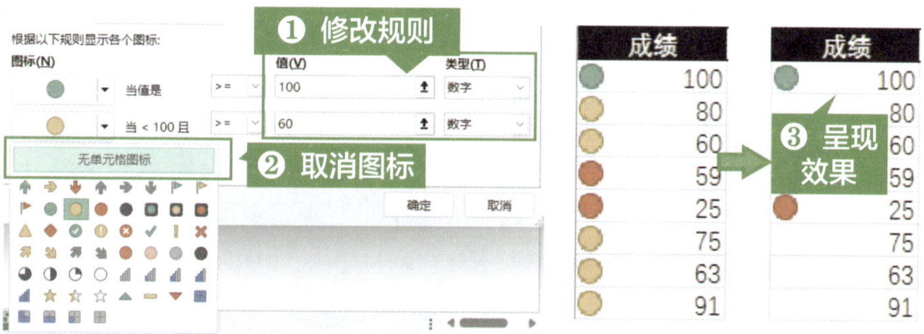

可以只显示图标不显示数据吗？

可以。有时候图标集和数据同时显示会让表格显得杂乱，这时只需要在【编辑格式规则】对话框中勾选【仅显示图标】复选框就可以将数据隐藏。

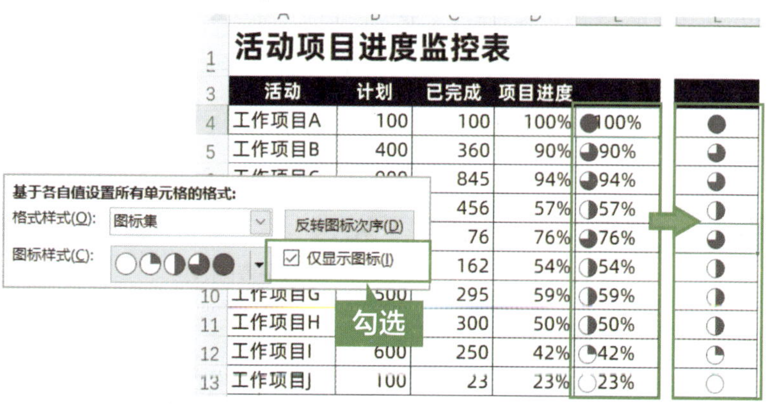

如果想让数据和图标集分别显示在两列，只需要借助“=”将数据引用到辅助列中，然后设置图标集，勾选【仅显示图标】复选框即可。具体步骤可以参考 7.3.2 小节的案例。

图标集中的图标可以改变大小吗？

可以。设置好的图标集相当于插入单元格中的文本，可以通过调整单元格中文字的字号来调整图标集中图标的尺寸。

11 号字的图标

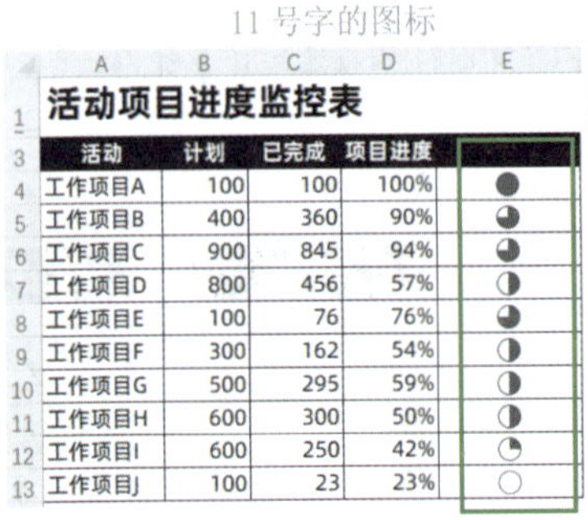

活动项目进度监控表

活动	计划	已完成	项目进度
工作项目A	100	100	100%
工作项目B	400	360	90%
工作项目C	900	845	94%
工作项目D	800	456	57%
工作项目E	100	76	76%
工作项目F	300	162	54%
工作项目G	500	295	59%
工作项目H	600	300	50%
工作项目I	600	250	42%
工作项目J	100	23	23%

20 号字的图标

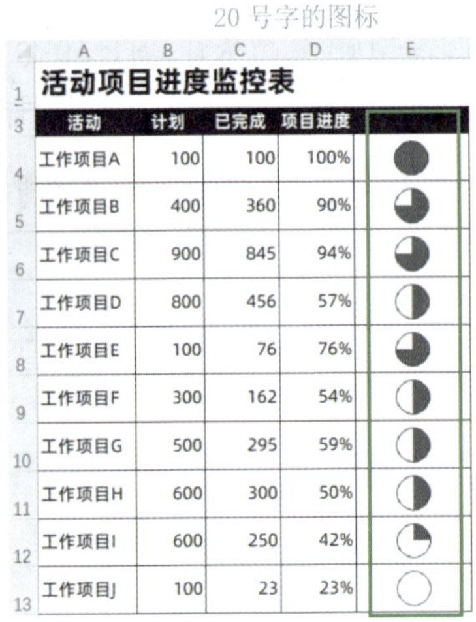

活动项目进度监控表

活动	计划	已完成	项目进度
工作项目A	100	100	100%
工作项目B	400	360	90%
工作项目C	900	845	94%
工作项目D	800	456	57%
工作项目E	100	76	76%
工作项目F	300	162	54%
工作项目G	500	295	59%
工作项目H	600	300	50%
工作项目I	600	250	42%
工作项目J	100	23	23%

文本型的数据能添加图标集吗?

因为图标集的设置只认数值类型的数据，所以文本型的数据无法直接设置图标集，但是可以采用替换或者函数公式的方法，先将文本修改为数值，再设置图标集效果。

以【正确】【错误】文本为例，先将【正确】替换为【1】，将【错误】替换为【0】，然后修改格式规则，即可让【正确】显示为“✔”，让【错误】显示为“✖”。

7.4 突出标记

利用条件格式，可以快速对数据进行核对，并标记出核对的结果。如标记重复项，输入数据时的实时提醒，异常数据的自动高亮等效果，使用之后都可以大大提高数据核对的效率。

7.4.1 如何找出重复的姓名

视频案例

下面通过“查找重复姓名”这个简单的案例来演示如何用条件格式快速核对数据。

❶选择姓名所在的单元格区域，❷在【开始】选项卡中单击【条件格式】按钮，❸选择【突出显示单元格规则】选项，❹选择【重复值】选项。

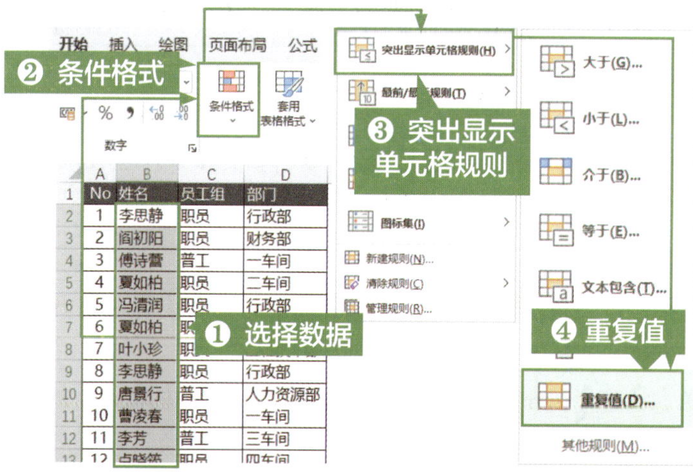

在打开的【重复值】对话框中单击【确定】按钮，表格中的重复姓名就会按照默认的格式被标记出来。

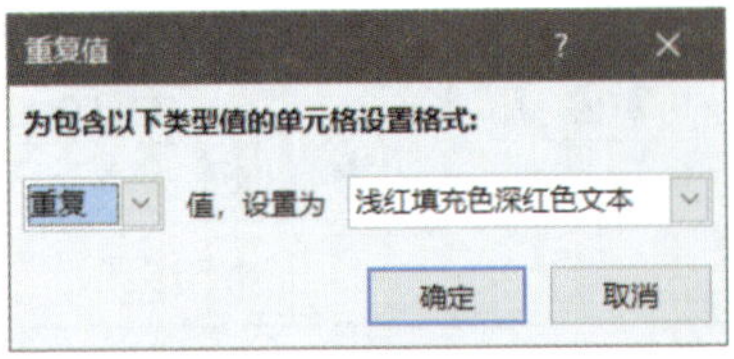

No	姓名	员工组	部门
1	李思静	职员	行政部
2	阎初阳	职员	财务部
3	傅诗蕾	普工	一车间
4	夏如柏	职员	二车间
5	冯清润	职员	行政部
6	夏如柏	职员	二车间
7	叶小珍	职员	工程技术部
8	李思静	职员	行政部
9	唐景行	普工	人力资源部
10	曹凌春	职员	一车间
11	李芳	普工	三车间
12	卢晓筠	职员	四车间

7.4.2 如何把“完成”标记成绿色

使用表格管理项目时，不同的项目阶段可以用不同的颜色进行标注，如下所示。

- 当项目状态为“完成”时，项目状态单元格自动显示为淡绿色，“完成”二字显示为深绿色。
- 如果项目还在进行中，则项目状态单元格显示为浅黄色，“进行中”三个字显示为棕色。
- 当项目已经终止，则项目状态单元格显示为浅红色，“终止”二字显示为红色。

	A	B	C	D
1	No	文件名称	日期	状态
2	1	SK703-如何每隔50行做一个标记	2021/12/3	完成
3	2	SK579-如何根据两个条件标注单元格	2021/6/30	完成
4	3	SK501-小技巧，前3名数字自动标记红色	标记状态	完成
5	4	SK135-销售，如何把各门店销售前3名高亮标记出来	2020/7/6	进行中
6	5	SK073-运营：聊天记录导出到表格后，这4个操作太神奇了	2020/4/10	完成
7	6	SK066-运营，如何批量比较标注上下两行的大小	2020/4/10	完成
8	7	SJ714-使用条件格式快速比较数据大小	2019/5/24	终止

针对这种情况，同样可以使用条件格式中的【突出显示单元格规则】来实现状态的核对，并标记不同的样式。

❶选择【状态】列的数据，❷在【开始】选项卡中单击【条件格式】按

钮，❸选择【突出显示单元格规则】选项，❹选择【等于】选项。

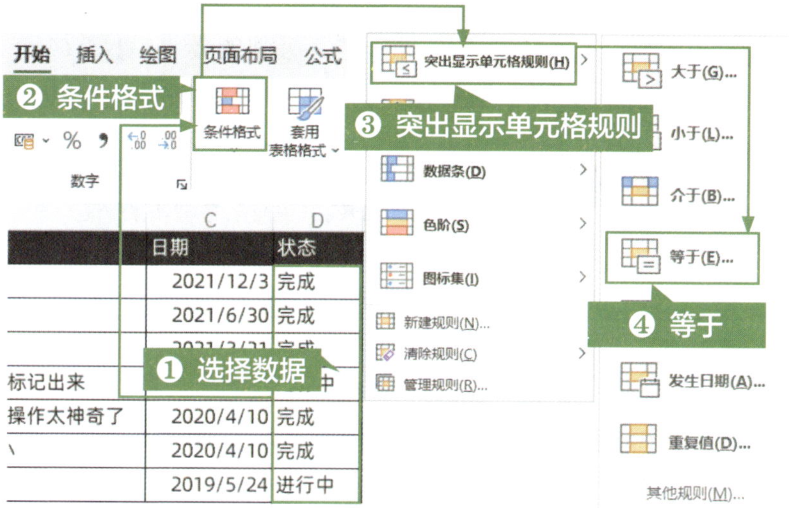

在打开的对话框中，❶设置判断的条件，❷设置符合条件的样式，状态为“完成”的单元格就会自动被标记出来。

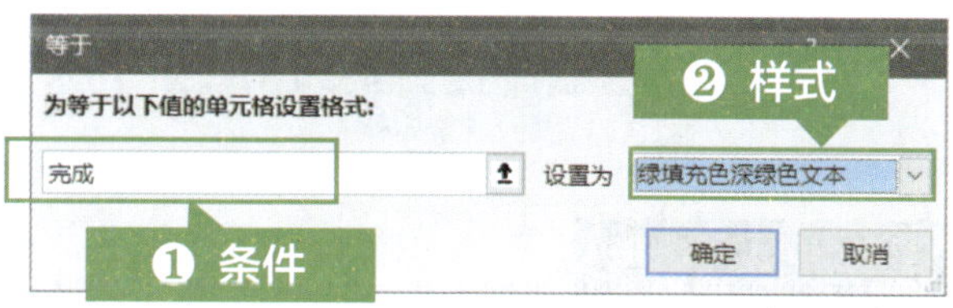

然后对“进行中”“终止”状态使用相同的方法进行设置，条件和样式如下所示。

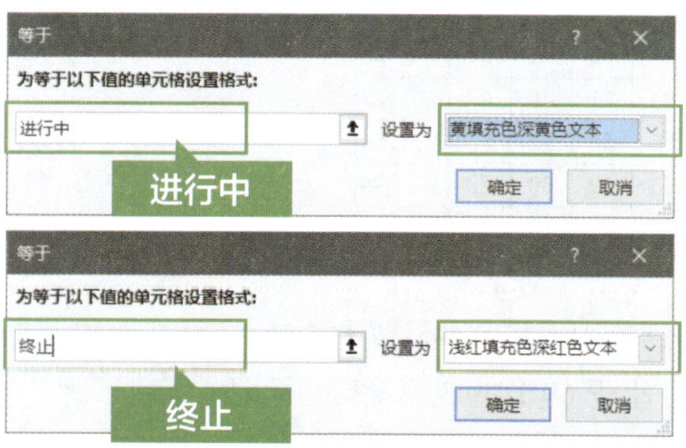

7.4.3 如何把小于 60 分的数据快速标记出来

让排名靠前的数据突出显示，是非常常见的一种格式化规则。例如在班级期末考试的成绩表（见下图）中，将所有不及格的成绩（小于 60 分）用浅红色底纹标记，将总成绩前三的分数用绿色底纹标记，实现方式也很简单。

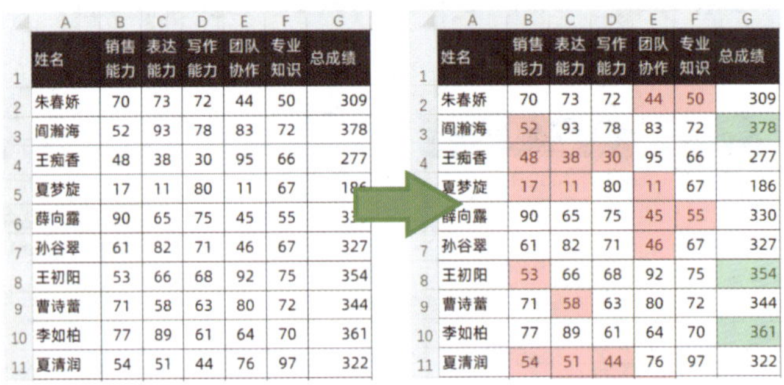

姓名	销售能力	表达能力	写作能力	团队协作	专业知识	总成绩
朱春娇	70	73	72	44	50	309
阎瀚海	52	93	78	83	72	378
王痴香	48	38	30	95	66	277
夏梦旋	17	11	80	11	67	186
薛向露	90	65	75	45	55	330
孙谷翠	61	82	71	46	67	327
王初阳	53	66	68	92	75	354
曹诗蕾	71	58	63	80	72	344
李如柏	77	89	61	64	70	361
夏清润	54	51	44	76	97	322

❶选择所有科目成绩所在的单元格区域，❷在【开始】选项卡中单击【条件格式】按钮，❸选择【突出显示单元格规则】中的❹【小于】选项。

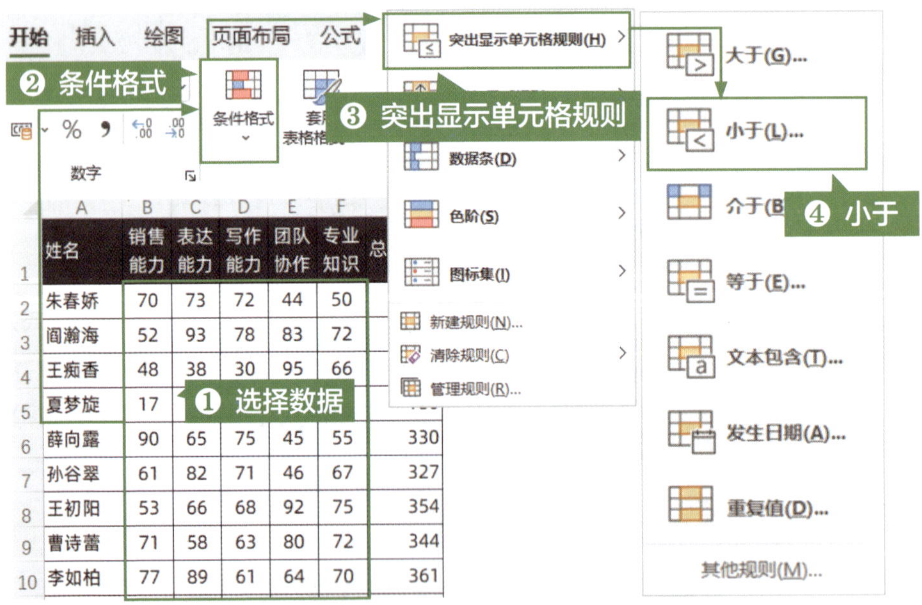

在打开的对话框中，将条件设置为【60】，样式设置为【浅红填充色深红色文本】。这样，小于 60 分的成绩就自动标记成红色了。

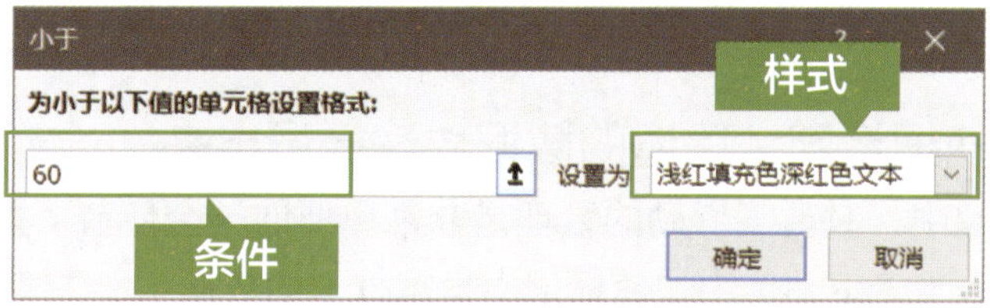

接下来进行排名的核对，把排名前三的总成绩标记成绿色，也可以用条件格式来实现。

❶选择所有总成绩所在的单元格区域，❷在【开始】选项卡中单击【条件格式】按钮，❸选择【最前 / 最后规则】中的❹【前 10 项】选项。

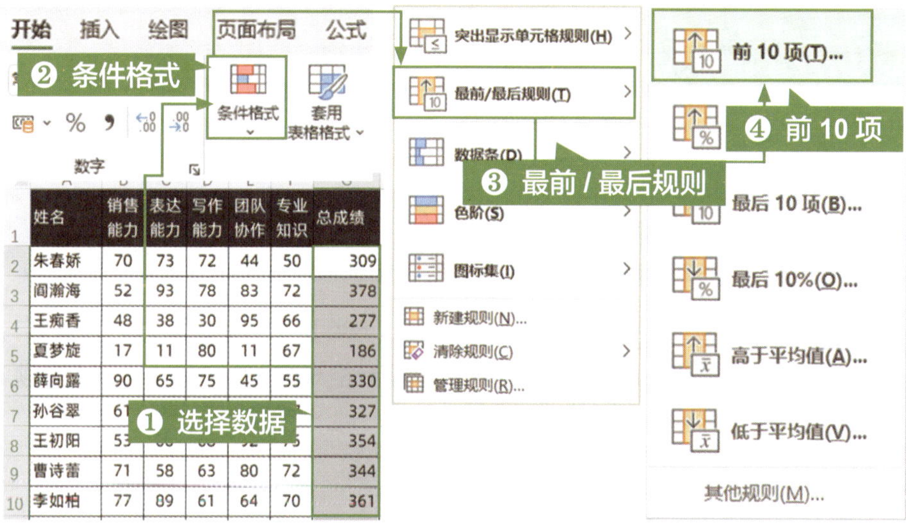

在打开的对话框中将项数修改为【3】，将样式设置为【绿填充色深绿色文本】。

完成以上操作，就可以将不及格的成绩与排名前三的总成绩都标记出来了。

【最前 / 最后规则】包含 3 类常用的规则。

- 排名：前几名，后几名。
- 比例：前百分之多少，后百分之多少。

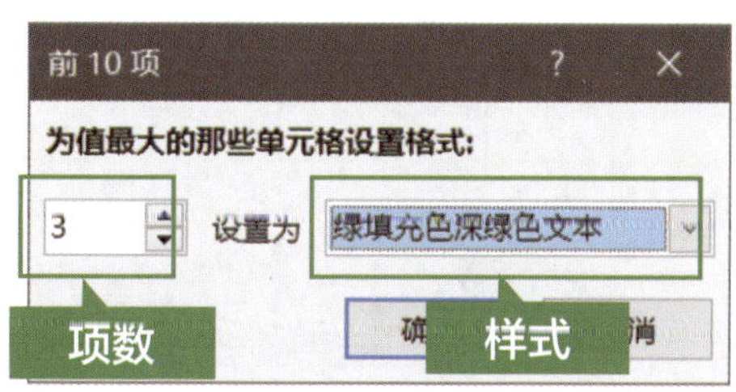

• 和平均值相比：比平均值高，比平均值低。

7.4.4 如何把迟到、早退的数据快速标记出来

企业管理中，对员工考勤的管理是非常重要的一个环节，如果想要从打卡时间记录表（见下图）中快速标记出异常打卡的数据（上午晚于 08:00，下午早于 17:30 打卡），就可以借助【突出显示单元格规则】中的【介于】来轻松实现。

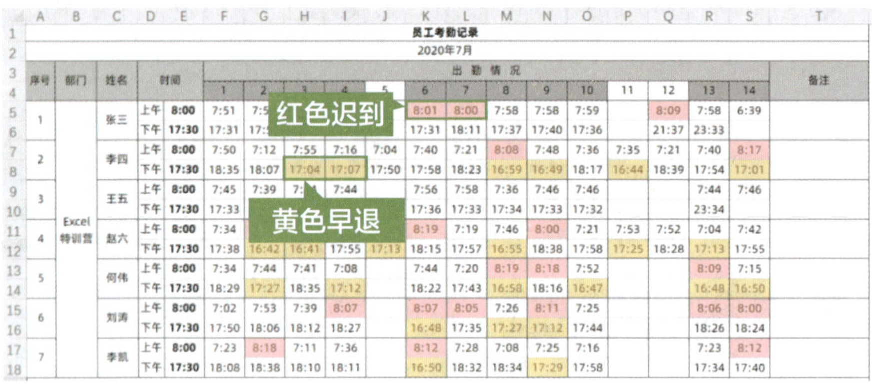

❶选择打卡时间数据所在的单元格区域【F5:S18】，❷在【开始】选项卡中单击【条件格式】按钮，❸选择【突出显示单元格规则】中的❹【介于】选项。

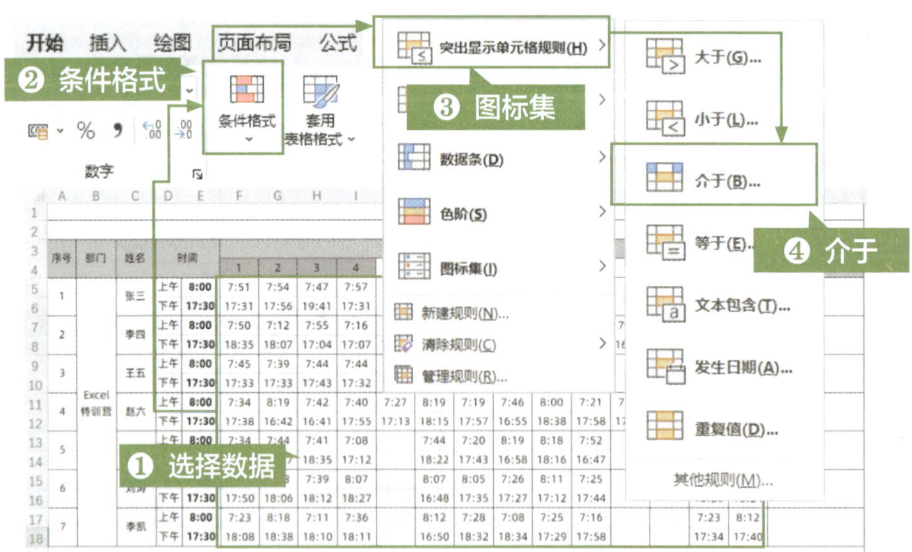

在打开的对话框中设置时间为【08:01】到【12:00】，样式设置为【浅红填充色深红色文本】。

使用相同的方法添加第2个【突出显示单元格规则】，设置时间为【14:00】到【17:30】、样式为【黄填充色深黄色文本】，就可以实现最终的效果，如下图所示。

员工考勤记录																			
2020年7月																			
序号	部门	姓名	时间		出勤情况														备注
					1	2	3	4	5	6	7	8	9	10	11	12	13	14	
1	Excel特训营	张三	上午	8:00	7:51	7:54	7:47	7:57		8:01	8:00	7:58	7:58	7:59		8:09	7:58	6:39	
			下午	17:30	17:31	17:56	19:41	17:31		17:31	18:11	17:37	17:40	17:36		21:37	23:33		
2		李四	上午	8:00	7:50	7:12	7:55	7:16	7:04	7:40	7:21	8:08	7:48	7:36	7:35	7:21	7:40	8:17	
			下午	17:30	18:35	18:07	17:04	17:07	17:50	17:58	18:23	16:59	16:49	18:17	16:44	18:39	17:54	17:01	
3		王五	上午	8:00	7:45	7:39	7:44	7:44		7:56	7:58	7:36	7:46	7:46			7:44	7:46	
			下午	17:30	17:33	17:33	17:43	17:32		17:36	17:33	17:34	17:33	17:32			23:34		
4		赵六	上午	8:00	7:34	8:19	7:42	7:40	7:27	8:19	7:19	7:46	8:00	7:21	7:53	7:52	7:04	7:42	
			下午	17:30	17:38	16:42	16:41	17:55	17:13	18:15	17:57	16:55	18:38	17:58	17:25	18:28	17:13	17:55	
5		何伟	上午	8:00	7:34	7:44	7:41	7:08		7:44	7:20	8:19	8:18	7:52			8:09	7:15	
			下午	17:30	18:29	17:27	18:35	17:12		18:22	17:43	16:58	18:16	16:47			16:48	16:50	
6		刘涛	上午	8:00	7:02	7:53	7:39	8:07		8:07	8:05	7:26	8:11	7:25			8:06	8:00	
			下午	17:30	17:50	18:06	18:12	18:27		16:48	17:35	17:27	17:12	17:44			18:26	18:24	
7		李凯	上午	8:00	7:23	8:18	7:11	7:36		8:12	7:28	7:08	7:25	7:16			7:23	8:12	
			下午	17:30	18:08	18:38	18:10	18:11		16:50	18:32	18:34	17:29	17:58			17:34	17:40	

7.4.5 如何把“暂时落后”的数据整行标记成红色

条件格式中，无论是格式化规则，还是图形化规则，都默认针对数据本身所在的单元格进行视觉化强调。如果想让符合某个条件的整行数据都自动变色，就需要用到更高级别的自定义规则——公式。

例如下面的业绩达成表，统计了不同员工某月的销售业绩及完成情况，并在最后做了状态备注。

如果想把处于“暂时落后”状态的员工数据全都标记出来，使用前面学习过的【突出显示单元格规则】【最前/最后规则】【数据条】等条件格式就无法快速实现。这个时候需要借助【新建规则】中的【使用公式确定要设置格式的单元格】，结合函数公式来实现标记。

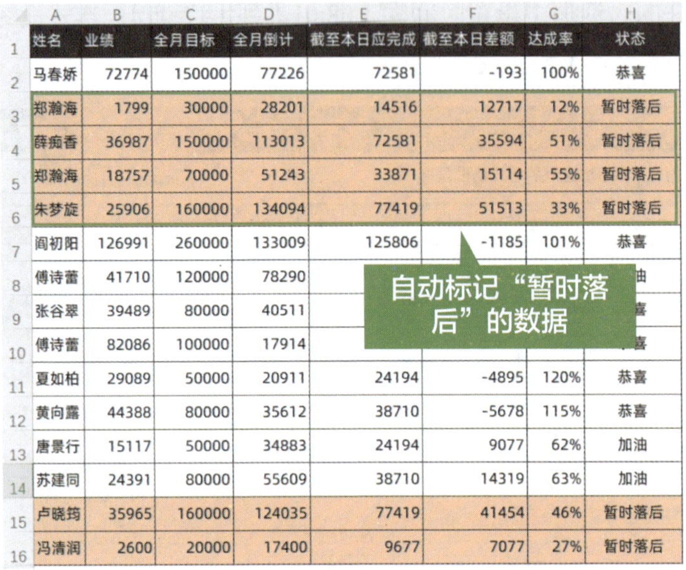

	A	B	C	D	E	F	G	H
1	姓名	业绩	全月目标	全月倒计	截至本日应完成	截至本日差额	达成率	状态
2	马春娇	72774	150000	77226	72581	-193	100%	恭喜
3	郑瀚海	1799	30000	28201	14516	12717	12%	暂时落后
4	薛痴香	36987	150000	113013	72581	35594	51%	暂时落后
5	郑瀚海	18757	70000	51243	33871	15114	55%	暂时落后
6	朱梦旋	25906	160000	134094	77419	51513	33%	暂时落后
7	阎初阳	126991	260000	133009	125806	-1185	101%	恭喜
8	傅诗蕾	41710	120000	78290				
9	张谷翠	39489	80000	40511				
10	傅诗蕾	82086	100000	17914				
11	夏如柏	29089	50000	20911	24194	-4895	120%	恭喜
12	黄向露	44388	80000	35612	38710	-5678	115%	恭喜
13	唐景行	15117	50000	34883	24194	9077	62%	加油
14	苏建同	24391	80000	55609	38710	14319	63%	加油
15	卢晓筠	35965	160000	124035	77419	41454	46%	暂时落后
16	冯清润	2600	20000	17400	9677	7077	27%	暂时落后

❶选择除表格标题之外的所有单元格区域【A2:H16】，❷在【开始】选项卡中单击【条件格式】按钮，❸选择【新建规则】选项，打开【新建格式规则】对话框。

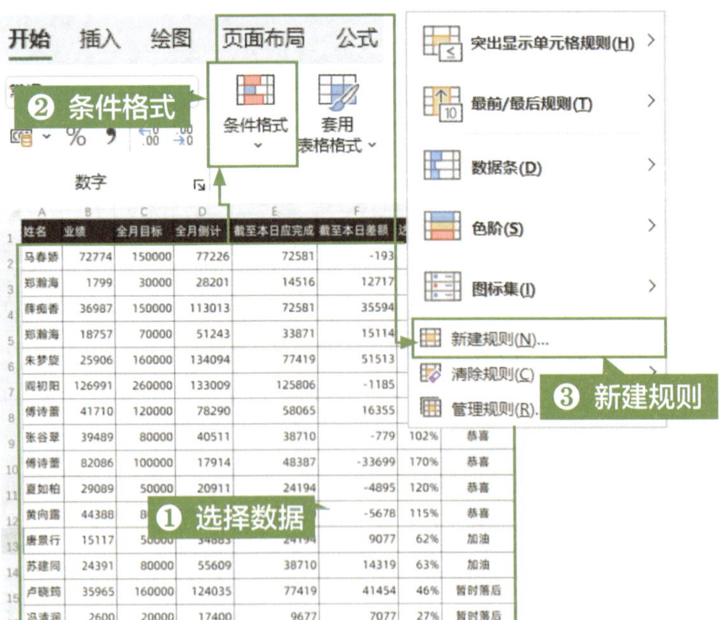

在打开的【新建格式规则】对话框中，❶将【选择规则类型】设为【使用公式确定要设置格式的单元格】，❷在公式编辑栏中输入公式【=$H2="暂时落后"】，❸单击【格式】按钮完成样式的设置之后，❹单击【确定】按钮即可快速将“暂时落后”所在行突出显示。

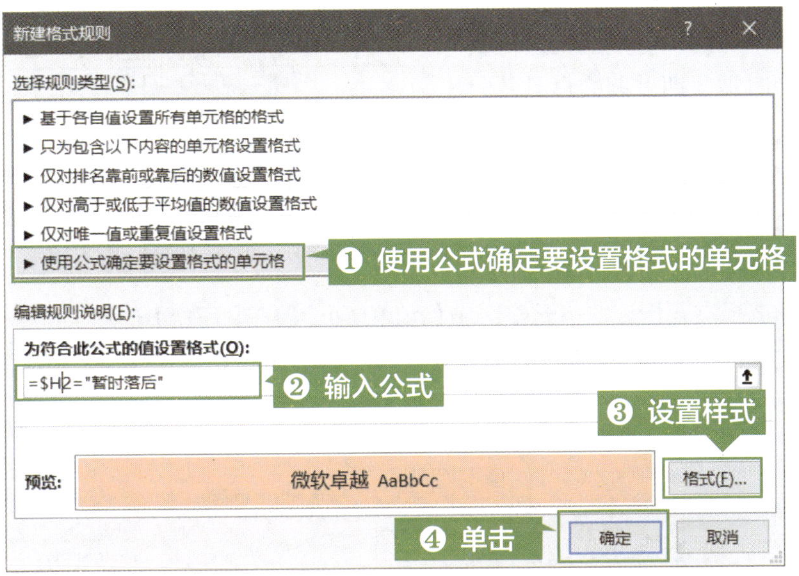

操作过程看上去很简单，但是背后有很多细节，稍不注意就会出错。尤其是下面的函数公式，一定要掌握背后的标记原理。

=$H2="暂时落后"

❶ $H2 ❷ "暂时落后"

• $H2。公式中的“$H2”是关键，在列前加“$”表示将操作锁定在【H】列，这样一来，所有单元格都会根据【H】列的数据来判断是否要标记样式。

• "暂时落后"。公式判断的标准，可以通过修改这个文本变更标记条件。例如要标记“恭喜”文本，则修改此处为"恭喜"即可。

当表格要判断【A3】单元格是否符合条件时，就会将对应单元格所在的行号3代入公式中进行判断，此时，条件公式就变成了【=$H3="暂时落后"】，因为【H3】单元格确实是“暂时落后”，所以对【A3】单元格进行了标注。其他单元格的判定和标注都是这样实现的。

7.4.6 如何把过期的食品整行标记出来

视频案例

无论是工作中的项目管理，还是生活中的食品管理，都会有相应的时间管理这一要求。

例如下面的表格，每种食品都有生产日期、有效期，进行食品管理时需要把过期的食品及时找出来并下架。手动计算并做标记，工作量会非常大；好在可以利用自定义条件格式规则与函数公式快速标记过期的食品。

* 假设统计日期是 2022/12/7*

❶选择需要标记的单元格区域【A2:E16】，❷在【开始】选项卡中单击【条件格式】按钮，❸选择【新建规则】选项，打开【新建格式规则】对话框。

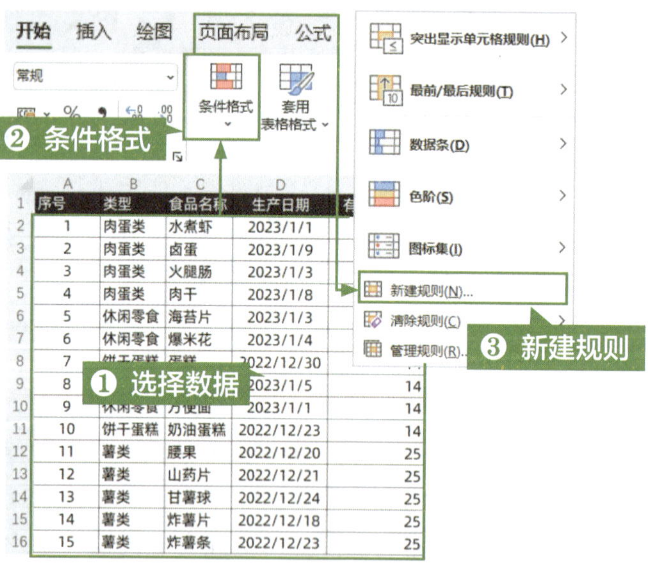

在【新建格式规则】对话框中，❶选择【使用公式确定要设置格式的单元格】选项，❷在公式编辑栏中输入公式【=$D2+$E2<TODAY()】，❸单击【格式】按钮，完成样式的设置之后，❹单击【确定】按钮，即可快速将过期食品的整行数据突出显示。

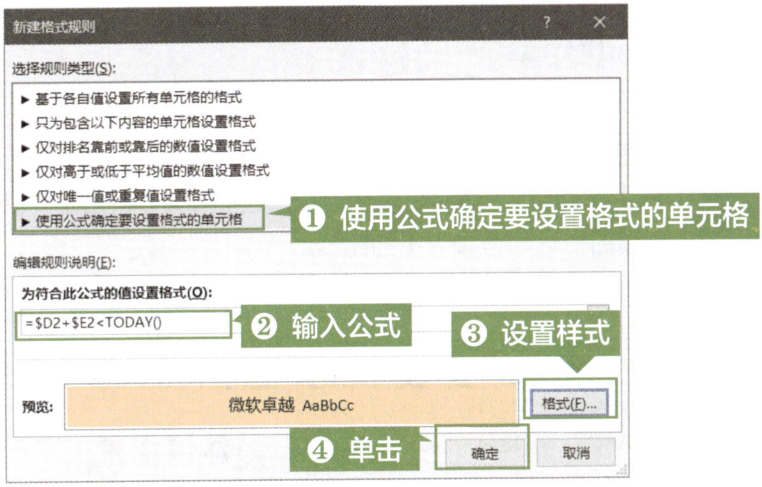

和上一个案例类似，公式一定要注意行列锁定，因为所有单元格都是参考【D】列的生产日期和【E】列的有效期来做判断的，所以要锁定【D】和【E】列进行判断。

=$D2+$E2<TODAY()

类似的时间管理还有设置员工生日提醒，提前为员工准备生日会等，具体的条件公式及效果如下图所示。

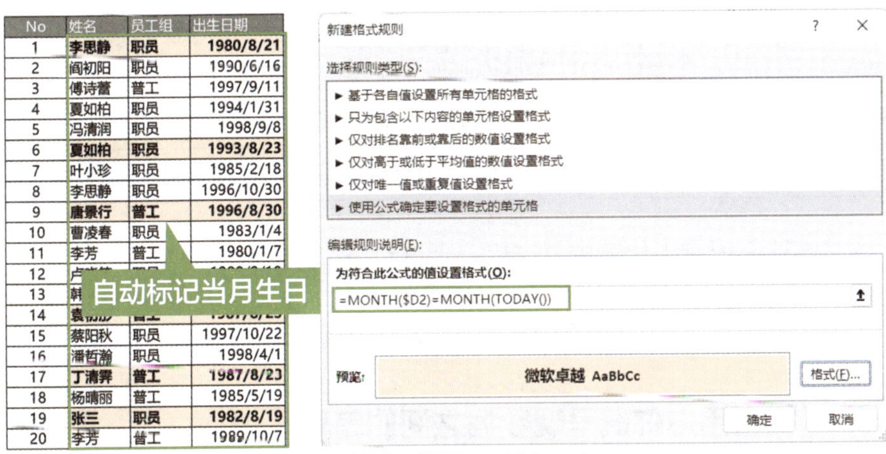

* 假设统计日期是 2022/8/13*

7.5 迷你图

迷你图是一种嵌在单元格里的微型图表，如果要将多个单元格中的数据集中在一个图表中呈现以对比效果，那么使用迷你图就非常合适。迷你图常用于显示一系列值的变化趋势和大小的比较。

例如下图的【F】列中是多个地区费用比较的迷你图，非常直观。

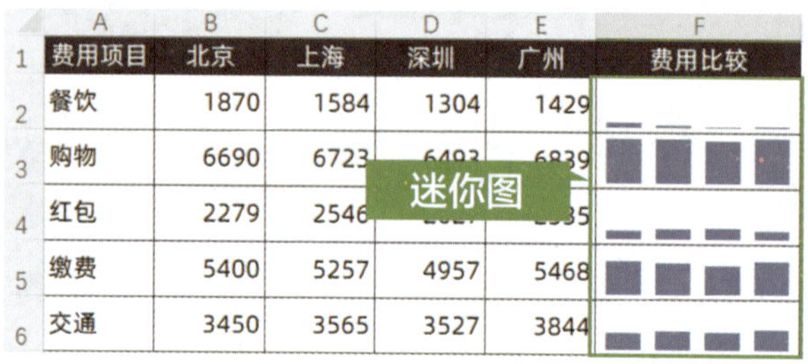

迷你图不是对每个数据进行可视化，而是把对比的效果集中到一起，放在一个单元格里呈现。

在【插入】选项卡中可以找到【迷你图】选项组，共支持 3 种图表类型：折线图、柱形图、盈亏图。

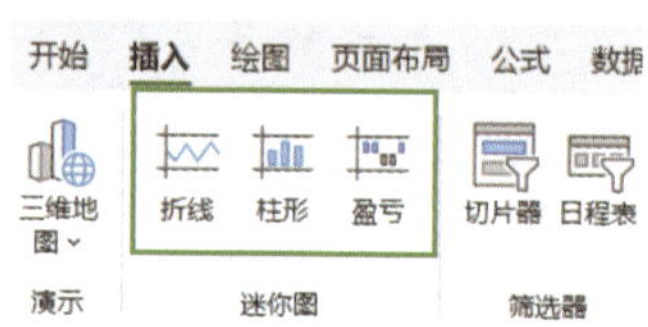

类型	适用场景
折线图	适合 4 项以上并且随时间变化的数据，主要用于观察发展趋势
柱形图	适合少量的数据，主要用于查看分类之间的数值比较关系
盈亏图	适合少量的数据，主要用于查看数据盈（+）亏（-）状态的变化

虽然迷你图在工作表中仅占用一个单元格，但却能够以清晰、简洁的图形表示形式来显示数据的变化趋势。

接下来通过几个案例来讲解迷你图的使用方法。

7.5.1 如何用迷你图呈现数据之间的差异

视频案例

下面的表格中是公司不同分部各类费用项目的统计情况。使用数据透视表虽然可以进行数据可视化，但是每个数据之间的对比结果很难直观地表示出来；基于这些数据插入迷你柱形图后，费用项目之间的差异与各个地区之间的差异就一目了然了。

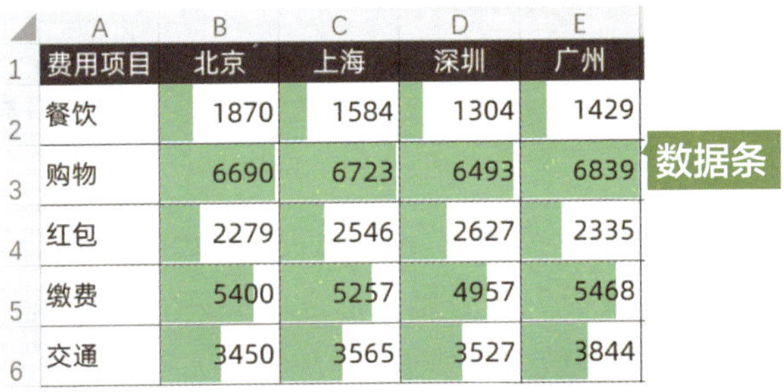

费用项目	北京	上海	深圳	广州
餐饮	1870	1584	1304	1429
购物	6690	6723	6493	6839
红包	2279	2546	2627	2335
缴费	5400	5257	4957	5468
交通	3450	3565	3527	3844

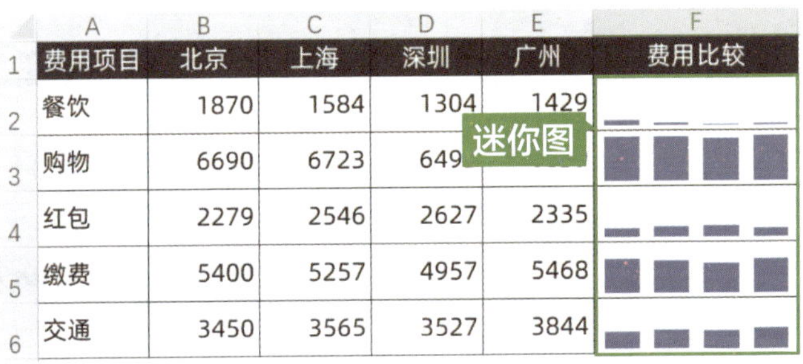

费用项目	北京	上海	深圳	广州	费用比较
餐饮	1870	1584	1304	1429	
购物	6690	6723	649		
红包	2279	2546	2627	2335	
缴费	5400	5257	4957	5468	
交通	3450	3565	3527	3844	

先添加一个辅助列【费用比较】，用来存放迷你图。

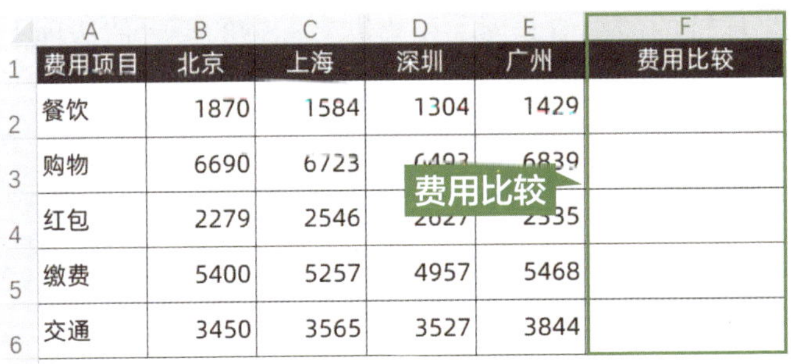

费用项目	北京	上海	深圳	广州	费用比较
餐饮	1870	1584	1304	1429	
购物	6690	6723		6839	
红包	2279	2546			
缴费	5400	5257	4957	5468	
交通	3450	3565	3527	3844	

然后❶选择【F2:F6】单元格区域，❷在【插入】选项卡的【迷你图】选项组中单击【柱形】按钮，在打开的【创建迷你图】对话框中，❸将【数据范围】设置为【B2:E6】区域，❹单击【确定】按钮即可完成迷你图的创建。

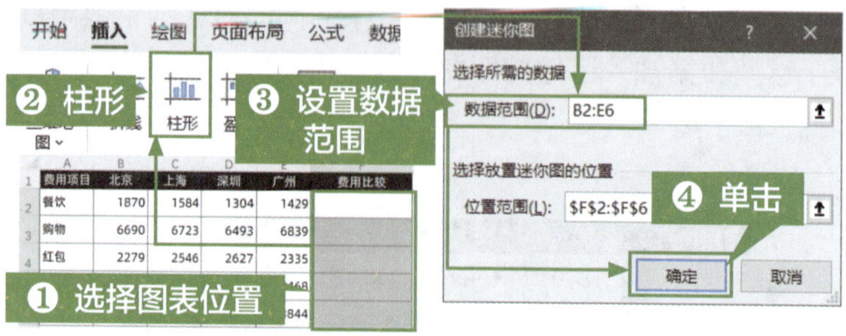

第 1 个迷你图就创建好了。对比一下目标效果，还有一些细节上的差异，如餐饮的平均费用显然比缴费少，但是当前迷你图并不能呈现这个结果，这是因为各个柱形图的坐标轴不统一，需要进行修改。

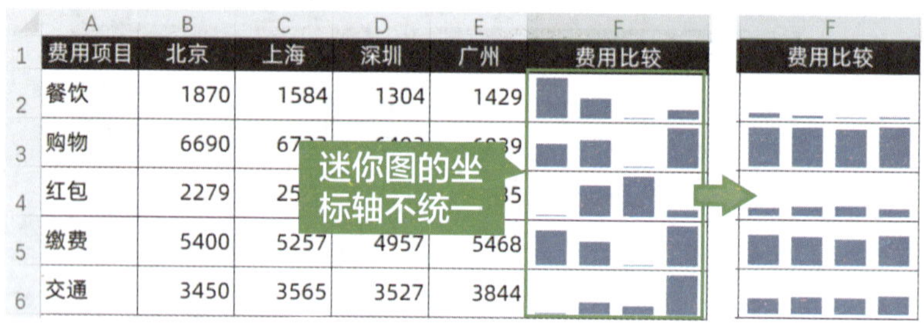

当前效果　　　　目标效果

选择迷你图中的任意单元格，在【迷你图】选项卡中单击【坐标轴】按钮，将【纵坐标轴的最小值选项】和【纵坐标轴的最大值选项】均改为【适用于所有迷你图】。

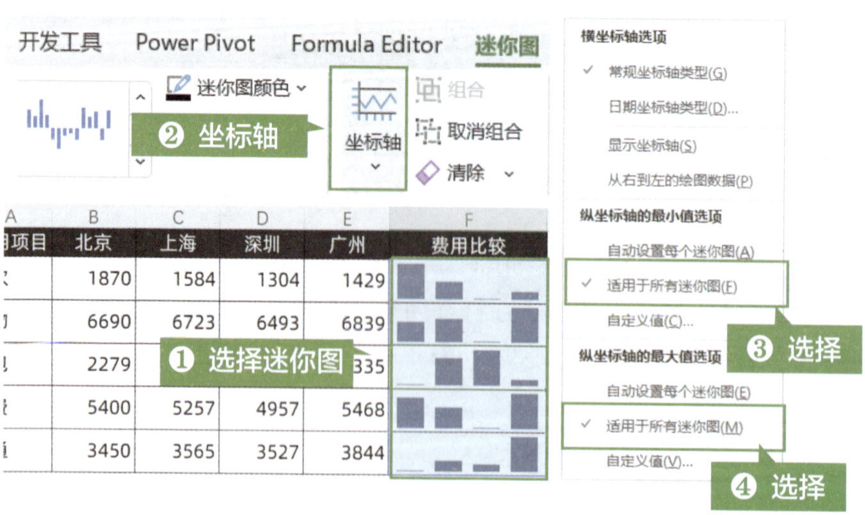

完成后的效果如右图所示。

	A	B	C	D	E	F
1	费用项目	北京	上海	深圳	广州	费用比较
2	餐饮	1870	1584	1304	1429	
3	购物	6690	6723		39	
4	红包	2279	2546	2627	2335	
5	缴费	5400	5257	4957	5468	
6	交通	3450	3565	3527	3844	

如果需要在迷你图中标记出每一项的最大值，❶可以在选择迷你图后，❷在【迷你图】选项卡中单击【标记颜色】按钮，❸选择【高点】选项，❹选择合适的颜色。

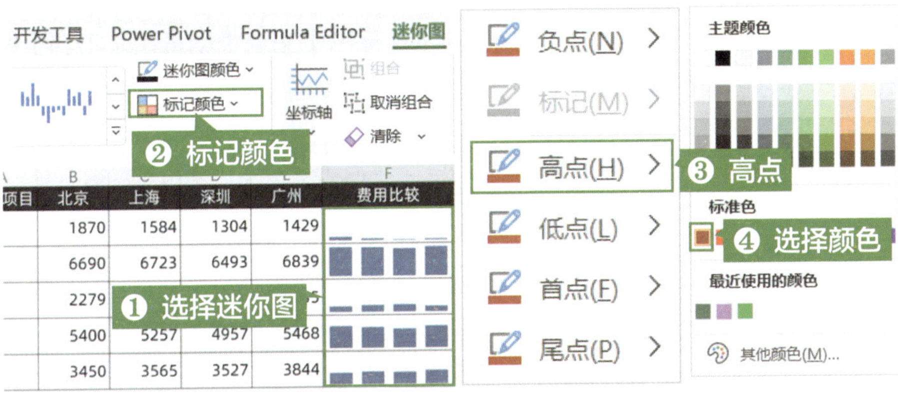

完成后的效果如下，哪个地区费用最高一目了然。

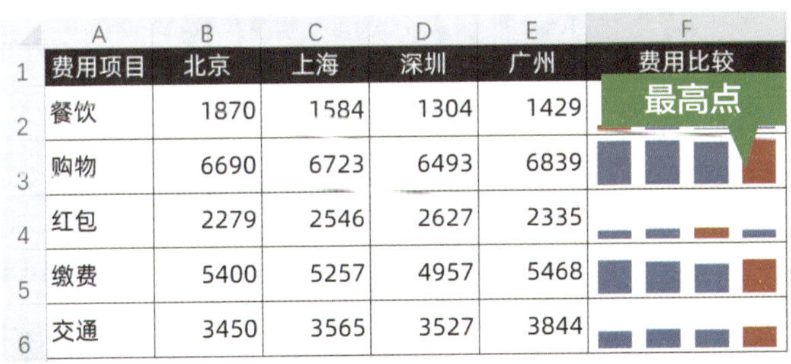

	A	B	C	D	E	F
1	费用项目	北京	上海	深圳	广州	费用比较
2	餐饮	1870	1584	1304	1429	
3	购物	6690	6723	6493	6839	
4	红包	2279	2546	2627	2335	
5	缴费	5400	5257	4957	5468	
6	交通	3450	3565	3527	3844	

7.5.2 如何用迷你图制作折线图

视频案例

下面的表格中是不同商品 1 月 ~12 月的销售数据，使用上一案例的方法，可以制作出对应的迷你柱形图以呈现数据，但是要观察 12 个月每种产品的销售趋势，用柱形图就不是很合适了。

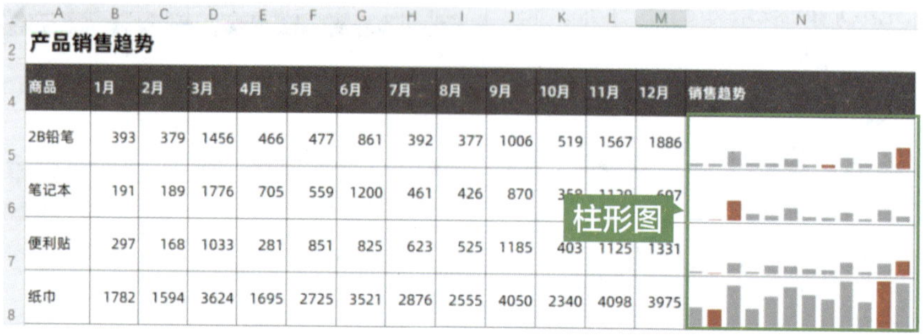

产品销售趋势

商品	1月	2月	3月	4月	5月	6月	7月	8月	9月	10月	11月	12月	销售趋势
2B铅笔	393	379	1456	466	477	861	392	377	1006	519	1567	1886	
笔记本	191	189	1776	705	559	1200	461	426	870	[illegible]	[illegible]	[illegible]	
便利贴	297	168	1033	281	851	825	623	525	1185	403	1125	1331	
纸巾	1782	1594	3624	1695	2725	3521	2876	2555	4050	2340	4098	3975	

选择迷你图所在的单元格区域，在【迷你图】选项卡中单击【折线】按钮，完成迷你图类型的修改，完成后的效果如下图所示。

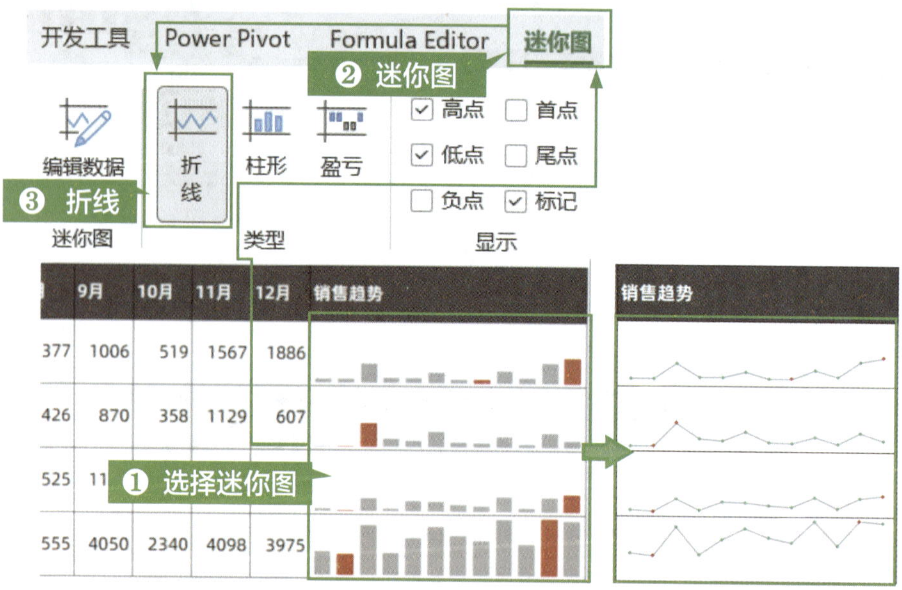

转换成迷你折线图后，各产品的销售趋势、最高点、最低点都变得非常直观。

这一章主要介绍了让数据一目了然的 3 种方法：设置单元格格式、设置条件格式和添加迷你图。下一章将介绍专业的商务图表的制作方法。

8

制作专业的商务图表

上一章介绍了直接在单元格中进行数据可视化的 3 种方法：设置单元格格式、设置条件格式和添加迷你图。

在实际的工作中，仅掌握这 3 种可视化方法是不够的。多数情况下，需要使用更直观的数据呈现形式。此时，就可以运用 Excel 中的绘制图表功能。图表直观的视觉效果，可以方便用户查看和对比数据的差异和大小，从而预测趋势。

另外，除工作环境以外，日常生活中的新闻热点的解读、运动健身 App 中的数据呈现、性格测试的结果呈现等，图表也是不可或缺的重要元素。每到年底，各大互联网公司的 App 都会为用户发布年度报告，其中的主体也是各式各样的数据图表。由此可见，用图表说话，俨然已经成为一种新风尚。

本章将详细讲解专业的商务图表是如何制作的。

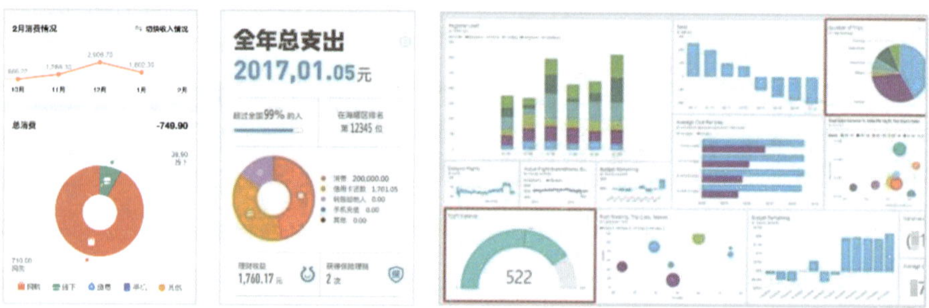

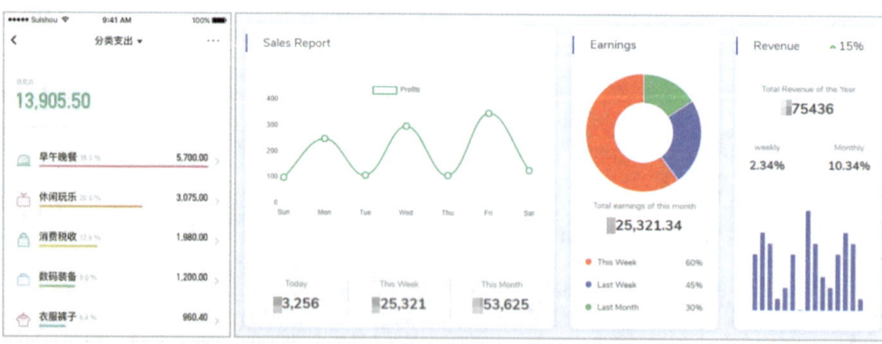

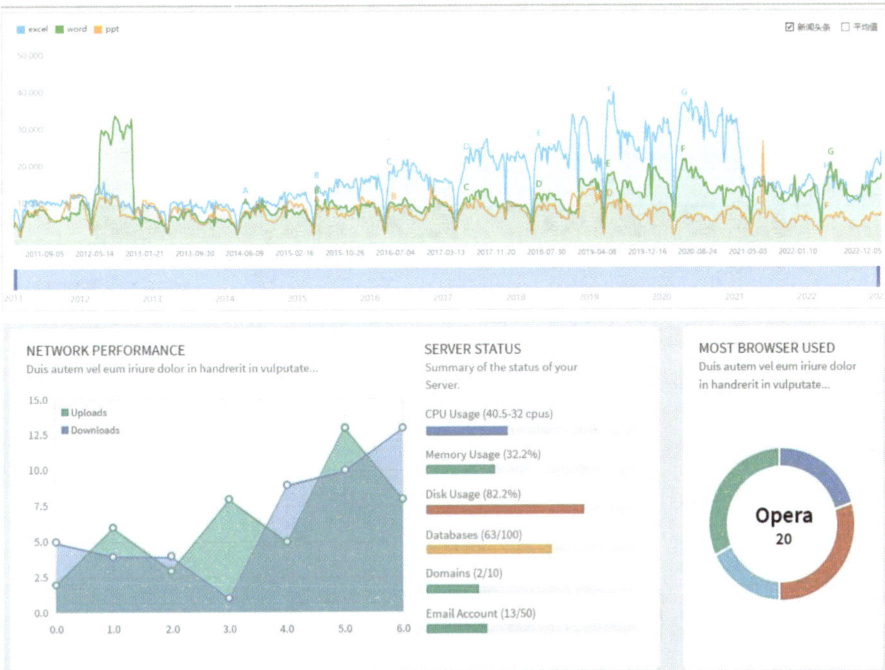

8.1 图表类型和基本操作

上一章介绍的迷你图是 3 种常见图表的精简版，因此它们只能用来呈现一些简单的数据关系。在处理复杂数据的逻辑关系时，需要借助 Excel 中的图表功能来呈现数据背后更复杂的结论。

在 Excel 2021 中，包含常见的柱形图、折线图、饼图、条形图、XY 散点图、雷达图等十几个大类的图表，接下来从如何插入一个图表开始，讲解这些图表类型。

8.1.1 如何插入一个图表

视频案例

在 Excel 中插入图表非常简单。选中数据区域后，在【插入】选项卡的【图表】选项组中，可以看到各种各样的图表类型。单击【推荐的图表】按钮，在打开的对话框中切换到【所有图表】选项卡就可以看到所有图表类型。

根据需求选择对应的图表类型即可。最常用的图表类型是柱形图、折线图、饼图。接下来通过一个案例来介绍完整的图表创建流程。

下面左图是一份各地平均工资（如无特殊说明，本章案例涉及的工资、收入、支出等，单位默认为“元”）的调查表，现在需要基于这份数据，创建对应的柱形图，如下面右图所示。

	A	B
1	城市	平均工资
2	广州	7539
3	北京	9250
4	深圳	8211
5	上海	8890

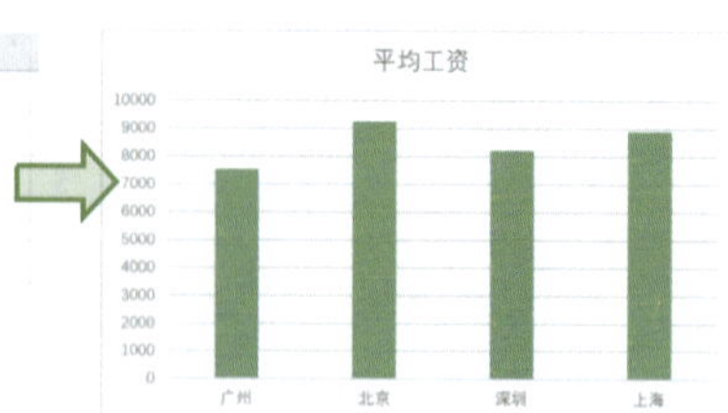

插入图表有两种情况：为连续数据插入图表，为不连续数据插入图表。

为连续数据插入图表

❶选择所有数据，❷在【插入】选项卡中单击柱形图按钮 ，❸选择【簇状柱形图】，完成柱形图的插入。

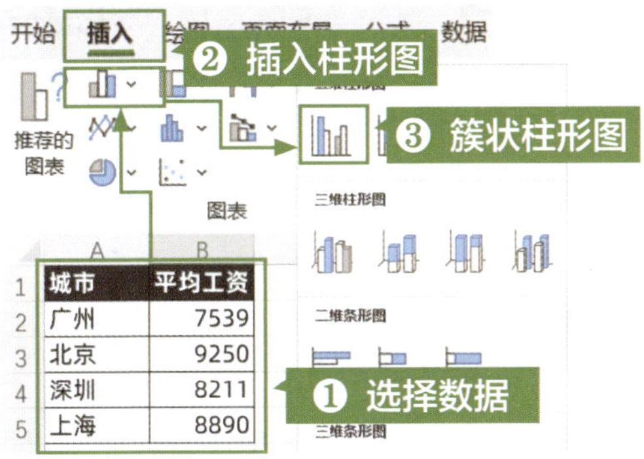

这个方法适合连续的数据区域，中间不能有空白行、空白列。像下面这种数据，两年的数据中间有空白列，直接插入图表，可能会导致图表显示错误。

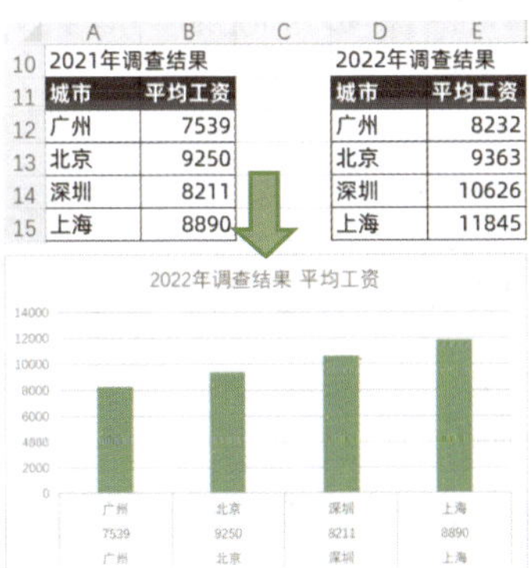

* 错误的图表结果 *

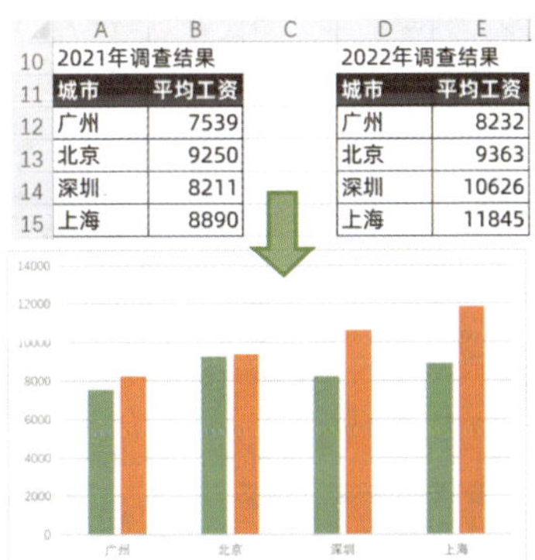

* 正确的图表结果 *

为不连续数据插入图表

针对不连续的数据，可以先插入一个空白的图表，然后修改图表数据源，把数据依次添加进去。具体做法如下。

❶选择空白单元格，❷在【插入】选项卡中单击柱形图按钮 ，❸选择【簇状柱形图】，❹创建空白图表。

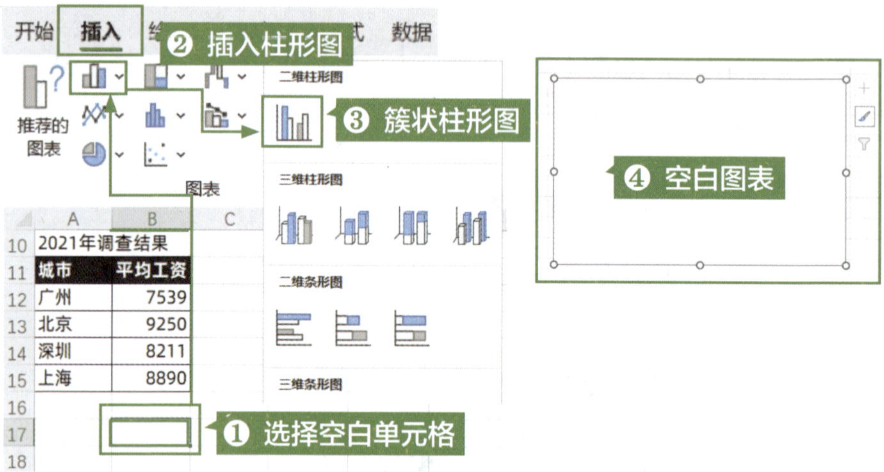

接下来，选择空白的图表，❶在【图表设计】选项卡中❷单击【选择数据】按钮。

在打开的【选择数据源】对话框中，❸单击【添加】按钮添加第 1 组数据，即添加 2021 年的平均工资数据，❹在打开的【编辑数据系列】对话框中将【系列名称】设为数据的标题，或者输入【2021 年】，❺ 将【系列值】设为平均工资的数据，单击【确定】按钮，这样 2021 年的数据就添加到图表中了。

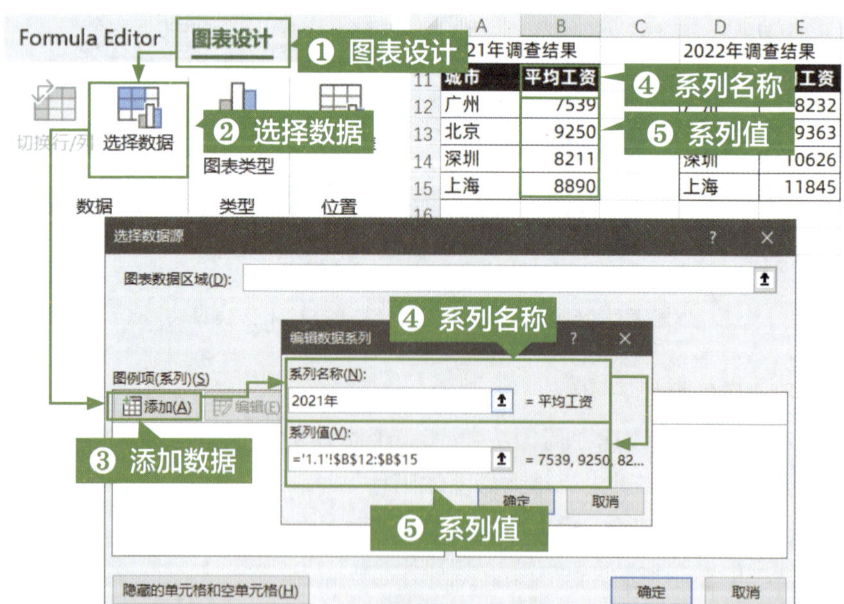

用相同的方法把 2022 年的数据也添加到图表中。❶单击【编辑】按钮，编辑水平轴标签，❷设置【轴标签区域】为❸城市的名称区域，这样图表的数据区域就设置完成了，单击【确定】按钮，就创建出了正确的图表。

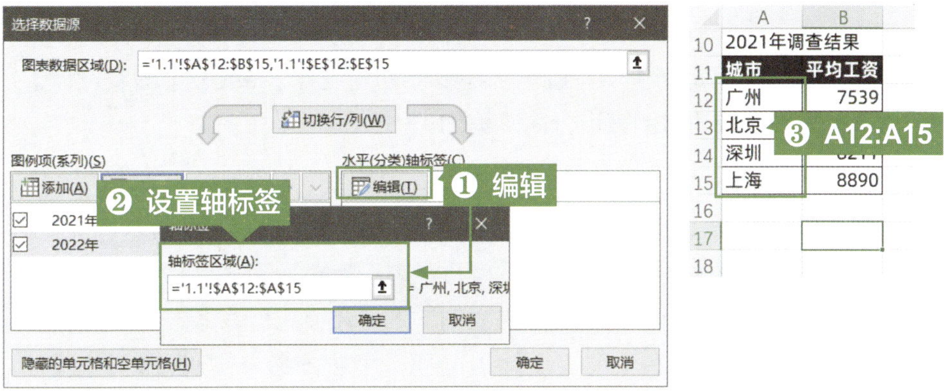

图表创建完成后，❶选择右侧的柱形，❷在【格式】选项卡中❸修改【形状填充】为【橙色】，让两个数据系列的对比更明显，这样不连续数据的图表就制作完成了。

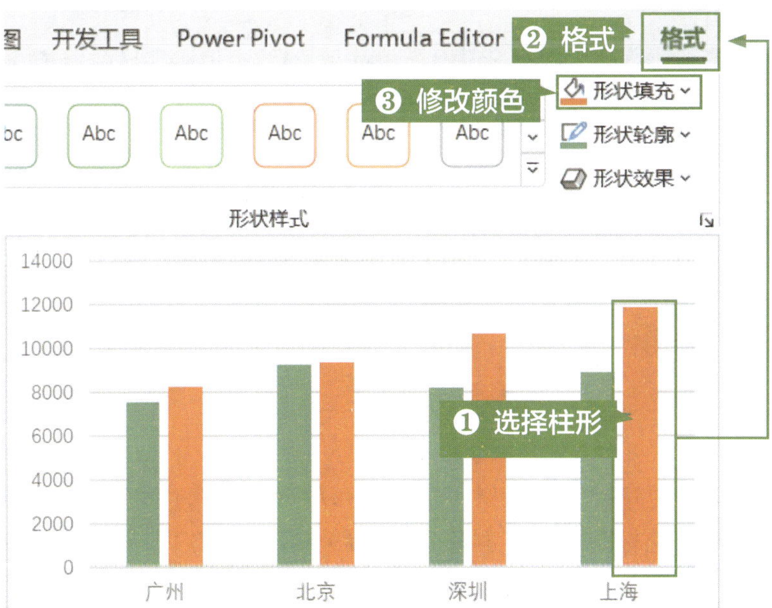

大部分情况下的数据都是连续的，使用第 1 种方法创建即可。第 2 种方法虽然比较复杂，但掌握后，基本上就可以应对各种不规则的数据图表的制作了。

8.1.2 如何美化图表

图表的创建只是第 1 步，接下来还要借助【设计】（或者【图表设计】）选项卡中的功能快速对图表进行简单美化。

快速调整布局美化图表

Excel 默认生成的图表的视觉效果比较单一，如果想要对图表进行优化和美化，就需要了解图表的构成元素，以及对应元素的修改方法。

以上一小节各城市平均工资图表为例，下面介绍几个美化图表的操作。

❶选择图表，❷在【图表设计】选项卡中单击❸【快速布局】按钮，❹选择对应的布局，可以给图表快速添加或删除元素。

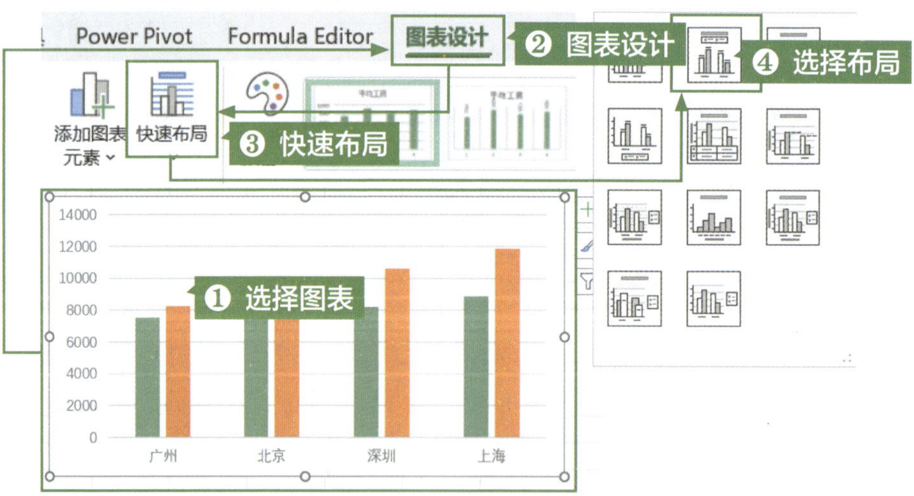

下图是快速布局后的效果，与快速布局前相比有什么差异吗？图表中删除了左侧的坐标轴标签、删除了网格线，增加了数据标签、图表标题、图例。

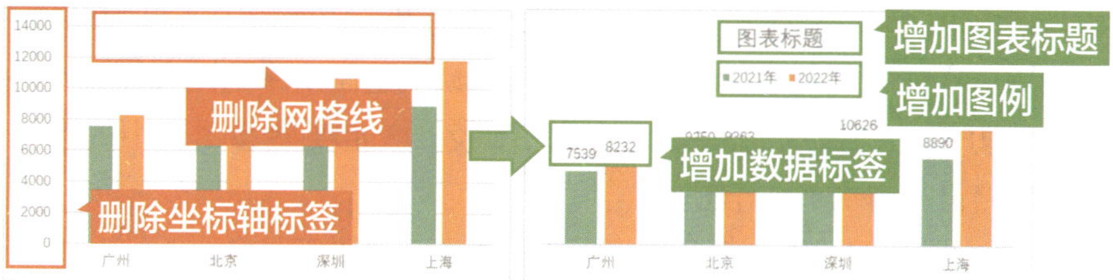

❶在【图表设计】选项卡中单击❷【更改颜色】按钮，❸可以快速更改图表的配色，❹实现图表的一键换色。

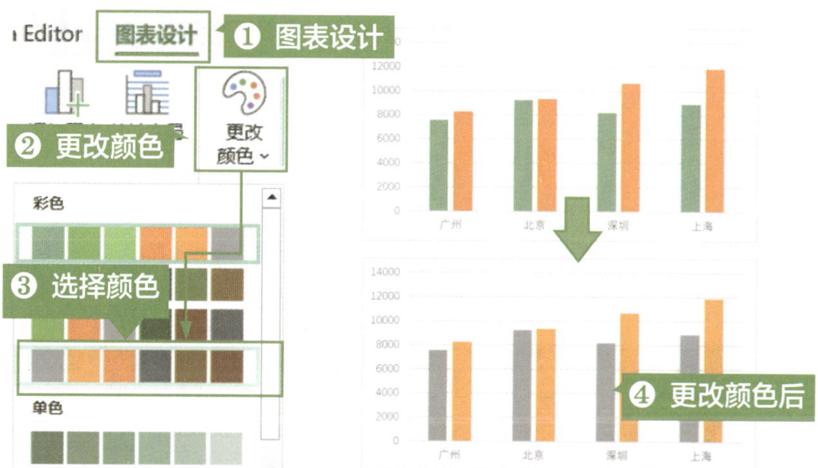

❶在【图表设计】选项卡中的【图表样式】选项组中，可以看到 Excel 提供的多种图表样式，❷单击任意样式就可以将其快速应用到图表中，既更改了图表布局，又美化了图表的配色。

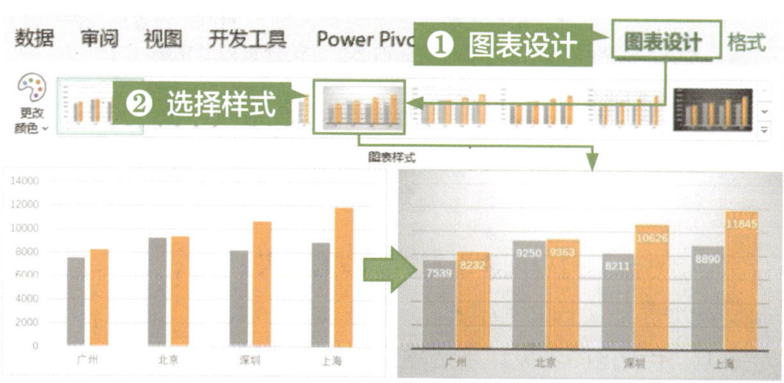

视频案例

认识常见的图表元素

图表这些快捷功能的优点是简单好用，缺点是做出来的图表样式有限，想要做出好看的、直观的、与众不同的图表，一定要熟悉图表中的各种元素，根据自己的需求来设计图表。

Excel 中图表的元素非常多，常见的图表元素有以下几个。

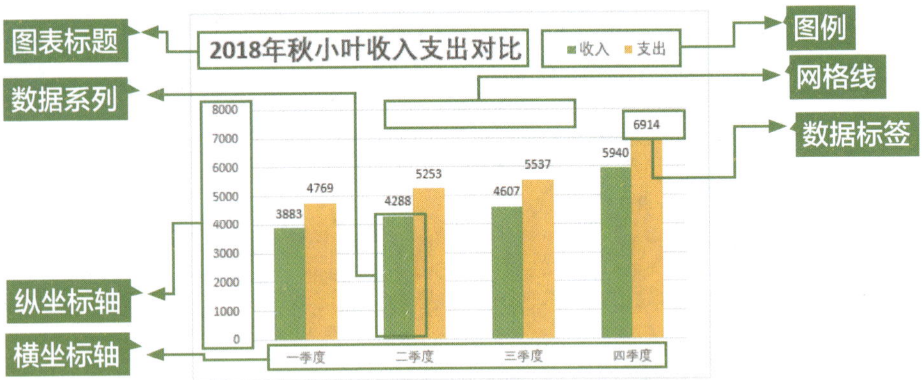

* 常见的图表元素 *

元素名称	作用
图表标题	图表标题用于表明图表或者分类的内容，一般位于图表顶部，上图中的“2018年秋小叶收入支出对比”就是图表标题
坐标轴	坐标轴是绘图区的边界线，一般分为横坐标轴和纵坐标轴，在图表中提供度量的参考，数据沿纵坐标轴绘制，类别（上图中的各个季度）沿横坐标轴绘制
数据系列	绘制在图表中的一组数据点就是数据系列，图表中每一个数据系列都对应一种颜色，上图中收入和支出柱形代表两个数据系列
网格线	网格线实际上是绘图区中的一系列横线或竖线，有利于直观地展现数据系列的大小，网格线的疏密程度与坐标轴上刻度的疏密程度相关
图例	图例用于说明每个数据系列在图表中的外观，可以是方块，也可以是一条线段
数据标签	数据标签是图表中专门为数据系列提供附件信息的标签，可以显示对应数据系列代表的值、类别名称、系列名称或表格中其他区域的信息

组合使用这些元素可以创建出不同类型的图表。

添加图表元素有以下两种方法。

- 方法 1：单击【图表设计】选项卡中的【添加图表元素】按钮，选择需要的元素进行添加。

- 方法 2：在选中图表之后，单击图表右上角的【+】按钮[+]，勾选对应的元素即可快速添加，单击右侧的实心三角形可以进行更多格式的设置。

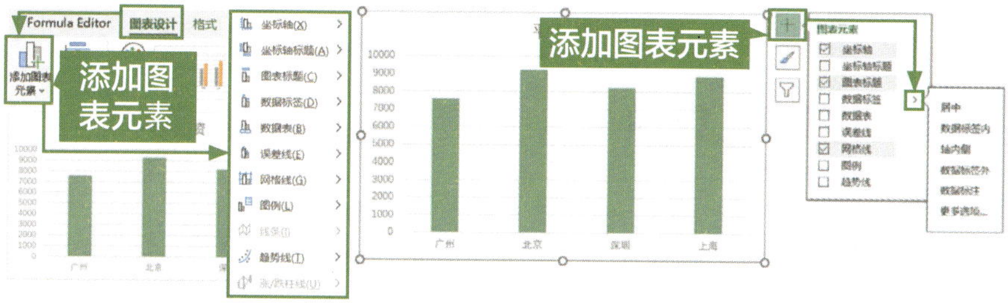

* 方法 1*　　　　* 方法 2*

图表元素添加好之后，如果想要修改图表元素的属性，只需要选择对应的图表元素，右击，在快捷菜单中选择【设置 xx（元素名称）格式】选项，就可以在表格右侧弹出的属性面板中进行修改。

例如，下图是设置数据标签元素的属性的演示步骤。

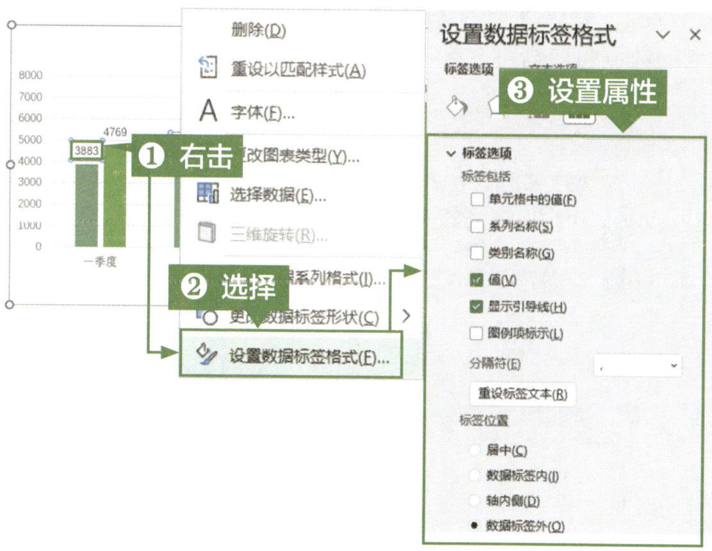

8.1.3　如何修改图表数据源

图表创建好之后，后续如果新增了数据，如何将其添加到图表中？有两种方法：修改图表数据范围、添加数据系列。

修改图表数据范围

下面的表格中新增了一个城市的平均工资，要把新增的数据添加到图表中，应如何操作？

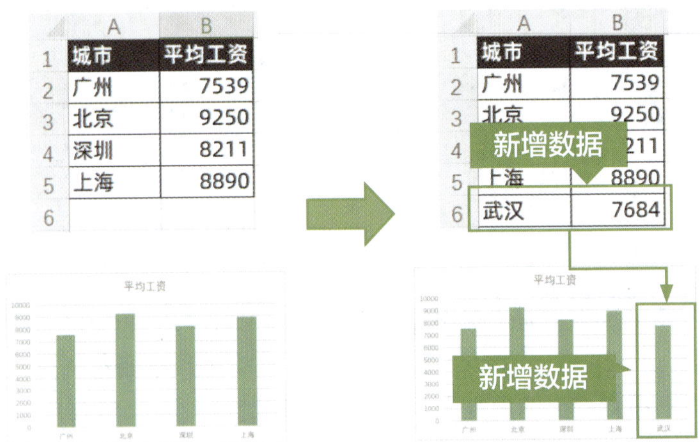

第 1 种方法：❶选择图表之后，数据区域会有对应的选框，❷拖曳数据选区把新增的数据❸包含进来就可以了。

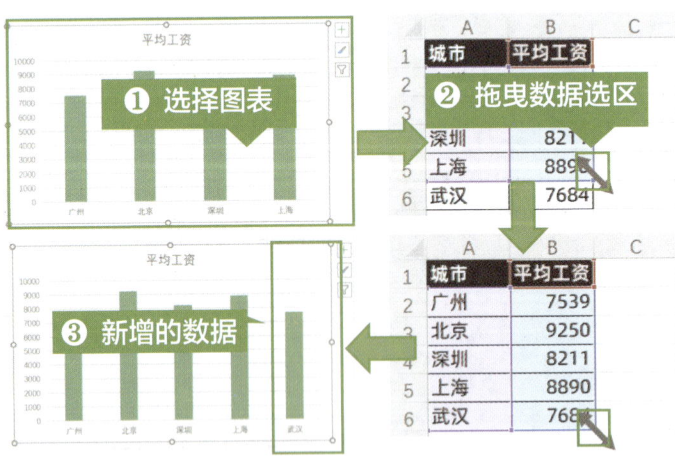

这个方法非常简单，但有个前提，即图表中的数据必须是连续的、规范的，这样才可以批量调整图表的数据选区。

如果是为不连续的数据创建的图表，则需要用第 2 种方法：❶选择图表，❷在【图表设计】选项卡中❸单击【选择数据】按钮，打开【选择数据源】对话框，❹单击【编辑】按钮，❺ 修改数据范围，单击【确定】按钮。

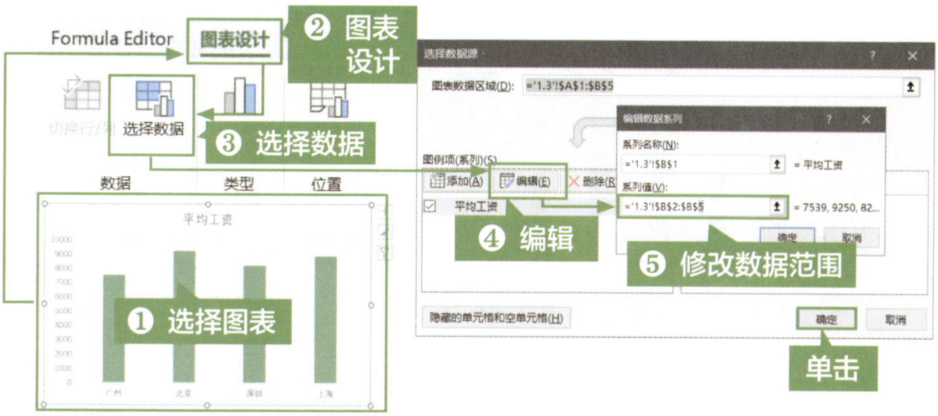

设置完数据区域，还要同步❶【编辑】❷轴标签的数据范围，确保新增的数据有坐标轴标签。

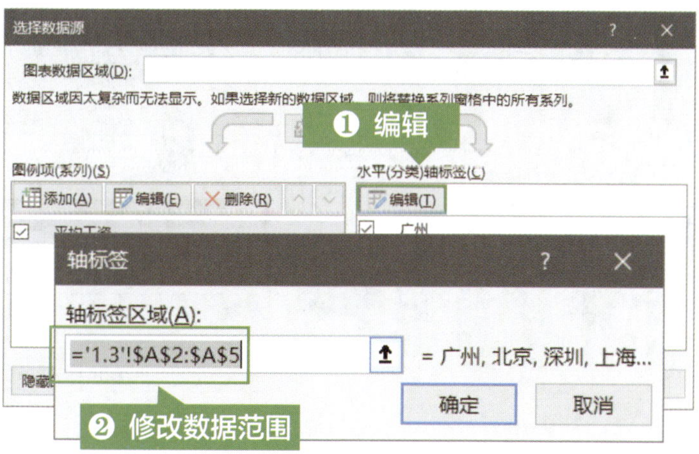

添加数据系列

如果原始数据新增了一列，如下表中增加了【平均消费】列，要把新增的数据添加到图表中，应如何操作？

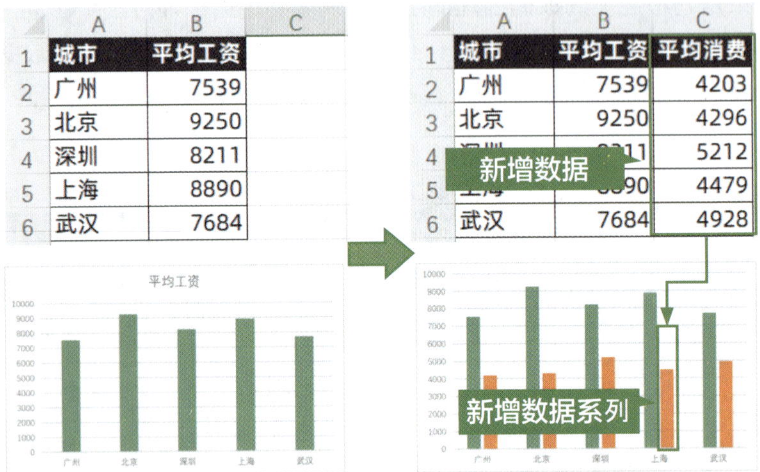

第 1 种方法：❶选择图表，❷拖曳数据选区，把新增的【平均消费】列包含进来，❸修改新增数据系列的颜色。

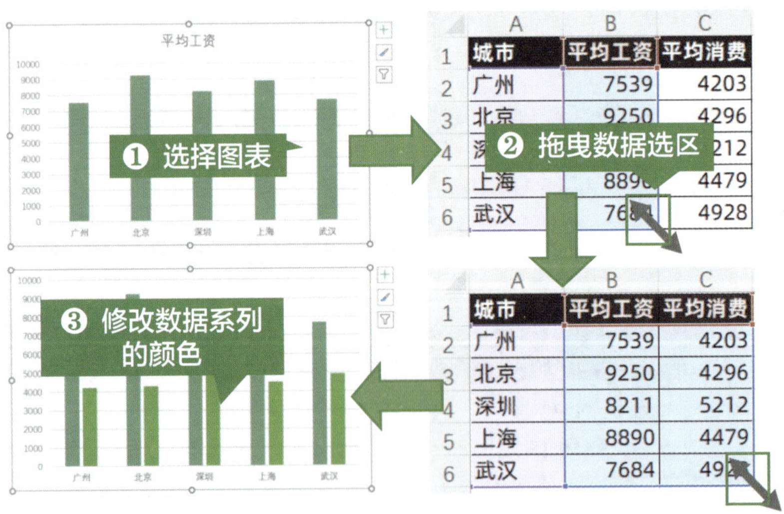

第 2 种方法也很简单：❶选择新增的数据，按【Ctrl+C】快捷键复制，❷选择图表后按【Ctrl+V】快捷键粘贴数据，修改数据系列的颜色，❸图表就更新完成了。

如果这两种方法无法完美地新增数据，就只能用第 3 种方法了。

❶选择图表，❷在【图表设计】选项卡中❸单击【选择数据】按钮，在打开的对话框中❹单击【添加】按钮，❺ 设置【系列名称】和【系列值】为对应的新增数据来添加新的数据系列。

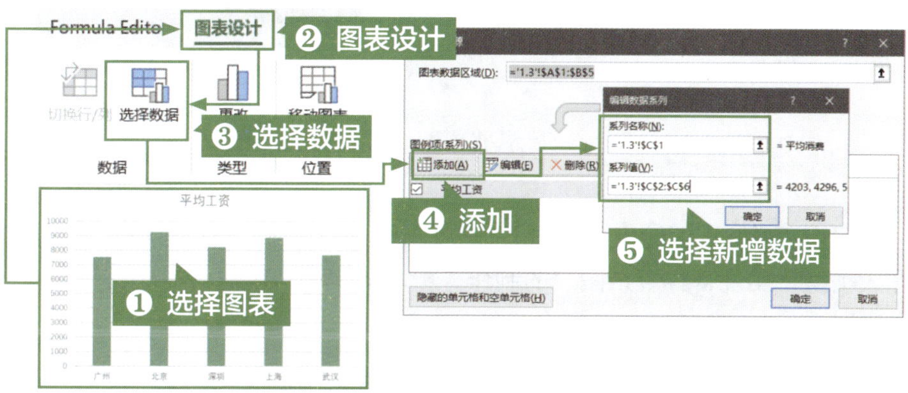

8.1.4 更改图表类型

更改图表类型也是制作商务图表必备的技能，包含柱形图、折线图的组合图表的创建都是通过更改图表类型来实现的。

❶选择图表，❷在【图表设计】选项卡中❸单击【更改图表类型】按钮，就可以在打开的对话框中根据需求更改图表类型。

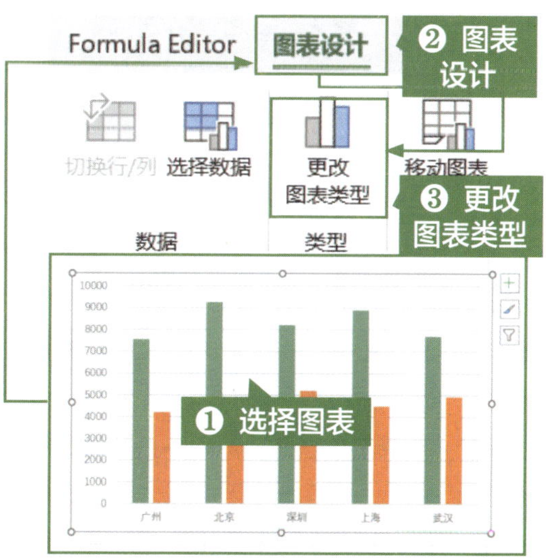

例如，在打开的对话框中选择❶【条形图】中的❷【簇状条

形图】，把“平均工资”案例的图表类型改成簇状条形图，让对比变得更加明显，图表样式也更新颖。

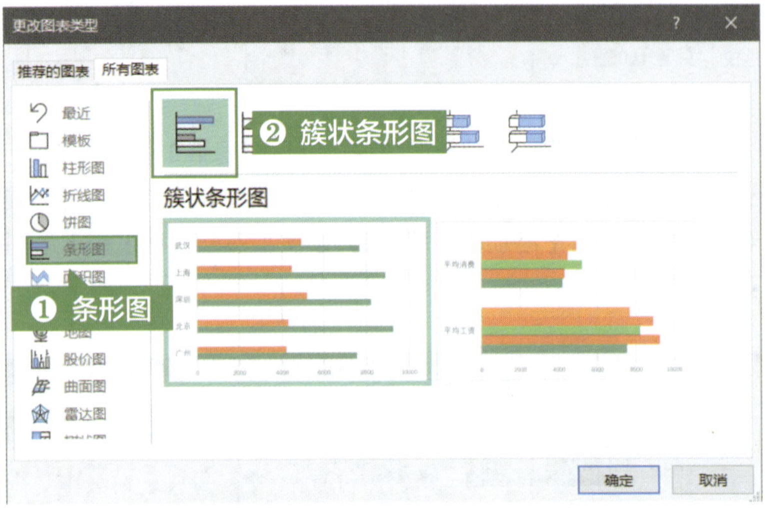

如果选择底部的❶【组合图】，则可以针对不同的数据系列❷设置不同的图表类型，实现各种复杂图表的制作。更多的案例，我们会在后文陆续给大家讲解。

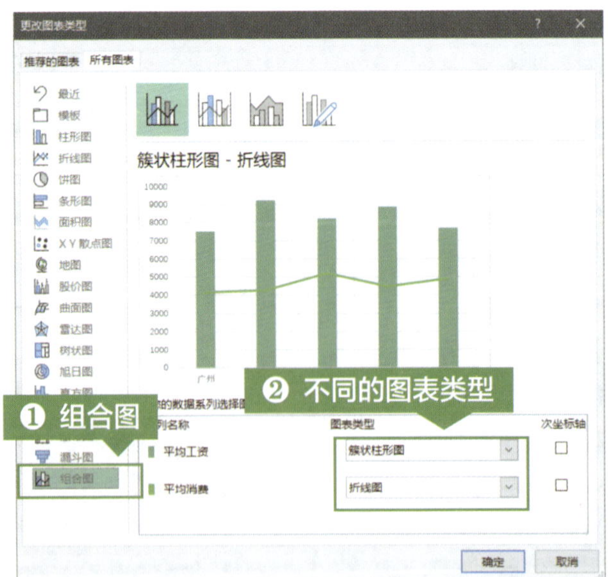

8.2 玩转6种基础图表

Excel 中虽然有十几个大类的图表类型，但并不是每一个图表类型都需要掌握。制作图表时，只需要根据自己的实际需求选择合适的图表类型即可。

Excel 图表虽然有很多类别，但常用的基础图表只有 6 种，商务场合的绝大多数图表都是由它们衍生组合而来的，这 6 种图表分别是：柱形图、条形图、折线图与面积图、饼图和圆环图、XY 散点图和气泡图、雷达图。本节将重点介绍这 6 种基础图表。

新手在制作图表时，经常不知道“图表该怎么美化”“该用什么图表类型”等。其实，制作图表的第 1 步是先明确图表分析的需求，提取关键词，然后判断需求背后的数据关系，最后根据数据关系选择合适的图表类型。

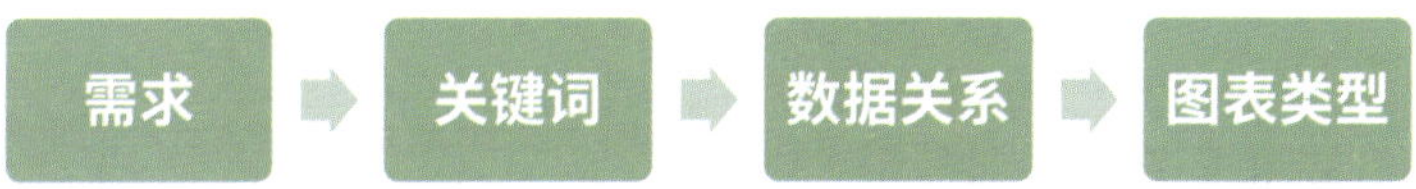

下面是常见图表的使用场景举例，根据制图需求、关键词、数据关系与图表类型等信息确定需要使用什么类型的图表。

制图需求	关键词	数据关系	图表类型
秋叶“粉丝”各年龄层占比情况	占比、份额、比重、百分之几	构成	饼图 圆环图
秋叶“粉丝”各年龄层人数对比	大于、小于、排名	比较	柱形图 条形图
秋叶训练营价格和人数的关联	与……有关、随……变化、正比、反比	相关	XY 散点图
秋叶“粉丝”近 5 年的增长情况	增长、减少、变化	趋势	折线图
不同课程在价格、内容等多方面进行对比	多个方面、综合、多维度	综合	雷达图
秋叶“粉丝”的年龄分布情况	集中、频率、分布	范围	直方图

如果通过上述表格还不清楚需求和图表类型的对应关系，可以参考以下常见需求与图表的对应关系图。

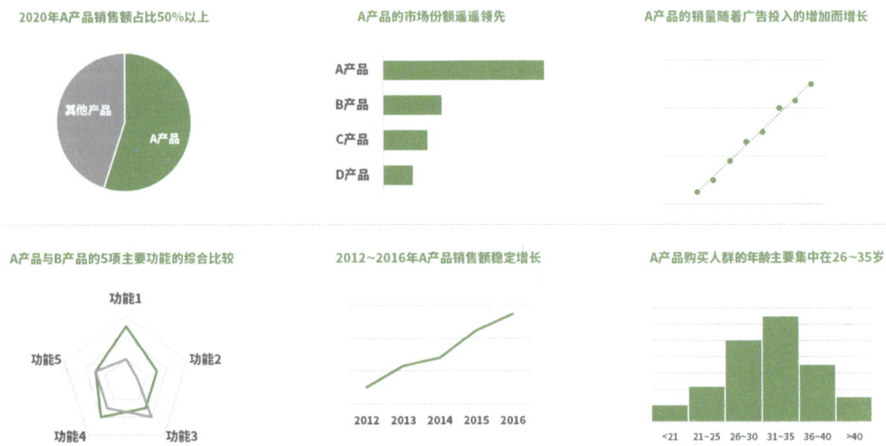

8.2.1 柱形图

柱形图常用于多个类别多系列的数据比较。

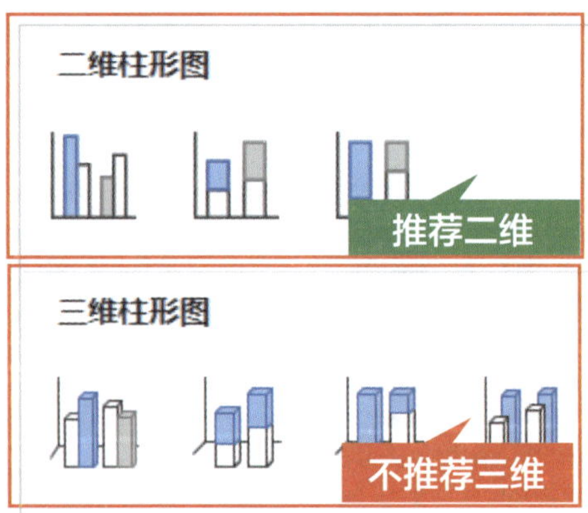

柱形图默认被分成二维柱形图、三维柱形图两个大类别。因为三维图表呈现出来的阴影、立体感等效果，容易给视觉判断带来误差，对比不够直观，所以不推荐使用。

这一小节的重点是明确簇状柱形图、堆积柱形图、百分比堆积柱形图等常用二维柱形图的使用方法。

不同类型的柱形图对比

右表是不同学历男女生人数的数据统计。

基于这个表格，依次创建了 3 种不同的柱形图：簇状柱形图、堆积柱形图、百分比堆积柱形图。

	A	B	C
1	学历	男生	女生
2	中专	23	35
3	大专	49	43
4	本科	19	22
5	研究生	8	13

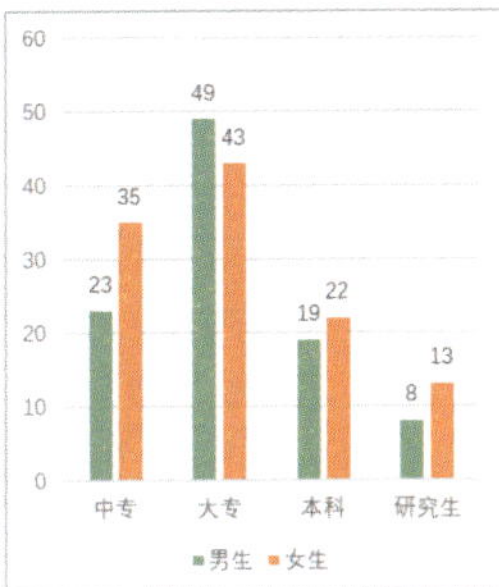

* 簇状柱形图 *

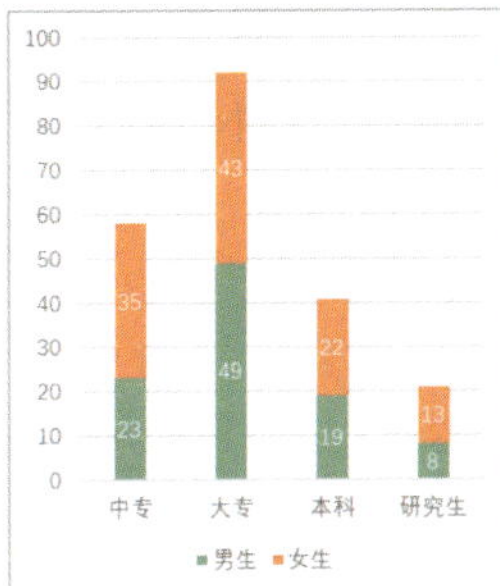

* 堆积柱形图 *

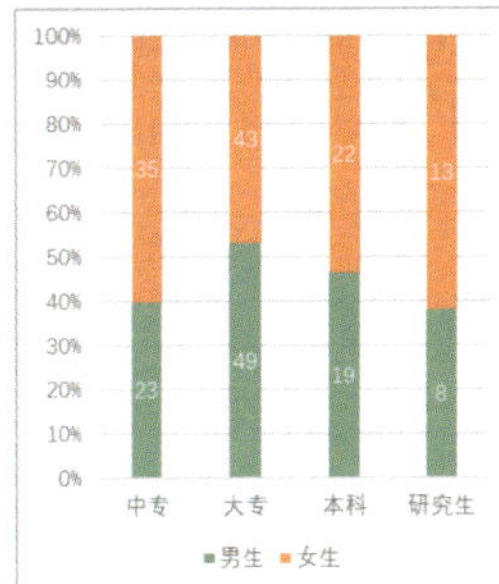

* 百分比堆积柱形图 *

不同类型的柱形图，呈现出来的数据信息不一样。

- 簇状柱形图侧重于通过对比不同柱形的高度比较不同学历中的男女生人数的多少。
- 堆积柱形图侧重于对比堆积柱形的高度及不同颜色的柱形的差异，这样既可以对比不同学历的总人数，又可以查看每个学历中男女生的大致构成。
- 百分比堆积柱形图中柱形的累计高度都是一样的，表示 100%，不同颜色的柱形代表男女生数量占总数的比例。这类图表适合呈现不同数据的构成占比情况。

具体使用哪种柱形图，取决于分析数据的需求是对比分析差异，还是看整体数据占比。

切换行与列，修改对比维度

图表中的数据系列和坐标轴都是自动识别的，有时可能和预期的不一致。如案例中的图表，如果想要把“男生”“女生”作为坐标轴，直接插入图表就无法实现。

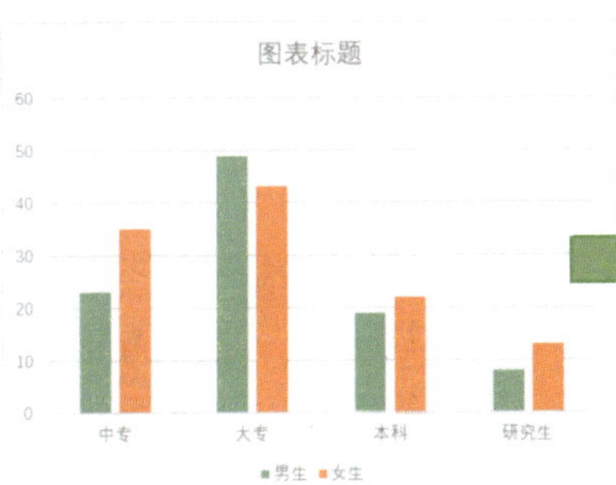

* 学历坐标轴 *

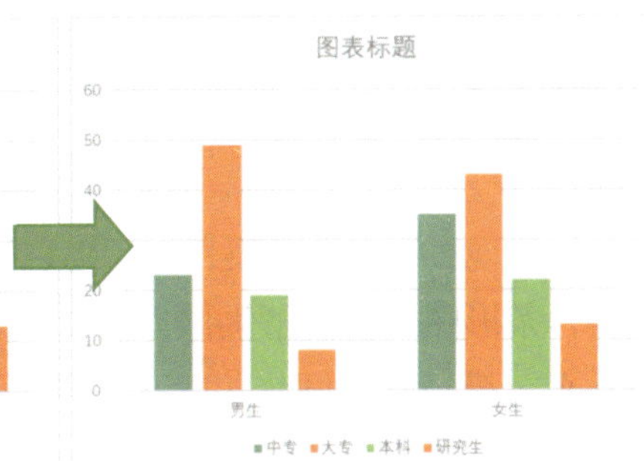

* 性别坐标轴 *

这个时候可以通过❶选择图表，❷单击【图表设计】选项卡中的【切换行 / 列】按钮，在不改变原始数据的前提下，将柱形图的对比维度调整为性别，如下图所示。

8.2.2 条形图

使用柱形图经常会遇到一些困扰，如数据系列名称太长，坐标轴标签显示不完整；或者原始数据类别太多，坐标轴标签文字太挤等。

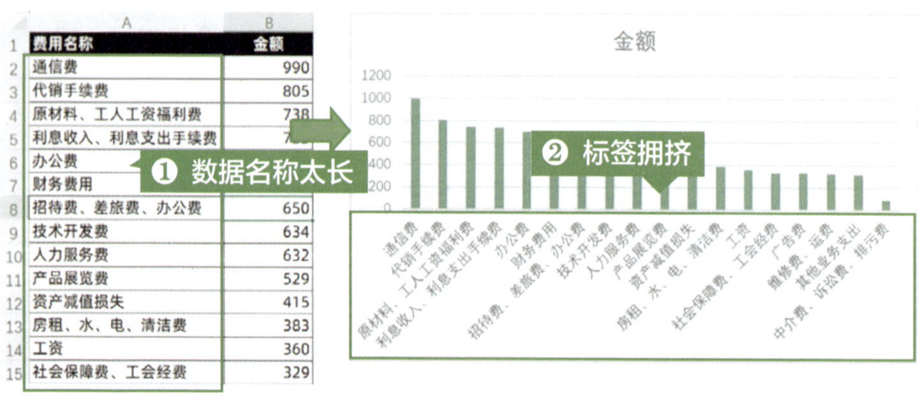

同样是呈现数据对比效果，使用条形图就可以很好地解决这些问题。

其实，条形图可以理解为顺时针旋转 90° 的柱形图，它的属性、类型和柱形图几乎一模一样，同样包含 3 种类型：簇状条形图、堆积条形图和百分比堆积条形图。

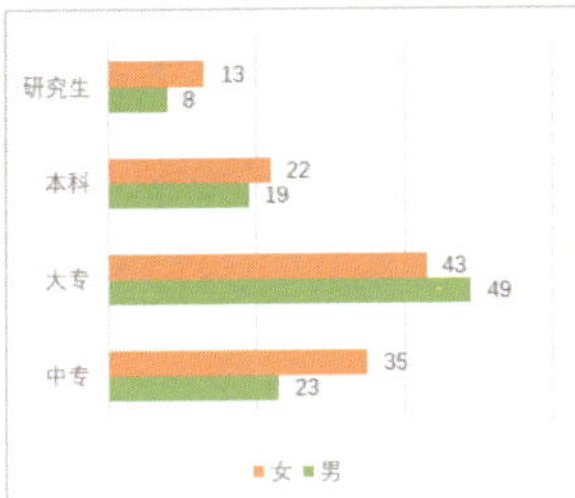

* 簇状条形图 *

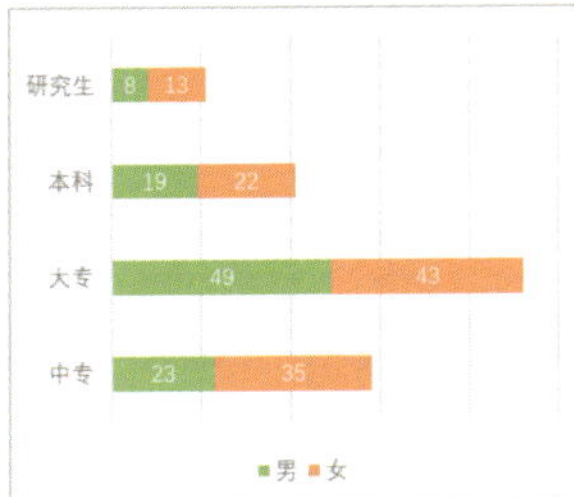

* 堆积条形图 *

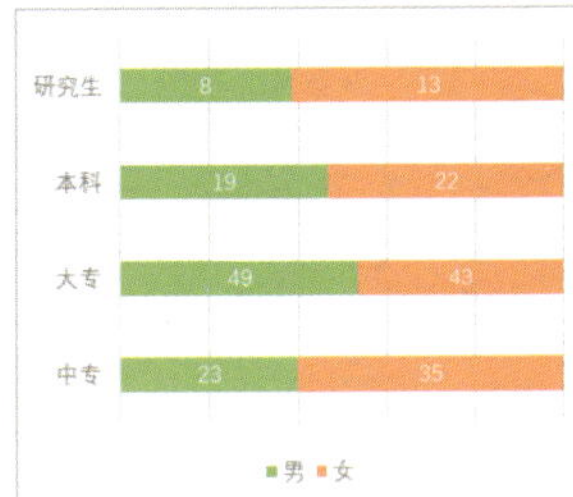

* 百分比堆积条形图 *

条形图的创建方法也与柱形图的完全一致。❶选择数据，❷在【插入】选项卡中单击柱形图按钮，❸选择【簇状条形图】。

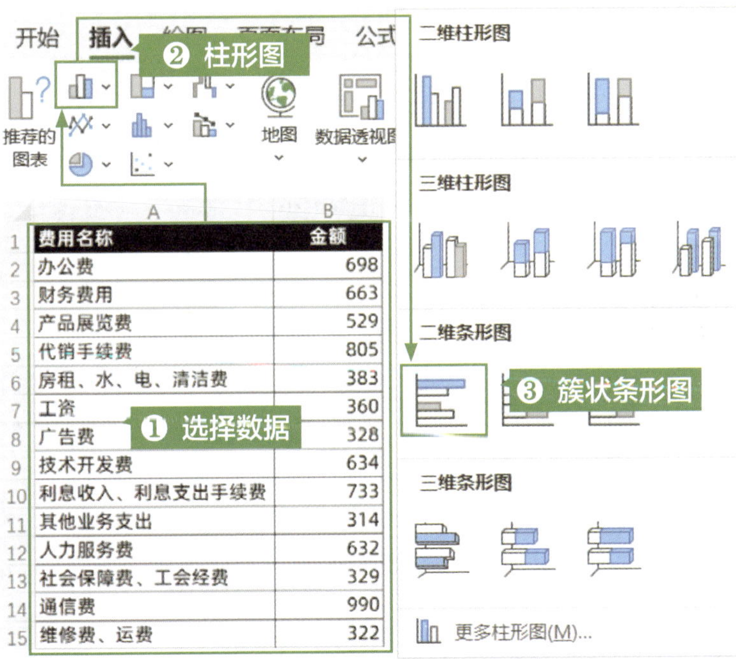

在条形图中，名称即便很长，也能完整地显示出来。

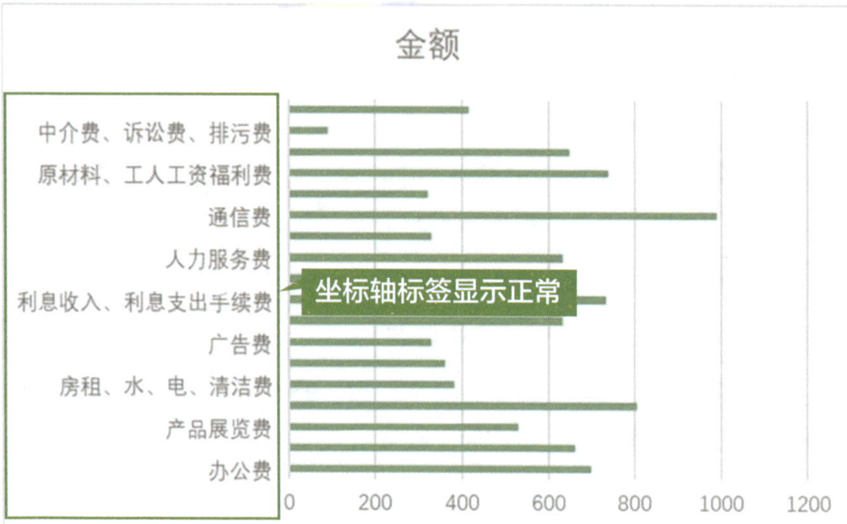

快速调整条形图的数据顺序

但是，条形图的默认格式会有很明显的问题，图表中坐标轴标签的顺序和数据源中的数据类别顺序相反，如下图所示。

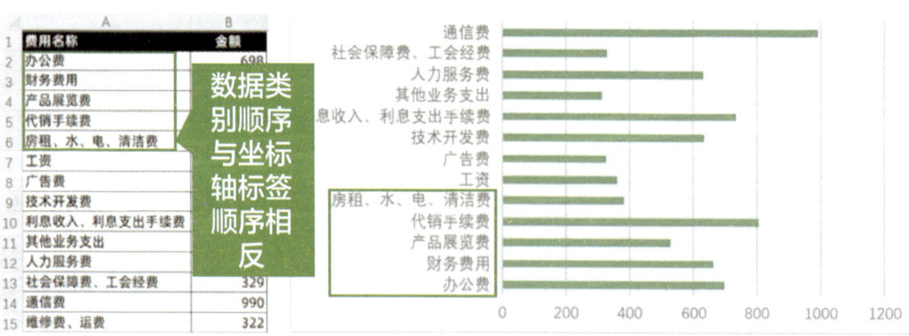

如果需要让图表中的坐标轴标签的顺序和数据源中的数据类别顺序一致，则可以❶选择坐标轴标签，右击，❷在快捷菜单中选择【设置坐标轴格式】选项，然后在对应的面板中❸勾选【逆序类别】复选框。

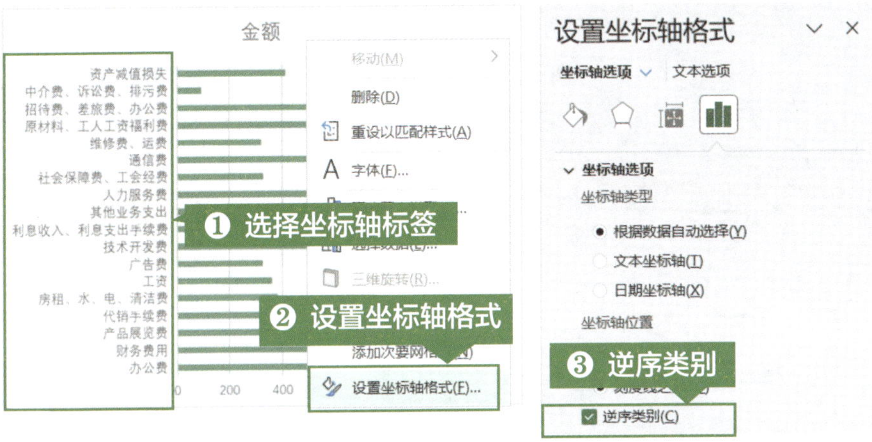

另外，还可以对数据进行降序排序，让图表显示成排名的效果，这样阅读起来更加有条理，更加直观，操作步骤如下图所示。

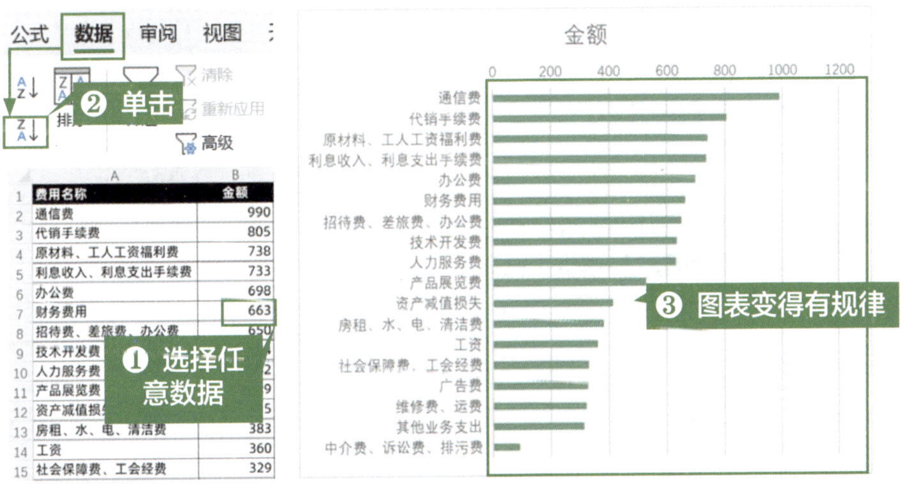

8.2.3 折线图与面积图

折线图强调数据的发展趋势，因此非常适合用来显示随时间变化的数据。当多条不同的数据系列同时出现在折线图中时，又可以对比不同数据系列的变化情况。

面积图是折线图的衍生图表，用形状填充的线条呈现趋势，侧重展示连续时间范围内数据的总量。

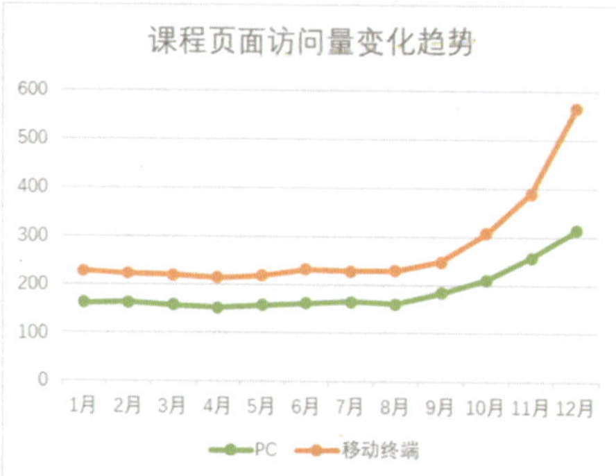

带数据标记的折线图

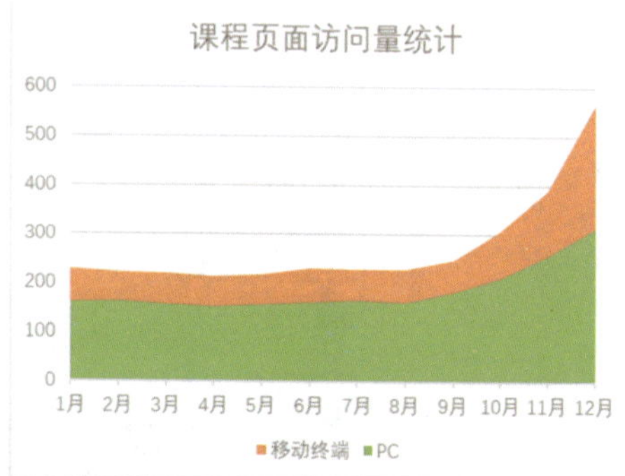

面积图

下表中是每月不同终端课程页面访问量的统计数据，使用折线图来呈现每月的访问量趋势，非常合适。

❶选择所有的数据，❷在【插入】选项卡中单击折线图按钮 ，❸选择【带数据标记的折线图】，就可以创建一个折线图。

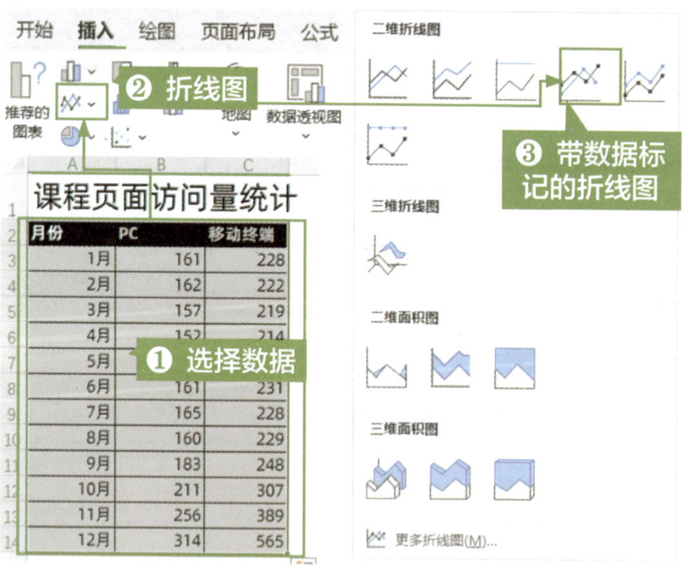

折线图默认有 6 种类型，分别用来满足不同的需求。

- 折线图和带数据标记的折线图。用来呈现数据的发展趋势，数据系列之间没有任何计算，仅显示数据原始值。

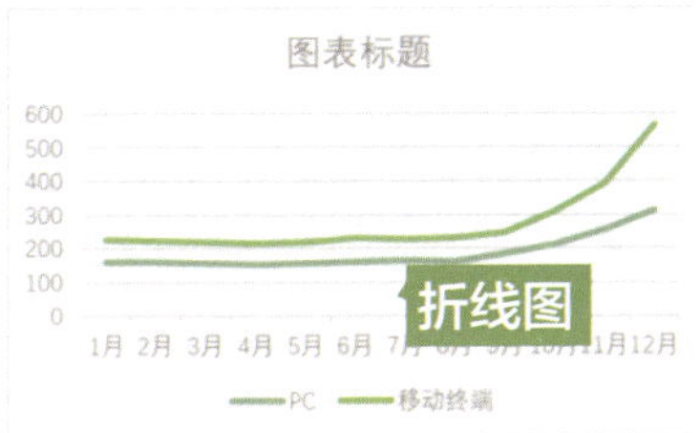

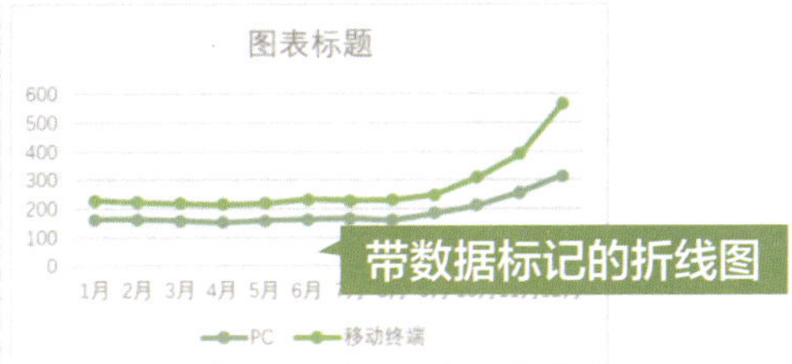

● 堆积折线图和带数据标记的堆积折线图。上面的线条是下面的线条数据的累加，通过上面的线条，可以观察累计值的变化趋势。注意看左边的纵坐标轴，因为是累计值，所以坐标轴的最大值也随之变大。

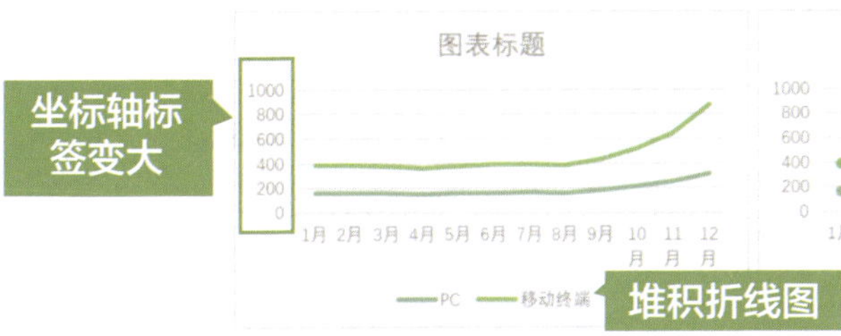

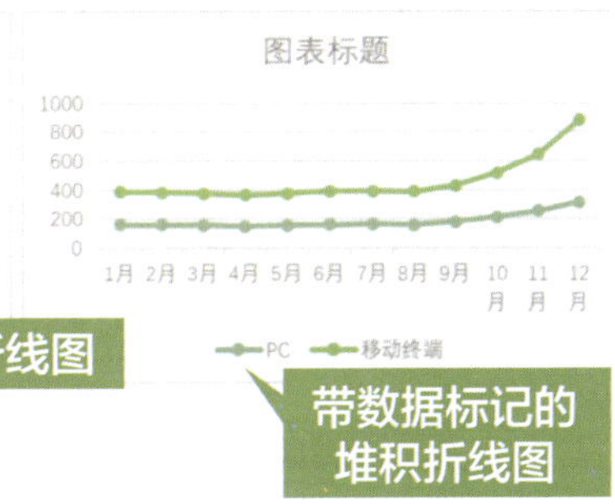

● 百分比堆积折线图和带数据标记的百分比堆积折线图。每个线条是下方所有线条数据的累计总和占总数的比例，用来呈现数据累计占比的发展趋势。

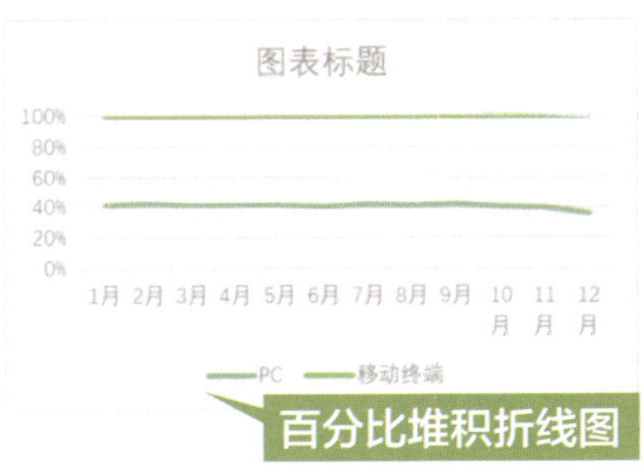

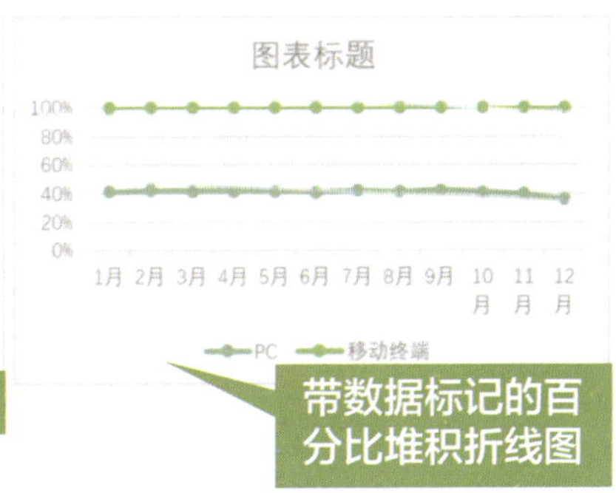

折线图的制作要点

❶选择线条后右击，❷在快捷菜单中选择【添加数据标签】选项，可以给图表加上数据标签，这样就不用反复地和坐标轴对比来确定值。但是这样会出现❸数据标签与折线重叠的情况。

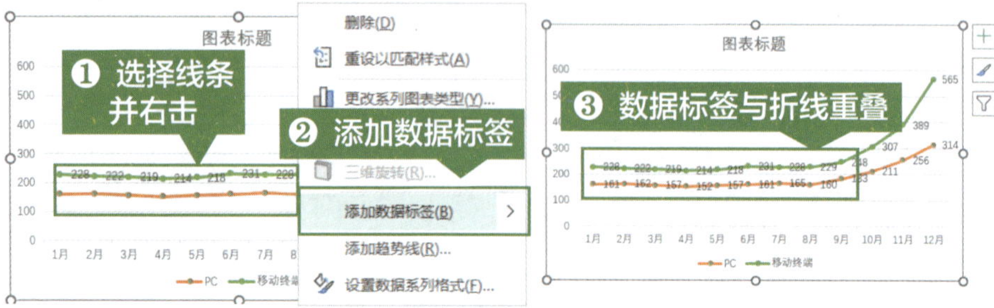

此时，可以❶选择数据标签并右击，❷在快捷菜单中选择【设置数据标签格式】选项，❸把数据的【标签位置】分别设置为【靠上】【靠下】，让数据标签与折线分开，更加美观。

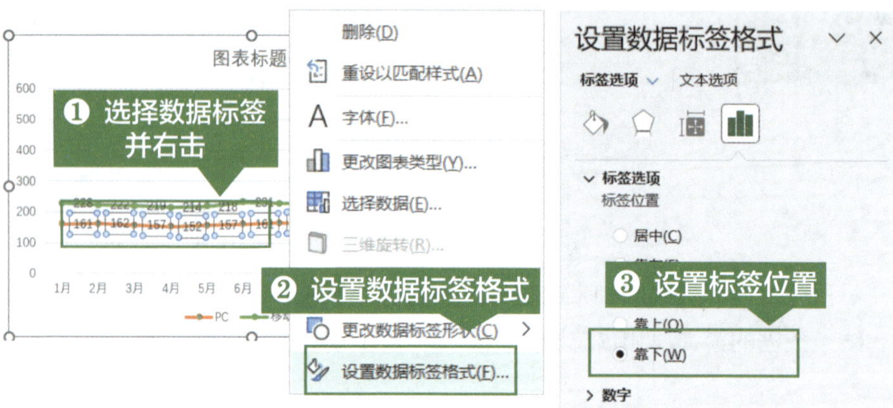

设置完成后的效果如下。

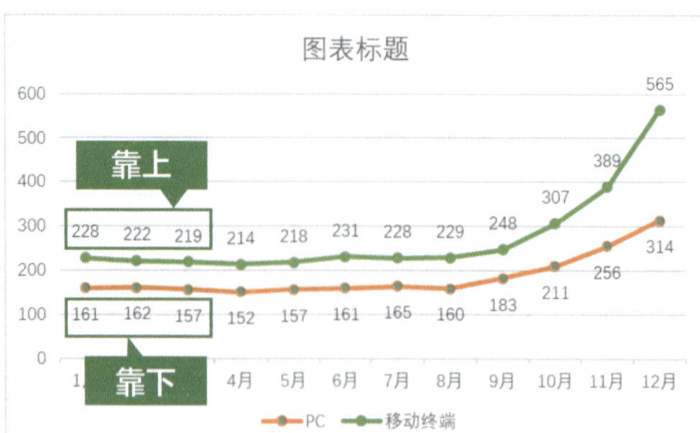

折线图的坐标轴也是使用频率非常高的一个图表元素。❶选择横坐标轴的数据标签，右击，❷在快捷菜单中选择【设置坐标轴格式】选项，如果原始数据是标准的日期格式，这个时候就可以❸设置坐标轴标签的【边界】【单位】等属性。例如这里把单位改成 3 个月，横坐标轴的数据标签会相应地减少。这对日期跨度较大的折线图来说非常实用，可以调整图表坐标轴标签的疏密程度。

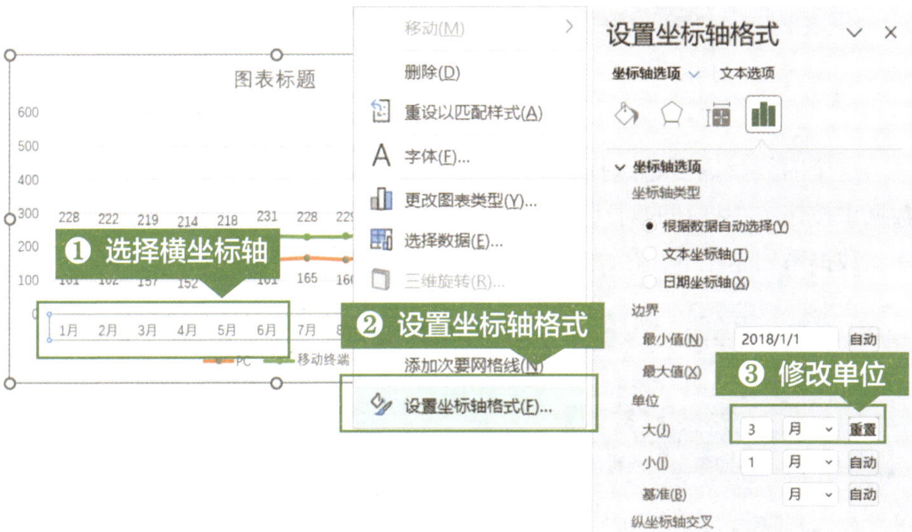

设置前后的效果如下。

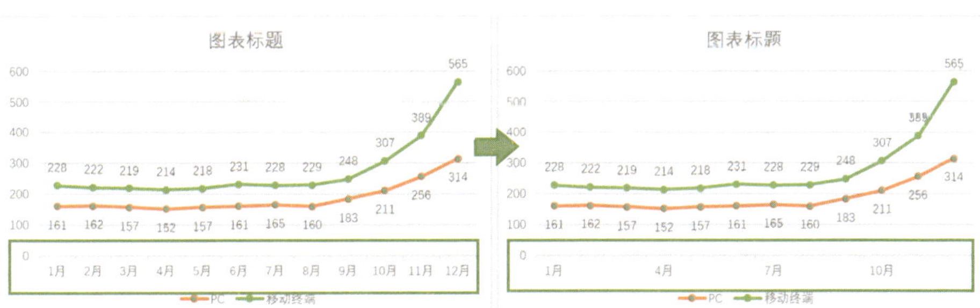

面积图的制作要点

面积图的制作要点和折线图的类似，唯一不同的是面积图有颜色填充，前面的面积图可能会遮挡住后面的折线图，导致某个数据系列无法显示，如下页图所示。

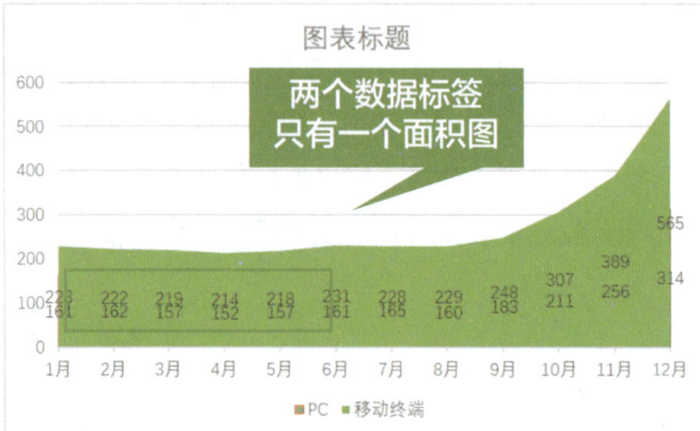

这个时候就需要❶选择图表，❷在【图表设计】选项卡中❸单击【选择数据】按钮，在打开的对话框中❹勾选【PC】复选框，❺调整数据系列的顺序，数据系列越靠下，在图表中的显示就越靠前。

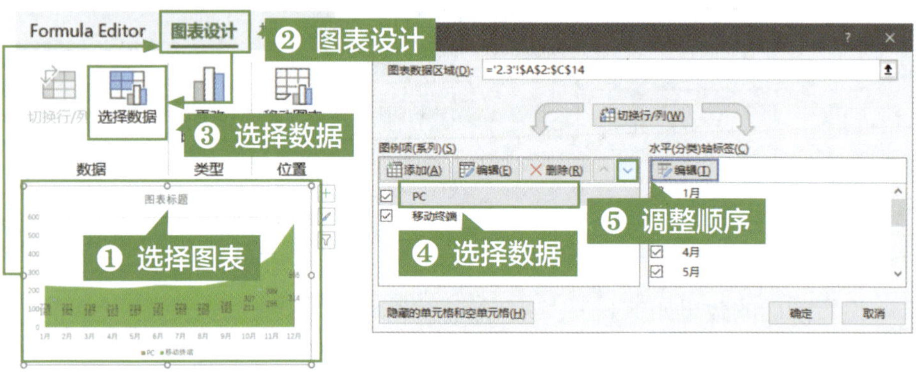

调整数据系列的顺序后，调整一下前面的面积图的颜色，效果如下。

如果面积图各数据系列之间存在不可避免的图形交叉，则可以单独选中数据系列，通过修改数据系列形状填充的透明度，让被遮盖的部分显示出来，具体操作如下图所示。

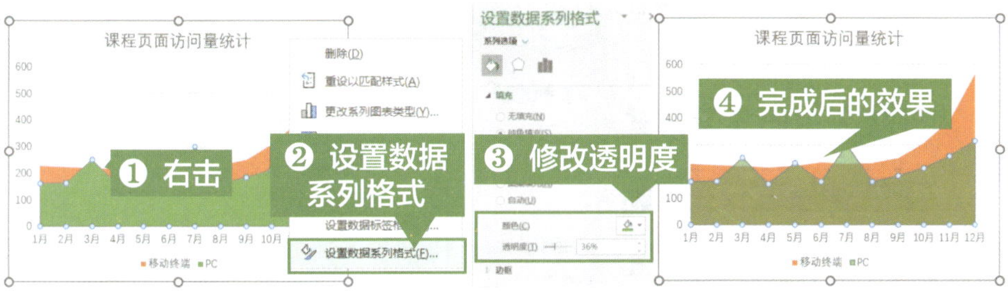

8.2.4 饼图和圆环图

如果要强调总体与个体的比例关系，或要显示项目和项目总数的比例关系，可以使用饼图或圆环图。饼图中的每个扇区表示相应数据占整个饼图的比例。

圆环图类似于饼图，也显示部分与整体的关系，和饼图不同的是，饼图最多只能呈现一个数据系列，而圆环图可以将多个数据系列嵌套在一起，如下图所示。

* 单一数据系列的饼图 *

* 多个数据系列的圆环图 *

饼图的创建方法非常简单，❶选择表格中的数据，在【插入】选项卡中

❷单击饼图按钮 ，❸选择【饼图】即可创建饼图，如果选择【圆环图】，创建的就是圆环图。

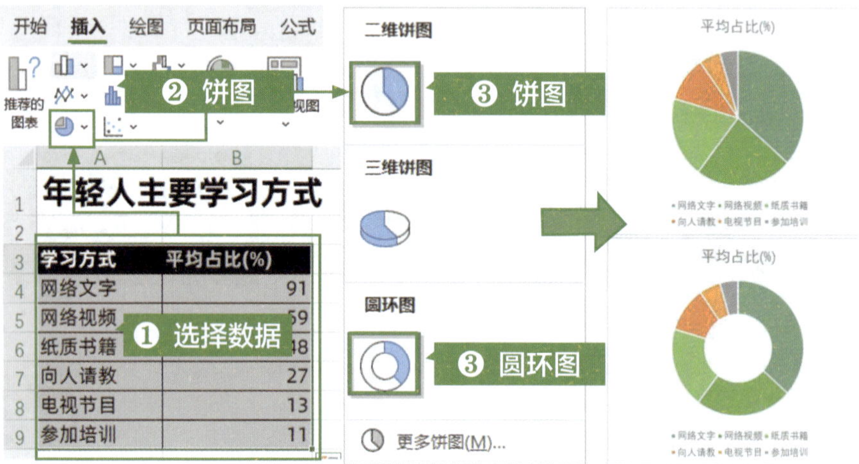

饼图中还有两种特殊的图表类型：子母饼图、复合条饼图。

• 子母饼图：把图表中的数据分成两组，用两个不同的饼图来呈现；如果饼图中的数据系列非常多，使用子母饼图就可以让饼图不那么拥挤。

• 复合条饼图：和子母饼图一样，把数据分成两组，第 1 组用饼图呈现，第 2 组用柱形图呈现。

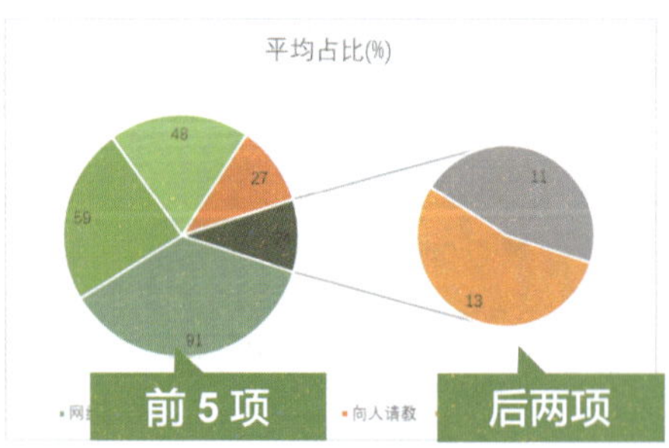

* 子母饼图 *

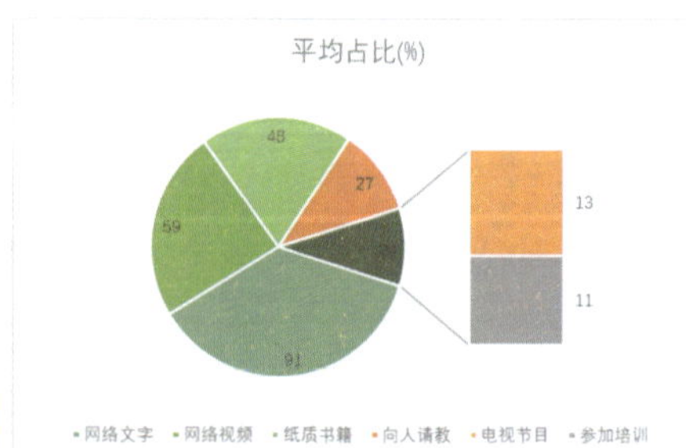

* 复合条饼图 *

❶在饼图上右击，❷在快捷菜单中选择【设置数据系列格式】选项，❸可在右侧的属性面板中调整【第二绘图区中的值】的数量。

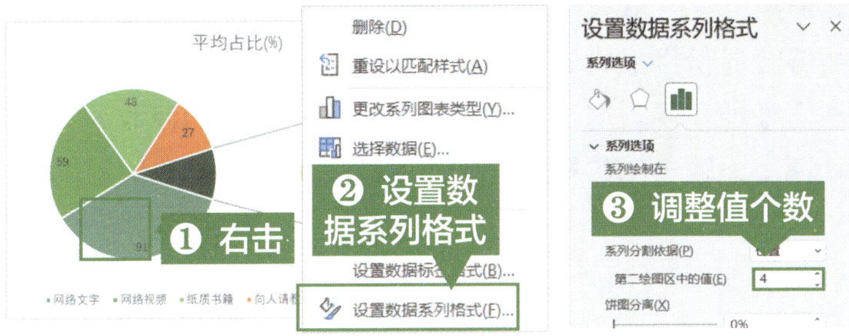

例如将【第 2 绘图区中的值】改成 4，效果如下。

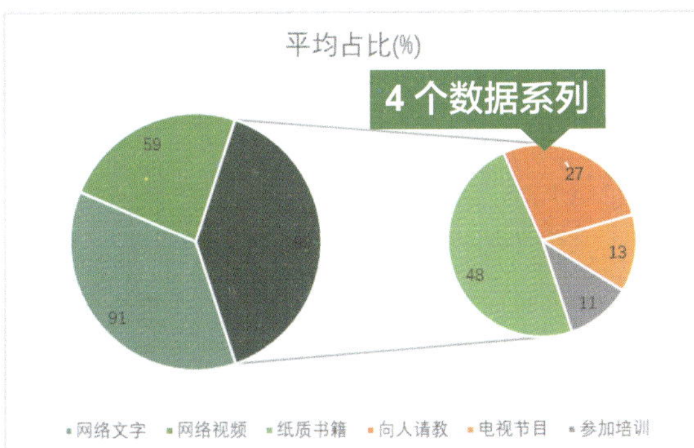

如何单独强调饼图中的某一个扇区

如果想要单独强调饼图中的某一个扇区，则可以选择要调整的扇区（单击一次默认选中所有的扇区，再单击一次即可单独选中某一扇区），然后按住鼠标左键向外拖曳扇区就可以让此扇区与其他扇区分离。

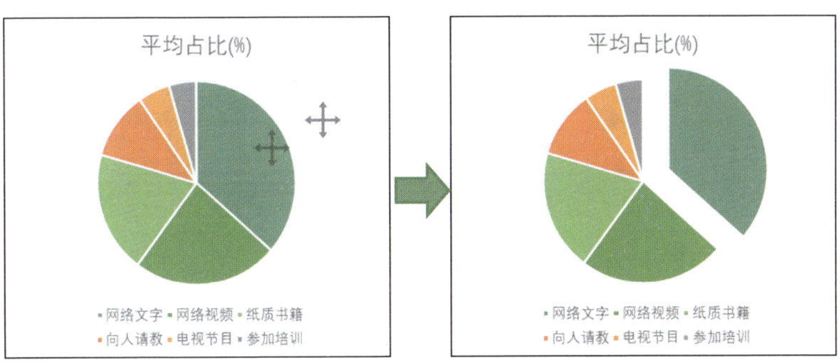

扇区比例太小看不清楚怎么办

饼图能够突显份额最大的扇区，当一组数据中有多个小份额的数据时，饼图就无法清晰地呈现。这个时候就可以将普通的饼图修改为复合条饼图，图表会自动把占比较小的数据划分到第二绘图区中，修改前后的效果对比如下所示。

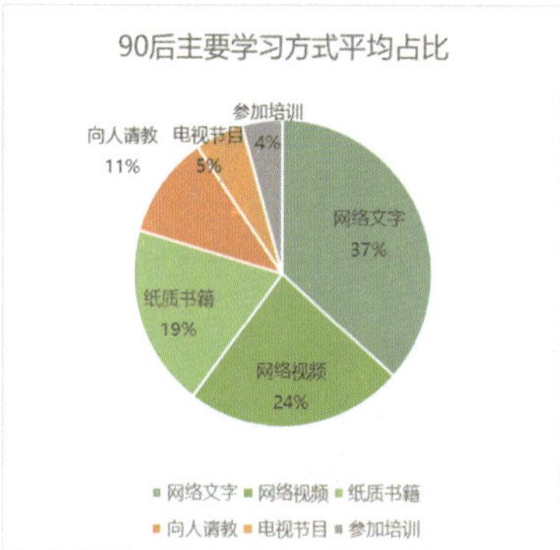

* 普通的饼图 *

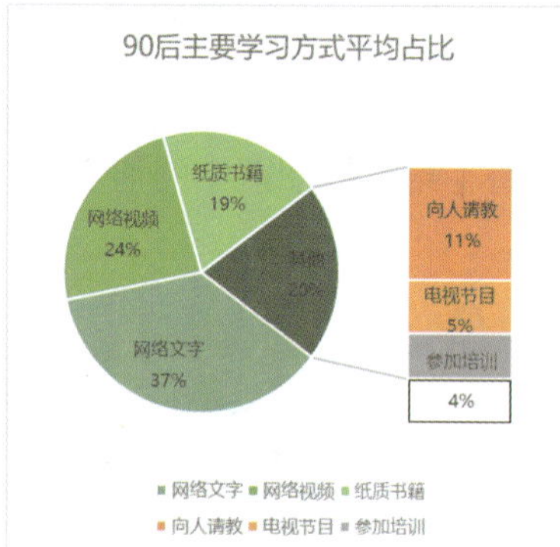

* 复合条饼图 *

将普通饼图转换为复合条饼图后，会分为第一绘图区（饼图）和第二绘图区（堆叠柱形图）。可以单独选中某一个扇区，❶右击，在快捷菜单中❷选择【设置数据点格式】选项，在【设置数据点格式】面板中❸调整扇区所在的绘图区，进而得到最佳的显示效果。

如何调整圆环图的圆环宽度

默认插入的圆环图有时候无法满足我们对圆环宽度的要求，此时就可以❶选择圆环图，右击，在快捷菜单中❷选择【设置数据系列格式】选项，通过❸修改【圆环图圆环大小】的数值来调整圆环宽度。当宽度设置为 0 的时候就可以模拟出多层嵌套的饼图。

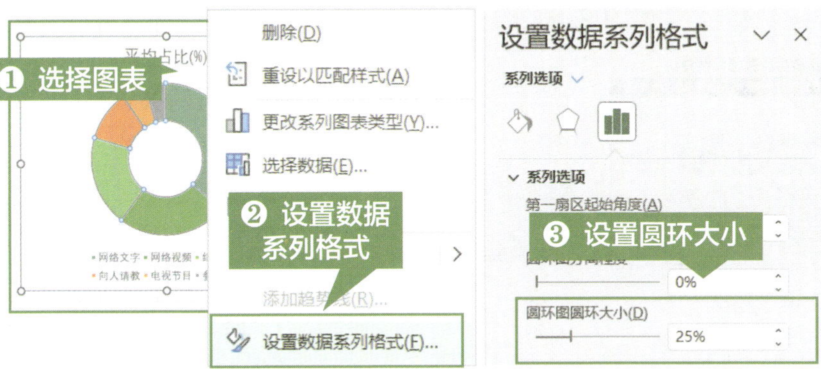

【圆环图圆环大小】设置得越小，呈现出来的效果就是圆环越粗。

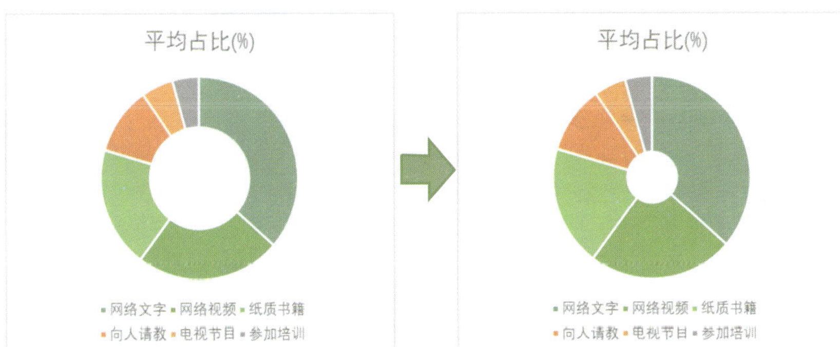

50% 的圆环大小　　*25% 的圆环大小 *

8.2.5 XY 散点图和气泡图

XY 散点图用于表现两组数据之间的相关性。一组数据作为横坐标，另一组数据作为纵坐标，从而形成坐标系上的点。

通过观察数据点在坐标系中的分布情况，可以分析两者之间是否存在关联。揭示两个变量的关联性，正是 XY 散点图的独特优势，因此它也是数据分析常用的图表。

XY 散点图

下面的表格需要分析调查对象的身高和体重的相关性，判断是不是身高越高，体重也越高，就可以使用 XY 散点图来呈现。

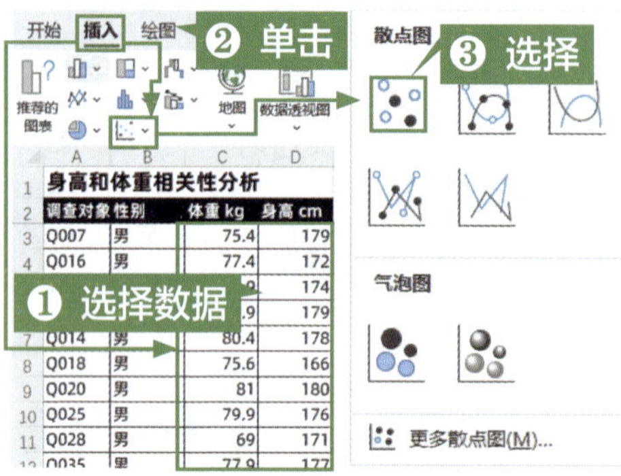

❶选择身高、体重的数据，❷在【插入】选项卡中单击散点图和气泡图按钮，❸选择【散点图】。

制作出来的 XY 散点图坐标轴的范围默认从 0 开始，所以可能会有空白区域，这个时候可以调整坐标轴的范围，让图表的呈现效果更为集中，操作步骤如下图所示。

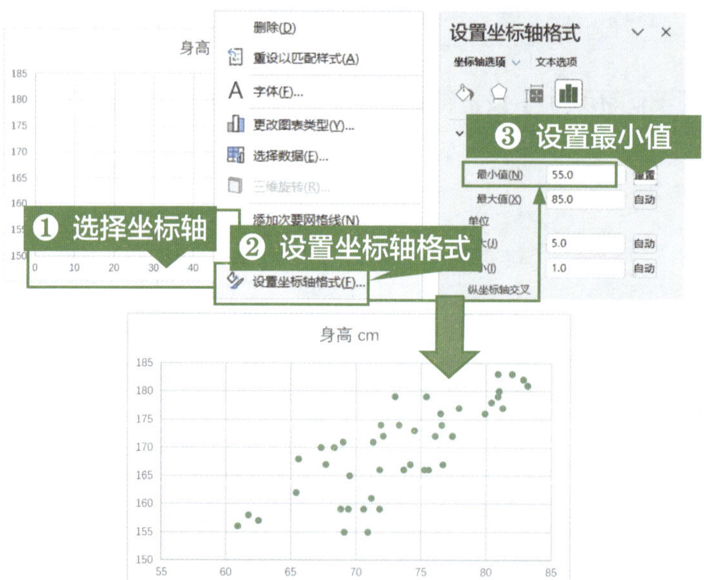

通过图表可以看出，随着身高的不断增加，体重也呈现增加的趋势，所以两者有一定的相关性。

散点图分为普通的散点图与带线条和数据标记的散点图，普通的散点图一般用于观察数据的分布情况，而带线条和数据标记的散点图多用于查看数据分布和研究数据趋势，如下图所示。

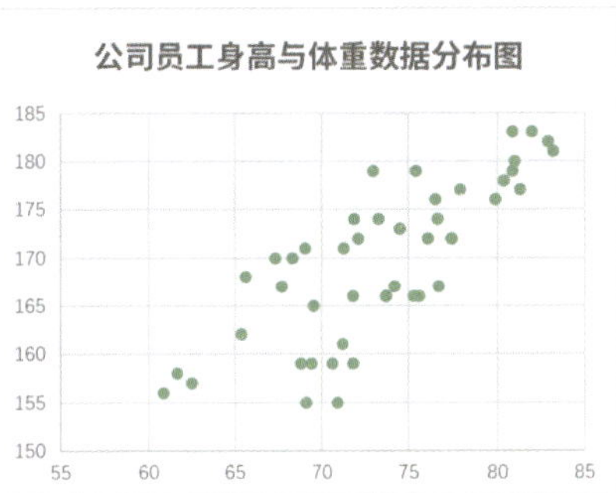

* 普通的散点图 *

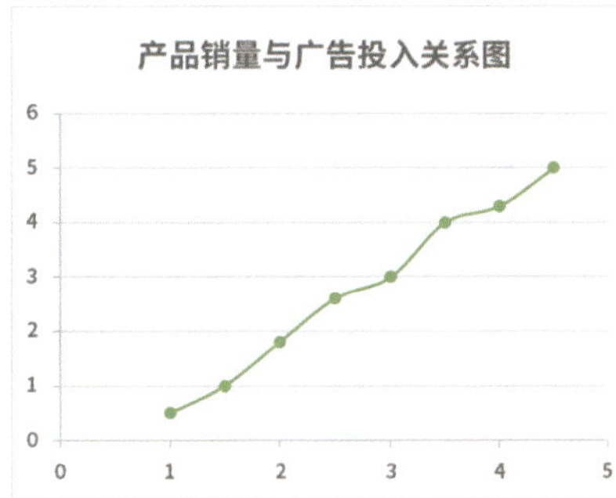

* 带平滑曲线与数据标记的散点图 *

气泡图

XY 散点图最多只能展示两组数据之间的关系，如果想要呈现 3 组数据之间的关系，就需要使用气泡图。气泡的 x 坐标和 y 坐标代表两组数据，气泡的大小用于呈现第 3 组数据。

例如下面的表格中，要对比产品的单价、销量、份额之间的相关性，只需要❶选中需要呈现的 3 列数据，❷在【插入】选项卡中单击散点图和气泡图按钮，❸选择【气泡图】进行绘制。

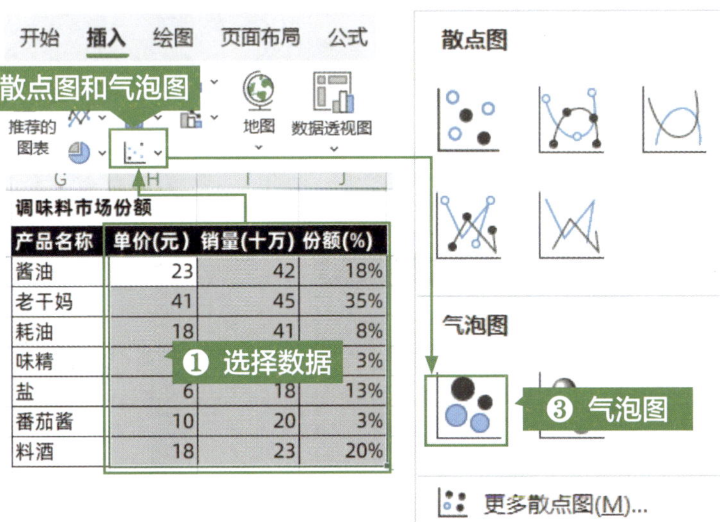

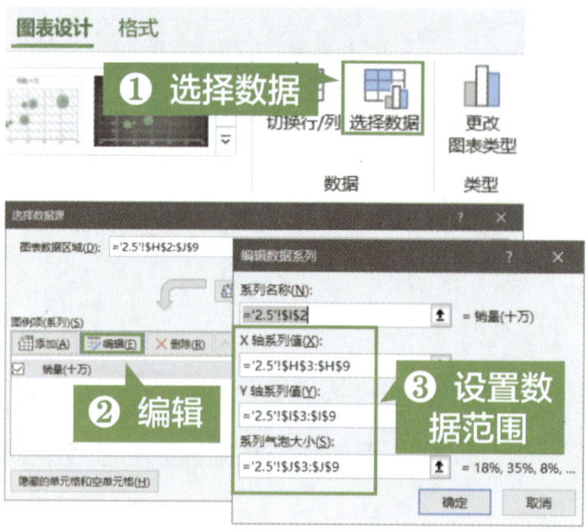

如果图表无法正确地识别数据和坐标轴，则可以选择图表，❶在【图表设计】选项卡中单击【选择数据】按钮，❷在打开的【选择数据源】对话框中单击【编辑】按钮，在打开的【编辑数据系列】对话框中，❸手动设置各个坐标轴对应的数据范围。

8.2.6 雷达图

雷达图常用于多维度的指标的综合评价。例如，雷达图在游戏、娱乐、体育竞技，以及企业的财务、人力等领域对人物、组织的整体素质进行评判比较时非常常见；也常用于比较实际能力与预期目标之间的差距，作为能力定向提升的依据。

例如下面表格中是学员各项能力的统计数据，使用雷达图可以进行多维度的呈现。

❶选择所有的数据，❷在【插入】选项卡单击瀑布图按钮，❸选择【雷达图】。

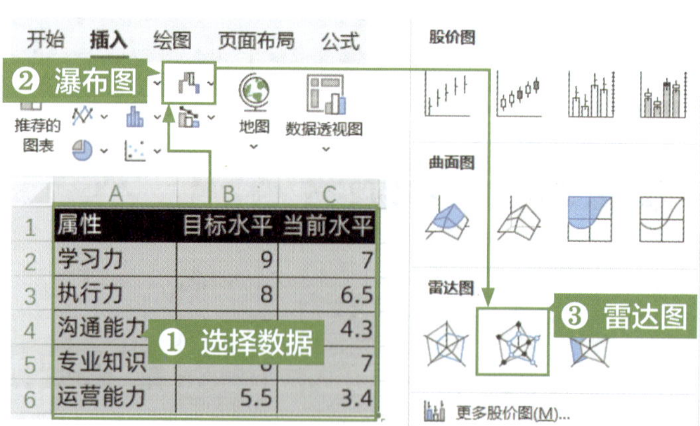

雷达图分为两种类型：线条雷达图和填充雷达图。如下图所示。

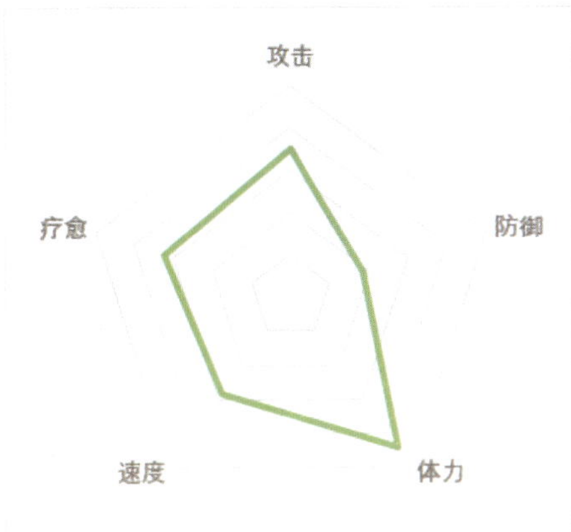

* 线条雷达图 *

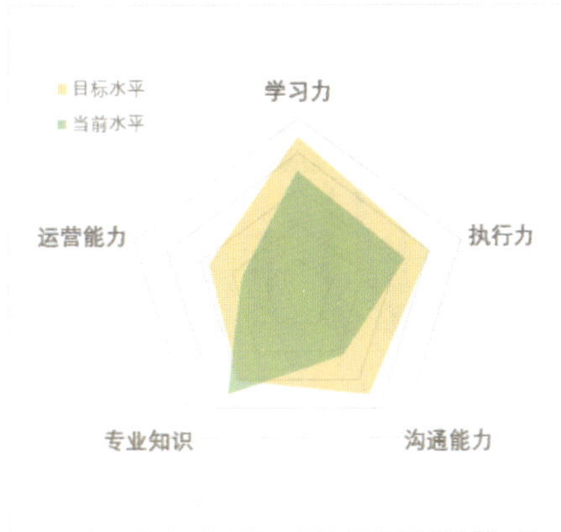

* 填充雷达图 *

以上就是日常工作和学习中最常见的 6 种图表类型及它们的衍生图表，熟练掌握这些图表的制作，基本上可以满足日常工作中的各种图表需求。

8.3 美化图表的技巧

学习了图表元素的使用方法，认识了常用的 6 种基础图表，只需要合理利用这些图表元素、图表类型、图表样式，就可以轻松制作出专业的商务图表。本节将通过几个案例介绍 Excel 中图表美化的常用技巧。

8.3.1 如何设置坐标轴大小

坐标轴是 Excel 图表中使用频率最高的元素之一，合适的坐标轴标签、大小对数据的呈现至关重要。

下图是依据各个城市销售完成率数据制作的柱形图，通过图表可以看到“深圳”和“武汉”的达成率是最高的，基本上快到最大值了，也就是快要完成了。

但是仔细观察下面左图中的坐标轴，会发现最大值是 60%，并不是 100%，容易造成误判。因此要调整为下面右图的样式。

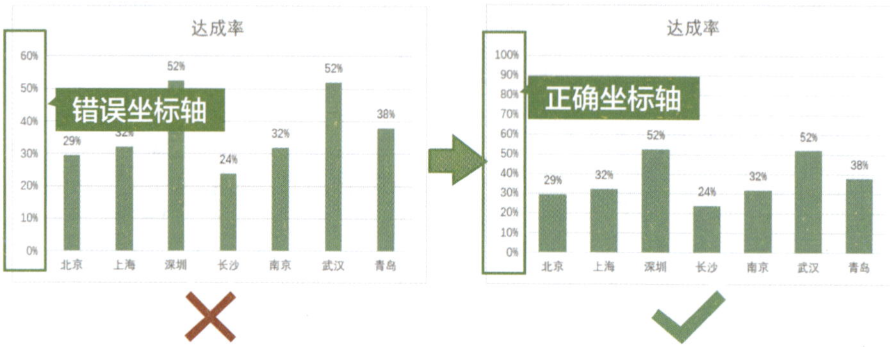

解决的方法也不难：❶选择纵坐标轴标签，右击，在快捷菜单中❷选择【设置坐标轴格式】选项，在右侧的面板中，❸设置【最大值】为【1】、【最小值】为【0】。

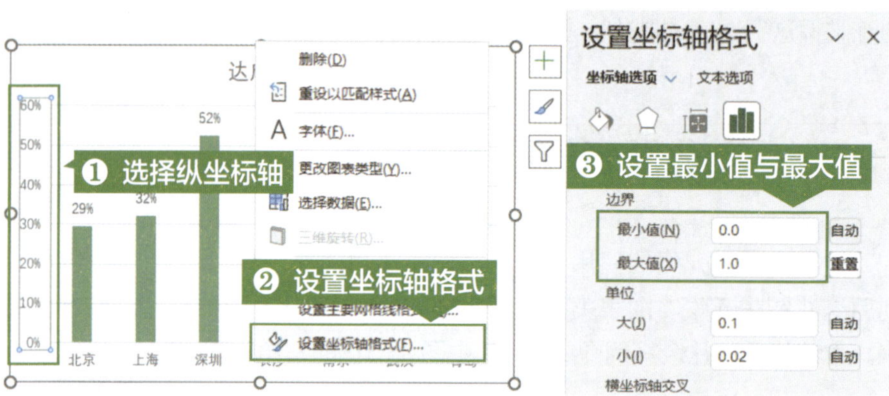

合理设置坐标轴的属性，能够让图表更加真实地还原数据。

8.3.2　如何在一个图表中同时呈现柱形图与折线图

设置不同的图表类型，可以突出数据之间的差异，让图表变得更加清晰、直观。

例如，下面的表格为各个城市实际销售数据、目标销售数据，只看下面左边的柱形图，如果不仔细观察图例，就很难知道橙色柱形代表的是“目标”值。但是如果把目标销售柱形换成线条，“目标”的含义就很明显了，如下面右图所示，第一时间就能得出结论：只有武汉一个城市完成了销售目标。

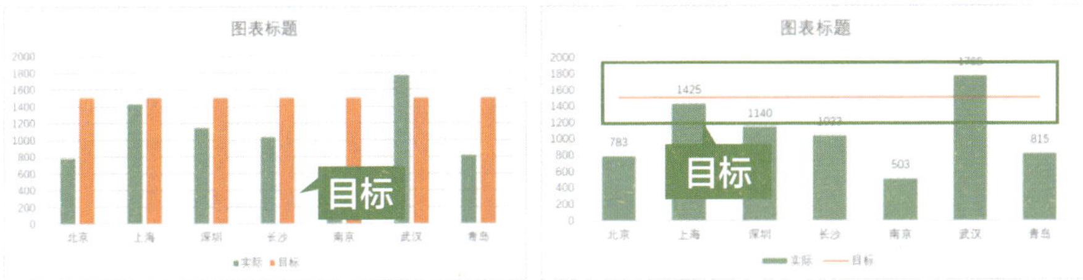

* 折线图让目标更直观 *

这个效果可以通过组合图的形式来实现。

❶选择所有的数据，❷在【插入】选项卡中单击柱形图按钮，❸选择【更多柱形图】选项。

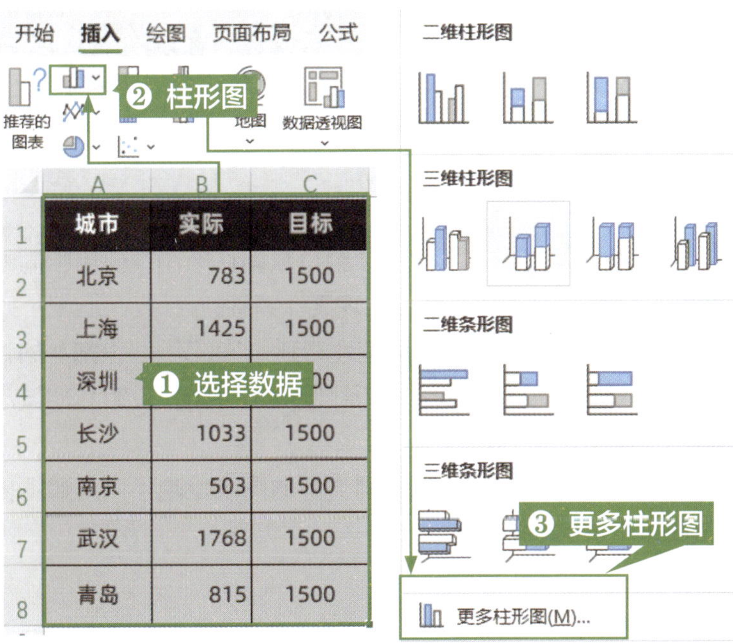

城市	实际	目标
北京	783	1500
上海	1425	1500
深圳	[illegible]	[illegible]00
长沙	1033	1500
南京	503	1500
武汉	1768	1500
青岛	815	1500

在打开的【插入图表】对话框中❶选择【组合图】选项，❷设置【实际】为【簇状柱形图】，❸设置【目标】为【折线图】，这样，一个同时包含柱形图和折线图的组合图就做好了。

为了让对比更加明显，可以把目标数据的线条颜色改成对比鲜明的橙色，视觉效果会更好。

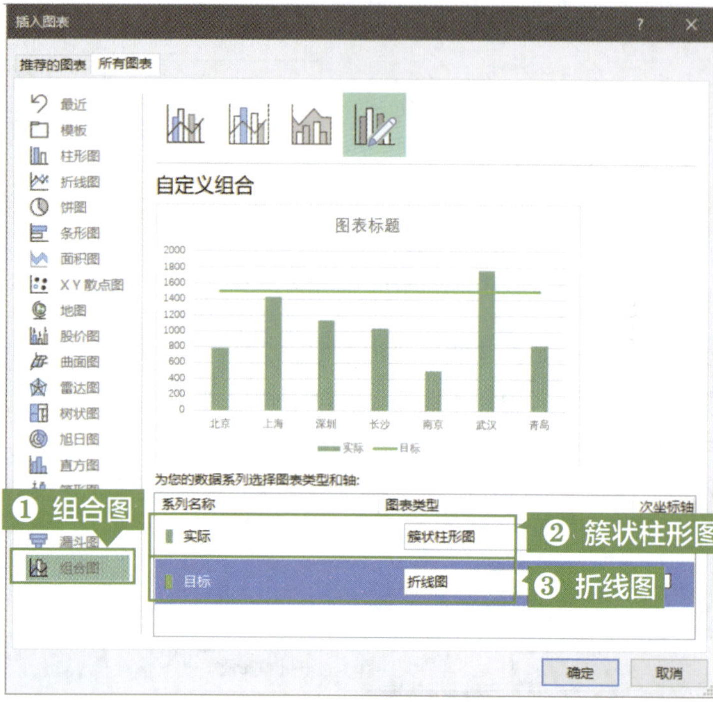

对下面各个城市的销量数据和累计销量数据柱形图，使用相同的方法改成用柱形图呈现实际销量、用折线图呈现累计销量。

通过累计销量的折线图，可以清楚地看到，“武汉”“上海”的销量涨势很猛，对整体销量影响较大，后面的折线图逐渐平缓，说明其他城市的销量占比的份额明显减小。

合理使用组合图这一技巧，用不同类型的图表呈现不同的数据内容，可让图表阅读起来更加清晰明了。

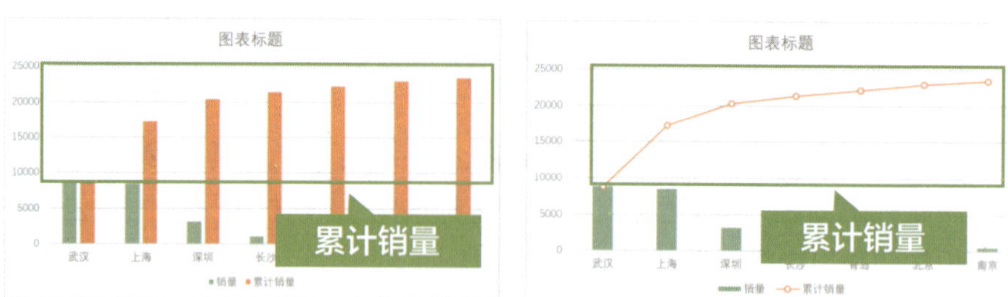

* 折线图让累计销量更直观 *

8.3.3 如何在图表中同时显示数值和百分比

组合图功能还有一个非常要好的“伙伴”，叫作次坐标轴，组合使用它们可以解决图表中数据差异过大的难题。

例如，下面的表格中记录了各个城市的销量数据及达成率。销量是一个成百上千的“大数字”，达成率是一个小于 1 的“小数字”。将两类数据放在一张图表里，可能会出现下面的情况：“大数字”正常显示，而“小数字”紧贴坐标轴，几乎看不见。

城市	销量	达成率
北京	783	29%
上海	1425	82%
深圳	1140	52%
长沙	1033	84%
南京	503	72%
武汉	1768	52%
青岛	815	68%

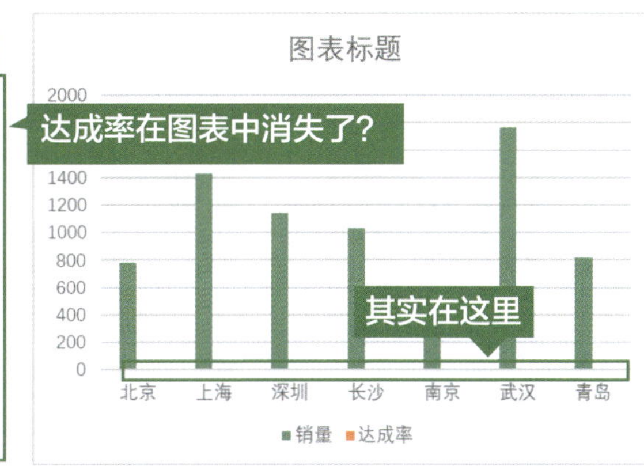

这是因为数字的差异太大了，它们又共用一个坐标轴，所以过小的数字就看不见了。

解决的方法就是给“小数字”专门分配一个次坐标轴，大家各用各的坐标轴，互不干扰，数据就能正常显示了。

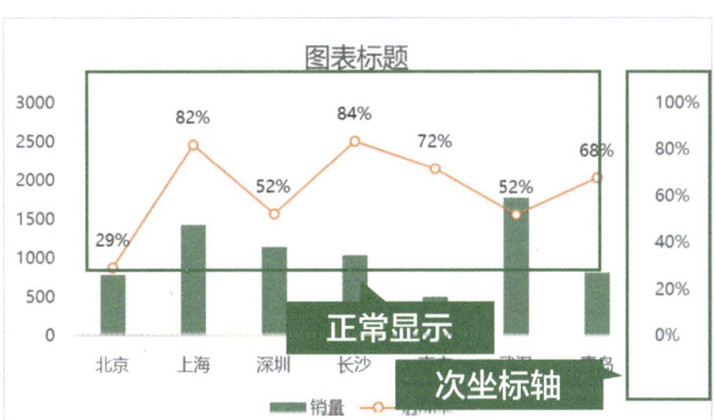

操作起来很简单。❶选择创建好的图表，❷在【图表设计】选项卡中单击【更改图表类型】按钮，❸在打开的对话框中选择【组合图】选项，在右侧设置【销量】为【簇状柱形图】、【达成率】为【带数据标记的折线图】，❹最关键的是，一定要勾选【达成率】的【次坐标轴】复选框，给“小数字”设置专门的坐标轴。

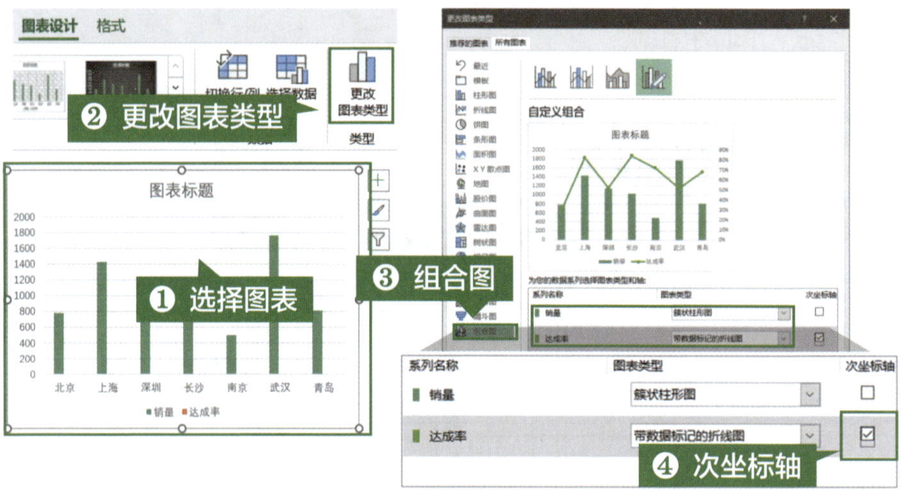

设置完成后，“大数字”和“小数字”在一张图表里有了各自的坐标轴，互不干扰，非常美观。【组合图】和【次坐标轴】真的是图表中的“绝佳搭档”！

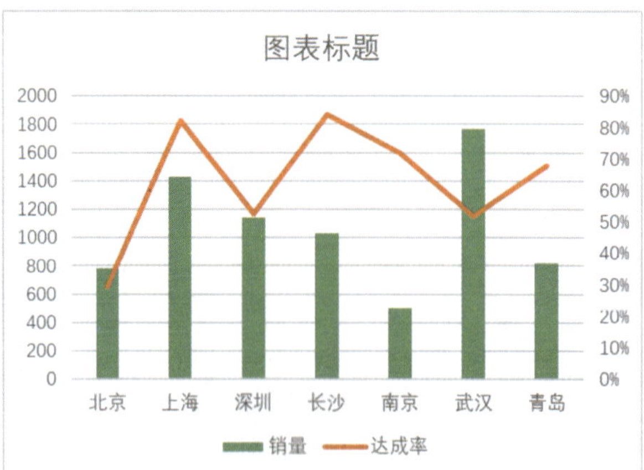

8.3.4 如何用图标制作创意图表

还记得条件格式中的图标集功能吗？用不同的图标表示不同的数据，可以让表格一下子变得生动有趣。

图表中也支持这样有趣的图标效果，而且可以根据自己的喜好更改图标，让图表充满创意。

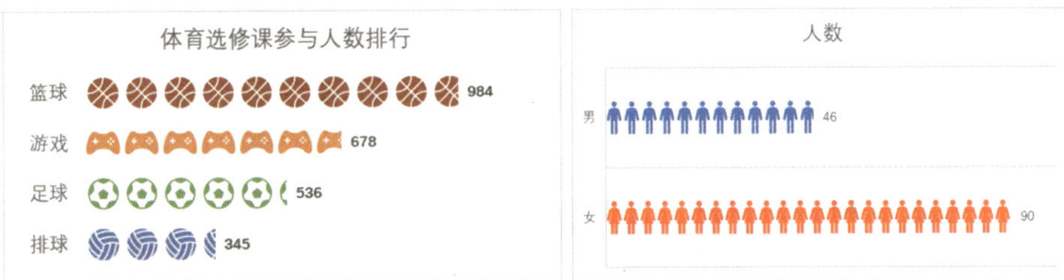

在创建创意图表之前，先准备好对应的图标图片，然后把这些图片复制粘贴到图表中。

例如下面体育选修课参与人数的条形图，以篮球为例，❶复制篮球图标，❷选择篮球对应的数据系列，❸按【Ctrl+V】快捷键，就可以把图标粘贴到对应的条形图中。

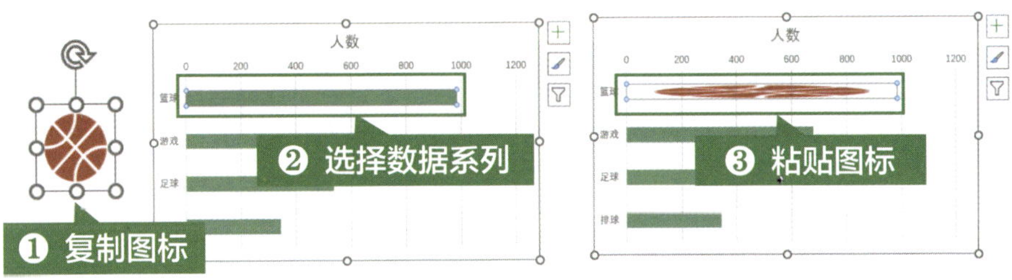

注意，第 1 次单击的时候，选择的是所有的数据系列，再次单击才能单独选择【篮球】数据系列。

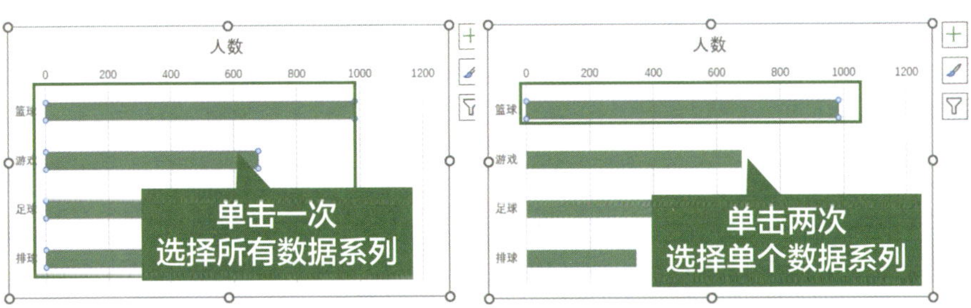

很明显，图标被拉伸变形，非常难看。❶选择图表，右击，❷在快捷菜单中选择【设置数据系列格式】选项，在右侧的面板中，❸单击【填充和线条】按钮，❹选择【图片或纹理填充】单选项，❺设置填充方式为【层叠】即可完成制作。

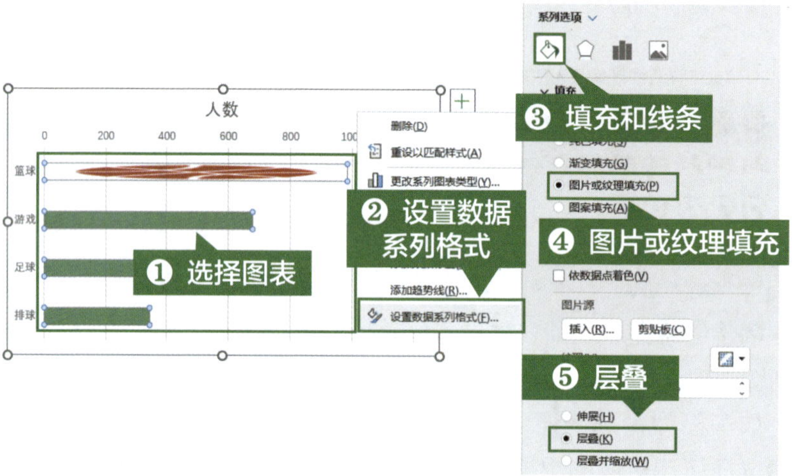

使用相同的方法把其他图标依次复制粘贴到条形图中，一个创意十足的图表就制作好了！

更换不同的图标，可以做出更多有趣的图表。例如下面的男女生人数的图表，用小人的图标填充条形图，图表结果一目了然。

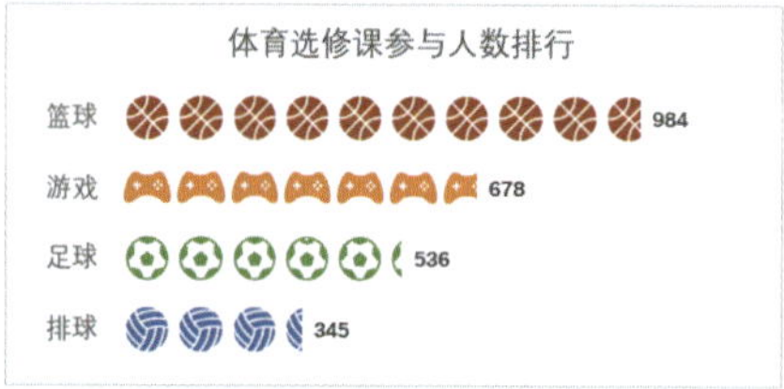

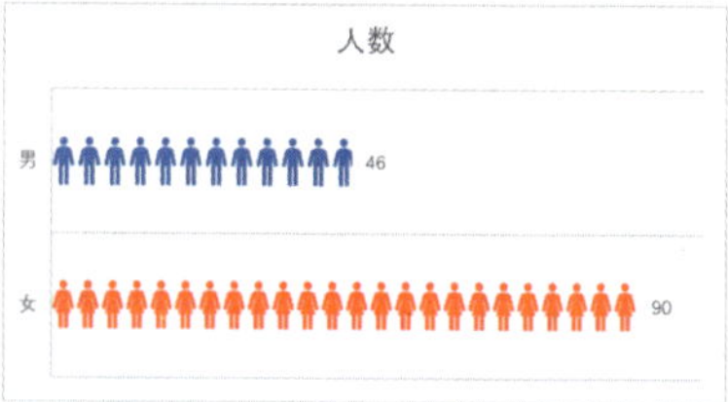

关键是一定要找到好看的图片、图标。这里推荐一个非常好用的 Office 插件——iSlide。

需要说明的是，iSlide 是一个 PPT 的插件，在 PPT 中安装好 iSlide 后，在【iSlide】选项卡中单击【图标库】按钮，就可以看到大量优质的图标，甚至可以在搜索框里搜索图标，十分好用！

单击图标将其插入幻灯片中，然后再复制粘贴到 Excel 中，就可以用来制作创意图表了。

可以给图表添加各种图标，让图表变得创意十足，不过这种效果使用的时候要谨慎，正式的汇报场合中，要控制图标的风格，不要太过于形式化，因为数据背后的观点、结论才是图表的核心。

8.4 经典复合图表应用实例

在实际工作中，尤其是商务领域，某些特定图表因其应用广泛而为人熟知。这些图表都由柱形图、折线图、XY 散点图等基础图表衍生而来，却比基础图表有更强的表现力。本节将通过实例着重介绍数据的整理方法和图表的制作思路。

8.4.1 为折线图填充颜色

视频案例

折线图侧重于表现数据变化的趋势，通过线条的起伏来体现。但是当图表中只有一条折线时，会显得特别空，如果能在折线下面填充颜色，整个画面在视觉上就会充实很多。怎么给折线图填充颜色呢？

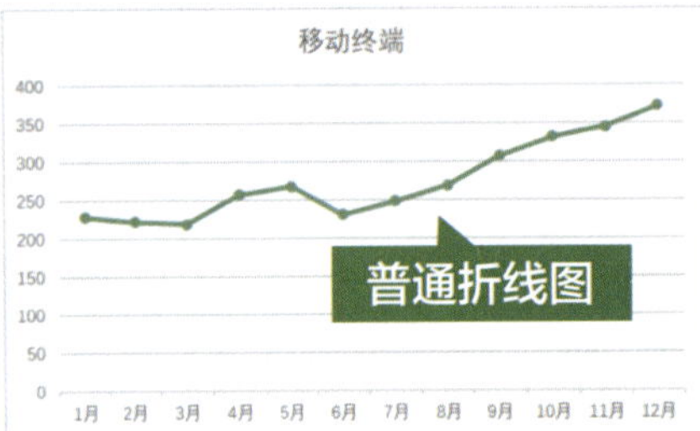

这个时候需要用到折线图和面积图，将折线图和面积图的数据点完全重合就能轻松实现。

以下面各个月份移动终端用户的访问量数据为例，讲解具体的步骤。

❶将数据列复制一份，得到一列辅助数据，将列标题改为【填充】，❷选中整个数据区域，❸单击【插入】选项卡中的折线图按钮，插入一个普通的折线图。

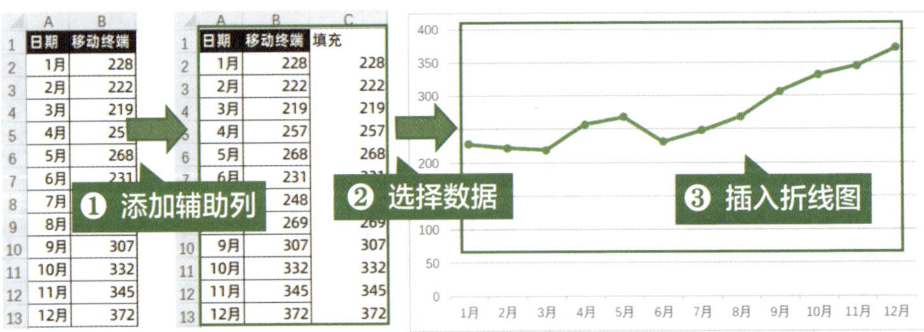

选中图表之后，在❶【图表设计】选项卡中❷单击【修改图表类型】按钮，在打开的对话框左侧选择❸【组合图】选项，❹将【移动终端】系列的图表类型修改为【带数据标记的折线图】，❺将【填充】系列的图表类型修改为【面积图】。

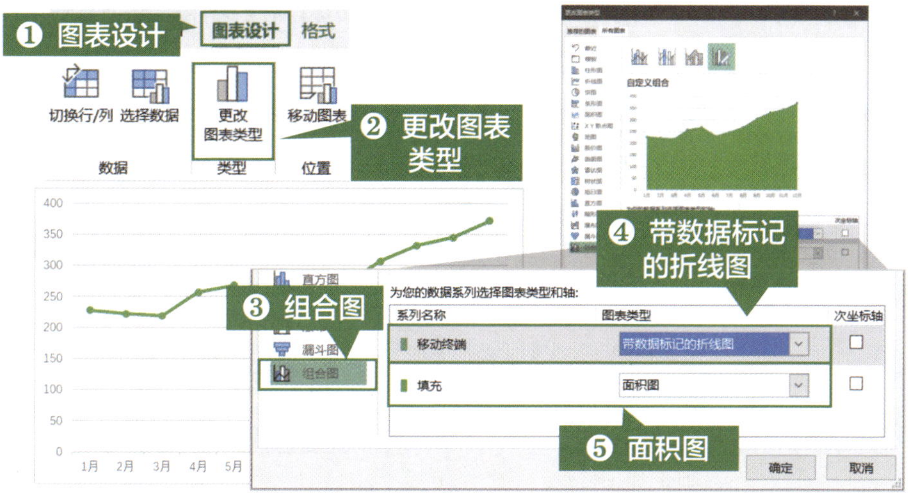

得到下图所示的图表。

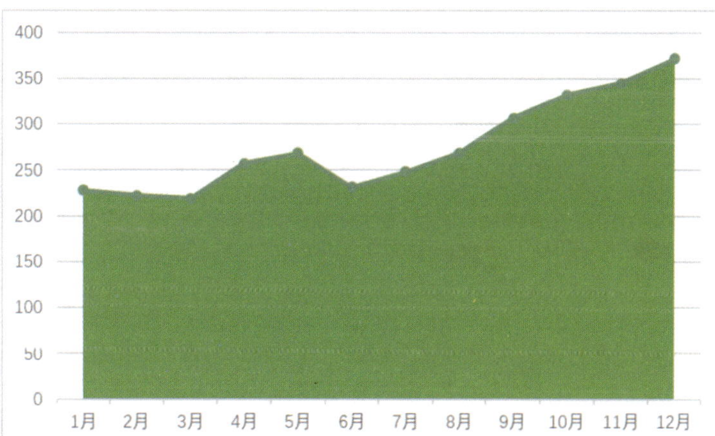

❶选择面积图，在面积图上右击，❷在快捷菜单中选择【设置数据系列格式】选项，在右侧面板中，❸设置【填充】为【纯色填充】，❹设置【透明度】为【60%】，折线图的填充效果就制作完成了。

最后修改折线图的颜色，添加数据标签、数据标记，修改面积图的填充效果，删除图表的图例，即可完成折线图的颜色填充。

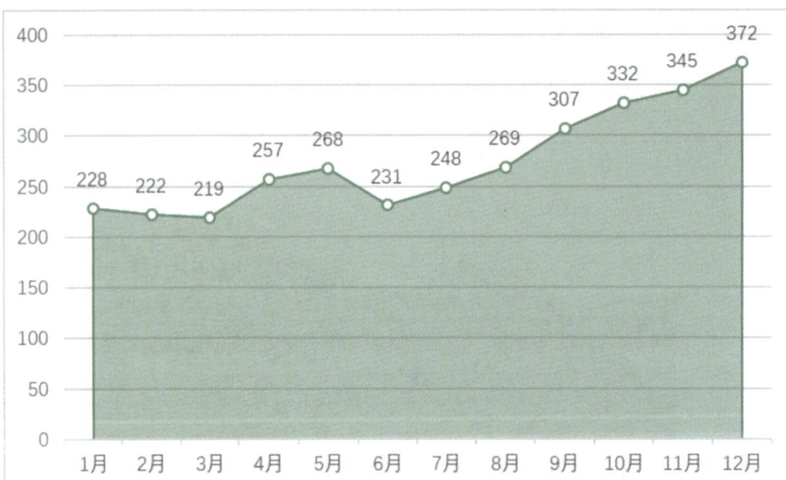

8.4.2　制作温度计图表

在财务、项目、销售等领域，经常需要进行计划与实际、目标与完成率等目标与实际类数据的对比，这种情况通常会用到柱形图，通过柱形的高低来体现数据的差异。

其实这种数据还有一种更好的呈现方式：温度计图表。

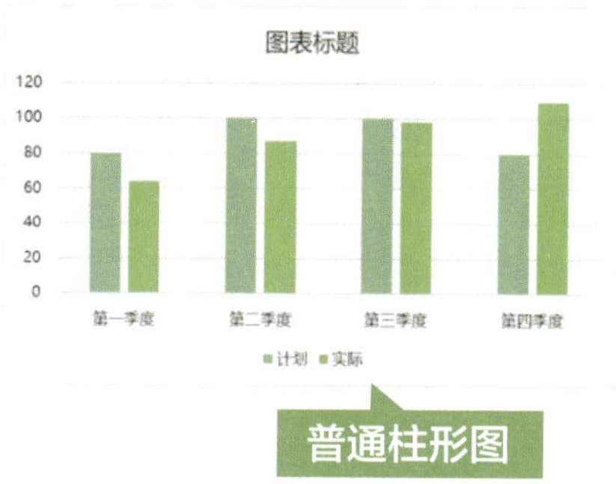

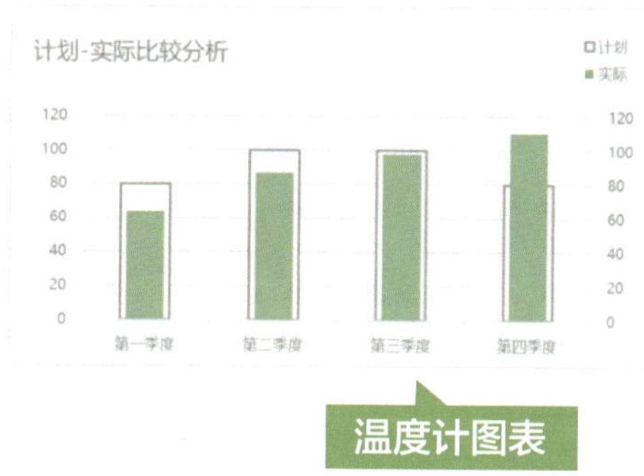

温度计图表中目标数据和实际数据重叠在一起，目标数据是边框，实际数据是实心填充，对比起来非常直观，因为此时的边框就像一个刻度线，所以这类图表通常叫作温度计图表。

接下来以常见的计划与实际的数据对比为例，演示温度计图表的制作步骤。

❶选择数据区域，❷在【插入】选项卡中单击【柱形图】按钮 ，❸选择【簇状柱形图】，插入基础的图表。

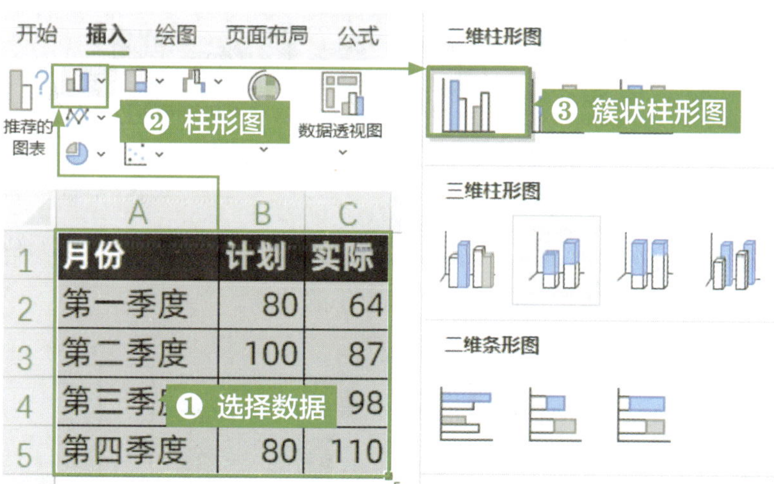

选中左侧绿色的“计划”数据系列，❶在【格式】选项卡中设置【形状填充】为【无填充】，❷设置【形状轮廓】为灰色。

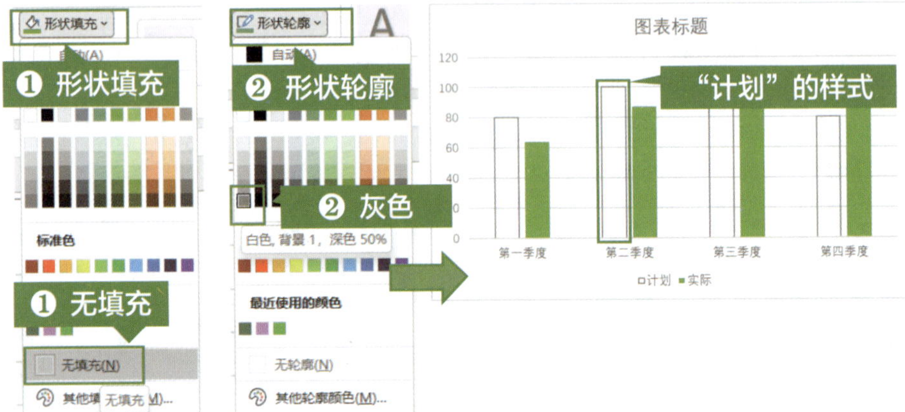

选择右侧的“实际”柱形，右击，在快捷菜单中选择【设置数据系列格式】选项，在右侧的面板中，选择【次坐标轴】单选项，设置【间隙宽度】为【300%】，让“实际”的柱子变得更细。

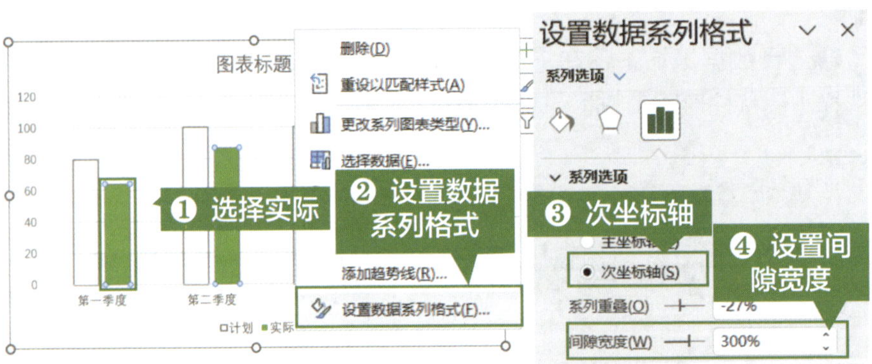

设置完成后的效果如下，需要注意的是，主坐标轴与次纵坐标轴的最大值一定要保持一致，否则会影响对数据大小的判断。

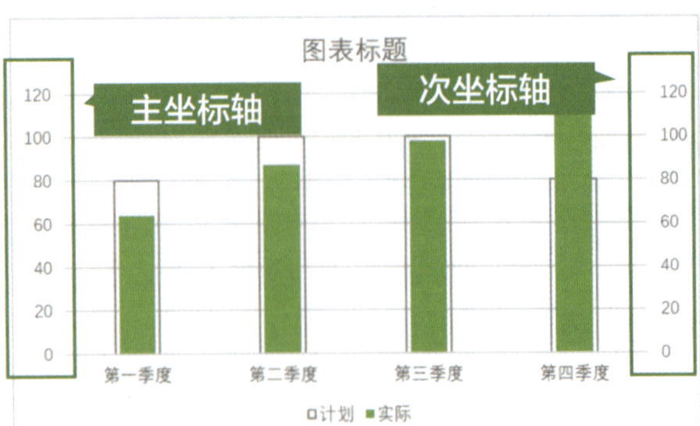

8.4.3 制作分类坐标轴柱形图

制作图表时最容易忽略的就是表格中的行列数据和图表中数据系列的对应关系。

同一列中的数据属于同一个数据系列。例如下图中的数据是同一个系列，修改数据系列的填充颜色为黄色，所有柱形的颜色会同步修改。

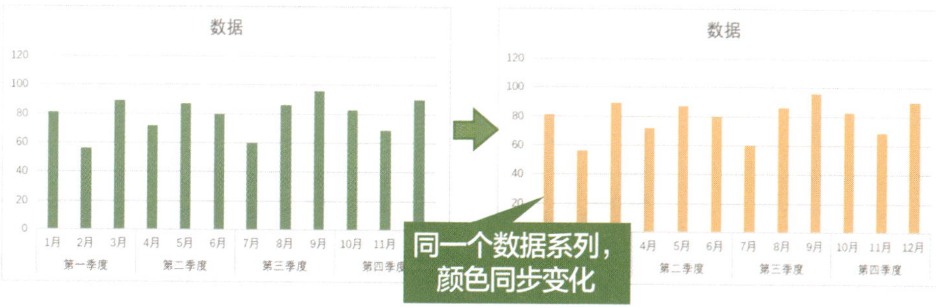

不同列的数据属于不同的数据系列。例如下图有两个数据系列，修改“实际”系列的填充颜色并不会对“计划”系列产生影响。

明白这个知识点，对制作一些特殊图表非常有帮助。

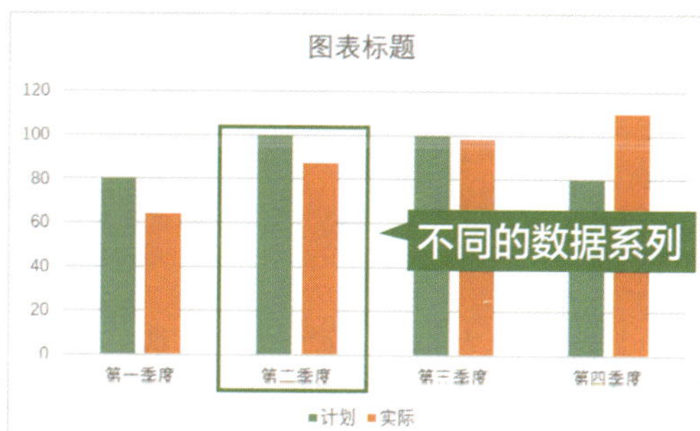

例如下面是1~12月的销售数据，创建了一个对应的柱形图来对比不同月份的销售数据的差异，为了区分不同季度的数据，拆分了数据系列并将它们标记成了不同的颜色。

季度	月份	数据
第一季度	1月	81
	2月	56
	3月	89
第二季度	4月	72
	5月	87
	6月	80
第三季度	7月	60
	8月	86
	9月	96
第四季度	10月	83
	11月	69
	12月	

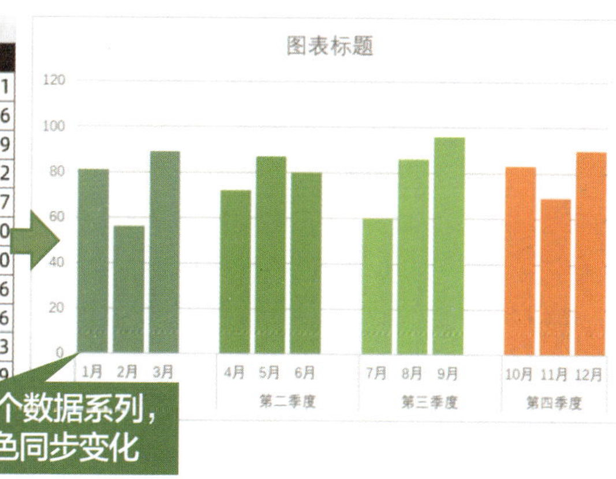

这个效果可以用前面讲过的知识点来完成。

整理数据并创建图表

因为不同的季度要标记成不同的颜色，所以需要把每个季度设计成不同的数据系列。按照季度把数据分到不同列中，即把数据改成下图的样式。

季度	月份	数据
第一季度	1月	81
	2月	56
	3月	89
第二季度	4月	72
	5月	87
	6月	80
第三季度	7月	60
	8月	86
	9月	96
第四季度	10月	83
	11月	69
	12月	90

季度	月份	数据	数据	数据	数据
第一季度	1月	81			
	2月	56			
	3月	89			
第二季度	4月		72		
	5月		87		
	6月		80		
第三季度	7月			60	
	8月			86	
	9月			96	
第四季度	10月				83
	11月				69
	12月				90

基于修改后的表格插入图表，不同系列的数据自动分配了不同的颜色。

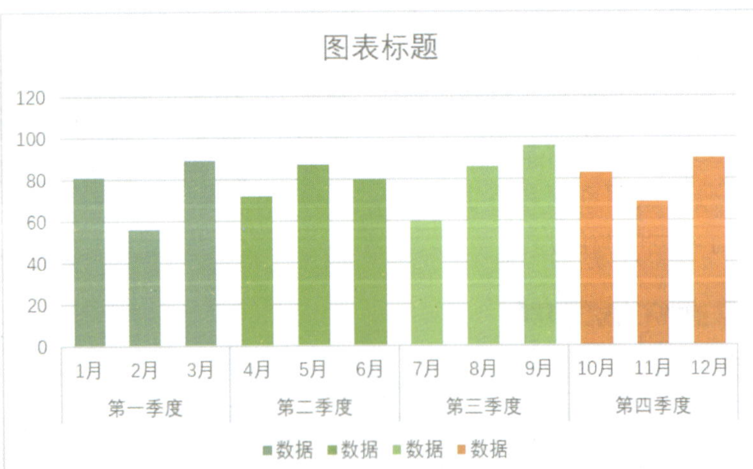

插入空行

在原始数据中的每个季度之间插入一个空行，可以把图表中的每个季度区分得更加明显，使图表更加直观。

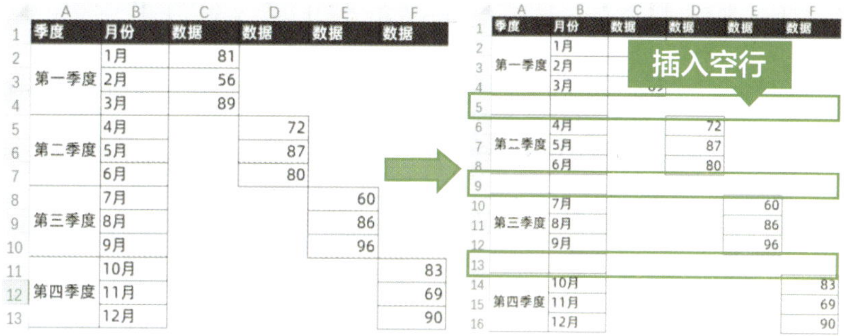

	A	B	C	D	E	F
1	季度	月份	数据	数据	数据	数据
2	第一季度	1月	81			
3		2月	56			
4		3月	89			
5	第二季度	4月		72		
6		5月		87		
7		6月		80		
8	第三季度	7月			60	
9		8月			86	
10		9月			96	
11	第四季度	10月				83
12		11月				69
13		12月				90

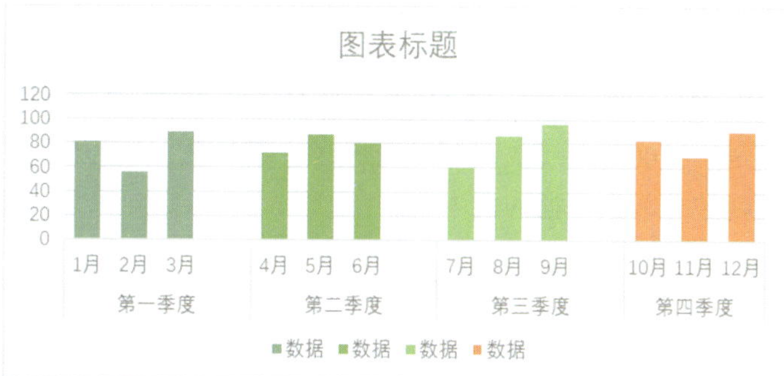

8.4.4 自动标注最大值对应的柱形图

视频案例

明白了不同数据系列的颜色不同的原理，还可以做出动态高亮标记数据的效果。

例如下面的表格，要在图表中把最大的消费项目用不同的颜色标记出来。

	A	B
1	费用项目	金额
2	住宿费	72
3	交通费	96
4	餐食费	80
5	活动经费	60
6	人工费	86

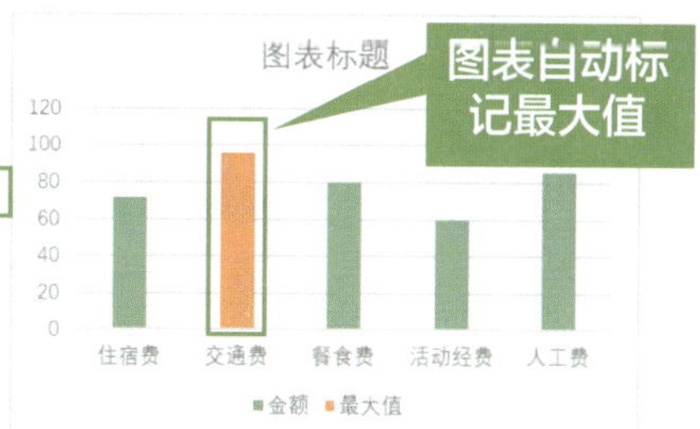

既然是不同的颜色，那肯定存在不同的数据系列，相应地，肯定需要一个单独的数据列。所以在原始数据中插入一个辅助列，并用下面的公式找出最大值对应的记录。

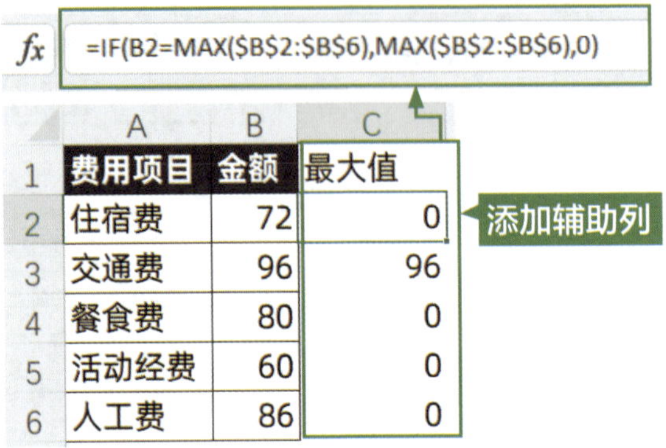

公式的含义很简单：先用 MAX 函数计算出金额的最大值，再用 IF 函数判断是不是和当前金额一致，如果是则返回最大值，否则就返回 0。这样最大值的记录就被提取到单独的列中了。

```
=IF(B2=MAX($B$2:$B$6),MAX(B2,$B$2:$B$6),0)
```

有了这个辅助列，再插入柱形图，效果就大不一样了！因为最大值是一个单独的数据系列，所以它的颜色和其他柱形的颜色不相同。

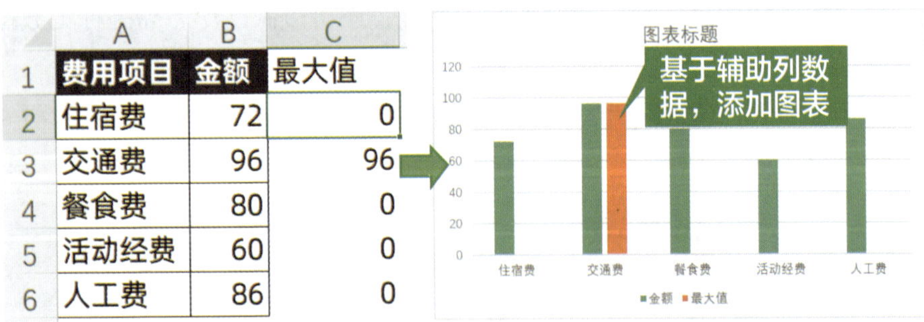

❶选择任意一个柱形，右击，❷在快捷菜单中选择【设置数据系列格式】选项，❸在右侧面板中设置【系列重叠】为【100%】，这样自动标记最大值的效果就实现了。

因为公式是自动更新的，当原始数据变化之后，公式会自动重新计算出最大值，对应的图表也会自动更新，从而完成最大值的动态标记。

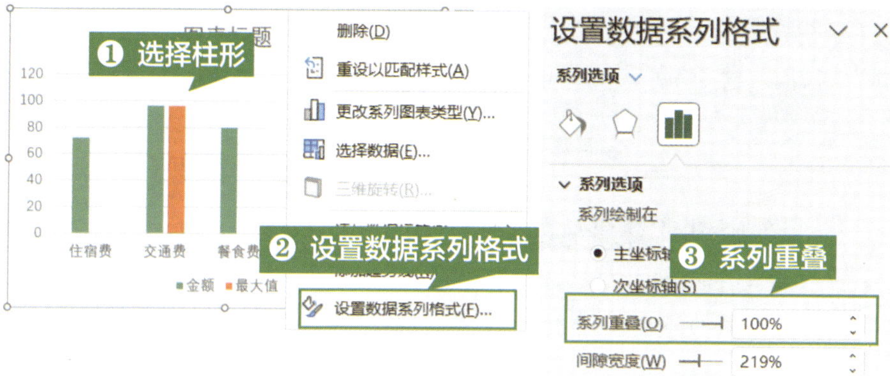

没错，这个就是动态图表。更多动态图表的知识，请看下一小节。

8.4.5　制作动态图表

视频案例

什么是动态图表？简单地说，动态图表就是会随用户操作而自动变化的图表，因此又被称为交互式图表。利用动态图表能够有选择地展示部分数据。用好它，既能提高图表制作效率，又能提高数据分析效率。

动态图表的核心原理就是筛选。动的不是图表，而是图表的原始数据。原始数据发生了变化，图表也会对应地更新效果。

例如，下面左图是费用统计表格，选择数据创建一个簇状柱形图后，效果如下面右图所示。

费用项目	第1季	第2季	第3季	第4季
交通费	191	199	122	198
红包	125	141	198	159
购物	265	276	253	230
水电费	50	57	70	85

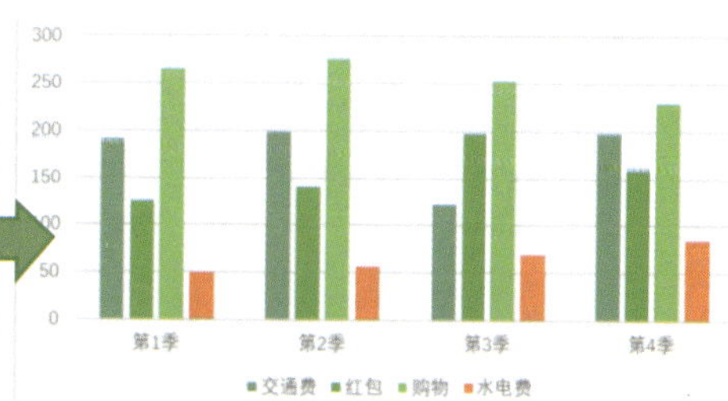

选择数据中的任意单元格，在【数据】选项卡中❶单击【筛选】按钮，筛选❷【费用项目】中的❸【交通费】，图表就相应地只显示【交通费】对应的数据系列。

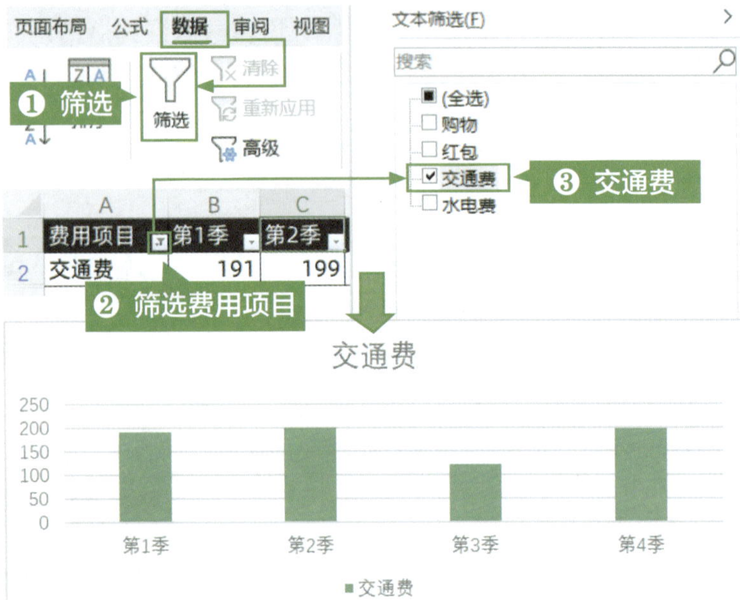

同样，如果选择其他的项目，图表也会自动更新。

不过，每次筛选数据，都要单击【筛选】按钮，然后取消勾选前面勾选的项目，再勾选需要的项目，过程比较烦琐。Excel 中有一个超方便的筛选功能【切片器】，可以一键完成数据筛选，如下图所示，单击哪个项目，就可以查看对应的柱形图，非常高效！

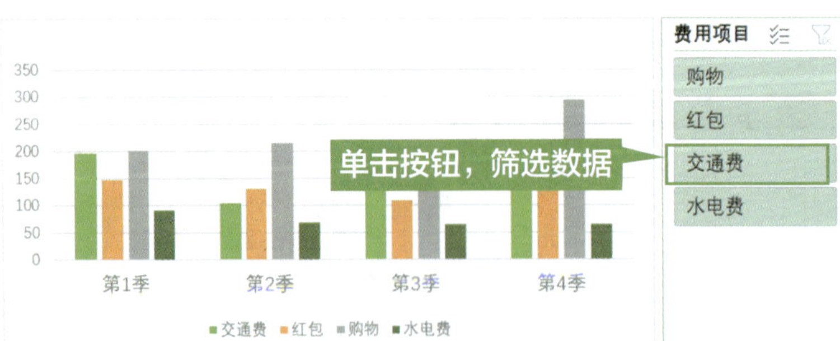

要使用【切片器】功能，要先选择数据中的任意单元格，❶按【Ctrl+T】快捷键，在打开的对话框中❷单击【确定】按钮，把当前的数据区域转换成超级表格。

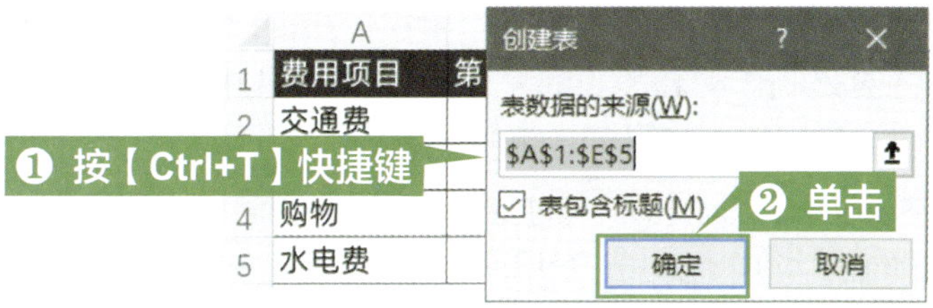

❶选择数据中的任意单元格，❷在【表设计】选项卡中❸单击【插入切片器】按钮，在打开的对话框中勾选要筛选的列，例如❹勾选【费用项目】复选框，❺单击【确定】按钮，这样表格中就出现了“单击哪个看哪个”的列表。

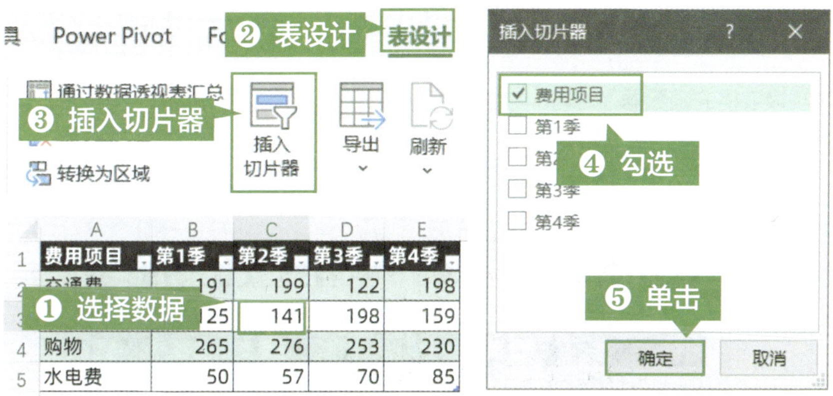

切片器的列表结合对应的图表，一个简明、直观的动态图表就制作好了！

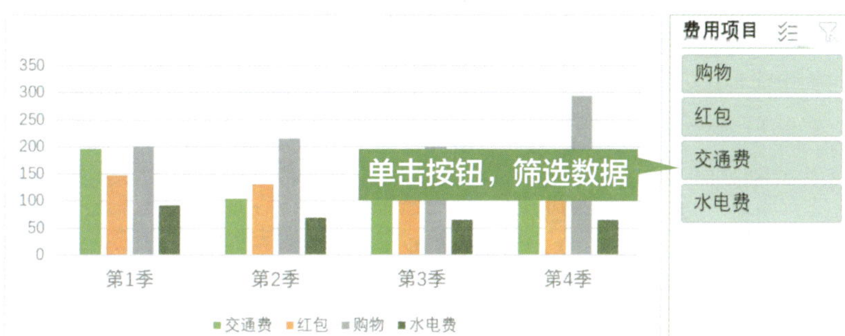

另外，按住【Ctrl】键可以进行多条件筛选，按住【Shift】键可以批量选择连续的项目。

8.4.6 通过“透视图 + 切片器”制作动态仪表盘

切片器绝对是制作动态图表的“神器”！ Excel 中可以创建切片器的除了超级表格，还有第 6 章介绍过的数据透视表。

数据透视表中任何汇总方式的变化，都会动态反映到图表中，而切片器则可以随选随筛，实时查看动态结果。二者配合使用，可让动态图表的制作更简单。

* 转超级表格的源数据 *

求和项:支出金额	列标签			
行标签	吃饭	打车	服装	总计
⊟2017年				
6月	361	351	562	1274
7月	664	249	422	1335
8月	279	459	329	1067
9月	108	246	209	563
10月	363	176	298	837
11月	317	220	76	613
12月		55	315	370
总计	2092	1756	2211	6059

* 数据透视表 *

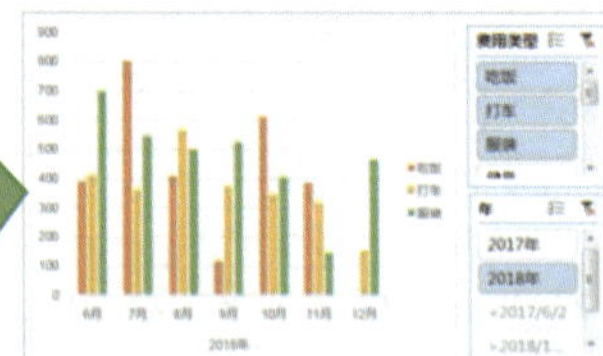

* 带切片器的透视图 *

下面的表格是一份消费支出明细表。

秋小叶2017~2018年消费支出明细表

时间	费用类型	支出金额/元
2017/6/2 1:32	旅游	386
2017/6/2 9:35	日常用品	1702
2017/6/3 9:28	运动装备	412
2017/6/4 22:54	服装	60
2017/6/5 6:04	住宿	302
2017/6/6 3:03	住宿	332
2017/6/6 6:46	旅游	448
2017/6/7 21:17	日常用品	1985
2017/6/8 22:11	打车	115
2017/6/9 8:31	买礼物	203
2017/6/10 1:27	健身	30
2017/6/10 9:24	运动装备	352
2017/6/10 9:39	吃饭	30
2017/6/11 2:00	打车	51
2017/6/11 14:08	健身	92
2017/6/13 16:08	服装	58

现在要基于这个数据，按照月份、费用类型等维度对数据进行分析，并且在图表中呈现统计结果，同时添加切片器，动态查看不同年份、不同费用类型的数据。

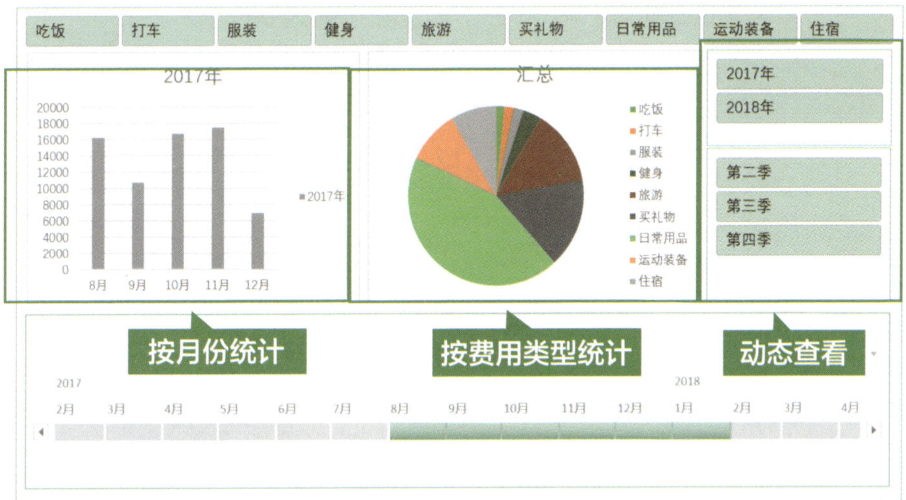

具体操作分为下面几个步骤。

第一步：创建数据透视表

❶选择数据源中的任意单元格，❷在【插入】选项卡中单击【数据透视表】按钮，❸在打开的对话框中直接单击【确定】按钮，此时会在工作表中得到透视表区域。

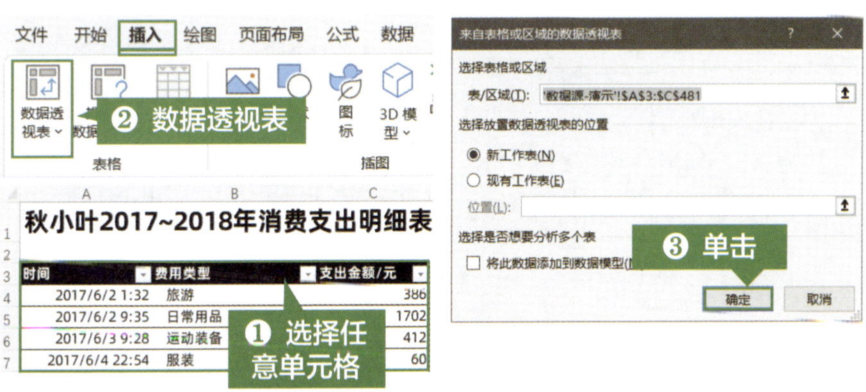

第二步：月度费用分析

选择数据透视表中的任意单元格，把【时间】字段拖曳到【行】区域，【时间】字段会自动生成【年】【季度】【时间】字段。

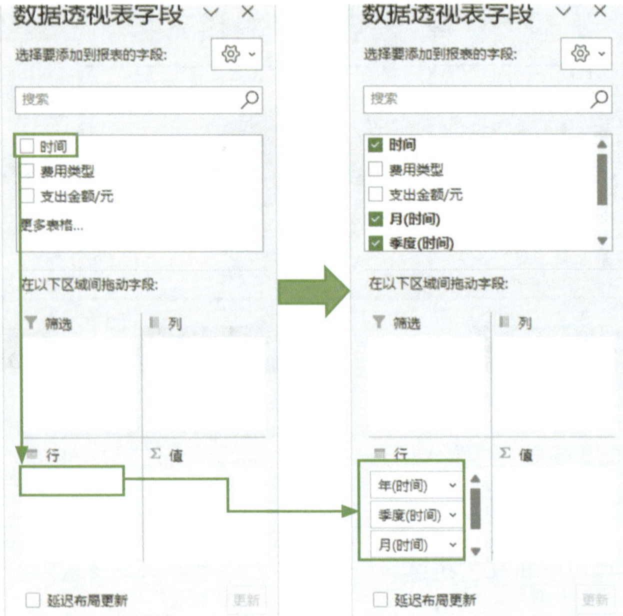

将【年】字段拖入【列】区域，并将【季度】字段拖出【行】区域，以取消显示。

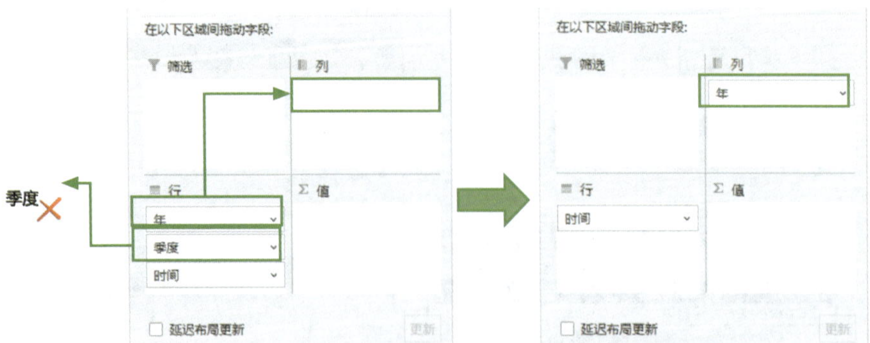

将【支出金额/元】字段拖曳到【值】区域，完成数据的统计。

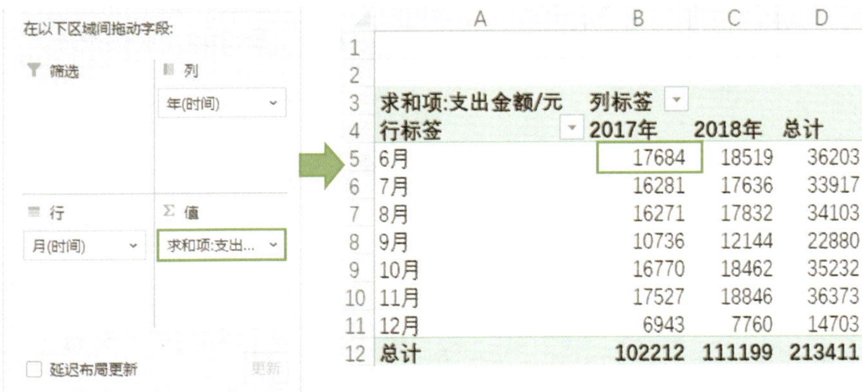

选择透视表中的任意单元格，在【插入】选项卡中单击柱形图按钮，选择【簇状柱形图】，创建各个月份的支出金额的对比柱形图。

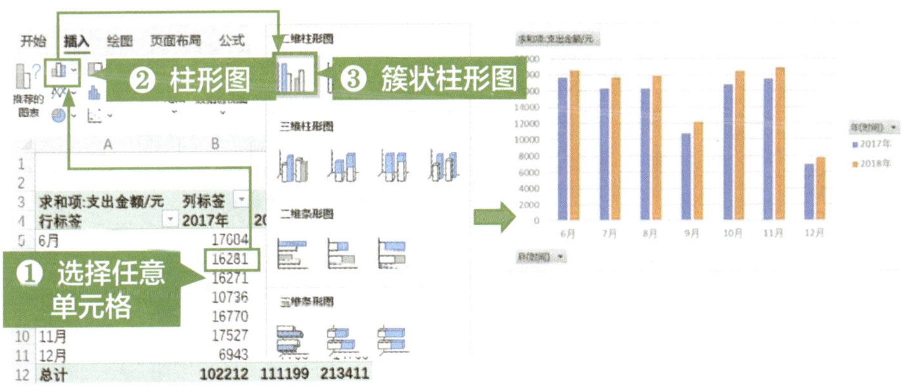

第三步：费用类型分析

按照费用类型分析创建饼图。选择数据源中的任意单元格，在【插入】选项卡中单击【数据透视表】按钮，创建新的数据透视表。

在数据透视表中，❶将【费用类型】字段拖曳到【行】区域，❷将【支出金额/元】字段拖曳到【值】区域。

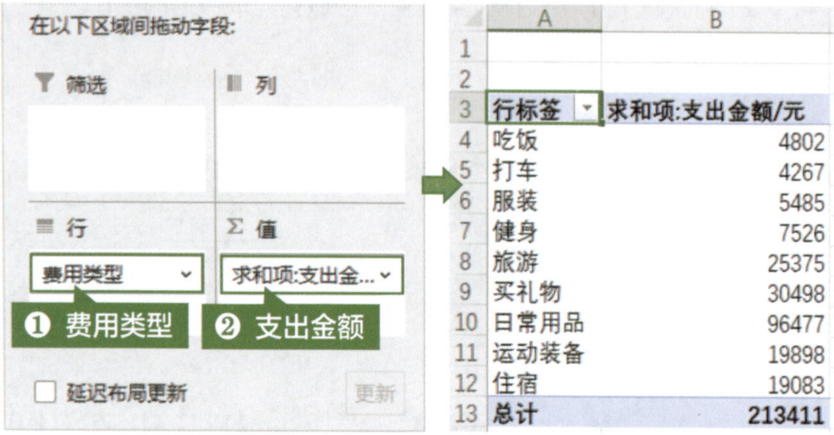

❶选择数据透视表中的任意单元格，❷在【插入】选项卡中单击饼图按钮 ，❸选择【饼图】，完成费用类型的图表制作。

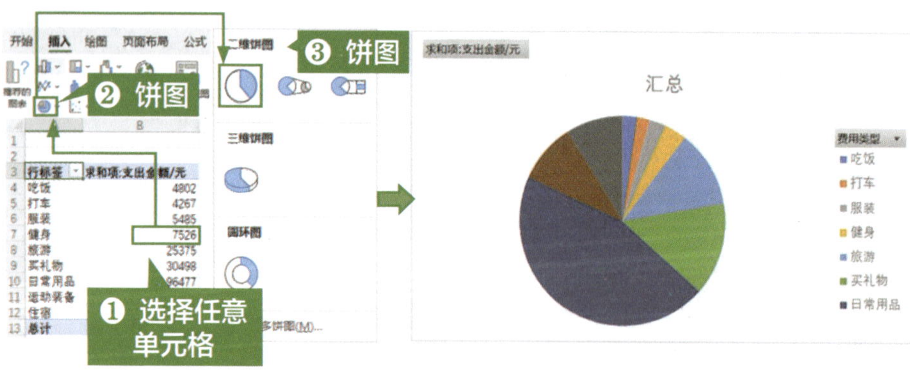

第四步：插入切片器

新建一个工作表，将制作好的两个图表剪切到新工作表中，❶选中其中一个图表，❷在【数据透视图分析】选项卡中单击【插入切片器】按钮，❸勾选【年（时间）】【费用类型】【季度（时间）】3 个字段，单击【确定】按钮。

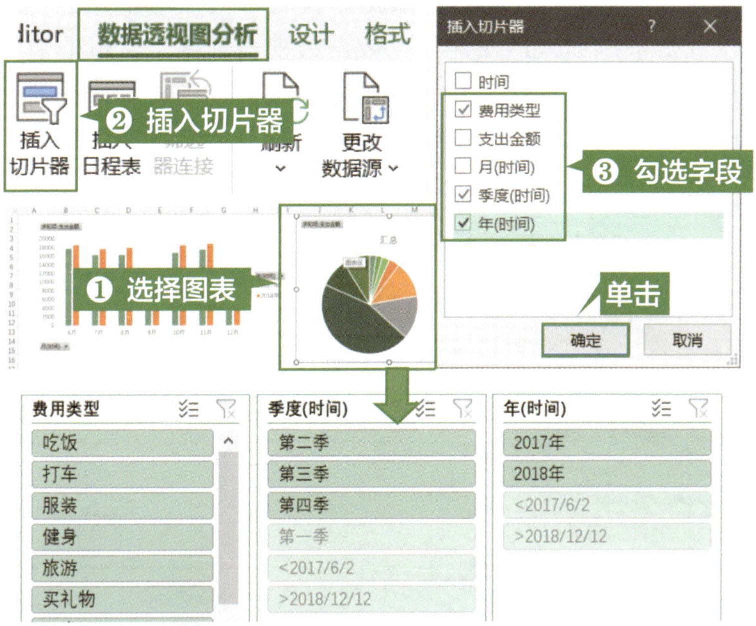

第五步：让切片器关联透视图

创建好的切片器默认只能控制当前的图表，❶可以选中其中一个切片器，❷在【切片器】选项卡中单击【报表连接】按钮，❸在打开的对话框中勾选需要关联的其他数据透视表，重复操作，为所有的切片器都设置好报表连接。

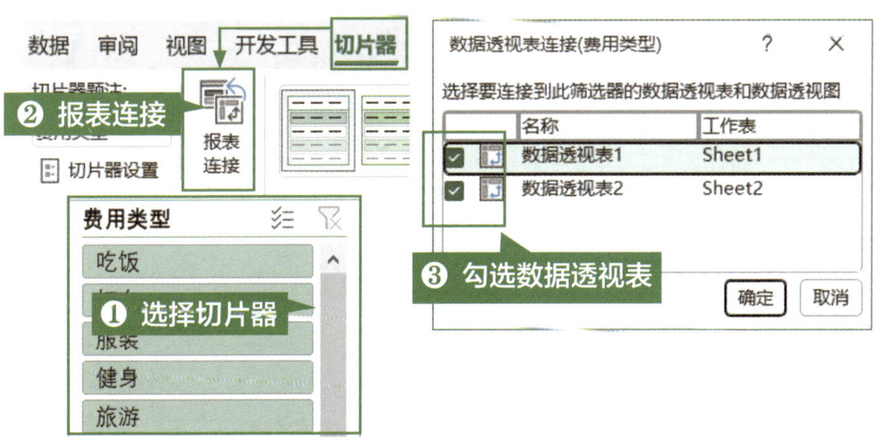

这里有一个小技巧，❶选择数据透视表中的任意单元格，❷在【数据透视表分析】选项卡最左侧的【数据透视表名称】文本框中可以修改数据透视表的名称，这样在将切片器关联数据透视表时，看到的列表就不会是【数据透视表 1】【数据透视表 2】这样的名称了，选择起来更加高效。

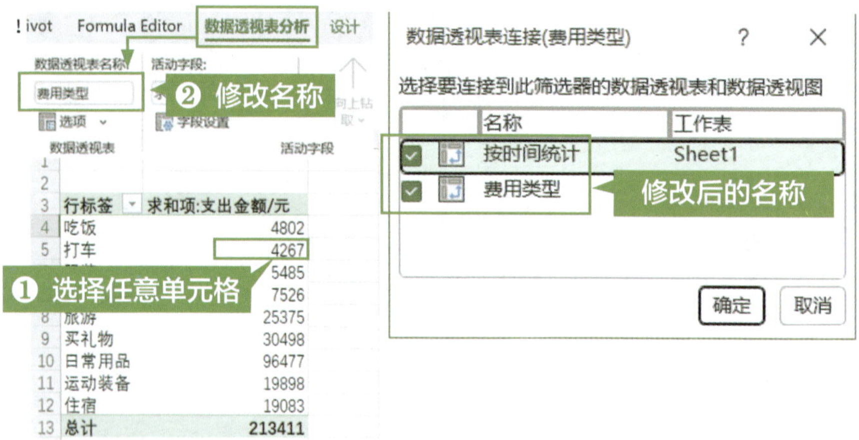

经过上述几个步骤，就完成了多个图表交互式联动的动态图表的制作。

为了让动态图表看起来更加炫酷，还可以对透视图、切片器进行排版布局和美化设计，例如插入与切片器功能类似的日程表。

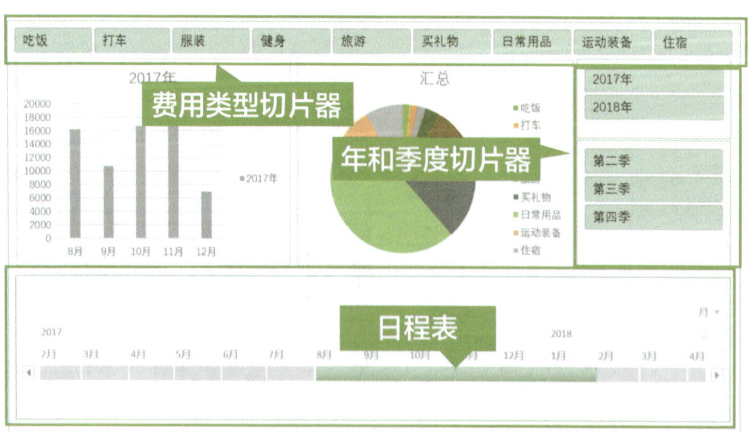

选择任意的图表，在【数据透视图分析】选项卡中单击【插入日程表】按钮，在打开的对话框中勾选【时间】字段，单击【确定】按钮，就可以通过拖曳时间轴完成月份的筛选，查看对应的数据了。

在实际工作中，根据不同的数据字段还可以制作多个图表，只需用切片器将多个图表关联到一起，就能实现动态的数据看板。这样，在同一个切片器上操作时，不同图表联动的效果更加惊人。

基于数据透视表、图表和切片器，可以非常轻松地制作出动态分析的数据看板，不过这背后有几点需要注意。

- 所有的数据透视表、数据透视图、切片器的数据源必须是同一个，否则无法关联。
- 切片器只能关联同一个数据源的数据透视表和图表。
- 使用日程表功能时，必须确保数据源中包含日期格式的数据。

利用超级表格、数据透视表、切片器、数据透视图还可以实现从原始数据记录到统计分析结果的一键更新。

8.5 图表的设计误区

8.5.1 这些设计的坑，你会掉进去吗

还有什么与“啥图表都想用”的心态不相上下吗？有，那就是“怎么花哨怎么来”。

貌似这是一个新手必经的阶段，“花哨与否”成了一个判断新手是否脱离“小白”水准的标准。新手有必要充分认识图表设计与制作中的误区，能避则避。

过度设计≠厉害

很多人看到插入图表的菜单里有 3D 图表，就会忍不住去使用。殊不知这些 3D 图表大多华而不实，还不如简单的线条直观、清楚。

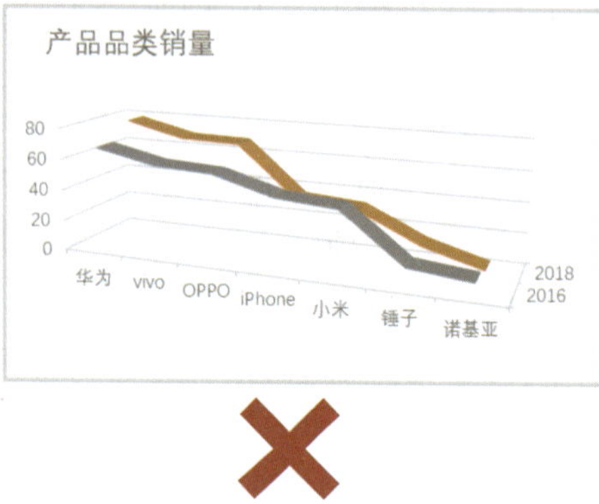

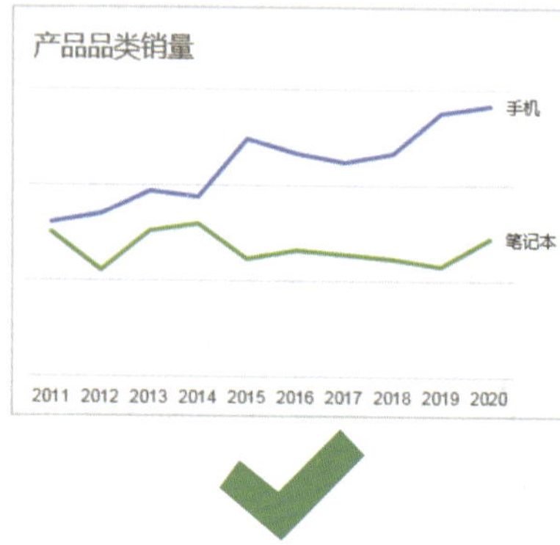

上面左图滥用了 3D 图表效果，但更糟糕的是下面左图，不仅用了 3D 图表，还把饼图强行掰开。虽然是为了让每一块“饼”看起来更清楚，但效果却适得其反。多余的阴影、透视感会影响视觉的判断，相比之下，平面的图表对比起来更简单、直观。

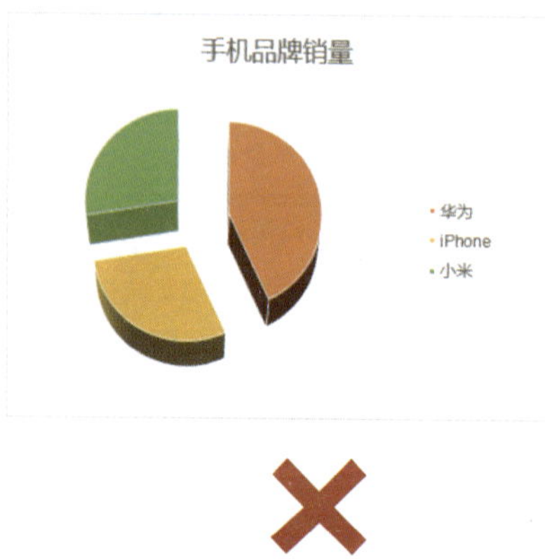

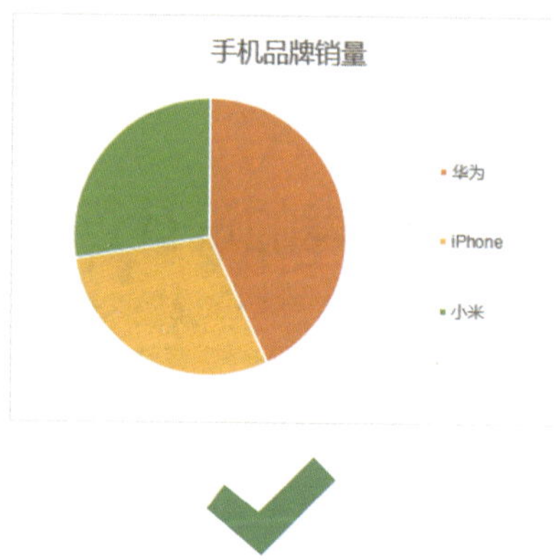

还有没有更糟糕的?

有！有的人会通过增加更多图表元素来提升图表的“高级感”，例如 3D 棱台阴影、各种颜色、各种线条、背景图片等，过多的视觉元素反而会给阅读增加障碍。

所谓设计，是为了达到目标，有目的地安排各种元素的过程。而过度设计，其实是没有设计。各种特效、繁杂的颜色、凌乱的元素堆叠在一起，反而干扰了图表信息的传达，成为“噪点”。

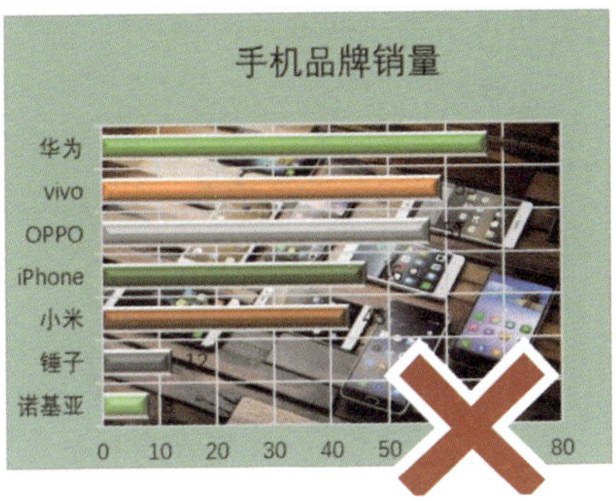

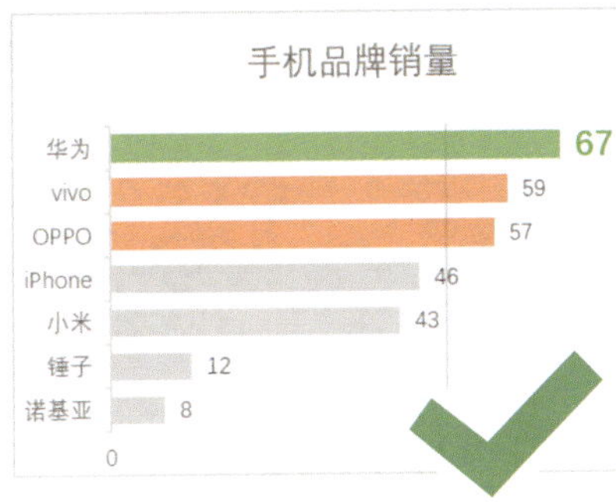

视觉设计师爱德华·塔夫在其著作中率先提出了数据墨水比（Data-ink Ratio）的概念。其含义是，将图表中的坐标轴、网格线、数据点、文字标签，甚至阴影等每一个元素打印出来，都会用掉一点墨水，我们应该惜墨如金，把珍贵的墨水尽量用在展示数据信息上，越是核心的信息，占用的墨水比例应越重。

在此理念的指导下，制作图表时应尽可能地突出显示核心数据信息。

尽可能地取消显示如下元素：

- 3D效果；
- 装饰性的不必要的图片；
- 没有意义的颜色变化；
- 不必要的背景填充色；
- 可有可无的网格线；
- 多余的边框和阴影。

尽可能地弱化（淡化、减少）如下元素：

- 无助于比较、识别数据的坐标轴刻度、线形；
- 无助于数据范围识别的网格线；
- 填充颜色的数量；
- 非核心的数据标签；
- 非核心的数据系列。

你看到的≠真相

A、B、C、D 这 4 个人对同一款产品同一时期的销售数据各自做了数据报告，然后分别提交给领导。A 说市场一直在稳步增长，B 和 D 说增长势头非常乐观，C 却说增长势头太过平缓。

领导到底该信谁？他们有谁用了假数据吗？

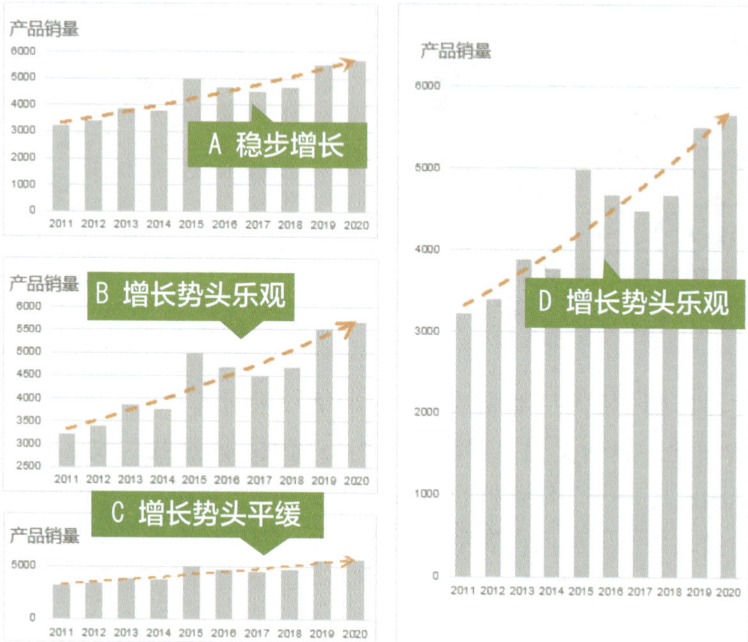

然而并没有，数据都是同样的数据。问题出在图表的比例和坐标轴刻度的设置上。

A：图表的横宽比适中，比较符合正常的阅读习惯。

B：纵坐标刻度不是从 0 开始，而是从 2500 开始，会造成误导。

C：图表整体高度压缩过度，造成视觉欺骗。

D：图表整体高度过高，比例失衡，夸大了事实。

同样具有欺骗效果的还有横坐标轴，同样一组数据，如果排除了中间的 0 值，相邻两个数据之间的坡度就会显得更陡。如果放在真实的时间跨度上，效果就不一样。

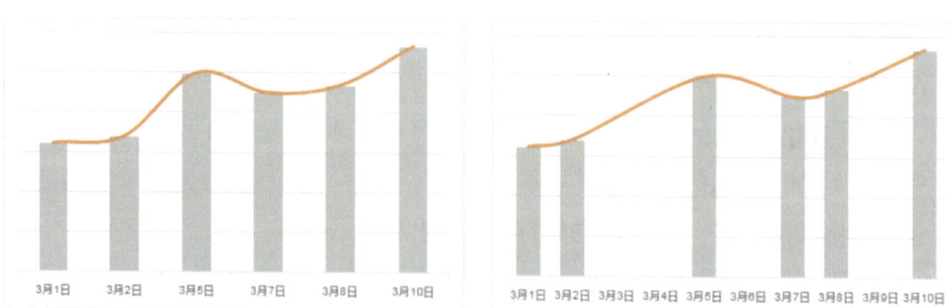

两者并无好坏之分，合理与否完全取决于准备如何表达数据信息，即是要按照有数据的一天就作为一个分类来比较，还是要看数据在时间推移下的演变趋势。

堆砌图表≠有效表达

不少人会绞尽脑汁，试图在同一个图表中塞进很多数据系列，甚至多种不同类型的组合图表。以为节省了图表所占的空间，就能更加有效地传达信息。这是极大的误解。

想要在这种图表中找出重点信息，无异于大海捞针。如果打印时碰到黑白打印机或质量不佳、油墨不足的彩色打印机，那就更找不到头绪了。如果再把数据标签显示出来，那会是个“灾难”。

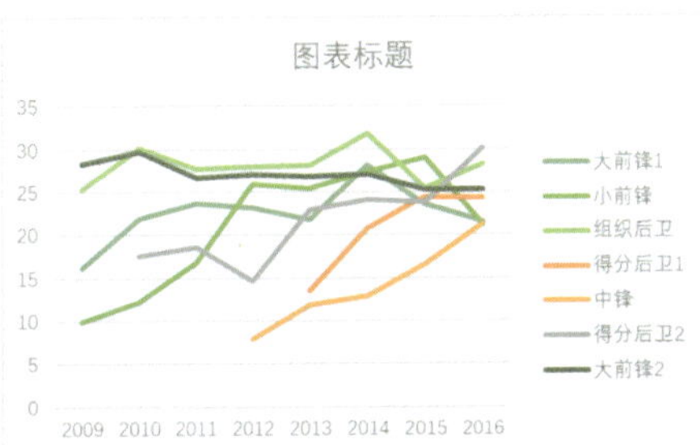

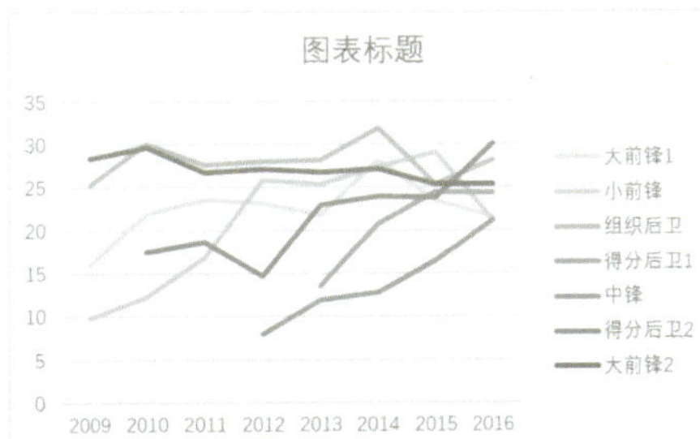

那更好的表达方式是什么呢？这要看你的侧重点在哪里，记住一条——一张图表只说一件事！

第 1 个方法：突出重点的数据。例如，想要突显得分后卫 2 与其他球员得分能力的发展趋势不同，可以用下面的左图，这个图表只用来说明某指定球员的得分能力。

第 2 个方法：减少数据系列。例如，想要对比组织后卫和得分后卫 2 得分能力的发展趋势，那就只保留这两个数据系列，可用下面的右图，这个图表只用来对比两指定球员。

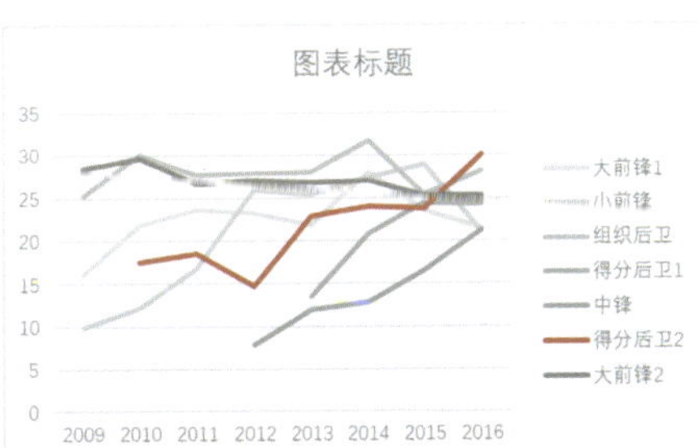

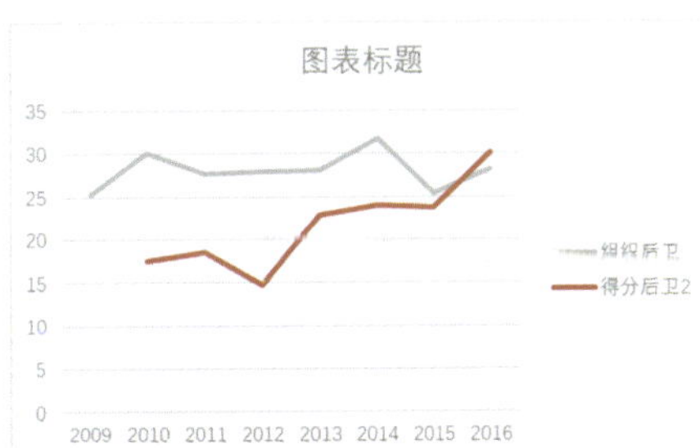

如果想对比所有球员得分能力的发展趋势呢？那就拆开，一人一图，即一张图表只呈现一个人的分数，注意要固定坐标刻度，防止每个人的数据范围不同，导致自动识别的坐标刻度范围有差异。

制作的过程中，可以做一个总图，调整好格式，筛选出单个系列，再复制、粘贴成多个图表，调整切换筛选器中的系列就可以了。操作并不是很麻烦。虽然总图占的空间很大，但是每一张图都清清楚楚。

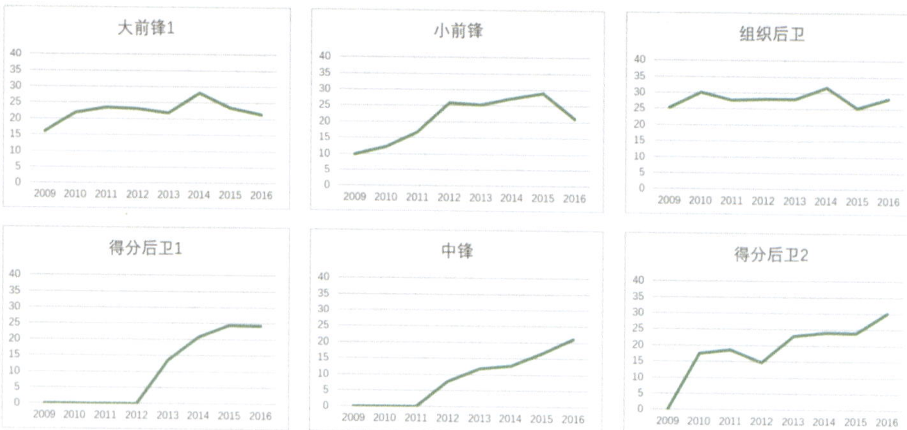

要看到每个球员的详细数据，还要重点关注最大值、最小值及整体的大概趋势，应该怎么办？甚至都不需要图表，只要把上一章介绍的可视化方法用起来即可。

球员	2009	2010	2011	2012	2013	2014	2015	2016	得分趋势
大前锋1	16.1	21.9	23.6	23.2	21.8	28.1	23.5	21.5	
小前锋	9.9	12.2	16.8	25.9	25.4	27.4	29	21.1	
组织后卫	25.3	30.1	27.7	28	28.1	31.8	25.4	28.2	
得分后卫1					13.5	20.8	24.4	24.3	
中锋				7.9	11.9	12.8	16.5	21.2	
得分后卫2		17.5	18.6	14.7	22.9	24	23.8	30.1	
大前锋2	28.4	29.7	26.7	27.1	26.8	27.1	25.3	25.3	

综合运用超级表格（隔行填色）、条件格式（最大值、最小值）、迷你折线图，可以让数据、趋势一目了然。

做完这张表，记得在表格下方用文字简要说明如何阅读，例如：①绿色——得分最低的赛季，红色——得分最高的赛季；②曲线中的红点——最高得分赛季。专业就体现在这样的一些小细节上。

把上面经过可视化的超级表格当作数据源，制作成一个图表，并插入切片器，就轻松搞定了一个动态图表。想看哪些系列，就选择哪些系列，从而减少单次显示的信息量，这正是动态图表的价值。

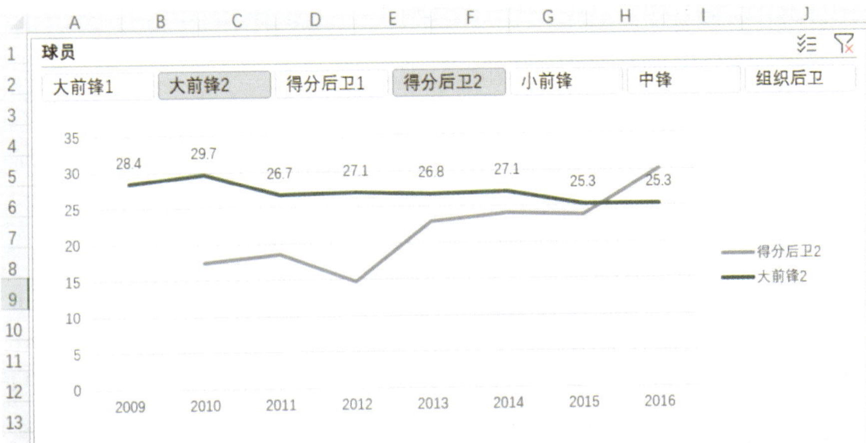

球员	2009	2010	2011	2012	2013	2014	2015	2016	得分趋势
得分后卫2		17.5	18.6	14.7	22.9	24	23.8	30.1	
大前锋2	28.4	29.7	26.7	27.1	26.8	27.1	25.3	25.3	

8.5.2 数据不一定要做成图表

别忘了制作图表的目的和初衷，在制作图表之前先问一问自己，一定要用图表才能把事情说清楚吗？有的时候，可能只需要把数据本身放大一点，用一些其他可视化方法就足够了。

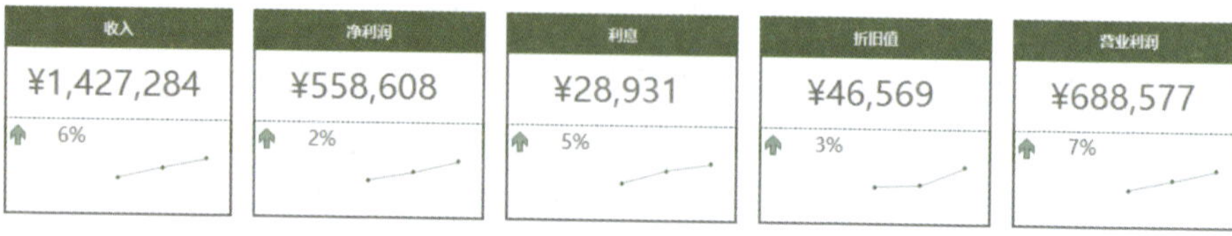

总结一下，用图表有效表达数据的诀窍如下。

- 选择与目的、场景匹配的类型。
- 切忌过度设计。
- 当心数据会“说谎”。
- 在大图里堆砌数据系列不如拆分成小图。
- 使用动态图表可以更高效地浏览数据。
- 别“迷信”图表，使用数字格式、条件格式、迷你图、配色等可视化方法可以展示数据。

8.5.3 图表的常见小问题

在使用图表的过程中，可能会碰到各种各样的小问题。大多数问题都是因不熟悉图表的构成元素和格式设置造成的。其实，当碰到一些小问题时，可以先猜测问题可能出在什么元素上，然后再去以下两个地方寻找、调试、验证。

格式选项卡

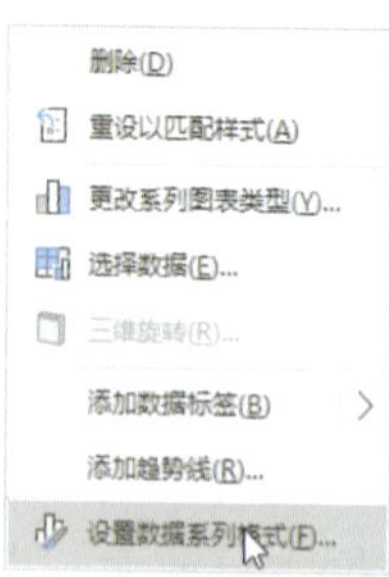

* 快捷菜单 *

- 图表工具栏中的对应选项卡。
- 选中对应的元素后，右击，在快捷菜单底部可找到格式设置入口。

下面给出一些常见的问题及相应解答，以便读者在碰到问题时进行查阅。

如何将 Excel 图表导入 PPT 进行展示

在做工作报告时，经常需要将 Excel 中的图表放进 PPT 中进行展示，很多人的做法都是直接复制、粘贴。这样做会将 Excel 文件直接嵌入 PPT 中，会导致 3 个致命问题。

- PPT 中的图表和 Excel 中的数据源脱离，一旦数据更新，就需要重新粘贴或修改。

- 嵌入的 Excel 文件会导致 PPT 文件过大，如果嵌入很多图表，就容易造成 PPT 崩溃。
- 原始数据和计算逻辑会跟随 PPT 文件，容易泄密。

更好的解决方案其实是使用选择性粘贴，将图表以链接式的图片粘贴进 PPT 中，具体操作如下。

在 Excel 中复制图表，进入 PPT 后，❶在【开始】选项卡中单击【粘贴】下拉按钮，❷选择【选择性粘贴】选项，在打开的【选择性粘贴】对话框中❸选择【粘贴链接】单选项，❹选择【Microsoft Excel 图表对象】选项后，❺单击【确定】按钮即可完成图表的插入。

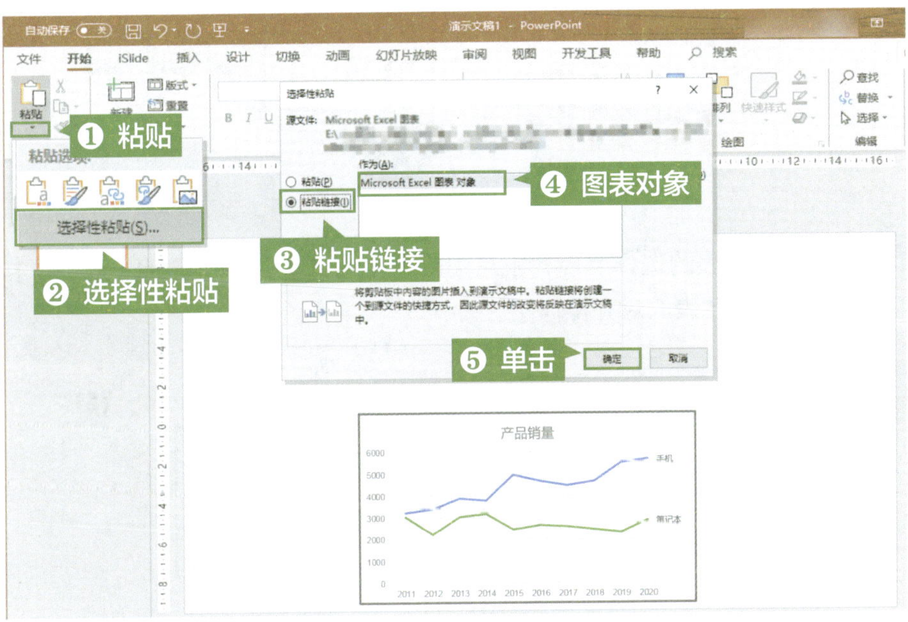

这样，粘贴进 PPT 中的图表图片就会随着 Excel 文件中数据源的更改而自动更新。

多个图表如何快速排列和对齐边缘

在 Excel 中缩放图表是没有参考线的，但是如果在拖曳的同时按住【Alt】键，就可以让单元格的网格线变成参考线，当鼠标指针靠近网格线的时候就会自动吸附上去实现快速对齐。

如果想要快速选中多个图表，则可以在选中某个图表后，在【格式】选项卡中❶单击【选择窗格】按钮，之后按住【Ctrl】键❷单击对象列表中的元素，同时选中多个图表。

插入工作表中的图表会根据插入的先后顺序出现在之前插入的图表上，如果需要调整图表的前后遮挡顺序，可以通过单击【格式】选项卡中的【上移一层】和【下移一层】按钮实现。

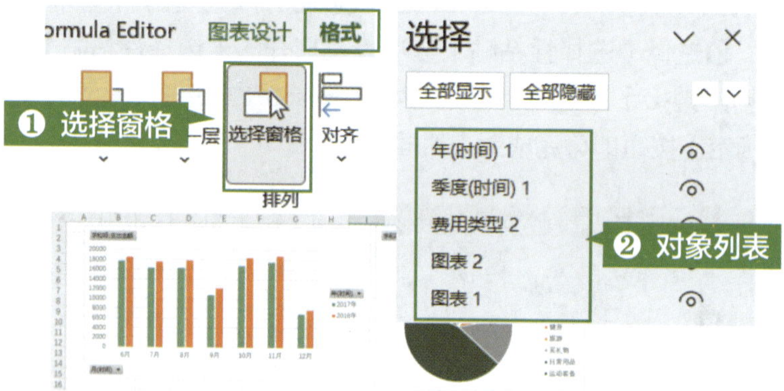

完成多个图表的选择之后，就可以借助【格式】选项卡中的【对齐】按钮快速实现多个图表的对齐操作了。

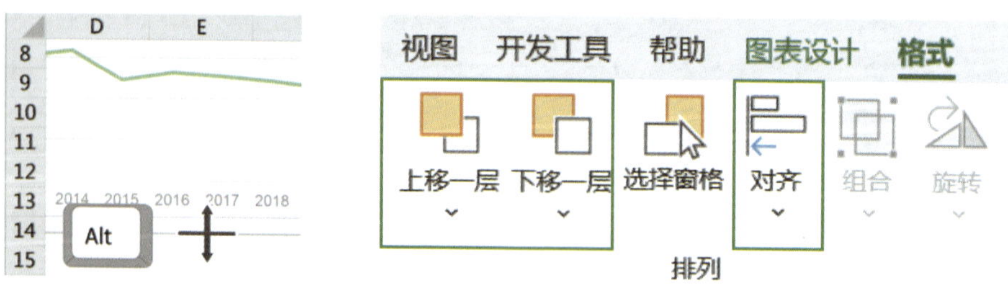

日期刻度太密了，能变稀疏一点吗

日期刻度通常都比较长，在图表宽度不足时，经常出现显示不全、斜向显示、旋转 90° 显示的状况。不管哪一种，阅读起来都会把人"逼疯"。解决办法有很多，如下所示。

- 提炼分类名称并将其放在坐标轴标题或者图表标题中。

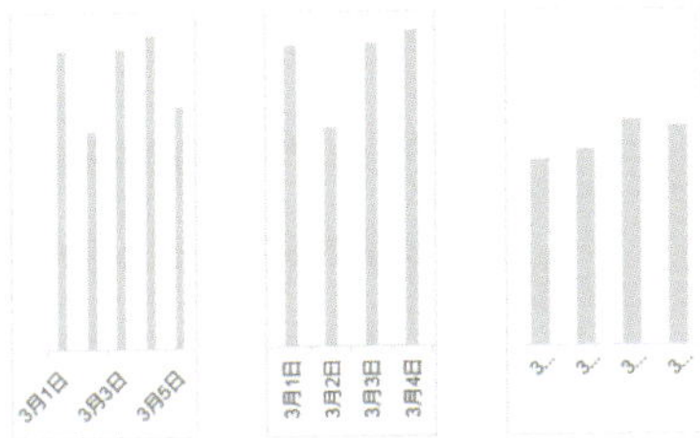

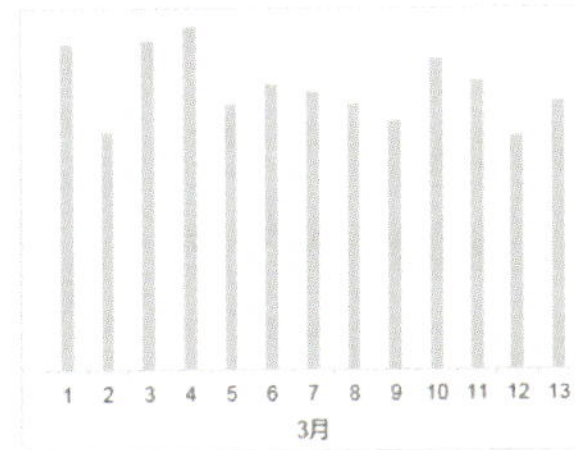

* 别扭的时间轴 *　　　　* 提炼分类名称并置于轴标题 *

- 从数据源简化日期维度。

日期	笔记本电脑	手机
3月1日	3020	3213
3月2日	2209	3392
3月3日	3044	3876
3月4日	3174	3776
3月5日	2456	4975
3月6日	2633	4675
3月7日	2561	4485
3月8日	2451	4679
3月9日	2298	5510
3月10日	2876	5667
3月11日	2671	5273
3月12日	2157	4876
3月13日	2476	4387

日期	笔记本电脑	手机
1	3020	3213
2	2209	3392
3	3044	3876
4	3174	3776
5	2456	4975
6	2633	4675
7	2561	4485
8	2451	4679
9	2298	5510
10	2876	5667
11	2671	5273
12	2157	4876
13	2476	4387

* 在数据源中只保留到“日”维度 *

- 设置坐标轴，扩大标签的间隔。

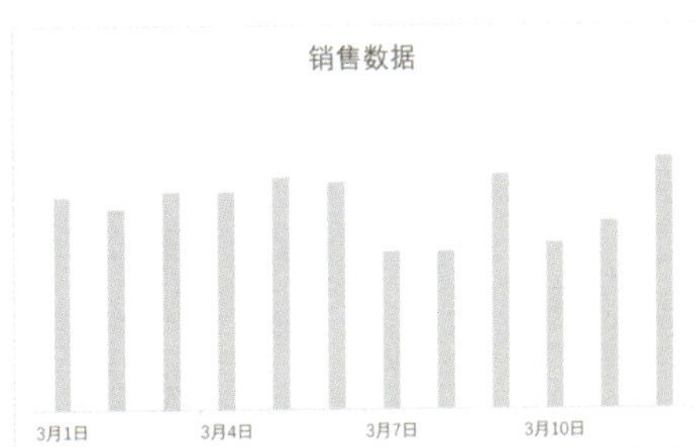

多系列图表中某一系列被遮挡了怎么办

遇到多系列图表，在设置了【系列重叠】之后，会发现某一系列数据被遮挡，如下图所示。

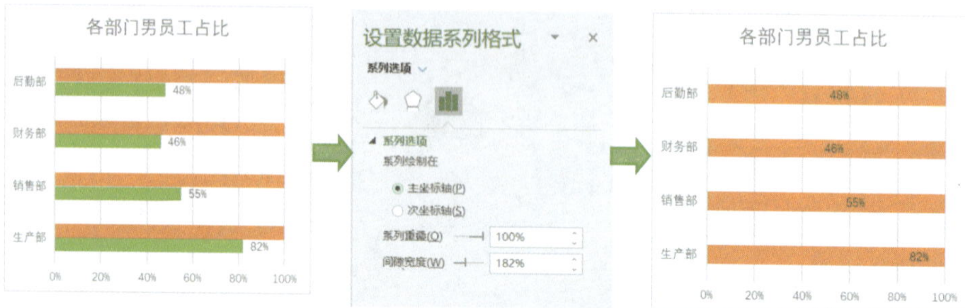

其实这就是图表数据系列前后顺序的问题，调整一下顺序就可以解决。选中图表后，在【图表设计】选项卡中单击【选择数据】按钮，在打开的对话框中❶选中被遮挡的数据系列，❷将其移动到其他数据系列下面即可。

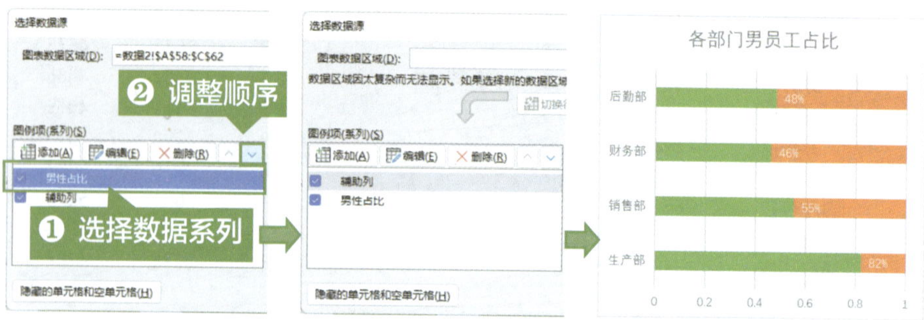

如何让图表随着表格数据的增加自动更新

常规制作的图表，所引用的数据范围都是固定的，一旦数据记录超出了原有范围，就会出现显示不全的情况。

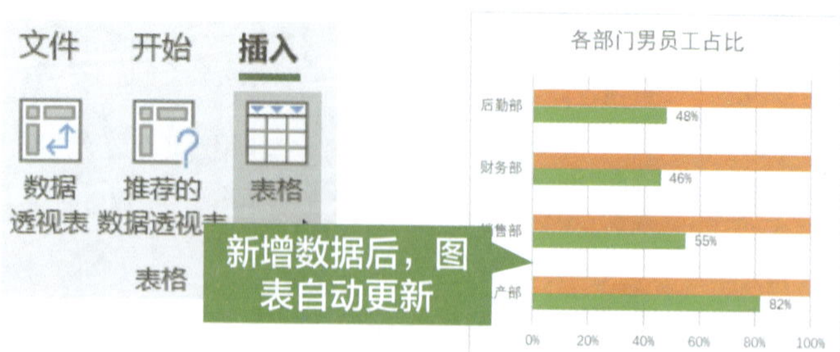

为了避免出现这种情况，可以将数据表格转换为超级表格，让它具备自动扩展的功能。要将普通表格转换为超级表格，可以在选中表格后，在【插入】选项卡中单击【表格】按钮，或者直接按【Ctrl+T】快捷键进行转换。

手动输入图表标题太麻烦，能自动生成吗

在 Excel 中，不仅可以在单元格中输入公式进行内容的动态引用，而且可以通过在编辑栏中输入公式实现对所有的文本框、形状、图表元素等对象的动态引用。只要修改引用的区域，对象中显示的内容就会随之更新。

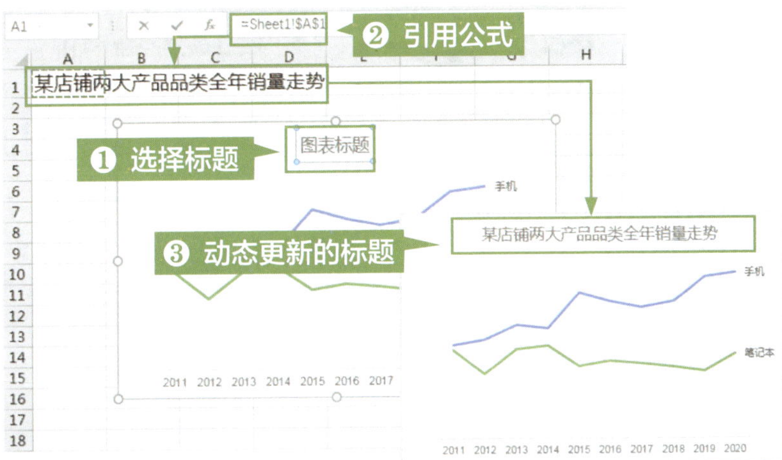

为什么折线图中间会断掉

Excel 生成折线图时默认将空白单元格部位留空。

日期	笔记本
3月1日	3020
3月2日	2209
3月3日	
3月4日	3174
3月5日	2456
3月6日	2633

* 空白单元格 *

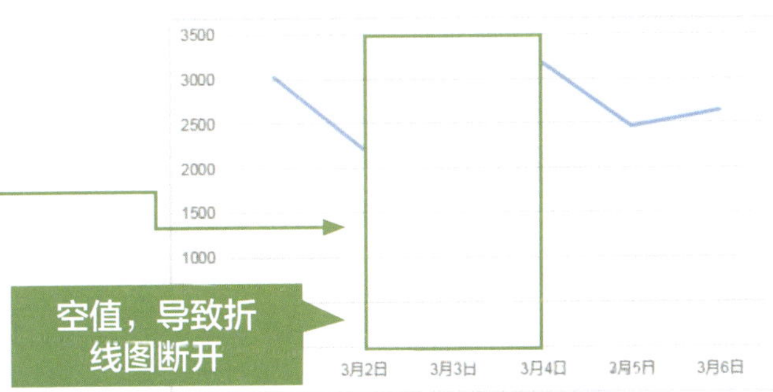

要改变折线图的这一默认特性，可以在【图表设计】选项卡中❶单击【选择数据】按钮，再在打开的【选择数据源】对话框中❷单击【隐藏的单元格和空单元格】按钮，然后在打开的对话框中❸设置属性。

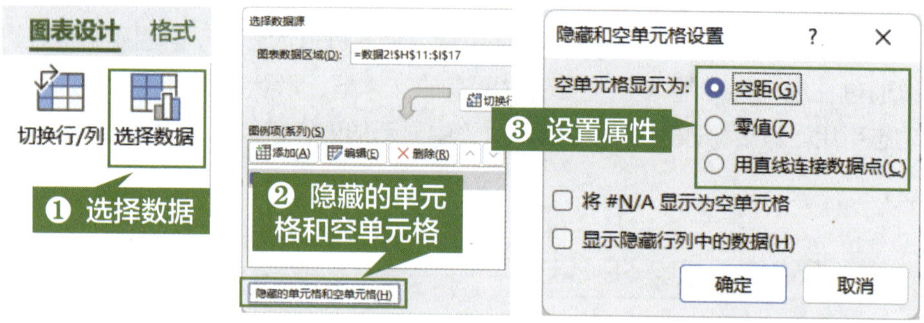

后记

本书由秋叶团队中特别有才华的小伙伴陈文登、张开元撰写。秋叶为本书进行了大纲的指导和内容细节的把控。

如果你是《和秋叶一起学 Excel》的读者，一定知道本书在秋叶系列课程中是非常重要的一个部分，是秋叶系列在线课程的教材。

本书就是网易云课堂同名在线课程“和秋叶一起学 Excel”的教材。图书和在线课程的区别如下。

- 云课堂在线课程更强调立刻动手，通过操作分解、动手模仿、课程作业等设置，让你找回课堂学习的感觉。
- 图书则是操作大全，就像你书桌上那本内容齐全的字典，方便全面学习，遇到问题便于随时查阅。

如何快速学习

动手，对，就是动手。

我们希望不管是图书读者，还是在线课程学员，都能动手模仿，做出效果，然后写出让你印象深刻的收获，附上截屏发微博并 @ 秋叶 Excel；只要你加上了微博话题“# 和秋叶一起学 Excel#”，就能被老师看到。

如果你想在短时间内快速提升自己的 Excel 技能，并得到老师的辅导和答疑解惑，可以报名我们的线上学习班。

关于本书的改进

如果觉得本书的某些知识你有更好的案例或写法，欢迎投稿。

如果在改版时录用你的投稿，我们会向你赠书答谢。

投稿邮箱：hainei@vip.qq.com。

秋叶

AI之Excel篇高效办公手册

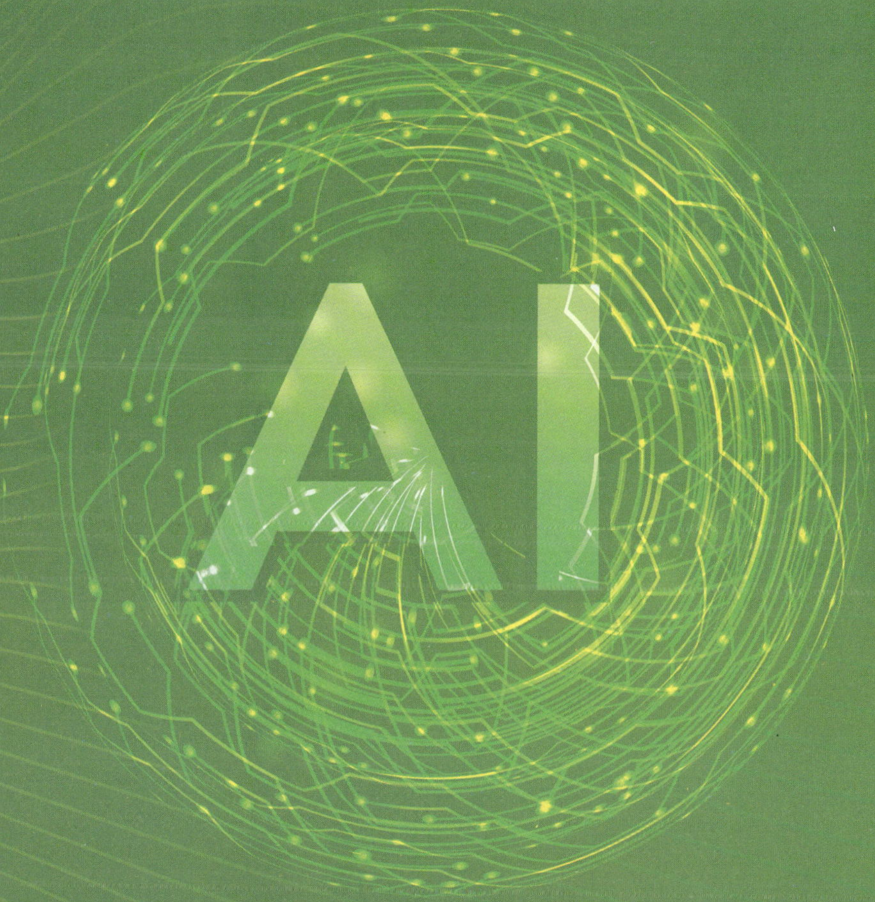

中国工信出版集团　人民邮电出版社
POSTS & TELECOM PRESS

AI 高效办公手册之 Excel 篇

随着科技的发展，AI 已经开始学会“思考”，基于大数据模型进行智能分析，完成一些创意性的工作。越来越多的行业、岗位，开始尝试使用 AI 工具进行文案创作、代码编写等创作性工作，无论是从效率还是质量上来看，AI 工具都具备一些明显的优势。

在数据处理领域，传统的表格数据处理方式可能会受限于烦琐的人工操作和较高的时间成本。因此，利用 AI 工具处理表格数据已成为一种趋势。

为了跟上时代的脚步，接下来我们将通过这本小册子，和大家一起探索 AI 工具在数据处理、数据分析等领域的应用。利用 ChatGPT 的自然语言处理技术，将表格数据的提取、分析和呈现等复杂过程自动化，提升办公效率和准确性。

第 1 章　AI 工具

一提到 AI 工具，大家首先想到的就是火爆全网的 ChatGPT。其实 AI 工具还有很多，有一些基于 ChatGPT 二次开发的小应用、小插件，不仅访问顺畅，效果也很惊艳。

1.1 Excel公式美化器

首先推荐一个 AI 工具——Excel 公式美化器。顾名思义，它可以对复杂的公式进行重新排版，让公式结构更加清晰。

举个例子，下面的表格是某培训机构的费用和课时说明，课程分为金牌班、美术班、中国舞班等。

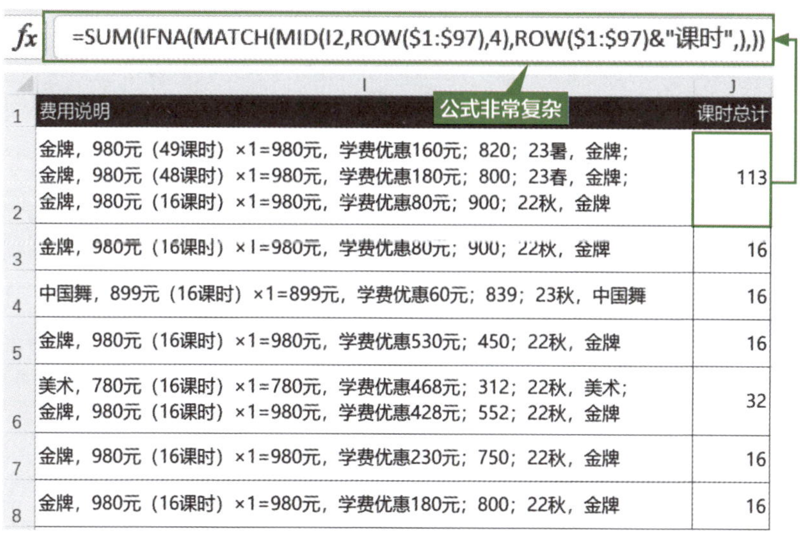

	I	J
1	费用说明	课时总计
2	金牌，980元（49课时）×1=980元，学费优惠160元；820；23暑，金牌； 金牌，980元（48课时）×1=980元，学费优惠180元；800；23春，金牌； 金牌，980元（16课时）×1=980元，学费优惠80元；900；22秋，金牌	113
3	金牌，980元（16课时）×1=980元，学费优惠80元；900；22秋，金牌	16
4	中国舞，899元（16课时）×1=899元，学费优惠60元；839；23秋，中国舞	16
5	金牌，980元（16课时）×1=980元，学费优惠530元；450；22秋，金牌	16
6	美术，780元（16课时）×1=780元，学费优惠468元；312；22秋，美术； 金牌，980元（16课时）×1=980元，学费优惠428元；552；22秋，金牌	32
7	金牌，980元（16课时）×1=980元，学费优惠230元；750；22秋，金牌	16
8	金牌，980元（16课时）×1=980元，学费优惠180元；800；22秋，金牌	16

现在要计算每一行数据的总课时数，对应的公式非常复杂。

```
=SUM(IFNA(MATCH(MID(I2,ROW($1:$97),4),ROW($1:$97)&"课时",),))
```

多个函数公式嵌套，难免会把 Excel 新手看得眼花缭乱，出错了都不知道怎么修改。

我们可以尝试使用 Excel 公式美化器自动识别函数公式，并调整函数的排版，让公式更好理解。

第一步：在浏览器中搜索【Excel 公式美化器】，并进入相应网站。

第二步：复制公式，粘贴到“粘贴公式到这里”下方的文本框中，单击【Beautify 格式化 / 美化】按钮。

Excel 公式美化器会按照代码的方式，对公式进行换行、缩进，每个函数是如何嵌套的，逻辑关系是什么样的，变得一目了然。

同时，右侧还给出了每个函数的解释，简直就是 Excel 新手的福音。

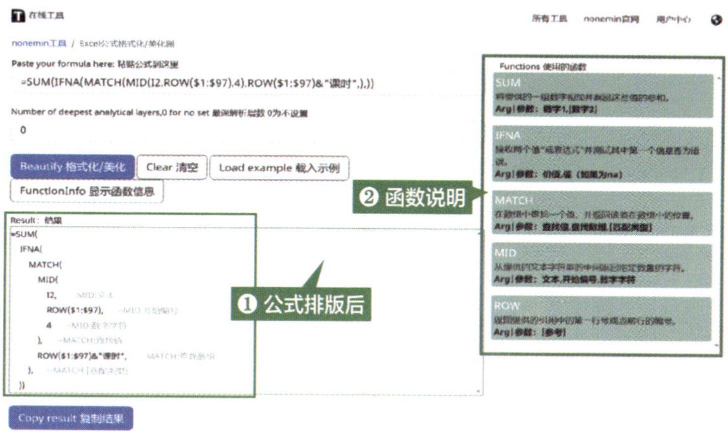

1.2 Formula Editor

【Excel 公式美化器】非常好用，但是每次使用都要打开网站，复制粘贴公式，再回到 Excel 中修改公式，过程稍显烦琐。

【Formula Editor】就很好地解决了这个问题，它是一个 Excel 插件，可以直接在 Excel 里实现相同的操作。还是前面培训机构的课时统计问题为例，选择公式单元格后，可以直接在 Excel 中对公式排版。

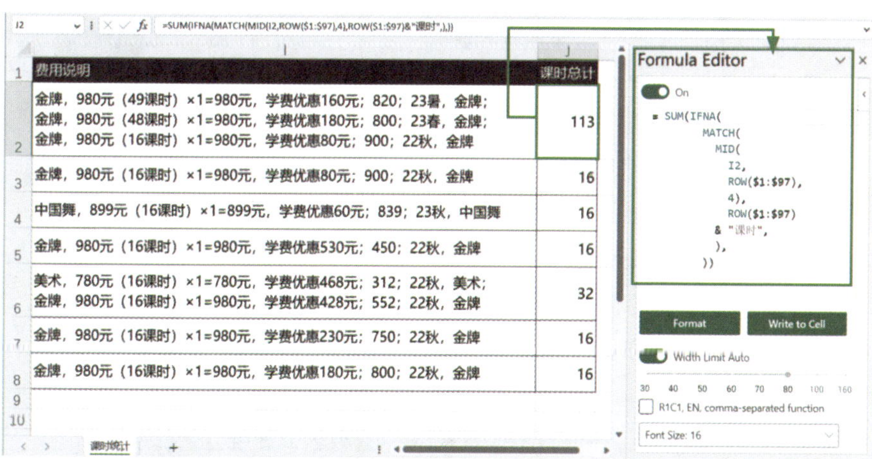

在此之前，要先确保你的 Excel 版本是 2016 以上的版本。在【插入】选项卡中单击【获取加载项】。

在【Office 加载项】页面中搜索并找到【Formula Editor】，单击右侧的【添加】按钮，稍等片刻。插件安装完成后，就可以在 Excel 的菜单中看到【Formula Editor】的选项卡。

Formula Editor 的使用方法很简单。

第一步：在【Formula Editor】选项卡中单击【Formula Editor】，Excel 界面右侧会出现【Formula Editor】面板。

第二步：选择要解析的公式单元格，在右侧面板中单击【Off】开关，将其切换到【On】的状态。

第三步：单击【Format】按钮，系统就会开始对公式进行解析和排版了。解析后的公式如下，同样清晰地展示了函数公式的嵌套层级关系。

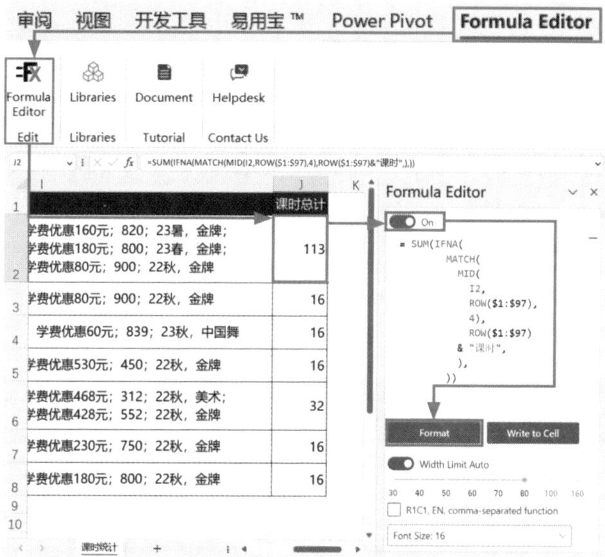

除此之外，我们还可以直接在【Formula Editor】面板中修改公式，然后单击【Write to Cell】按钮，更新单元格中的公式。

1.3 uTools

前面的工具只解决了公式美化问题，想要让 AI 工具发挥更大的潜能，还是要充分利用好 ChatGPT。

如果你无法使用官方的 ChatGPT 工具，可以尝试使用国产效率软件 uTools，在 uTools 中添加【ChatGPT. 好友】这个插件后，就可以直接和 ChatGPT 对话了，对于新手用户特别友好。

首先百度搜索【uTools】，进入官网后，下载并安装 uTools。

单击状态栏中的【uTools】，打开快捷键指令窗口，在文本框中输入【ChatGPT】，单击【搜索插件应用】，进入插件页面。

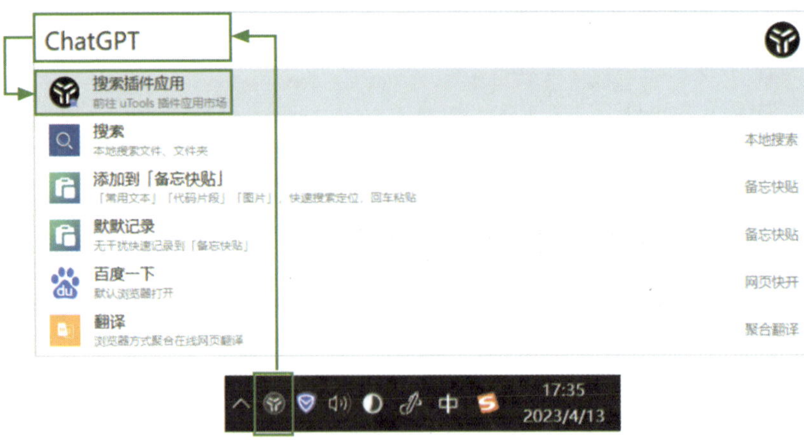

在插件页面找到【ChatGPT. 好友】，单击右侧的【获取】按钮，安装好插件，就可以和 ChatGPT 进行对话了。

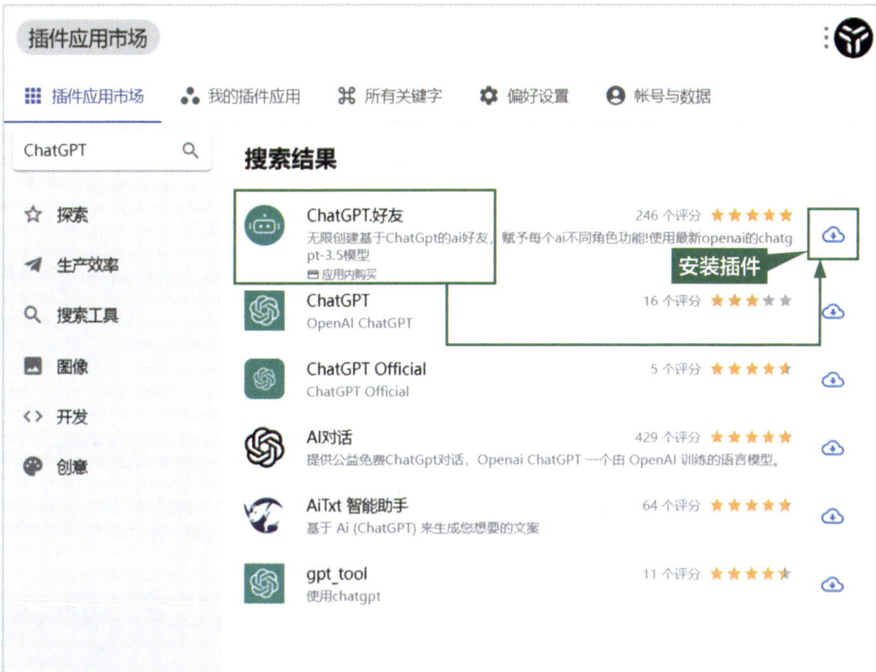

安装成功后，打开快捷指令窗口，输入【ChatGPT】，单击第一个选项，打开对话框窗口，就可以问 AI 关于 Excel 的问题了。

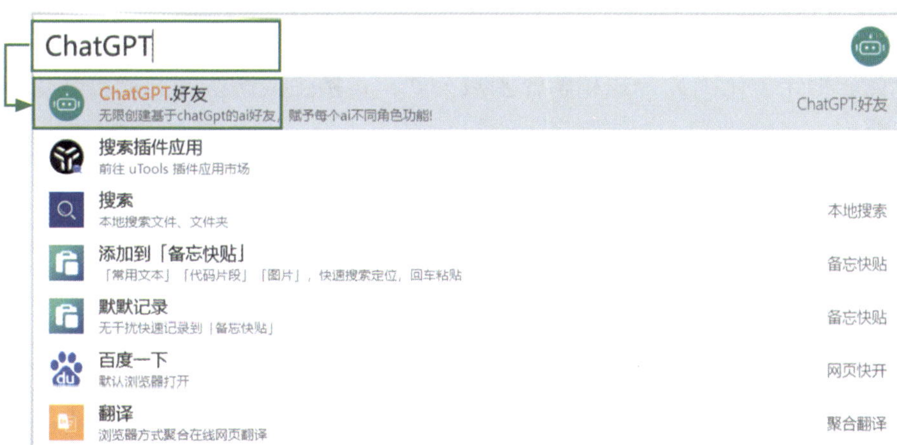

比如，让 ChatGPT 写一个函数公式，对 A1:A10 单元格数据求和。

复制 Ai. 小助手回复的函数公式，粘贴到 Excel 中，就可以完成数据求和计算。相比美化函数公式和解释函数公式，直接生成解决问题的公式更加实用。

第 2 章　用 ChatGPT 玩转数据处理

ChatGPT 真的有那么强大、那么神奇吗？本章将结合几个 Excel 实战实例，把 ChatGPT 与数据处理结合起来，带你解锁 AI 工具的高效用法。

2.1 认识3种常用的数据交换格式

首先我们需要了解如何将表格数据导入 ChatGPT 中。

ChatGPT 作为一个语言模型，目前并没有办法直接处理 Excel 文件中的数据，不过，可以把表格数据转换为常见的数据交换格式（如 CSV、TSV、PSV 等），然后粘贴到 ChatGPT 的对话窗口中，让 ChatGPT 理解和处理这些数据，并提供相应的解决方案。

接下来，我们简单了解一下 CSV、TSV、PSV 这 3 种数据交换格式的特点及差异。

CSV 格式，即“逗号分隔值”（comma-separated values），是一种简单的文本数据交换格式，用【，】将数据行中的不同字段分隔开来，每行数据表示一条记录。通常情况下，第一行数据表示每个字段的名称，也称为表头。

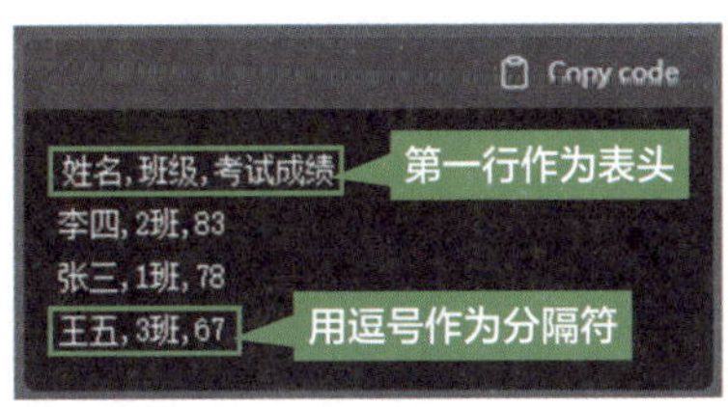

TSV 格式，全称为“制表符分隔值”（tab-separated values），与 CSV 格式类似，但是使用制表符（tab）作为字段的分隔符。

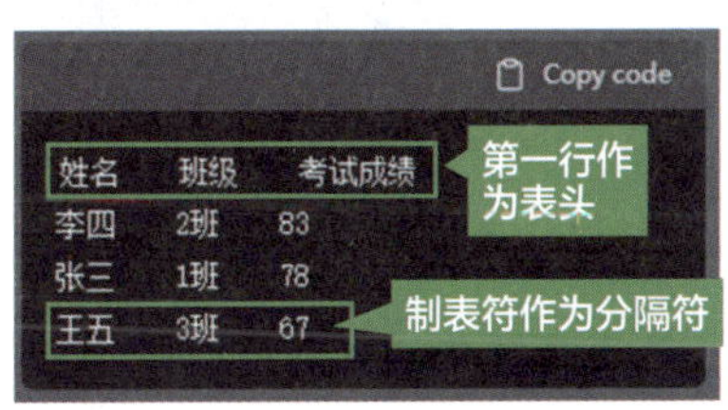

PSV（pipe-separated values）格式与 CSV 和 TSV 格式类似，使用管道符（|）作为字段的分隔符。

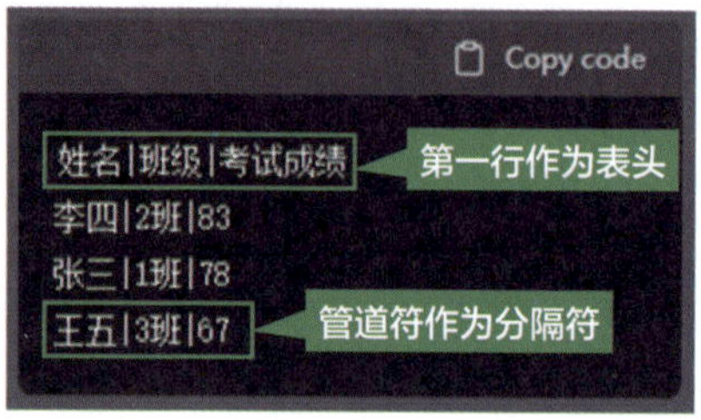

相较于 CSV 和 TSV 格式，PSV 格式的优势在于：可以处理字段中包含逗号或制表符的情况，避免使用 CSV 或 TSV 格式时可能出现的分隔符混淆问题，更易于阅读和解析数据。

2.2 如何将数据表格导入ChatGPT

了解了几种不同的数据交换格式，接下来如何把 Excel 表格中的数据转换成这几种格式呢？

方法 1：手动输入 CSV 格式数据，并命令 ChatGPT 生成表格。该方法仅适用于输入极少量数据的情况。

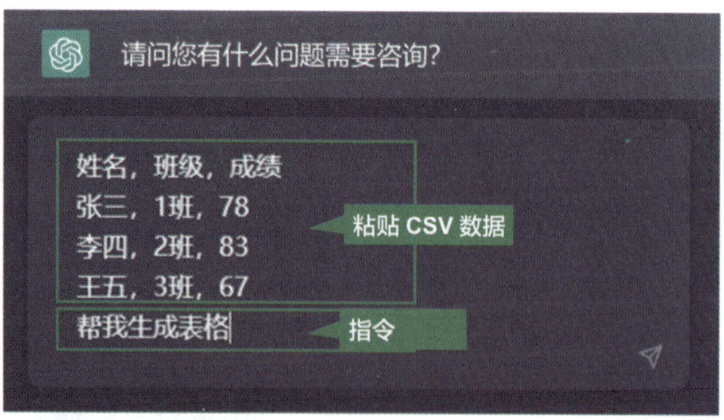

生成结果如下：

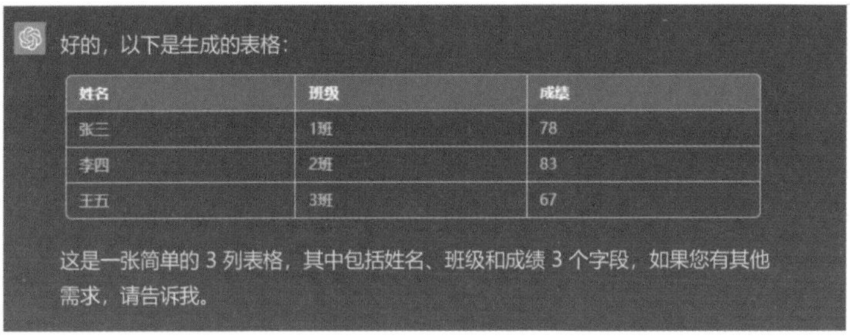

姓名	班级	成绩
张三	1班	78
李四	2班	83
王五	3班	67

方法 2：复制粘贴表格数据，并命令 ChatGPT 生成数据表。该方法适用于数据已制作成表格且数据量较大，难以手动输入的情况。

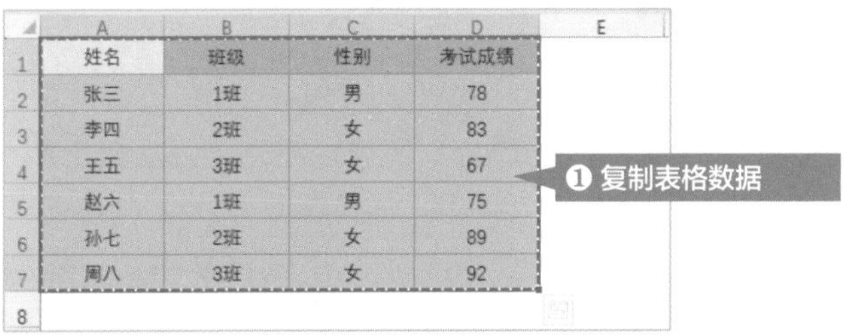

姓名	班级	性别	考试成绩
张三	1班	男	78
李四	2班	女	83
王五	3班	女	67
赵六	1班	男	75
孙七	2班	女	89
周八	3班	女	92

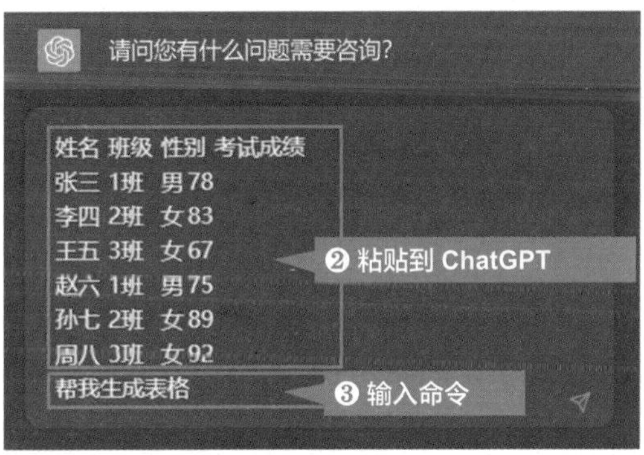

生成结果如下：

姓名	班级	性别	考试成绩
张三	1班	男	78
李四	2班	女	83
王五	3班	女	67
赵六	1班	男	75
孙七	2班	女	89
周八	3班	女	92

方法 3：将表格数据转换为 PSV 格式，并复制到 ChatGPT 对话框中，生成数据表。

当表格中包含逗号、制表符等符号时，不宜将表格数据转换成 CSV 格式或 TSV 格式，否则有可能造成分隔符的混乱，部分符号会被误识别为表格的分隔符。

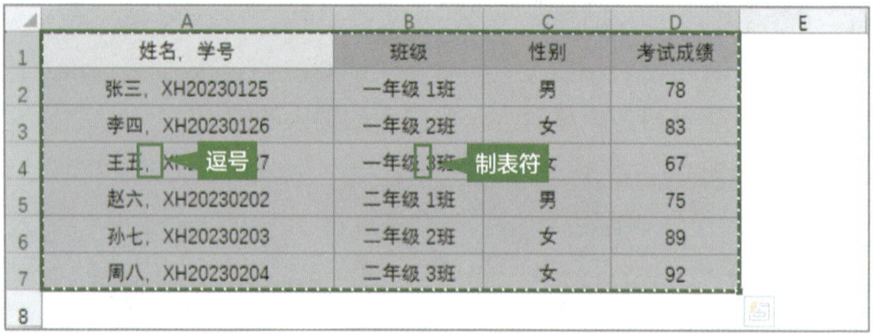

此时可以使用 Excel 函数公式，将数据转换成 PSV 格式，公式如下图所示。

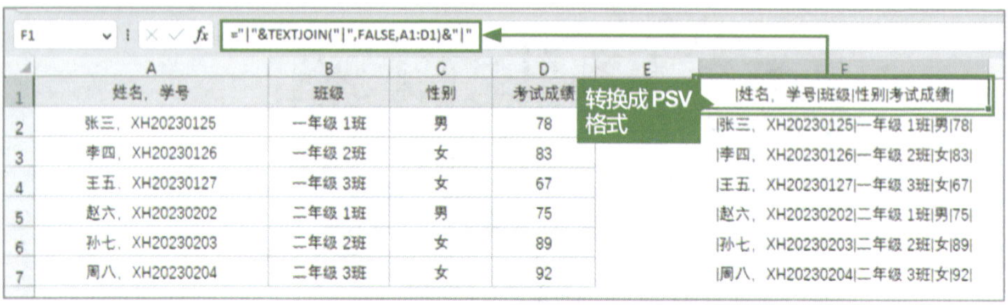

然后把转换后的 PSV 格式数据粘贴到 ChatGPT 对话框中进行处理。

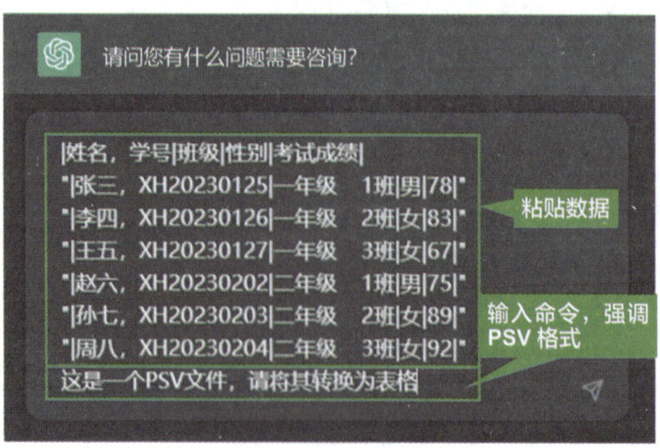

注意，此处必须在命令中明确“这是一个 PSV 文件”，加入该提示词的目的是提醒 ChatGPT，只允许将【|】符号视为分隔符，其他符号，比如逗号和制表符，都应视为普通文本。

生成结果如下：

姓名，学号	班级	性别	考试成绩
张三，XH20230125	一年级 1班	男	78
李四，XH20230126	一年级 2班	女	83
王五，XH20230127	一年级 3班	女	67
赵六，XH20230202	二年级 1班	男	75
孙七，XH20230203	二年级 2班	女	89
周八，XH20230204	二年级 3班	女	92

2.3 用ChatGPT完成数据排序

把表格数据转换成数据交换格式，并要求 ChatGPT 生成表格后，我们就可以用 ChatGPT 处理这些数据了。先尝试实现一个最简单的需求——对数据进行排序。数据源如下：

姓名	班级	考试成绩
张三	3班	72
李四	3班	55
王五	3班	59
赵六	2班	79
孙七	2班	93
周八	2班	85

在对话框中输入命令：请根据考试成绩对上表进行降序排序。

排序结果如下：

请根据考试成绩对上表进行降序排序。 命令

好的，以下是根据考试成绩对表格数据进行降序排序后更新的表格：

姓名	班级	考试成绩
孙七	2班	93
周八	2班	85
赵六	2班	79
张三	3班	72
王五	3班	59
李四	3班	55

希望对您有所帮助！

该命令的句式：请根据【列名】对上表进行【升序】/【降序】排序。

2.4 用ChatGPT完成数据筛选

现在，我们要对 ChatGPT 中已生成的表格进行数据筛选，数据源如下：

姓名	班级	考试成绩
张三	3班	72
李四	3班	55
王五	3班	59
赵六	2班	79
孙七	2班	93
周八	2班	85

在对话框中输入命令：帮我筛选 2 班考试成绩大于 80 分的记录。

筛选结果如下：

帮我筛选 2 班考试成绩大于 80 分的记录。 命令

根据您提供的表格，筛选出班级为 2 班且考试成绩大于 80 分的记录，如下所示：

姓名	班级	考试成绩
孙七	2班	93
周八	2班	85

注意，【记录】通常用于表示数据库中的【行】。

2.5 用ChatGPT完成数据拆分

现在，我们要对 ChatGPT 中已生成的表格进行数据拆分，数据源如下：

员工信息	应发工资
张三，350425********6881，销售部，185****6766	6798
李四，441781********4162，财务部，130****7512	6944
王五，610427********0376，行政部，138****4922	5642
赵六，230713********3474，总经办，188****9276	8611
孙七，430111********7311，售后部，152****8200	5022
周八，231083********8111，客服部，130****3597	8986

在对话框中输入命令：请以逗号作为分隔符，将员工信息列拆分成多列。

拆分后的结果如下：

请以逗号作为分隔符，将员工信息列拆分成多列。 命令

好的，以逗号作为分隔符，将员工信息列拆分成多列后，生成的表格如下：

姓名	身份证号	部门	手机号	应发工资
张二	350425********6881	销售部	185****6766	6798
李四	441781********4162	财务部	130****7512	6944
王五	610427********0376	行政部	138****4922	5642
赵六	230713********3474	总经办	188****9276	8611
孙七	430111********7311	售后部	152****8200	5022
周八	231083********8111	客服部	130****3597	8986

在这张表格中，员工的每个信息都单成一行，方便处理与分析。

该命令的句式：请以【指定的分隔符号】作为分隔符，将【列名】拆分成多列。

注意到没有，ChatGPT 不仅快速完成了数据拆分，还根据内容准确地生成了符合语境的标题：身份证号、部门、手机号。

2.6 用ChatGPT完成数据提取

现在，我们要对 ChatGPT 中已生成的表格进行数据提取，数据源如下：

员工信息	身份证号
00125，张三，HR Manager	5*****19960301**61
Project Manager，李四，00574	1*****19670219**61
王五，00574，CEO	4*****20101016**61
CFO，00971，赵六	5*****19930913**61
CIO，孙七，00974	6*****19670902**61
周八，02974，IT Manager	4*****19950906**61

在对话框中输入命令：提取员工信息列中的英文内容，新增一列，将刚才提取的内容翻译成中文放在该列，用中文拟一个列标题。

提取后的结果如下：

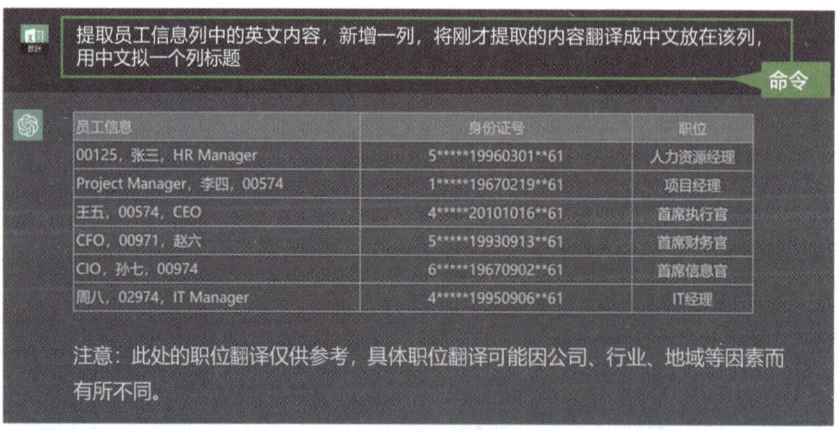

员工信息	身份证号	职位
00125，张三，HR Manager	5*****19960301**61	人力资源经理
Project Manager，李四，00574	1*****19670219**61	项目经理
王五，00574，CEO	4*****20101016**61	首席执行官
CFO，00971，赵六	5*****19930913**61	首席财务官
CIO，孙七，00974	6*****19670902**61	首席信息官
周八，02974，IT Manager	4*****19950906**61	IT经理

注意：此处的职位翻译仅供参考，具体职位翻译可能因公司、行业、地域等因素而有所不同。

该命令的句式：提取【列名】中的【内容描述】，新增一列，【具体要求】，【列标题要求】。

ChatGPT 是一个自然语言处理模型，翻译能力和内容识别能力都很强，不但准确找出了员工信息列的英文内容，翻译成了中文，还能根据内容总结归纳出列标题。

接下来，让我们在此基础上要求 ChatGPT 帮我们提炼出身份证号列中的出生年月日。

在对话框中新增命令：再提取身份证号列中的出生年月日，新增一列，将刚才提取的内容放在该列，用中文拟一个列标题。

提取后的结果如下：

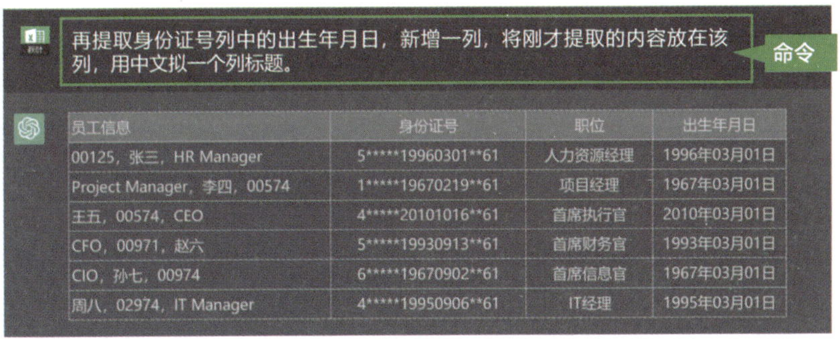

员工信息	身份证号	职位	出生年月日
00125，张三，HR Manager	5*****19960301**61	人力资源经理	1996年03月01日
Project Manager，李四，00574	1*****19670219**61	项目经理	1967年03月01日
王五，00574，CEO	4*****20101016**61	首席执行官	2010年03月01日
CFO，00971，赵六	5*****19930913**61	首席财务官	1993年03月01日
CIO，孙七，00974	6*****19670902**61	首席信息官	1967年03月01日
周八，02974，IT Manager	4*****19950906**61	IT经理	1995年03月01日

该命令的句式：提取【列名】中的【内容描述】，新增一列，【具体要求】，【列标题要求】。

我们再进一步要求 ChatGPT 根据身份证号识别性别。

在对话框中新增命令：提取身份证号列中的第 17 个字符，新增一列，如果字符是奇数，该列显示男，如果字符是偶数，显示女。

提取后的结果如下：

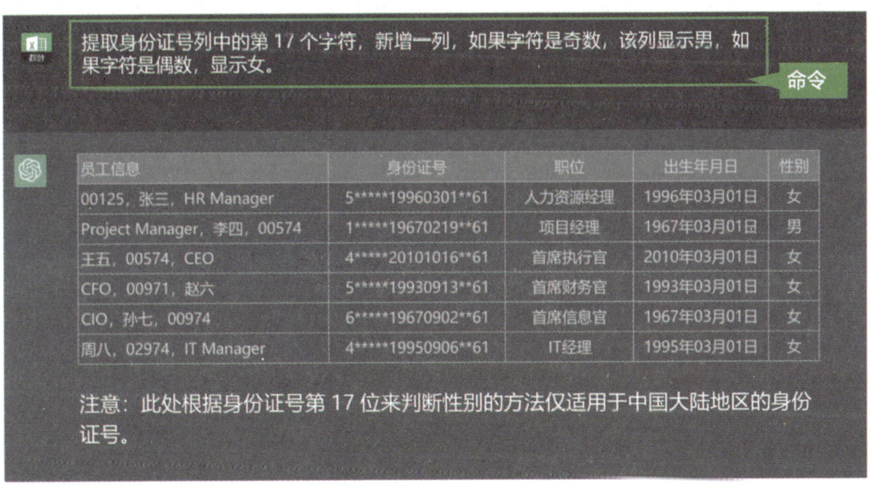

员工信息	身份证号	职位	出生年月日	性别
00125，张三，HR Manager	5*****19960301**61	人力资源经理	1996年03月01日	女
Project Manager，李四，00574	1*****19670219**61	项目经理	1967年03月01日	男
王五，00574，CEO	4*****20101016**61	首席执行官	2010年03月01日	女
CFO，00971，赵六	5*****19930913**61	首席财务官	1993年03月01日	女
CIO，孙七，00974	6*****19670902**61	首席信息官	1967年03月01日	女
周八，02974，IT Manager	4*****19950906**61	IT经理	1995年03月01日	女

注意：此处根据身份证号第 17 位来判断性别的方法仅适用于中国大陆地区的身份证号。

该命令的句式：提取【列名】中的【内容描述】，新增一列，【具体规则】。

2.7 用ChatGPT完成分类汇总

现在，我们要对 ChatGPT 中已生成的表格进行分类汇总，数据源如下：

姓名	班级	考试成绩
张三	3班	72
李四	3班	55
王五	3班	59
赵六	2班	79
孙七	2班	93
周八	2班	85
吴九	1班	68
郑十	1班	92

在对话框中输入命令：帮我统计每个班的考试人数、总分和平均分，生成一张新表。

汇总结果如下：

帮我统计每个班的考试人数、总分和平均分，生成一张新表。 命令

班级	考试人数	总分	平均分
1班	2	160	80
2班	3	257	85.67
3班	3	186	62

注意：平均分保留两位小数。

该命令的句式：【分类汇总的条件】,【统计口径】，生成一张新表。

2.8 用ChatGPT进行透视分析

现在，我们要对 ChatGPT 中已生成的表格进行透视分析，数据源如下：

姓名	学科	班级	考试成绩
张三	语文	3班	72
张三	数学	3班	55
张三	英语	3班	59
李四	语文	2班	79
李四	数学	2班	93
李四	英语	2班	85
王五	语文	1班	68
王五	数学	1班	92
王五	英语	1班	86

在对话框中输入命令：帮我透视分析，显示不同姓名的考生，各学科的考试成绩，生成一张新表。

透视分析结果如下：

帮我透视分析，显示不同姓名的考生，各学科的考试成绩，生成一张新表。

命令

姓名	语文	数学	英语
张三	72	55	59
李四	79	93	85
王五	68	92	86

该命令的句式：帮我【透视分析】，显示不同【字段名称 1】的【字段内容】，各【字段名称 2】的【值字段名称】，生成一张新表。

我们还可以修改透视分析的条件。

在对话框中新增命令：帮我透视分析，显示不同班级，各学科的平均考试成绩，生成一张新表。

ChatGPT 同样能理解你的要求，完成数据的透视分析，结果如下：

帮我透视分析，显示不同班级，各学科的平均考试成绩，生成一张新表。 命令

班级	语文平均分	数学平均分	英语平均分
1班	76.0	92.0	86.0
2班	79.0	93.0	85.0
3班	63.3	56.3	57.7

该命令的句式：帮我【透视分析】，显示不同【字段名称 1】，各【字段名称 2】的【统计口径】【值字段名称】，生成一张新表。

2.9 用ChatGPT转换表格结构

为了方便填写数据，我们通常会把表格设计成二维表格，分别查找行标题、列标题，然后在行和列交叉位置的单元格中填写数据。比如下面的成绩表。

姓名	语文	数学	英语
张三	72	55	59
李四	79	93	85
王五	68	92	86

不同学科

这样，数据填写起来确实方便很多，但是在进行数据汇总时效率比较低。

为方便汇总，推荐使用一维表格。一维表格由一或多列组成，列与列之间属性相互独立，方便进行后续的透视分析，如下图所示。

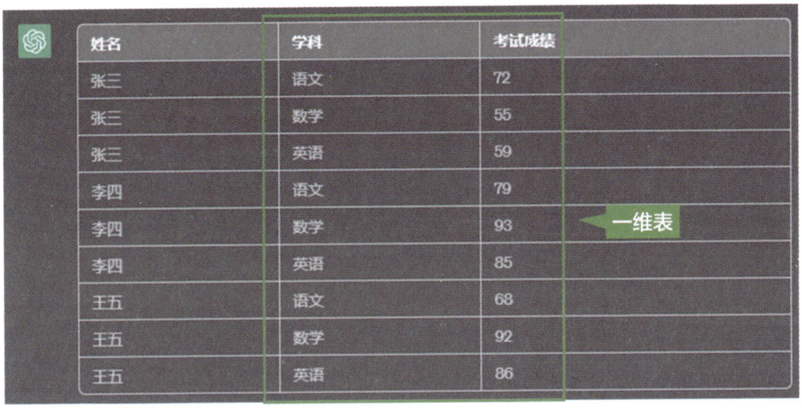

姓名	学科	考试成绩
张三	语文	72
张三	数学	55
张三	英语	59
李四	语文	79
李四	数学	93
李四	英语	85
王五	语文	68
王五	数学	92
王五	英语	86

为了兼顾高效录入和高效汇总，两种表格形式我们都要使用，因此就产生了二维表转一维表的需求。我们可以尝试在 ChatGPT 中实现表格结构的转换。

在对话框中输入命令：请对语文、数学、英语这 3 列进行逆透视操作，生成一张新表。

逆透视后的结果如下：

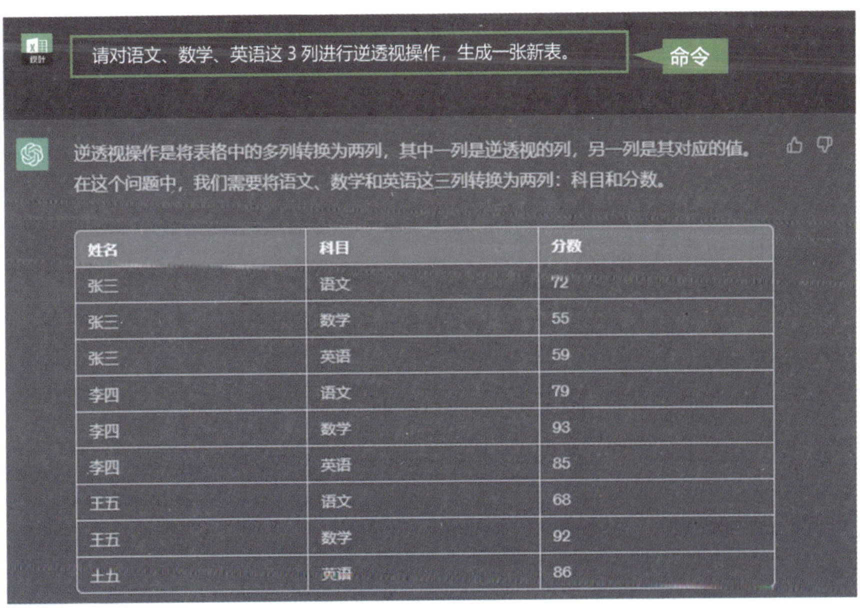

姓名	科目	分数
张三	语文	72
张三	数学	55
张三	英语	59
李四	语文	79
李四	数学	93
李四	英语	85
王五	语文	68
王五	数学	92
王五	英语	86

该命令的句式：请对【列名 1】【列名 2】【列名 3】这【列数】列进行逆透视操作，生成一张新表。

第 3 章 用 ChatGPT 轻松解决函数难题

通过前面的几个案例不难发现，ChatGPT 确实非常强大，但是想让 ChatGPT 更准确、高效地回答和解决 Excel 问题，我们也要准确描述表格数据，更明确地提出处理需求。

另外，前面的案例只是对少量的数据做了简单的数据处理，在实际工作中处理表格问题时，一方面数据量往往比较大，另一方面，出于信息安全的考虑，不能随意地把数据提交到网络上进行处理。

所以，这一章，我们通过几个案例来学习在保证数据安全的前提下，如何正确地向 ChatGPT 提问，解决实际工作中的 Excel 问题。

3.1 用ChatGPT编写函数公式

ChatGPT 可以帮我们编写函数公式，完成复杂的数据统计计算。

比如，下面的表格中记录了每个小组成员生产的产品数量，现在要计算单元格中姓名的个数。

计算小组成员人数

	A	B	C
1	计算每个小组生产的产品数量		
2	小组	小组成员	人数
3	1组	马春娇55个，郑瀚海26个，薛痴香28个，朱梦旋61个	4
4	2组	黄向露78个，张谷翠66个，阎初阳31个，傅诗蕾23个，夏如柏74个，冯清润50个，苏建同34个	7
5	3组	叶小珍34个，贾若南73个，唐景行33个，曹凌春45个，许涵煦16个	5
6	4组	卢晓筠52个，韩绮梦40个，袁初彤35个	3

我们可以让 ChatGPT 帮助完成公式的编写。

请编写公式，计算 B3 单元格姓名的数量。

错误的提问

很抱歉，无法回答此问题。请提供更多上下文或信息，例如 B3 单元格所在的表格或数据范围，以及姓名数据的格式和位置。

ChatGPT 指出了我们提问时存在的问题——没有对数据的细节进行描述，所以它无法理解需求，无法给出具体的方法。

我们修改一下问题描述，继续提问 ChatGPT。

在 Excel 的 B3 单元格中，保存了一组以逗号为间隔的信息，每条信息中包含一个姓名，请编写 Excel 公式，计算姓名的数量，

正确的提问

可以使用以下 Excel 公式来计算以逗号为间隔的信息中姓名的数量：

```scss
=LEN(B3)-LEN(SUBSTITUTE(B3,",",""))+1
```

准确的回答

这个公式会首先计算单元格 B3 中字符的总数，然后减去单元格 B3 中除逗号以外的字符数，得到逗号的数量，最后加 1，以计算出姓名的数量。

这个公式的逻辑是，每个逗号的出现都表示后面会跟着一个新的姓名，因此通过计算逗号的数量并加上 1，就可以确定单元格 B3 中姓名的总数。但要注意的是，如果单元格 B3 末尾有逗号，这个公式会默认它后面还跟着一个额外的姓名。如果要避免这种情况，可以使用以下公式：

```less
=IF(RIGHT(B3,1)=",",LEN(B3)-LEN(SUBSTITUTE(B3,",","")
```

这个公式会检查单元格 B3 的末尾是否有逗号，如果有，则无须加 1；否则，按照之前的公式计算姓名的数量并加上 1。

修改后的提问，清楚描述了数据保存的位置、数据的特点、需求是编写 Excel 公式，ChatGPT 理解了需求之后，很快速地给出了正确的公式。

接下来复制函数公式，粘贴到 Excel 中，真的准确计算出了姓名的个数。

```
=LEN(B3)-LEN(SUBSTITUTE(B3,",",""))+1
```

计算正确

	A	B	C
1	计算每个小组生产的产品数量		
2	小组	小组成员	人数
3	1组	马春娇55个，郑瀚海26个，薛痴香28个，朱梦旋61个	4
4	2组	黄向露78个，张谷翠66个，阎初阳31个，傅诗蕾23个，夏如柏74个，冯清润50个，苏建同34个	7
5	3组	叶小珍34个，贾若南73个，唐景行33个，曹凌春45个，许涵煦16个	5
6	4组	卢晓筠52个，韩绮梦40个，袁初彤35个	3

太神奇了！ChatGPT 强大的理解能力、思考能力，着实令人赞叹。

同时，我们也要注意提问的方法，在提问有关函数公式的问题时，可以采用【在哪里 + 有什么 + 怎么做】的模板，准确描述问题，获得更精准的回答。

在上文的案例中，使用模板拆解一下问题，一下子就变得清晰了。

- 在哪里：在 Excel 的 B3 单元格中。
- 有什么：保存了一组以逗号为间隔的信息，每条信息中包含一个姓名。
- 怎么做：请编写 Excel 公式，计算姓名的数量。

3.2 用ChatGPT编写VBA代码

ChatGPT 有时候也会变得“不那么聪明”，不是所有的问题都能完美解决。

还以上一节中的案例为例，现在要计算每个小组所有人生产产品的总个数。因为数字和姓名混在一起，计算起来非常困难。

计算总个数

	A	B	C
1	计算每个小组生产的产品数量		
2	小组	小组成员	生产个数
3	1组	马春娇55个，郑瀚海26个，薛痴香28个，朱梦旋61个	170
4	2组	黄向露78个，张谷翠66个，阎初阳31个，傅诗蕾23个，夏如柏74个，冯清润50个，苏建同34个	
5	3组	叶小珍34个，贾若南73个，唐景行33个，曹凌春45个，许涵煦16个	
6	4组	卢晓筠52个，韩绮梦40个，袁初彤35个	

让我们按照【在哪里 + 有什么 + 怎么做】的模板，准确地描述问题，然后看看 ChatGPT 会怎么回答。

在 Excel 的 B3 单元格中，保存了一组以逗号为间隔的信息，在每条信息中，姓名后面是该员工生产的产品个数，请编写 Excel 公式，对所有个数进行求和。

精确的提问

可以使用以下 Excel 公式来计算单元格 B3 中所有个数的总和：

```less
=SUMPRODUCT(--MID(B3,FIND(",",B3)+1,LEN(B3)-FIND(",",
```

详细的回答

这个公式会首先查找单元格 B3 中的第一个逗号，然后取逗号之后的字符作为个数的字符串。接下来，使用 MID 函数提取件个字符串中的数字部分，并将其转换为数值格式，以便进行求和。再使用 RIGHT 函数从单元格 B3 的末尾找到个数字符串中的数字部分，并将其转换为数值格式，以便进行求和。最后，将 MID 和 RIGHT 函数的结果相乘，得到每个姓名对应的个数，然后使用 SUMPRODUCT 函数对这些数字进行求和。

需要注意的是，这个公式假设单元格 B3 中所有的姓名和个数都是以逗号分隔的，并且姓名和件数之间没有逗号或其他字符。如果数据的格式或结构与此不同，这个公式可能不适用。

把公式粘贴到 Excel 中，结果令人失望，得到了 #VALUE! 的错误。

fx =SUMPRODUCT(--MID(B3,FIND(",",B3)+1,LEN(B3)-FIND(",",B3)),1*(--RIGHT(B3,LEN(B3)-FIND(",",B3))))

	A	B	C
1	计算每个小组生产的产品数量		计算总个数
2	小组	小组成员	生产个数
3	1组	马春娇55个，郑瀚海26个，薛痴香28个，朱梦旋61个	#VALUE!
4	2组	黄向露78个，张谷翠66个，阎初阳31个，傅诗蕾23个，夏如柏74个，冯清润50个，苏建同34个	
5	3组	叶小珍34个，贾若南73个，唐景行33个，曹凌春45个，许涵煦16个	
6	4组	卢晓筠52个，韩绮梦40个，袁初彤35个	

当然，我可以继续追问 ChatGPT。

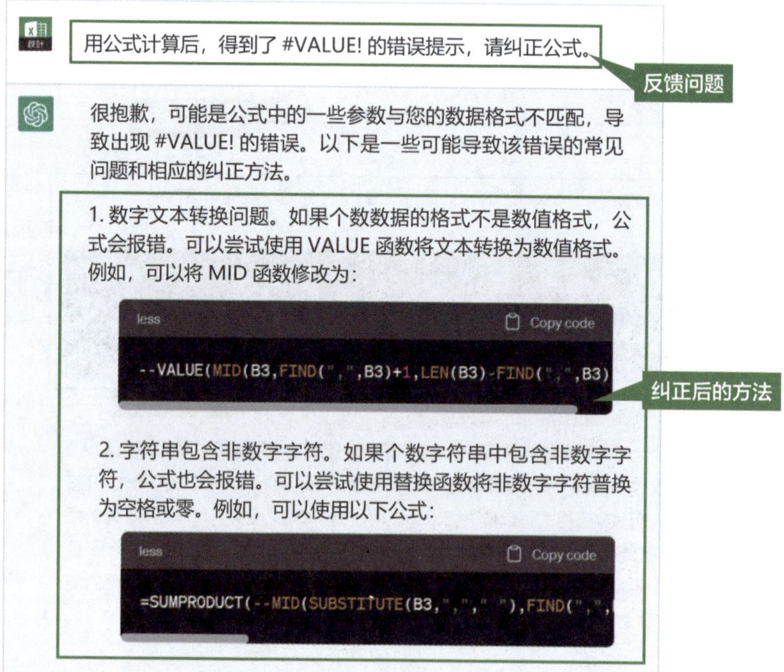

逐个尝试改善后的公式后，依然出现了#VALUE!的错误提示，无功而返。

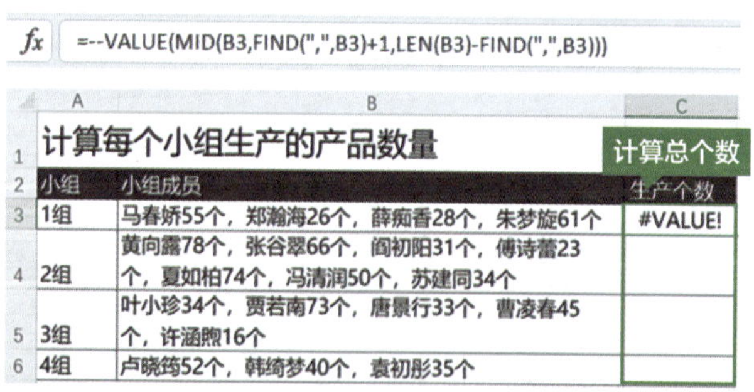

fx =--VALUE(MID(B3,FIND(",",B3)+1,LEN(B3)-FIND(",",B3)))

	A	B	C
1	计算每个小组生产的产品数量		
2	小组	小组成员	生产个数
3	1组	马春娇55个，郑瀚海26个，薛痴香28个，朱梦旋61个	#VALUE!
4	2组	黄向露78个，张谷翠66个，阎初阳31个，傅诗蕾23个，夏如柏74个，冯清润50个，苏建同34个	
5	3组	叶小珍34个，贾若南73个，唐景行33个，曹凌春45个，许涵煦16个	
6	4组	卢晓筠52个，韩绮梦40个，袁初彤35个	

ChatGPT功能很强大，但有时候它也“不太聪明”，只不过，这个“不太聪明”和我们的操作也有关系。我们一直希望用函数公式来实现这个复杂的计算，带着ChatGPT一起钻牛角尖，结果不尽如人意。

复杂的计算还有一个更好的实现方案，就是VBA代码，所以可以尝试让ChatGPT编写一段VBA代码来解决问题。

我们依然可以使用【在哪里+有什么+怎么做】的模板，准确地描述问题。

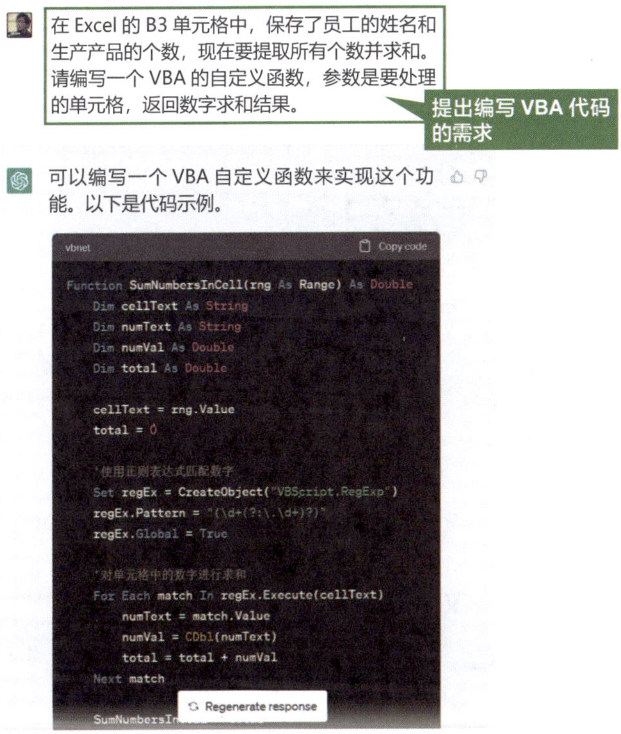

接下来，复制 ChatGPT 回复的代码，在 Excel 的任意工作表上，单击右键，在弹出的菜单中单击【查看代码】。

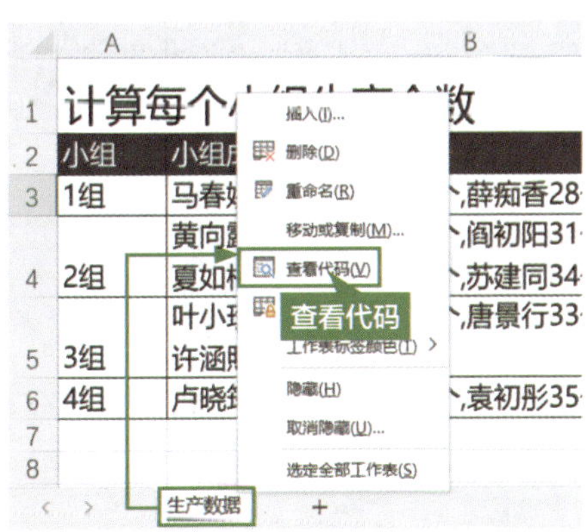

在 VBA 编辑器左侧的【工程】面板中，找到当前工作簿的文件名，单击右键，在弹出的菜单中依次选择【插入】→【模块】。

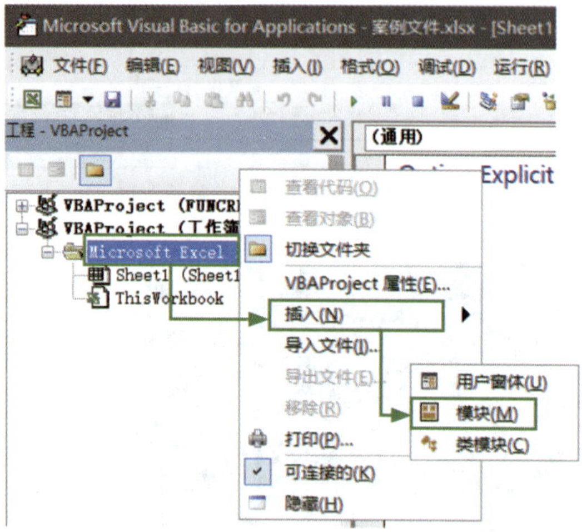

在右侧的面板中粘贴代码。

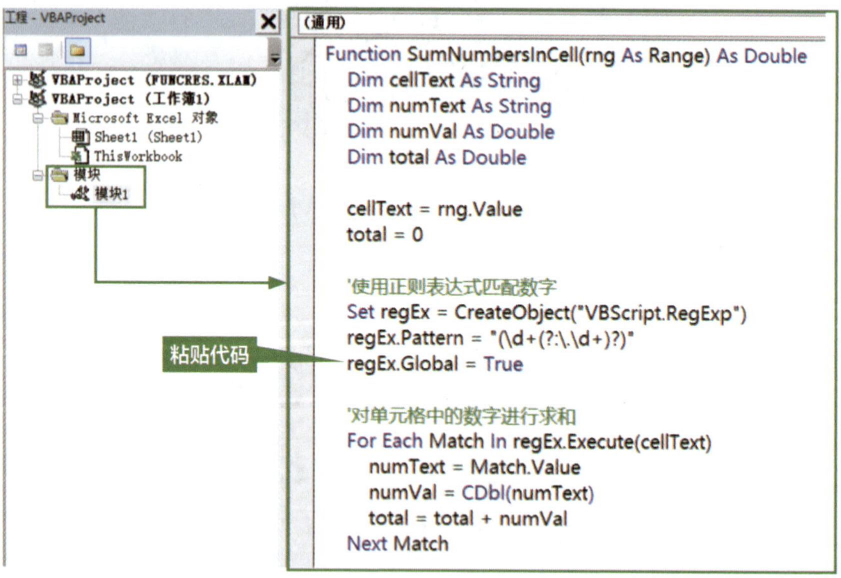

接下来关闭 VBA 编辑器窗口，回到 Excel 中，在 C3 单元格输入如下的公式，并向下填充。

=SumNumbersInCell(B3)

这样就可以轻松计算出各小组生产产品的总个数。

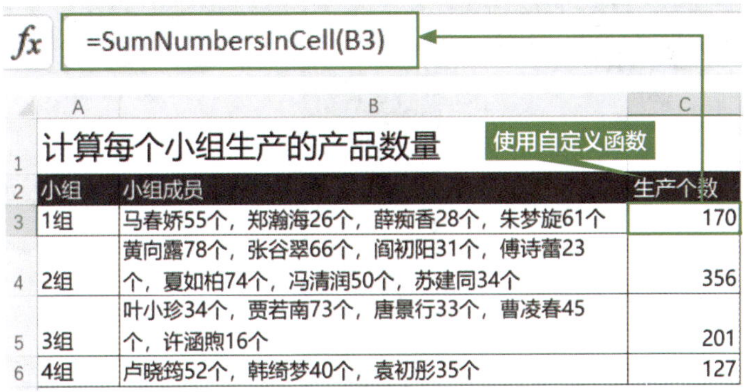

最后，单击【文件】→【另存为】，设置【保存类型】为【xlsm】，把文件保存成【启用宏的工作簿】，这样代码可以保留下来，下次需要计算类似数据时，直接使用 SumNumbersInCell 函数，就可以轻松完成。

把 ChatGPT 想象成你的员工，“火车跑得快，全凭车头带”，如果一个方法解决不了问题，你要尝试领着它换个方向，ChatGPT 总能帮你找到解决方法。

1

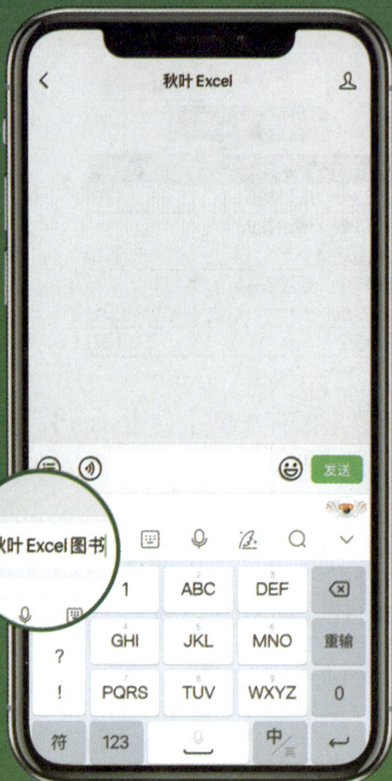

关注微信公众号：**秋叶Excel**
回复关键词：**秋叶Excel图书**

2

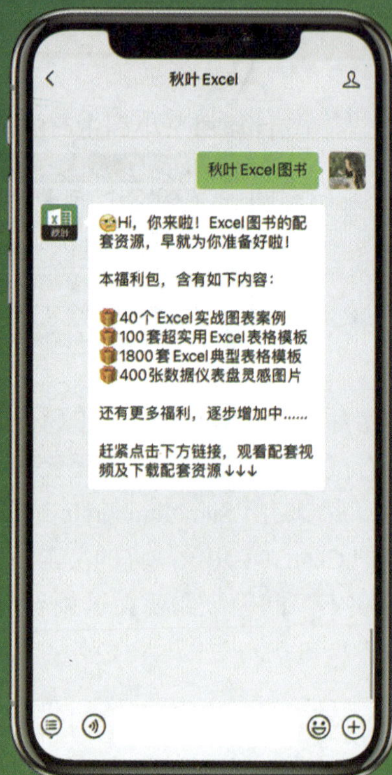

获取秋叶团队出品的
Excel 模板、素材、资料包！

【扫码关注】
微信公众号
秋叶Excel

分类建议：计算机/办公应用/Office
人民邮电出版社网址：www.ptpress.com.cn